高等职业院校教学改革教材

化学分析检验技术

王桂芝　　王淑华　　主编
姜洪文　　主审

化学工业出版社
·北京·

本教材为高职高专工业分析与检验专业教学用书,由吉林工业职业技术学院专业教师与吉林石化行业专家合作共同编写,对接企业分析检验岗位需求。

本书内容包括:容量分析仪器的认知与使用、酸性或碱性物质含量测定、金属离子含量测定、氧化性或还原性物质含量测定、沉淀滴定和称量分析法的应用等。教材的编写按照项目教学方式,进行知识体系的重构,所涉及项目全部是企业分析检验岗位真实工作任务中通用的检验方法,突出体现"产品检验工作过程"特点,形成项目化教材。检验方法执行国家标准、行业标准或企业标准。

图书在版编目(CIP)数据

化学分析检验技术/王桂芝,王淑华主编.—北京:化学工业出版社,2015.8(2021.10重印)

高等职业院校教学改革教材

ISBN 978-7-122-24395-9

Ⅰ.①化… Ⅱ.①王…②王… Ⅲ.①化学分析-检验-高等职业教育-教材 Ⅳ.①O652

中国版本图书馆 CIP 数据核字(2015)第 138899 号

责任编辑:陈有华 刘心怡	文字编辑:颜克俭
责任校对:王素芹	装帧设计:尹琳琳

出版发行:化学工业出版社(北京市东城区青年湖南街 13 号 邮政编码 100011)

印 装:北京七彩京通数码快印有限公司

787mm×1092mm 1/16 印张 20½ 字数 499 千字 2021 年 10 月北京第 1 版第 2 次印刷

购书咨询:010-64518888 售后服务:010-64518899

网 址:http://www.cip.com.cn

凡购买本书,如有缺损质量问题,本社销售中心负责调换。

定 价:58.00 元

前言

《化学分析检验技术》教材是在总结工学结合、基于工作过程的课程改革经验基础上编写而成的。

工业分析与检验专业培养具有良好职业道德和文化素养，适应市场经济建设需要，德、智、体、美等方面全面发展的，适应化工、医药、环保、冶金等行业第一线需要的，并具有创新素质和可持续发展能力的，产品检验及管理高素质技术技能型专门人才。化学分析检验技术课程是实现培养目标的专业核心课程。本教材紧扣人才培养目标，充分考虑本专业毕业生对接的职业岗位，其首次就业的职业岗位是产品检验岗，发展岗位是检验技术管理岗（检验师），通过与行业实践专家、车间主任和岗位技术能手共同论证，一起对产品检验过程进行职业工作任务分析，并参照"检验师"岗位任务和岗位能力及"化学检验工"职业资格标准，构建了基于"产品检验"工作过程的课程内容。

通过本课程的学习，学生应具备行业常见的各种化学分析方法基本知识和必要的理论，具备查阅、收集和整理技术文献资料的能力、解读标准能力、检验方案初步设计与实施能力、具有正确熟练操作常见分析仪器的能力、形成较强的分析与检验技术应用能力、具有良好的实验室工作素养和严谨求实的科学态度、具备安全与环保意识，并形成对本专业知识和技能的可持续学习能力。为后续课程的学习、未来的可持续学习及发展和将来从事化工、环保、制药、冶金、食品等企事业分析检验岗位的技术和管理工作，解决分析与检验岗位中存在的实际问题打下坚实的基础。

教材编写突出实用性，整合并重新编排化学分析检验技术课程内容，首先列出基本工作任务，设疑提问，或使学生"知其然"，学生可以"带着问题找答案"，然后才是项目相关知识的全面讲解，学生据此"知其所以然"，充分发挥学生的主体性。为激发学生的主动思考，教材中还有一些"想一想"的相关问题，使学生先经过几番思考，再进入学习。为开阔学生视野，还编写了一些与测定项目相关的"相关链接"。为方便学生练习，编写了较大量典型例题和习题，并对其中一些题目给出参考答案，便于学生自我学习和检查。

本教材跟踪化学分析检验技术发展前沿，尽量应用最新的国家标准和行业标准。选取采用简单、可操作性强的分析检验方法，采用毒性较小的试剂完成技能训练任务。

本教材由校企合作共同开发，体现教材特色，力求提高教材的职业性、技术性和实践性。

本教材可作为工业分析与检验、环境分析与治理技术和食品分析与检验等专业教材，也可作为参加全国化学检验工职业资格考试人员和从事分析检验工作人员的参考用书。

本教材由吉林工业职业技术学院王桂芝和吉林石化分公司炼油厂王淑华任主编，参加编写的人员有聂英斌。白立军和张国乐完成了大部分图表的制作和排版工作。全书由王桂芝负责统稿。教材由姜洪文任主审，对全部内容认真思忖，并提出具体修改意见和建议，在此，表示诚挚感谢！本教材在编写中引用了有关资料和图表，在此，对原著作者表示衷心感谢！

由于编者水平有限，书中欠妥之处在所难免，敬请专家和读者批评指正。

编　者
2015 年 3 月

目录

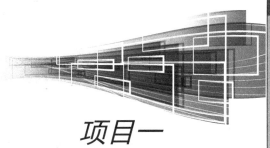

项目一
职业任务与职业能力认识

知识目标

1. 认识分析检验岗位工作任务。
2. 认识定量分析过程。
3. 认识定量分析方法的类别及适用范围。

能力目标

1. 能够查阅各类分析方法。
2. 能够查阅各级分析标准和分析资料。
3. 能够进行交流，有团队合作精神与职业道德，可独立或合作学习与工作。

1.1 化学分析检验技术的任务、作用和方法

化学分析检验技术是分析化学（analytical chemistry）的一部分。分析化学是研究物质化学组成、含量、结构的分析方法及有关理论的一门学科，是化学学科的一个重要分支。

分析化学的任务是确定物质的化学组成，测量各组成的含量以及表征物质的化学结构，即隶属于定性分析（qualitative analysis）、定量分析（quantitative analysis）和结构分析的范畴，以定性分析和定量分析为主。定性分析的任务是测定物质由哪些组分（元素、离子、原子团、官能团或化合物）所组成，定量分析的任务则是测定物质中有关组分的相对含量。结构分析（structure analysis）的任务是确定物质各组分的结合方式及其对物质化学性质的影响。

在进行分析工作时，首先须确定物质的定性组成，然后根据试样组成选择适当的定量分析方法测定有关组分的含量。当分析试样的来源、主要成分及主要杂质都是已知时，不必进行定性分析，而直接进行组分的定量分析。本课程的主要内容是定量分析。此外，分析化学还包括测定多组分试样时干扰组分的分离等内容。

分析化学是研究物质及其变化的重要方法之一，在化学学科本身的发展以及与化学有关的各学科领域中都起着重要的作用。化学学科本身如原子、分子学说的创立，原子量的测定和化学基本定律的建立等，都离不开分析化学；在其他领域如地质学、海洋学、矿物学、考古学、生物学、医药学、食品学、农业科学、材料科学、能源科学、环境科学等的研究工作中，分析化学也作为一种研究手段而被广泛应用。

在国民经济建设、国防建设和科学研究的发展中，分析化学具有更重要的实际意义。在工业上，资源的勘探、原料的选择和配比、工艺流程的控制、产品质量检验以及新技术的探索、新产品的开发都离不开分析；在农业上，土壤的普查、化肥和农药的生产、农产品的质量检验、新品种的培育等也必须以分析结果作为主要依据；在商业领域，需要对商品质量及其变化进行仲裁、评估与监督；在尖端科学和国防建设中，如人造卫星、核武器的研制和生产，原子能材料、超导材料、超纯物质中微量杂质的分析等都需要应用分析化学。

当前环境污染已成为全人类面临的严峻问题，环境保护已经引起人们的普遍重视。对大气和水质的监测、对"三废"的处理和综合利用、研究生态平衡、提高环境质量等，分析化学也发挥着重要作用。因此人们将分析化学比作工农业生产的"眼睛"、科学研究的"参谋"、环境保护的"卫士"、假冒伪劣的"克星"，以说明分析化学的重要作用。

1.2 分析方法的分类

分析化学的内容十分丰富，除按分析任务分为定性分析、定量分析与结构分析外，还可根据分析对象的化学属性、样品用量、待测组分相对含量及测定原理和操作方法等类别，分为不同方法，见表1-1。

表 1-1 定量分析方法分类

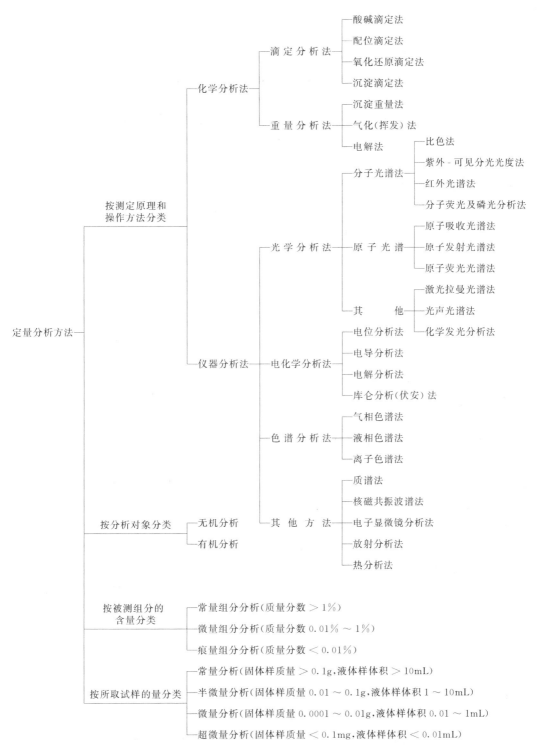

1.2.1 按分析对象的化学属性

无机分析（inorganic analysis）：主要是无机物的定性、定量分析。

有机分析（organic analysis）：有机物的官能团鉴定，组成元素的定性，定量和结构的分析。

1.2.2 按试样用量多少

常量分析（major analysis）：试样量在 0.1g 以上，试液体积在 10mL 以上。

半微量分析（semimicro analysis）：试样量在 0.01～0.1g，试液体积在 1～10mL。

微量分析（micro analysis）：试样量在 0.0001～0.01g，试液体积在 0.01～1mL。

超微量分析：试样量<0.1mg，试液体积<0.01mL。

1.2.3 按待测组分相对含量

常量组分分析（major constituent analysis）：组分在试样中的质量分数 $w_B>1\%$。

微量组分分析（micro constituent analysis）：$0.01\%<w_B<1\%$。

痕量组分分析（trace constituent analysis）：$w_B<0.01\%$。

想一想

痕量组分分析是否一定是微量分析？

1.2.4 按测定原理及操作方法

分为化学分析（chemical analysis）和仪器分析（instrumental analysis）。

（1）化学分析

以物质的化学反应为基础的分析方法。是分析化学的基础。

在定性分析中，许多分离和鉴定就是根据组分在化学反应中生成沉淀、气体或有色物质（鉴定反应的外部特征）而进行的。如含 Ag^+ 试液中，加入 K_2CrO_4 试剂，应得到砖红色的沉淀。而在定量分析中，是根据物质化学反应的计量关系来确定待测组分的含量，分为滴定分析法和重量分析法。

① 滴定分析 滴定分析（titration analysis）又称容量分析。将已知准确浓度的试剂溶液（标准滴定溶液）滴加到待测物质的溶液中，直至所加试剂与待测组分反应达化学计量点时，根据所加试剂的体积和浓度计算出待测组分含量的分析方法。例如工业硫酸纯度的测定。根据滴定时反应类型的不同，可分为酸碱滴定法、配位滴定法、氧化还原滴定法和沉淀滴定法四大类。

② 重量分析 重量分析又称称量分析，分为沉淀重量法、电解法和气化（挥发）法。如沉淀重量法，通过加入过量的试剂，使待测组分完全转化成一种难溶化合物，经过滤、洗涤、干燥及灼烧等一系列步骤，得到组成固定的产物，再通过称量产物的质量，就可以计算出待测组分的含量。例如试样中 SO_4^{2-} 含量的测定，就是将样品溶解后，加入过量的 $BaCl_2$ 试剂，使 SO_4^{2-} 生成难溶的 $BaSO_4$ 沉淀，经过滤、洗涤、干燥及灼烧等步骤，得到组成固

定的 $BaSO_4$ 沉淀，称量其质量，就可以计算出试样中 SO_4^{2-} 的含量。

（2）仪器分析

以待测物质的物理或物理化学性质为基础的分析方法，称为物理或物理化学分析法，这类方法通常都需要使用特殊的仪器，故又称为仪器分析法。常用的仪器分析方法如下。

① 光学分析法　根据物质的光学性质建立起来的一种分析方法。主要有：分子光谱（如比色法、紫外-可见分光光度法、红外光谱法、分子荧光及磷光分析法等）、原子光谱法（如原子发射光谱法、原子吸收光谱法等）、激光拉曼光谱法、光声光谱法、化学发光分析法等。

② 电化学分析法　根据被分析物质溶液的电化学性质建立起来的一种分析方法，主要有电位分析法、电导分析法、电解分析法、极谱法和库仑分析法等。

③ 色谱分析法　一种分离与分析相结合的方法，主要有气相色谱法、液相色谱法（包括柱色谱、纸色谱、薄层色谱及高效液相色谱）、离子色谱法。

随着科学技术的发展，现代测试技术还有质谱分析、核磁共振波谱分析、能谱分析、电子探针和离子探针微区分析等。这些大型仪器分析法已成为强大的分析手段。仪器分析由于具有快速、灵敏、自动化程度高和分析结果信息量大等特点，备受人们的青睐。

化学分析和仪器分析的关系：仪器分析法的优点是操作简便、快速灵敏，能测定含量极低的组分，易实现自动化。但是仪器分析是以化学分析为基础的，如试样预处理、制备标样、方法准确度的校验等都需要化学分析法来完成。因此仪器分析法和化学分析法是密切配合、互相补充的。只有掌握好化学分析的基础知识和基本技能，才能正确地掌握和运用仪器分析方法。这两部分内容都是分析技术人员应该掌握的。

1.2.5　按化工生产过程

分为原材料分析、中间产物控制分析和产品分析。

1.3　定量分析过程

完成一项定量分析一般需经过哪些步骤？

（1）取样

这里的"样"指样品或试样（sample），是指在分析工作中被采用来进行分析的物质体系，它可以是固体、液体或气体。分析化学要求被分析试样在组成和含量上具有一定的代表性，能代表被分析的总体。否则分析工作将毫无意义，甚至可能导致错误结论，给生产或科研带来很大的损失。

要采取有代表性的样品，必须用适当的方法或顺序。对不同的分析对象取样方式也不相同。有关的国家标准或行业标准对不同分析对象的取样步骤和细节都有严格的规定，应按规定进行。采样后用适当的方法制备试样。

（2）试样的分解

定量分析中，除使用特殊的分析方法可以不需要破坏试样外，大多数分析方法需要将干燥好的试样分解后转入溶液中，然后进行测定，即湿法分析。分解试样的方法很多，主要有溶解法和熔融法（选用）。如测定补钙药物中钙含量，试样需要先用酸溶解转变成溶液后再进行；砂石中硅含量的测定，试样则需要先进行碱熔，然后再将其转变成可溶解产物，溶解后进行测定。

$$
\text{固体试样}
\begin{cases}
\text{溶解}
\begin{cases}
\text{酸溶：HCl、HNO}_3\text{、H}_2\text{SO}_4\text{、HClO}_4\text{、HF、混合酸}\\
\text{碱溶：NaOH、KOH}
\end{cases}\\
\text{熔融}
\begin{cases}
\text{酸性：K}_2\text{S}_2\text{O}_7\\
\text{碱性：Na}_2\text{CO}_3\text{、NaOH、Na}_2\text{O}_2
\end{cases}
\end{cases}
$$

（3）消除干扰

复杂物质中常含有多种组分，在测定其中某一组分时，若共存的其他组分对待测组分的测定有干扰，则应设法消除。如采用掩蔽法，但在很多情况下合适的掩蔽方法不易寻找，此时需要进行化学分离。目前常用的分离方法有沉淀分离法、萃取分离法、离子交换法和色谱分离法等。

（4）测定

各种测定方法在灵敏度、选择性和适用范围等方面有较大的差别，因此应根据被测组分的性质、含量和对分析结果准确度要求，选择合适的分析方法进行测定。如常量组分通常采用化学分析法，而微量组分需要使用分析仪器进行测定。

（5）分析结果计算及评价

根据分析过程中有关反应的计量关系及分析测量所得数据，计算试样中有关组分的含量。应用统计学方法对测定结果及其误差分布情况进行评价。

应该指出的是，以上是定量分析的基本步骤、一般程序。具体试样分析过程可能会有变化。

习题

一、填空

1. 定量分析一般过程包括_____、试样分解、_____、_____、_____等步骤。

2. 定量分析常用方法可以分为_____和_____两大类。

3. 滴定分析通常又分为_____、_____、_____和沉淀滴定四类。

4. 大多数定量分析方法要求将固体试样处理成_____，必要时还需分离有_____的物质，然后才能测定。

5. 填表——分析方法的分类

分类依据	分　类	特　征
分析任务		
分析对象		
试样用量		
组分在试样中的质量分数		
测定原理和测定方法		
化工生产过程		

二、判断

1. 化学分析法主要有滴定分析法和称量分析法两大类。（　　　）

2. 在制备试样时，如果个别试样不能被破碎，则可以弃去。（　　　）

3. 分解试样的方法主要有溶解法和熔融法。（　　　）

4. 滴定分析法包括重量分析。（　　　）

5. 组分的质量分数大于1％的分析为常量组分分析。（　　　）

项目二
容量分析仪器的认知与使用

任务一　误差和分析数据处理

知识目标

1. 了解定量分析中的误差、来源、分类与减免方法。
2. 理解偏差的意义与表示方法。
3. 理解有效数字及运算规则。
4. 掌握分析数据的统计处理。
5. 掌握提高分析结果准确度的方法。

能力目标

1. 具备判断定量分析中误差的类别、分析产生原因及确定减免方法的能力。
2. 具备正确确定和记录有效数字、有效数字的修约和运算的能力。
3. 具备数据处理的基础知识。
4. 具备正确计算分析检验结果的误差和偏差，并能判断分析检验结果的准确度和精密度的能力。
5. 能够进行交流，有团队合作精神与职业道德，可独立或合作学习与工作。

相关知识

2.1　准确度、精密度及其表示方法

定量分析结果常常出现的问题有两方面：一是对同一试样的多次平行测定，测定结果不一定完全一致；二是对已知组分的试样即使用最可靠的分析方法和最精密的仪器，并由技术十分熟练的分析人员进行多次重复测定，测得结果与已知值也不一定完全一致。即偏差和误差的存在是客观的。

（1）真值（true value）（x_T）

某一物质本身具有的客观存在的真实数值，即为该量的真值。一般说来，真值是未知的，但下列情况的真值可以认为是已知的。

① 理论真值　如某化合物的理论组成等。

② 计量学约定真值　如国际计量大会上确定的长度、质量、物质的量单位等。

③ 相对真值　认定精度高一个数量级的测定值作为低一级的测量值的真值，这种真值是相对比较而言的。如国家技术监督局批准的铁与钢的标准物质、化工产品标准物质。厂矿实验室中标准试样及管理试样中组分的含量等可视为真值。

（2）准确度（accuracy）与误差（error）

准确度表示分析结果与真实值接近的程度，说明测定结果的正确性，用误差的大小来表示。误差越小，表示测定结果与真实值越接近，分析结果的准确度越高。

① 绝对误差（absolute error，以 E_a 表示）：指测定值（x）与真实值（x_T）之差。

$$绝对误差\ E_a = x - x_T$$

显然，绝对误差越小，测定结果越准确。但绝对误差不能反映误差在真实值中所占的比例。例如，用分析天平称量两个样品的质量各为 1.9870g 和 0.1987g，假定这两个样品的真实质量各为 1.9871g 和 0.1988g，则两者称量的绝对误差都是－0.0001g；而这个绝对误差在第一个样品质量中所占的比例，仅为第二个样品质量中所占比例的 1/10。也就是说，当被称量的量较大时，称量的准确程度相对比较高。因此用绝对误差在真实值中所占的百分数可以更确切地比较测定结果的准确度。

② 相对误差（relative error，以 E_r 表示）

$$相对误差\ E_r = \frac{E_a}{x_T} \times 100\%（或\ 1000‰）$$

因为测得结果可能大于或小于真实值，所以绝对误差和相对误差都有正、负之分。绝对误差与测量值的单位相同，相对误差没有单位，常用百分数表示。

【例 2-1】　测定某铝合金中铝含量 81.18%，已知真实值为 81.13%，求绝对误差和相对误差。

解　$E_a = 81.18\% - 81.13\% = 0.05\%$

$E_r = \dfrac{0.05\%}{81.13\%} \times 100\% = 0.062\%$

（3）精密度（precision）和偏差（deviation）

精密度是指在相同条件下，一组平行测定结果之间相互接近的程度。体现数据测定的再现性，用偏差表示。偏差越小，说明测定结果彼此之间越接近，测定结果精密度高；偏差越大，测定结果精密度越低，不可靠。

在分析化学中，有时用重复性（repeatability）和再现性（reproducibility）表示不同情况下分析结果的精密度。前者表示同一分析人员在同一条件下所得分析结果的精密度，后者表示不同分析人员或不同实验室之间在各自条件下所得分析结果的精密度。

设一组测量值为 x_1、x_2、…、x_n，其算术平均值为 $\bar{x}$，对单次测量值 x_i，其偏差可表示为：

$$绝对偏差\ d_i = x_i - \bar{x}$$
$$相对偏差\ Rd_i = (d_i / \bar{x}) \times 100\%（或\ 1000‰）$$

由于在几次平行测定中各次测定的偏差有负有正，有些还可能是零，因此为了说明分析结果的精密度，通常以单次测量偏差绝对值的平均值，即平均偏差（deviation average）$\bar{d}$ 表示其精密度。用它表示可避免单次测量偏差相加时正负抵消。

$$平均偏差\ \bar{d} = \frac{|d_1| + |d_2| + \cdots + |d_n|}{n}$$

$$= \frac{|x_1 - \bar{x}| + |x_2 - \bar{x}| + \cdots + |x_n - \bar{x}|}{n} = \frac{\sum\limits_{i=1}^{n}|d_i|}{n}$$

测量结果的相对平均偏差为：

$$相对平均偏差 = \frac{\bar{d}}{\bar{x}} \times 100\%$$

平均偏差和相对平均偏差均无正负之分。

一组测量数据中，最大值（$x_{\max}$）与最小值（$x_{\min}$）之差称为极差，用字母 R 表示。

$$极差\ R = x_{\max} - x_{\min}$$

用该法表示误差十分简单，适用于少数几次测定中估计误差的范围，它的不足之处是没有利用全部测量数据。

测量结果的相对极差为：　　　　$$相对极差 = \frac{R}{\bar{x}} \times 100\%$$

【例 2-2】　5 次测得水中铁含量（以 $\mu g/mL$ 表示）为：0.48、0.37、0.47、0.40、0.43。试求其平均偏差和相对平均偏差。

解　　　　$$\bar{x} = \frac{0.48 + 0.37 + 0.47 + 0.40 + 0.43}{5} = 0.43(\mu g/mL)$$

项目	Fe/($\mu g/mL$)	$|x_i - \bar{x}|$
x_1	0.18	0.05
x_2	0.37	0.06
x_3	0.47	0.04
x_4	0.40	0.03
x_5	0.43	0.00
	$\bar{x} = 0.43$	$\sum|d_i| = 0.18$

$$\bar{d} = \frac{0.18}{5} = 0.036(\mu g/mL)$$

$$相对平均偏差(‰) = \frac{0.036}{0.43} \times 1000 = 84$$

使用平均偏差表示精密度比较简单，但平均偏差有时不能确切反映测定的精密度。

例如有甲乙两组数据及其平均偏差分别为：

甲组：10.3、9.8、9.6、10.2、10.1、10.4、10.0、9.7、10.2、9.7。

$$\bar{d}_{甲} = 0.24$$

乙组：10.0、10.1、9.3、10.2、9.9、9.8、10.5、9.8、10.3、9.9。

$$\bar{d}_{乙} = 0.24$$

在乙组数据中，明显看出有个别数据偏差较大，但两组数据的平均偏差却相同，没有反映出两者的区别。因此，仅用平均偏差表示测定结果的精密度是不够的。应使用标准偏差来衡量精密度。

标准偏差和变异系数如下所述。

标准偏差：在数理统计中，常用**标准偏差**来衡量精密度，以 s 表示。

$$s=\sqrt{\frac{\sum(\chi_i-\bar{\chi})^2}{n-1}}=\sqrt{\frac{\sum d_i^2}{n-1}}\ 或\ s=\sqrt{\frac{\sum\limits_{i=1}^{n}d_i^2}{n-1}}$$

利用标准偏差来衡量精密度时，将单次测定结果的偏差加以平方，能将较大偏差对精密度的影响反映出来。上例两组数据的标准偏差分别为：$s_甲=0.28$，$s_乙=0.33$。可见甲组数据的精密度比乙组数据好。因此标准偏差可以更确切地说明测定数据的精密度。另外，在科技文献中还常用相对标准偏差（又称变异系数）表示测定结果的精密度。

$$相对标准偏差或变异系数=\frac{s}{\bar{x}}\times1000\text{‰}$$

【例 2-3】　标定某溶液浓度的四次结果是：0.2041mol/L，0.2049mol/L，0.2039mol/L 和 0.2043mol/L。计算其测定结果的平均值，平均偏差，相对平均偏差，标准偏差和相对标准偏差。

解

$$\bar{x}=\frac{0.2041+0.2049+0.2039+0.2043}{4}=0.2043(\text{mol/L})$$

$$\bar{d}=\frac{|-0.0002|+|0.0006|+|-0.0004|+|0.0000|}{4}=0.0003(\text{mol/L})$$

$$相对平均偏差(\text{‰})=\frac{0.0003}{0.2043}\times1000=1.5$$

$$s=\sqrt{\frac{(-0.0002)^2+(0.0006)^2+(-0.0004)^2+(0.0000)^2}{4-1}}=0.0004(\text{mol/L})$$

$$相对标准偏差(\text{‰})=\frac{0.0004}{0.2043}\times1000=2.0$$

绝对偏差、平均偏差、极差和标准偏差与测量值的单位相同，相对偏差、相对平均偏差、相对极差和相对标准偏差没有单位，常用百分数或千分数表示。滴定分析测定常量组分时，一般要求分析结果的相对平均偏差小于 0.2%。在确定标准滴定溶液准确浓度时，常用"相对极差"表示精密度。

（4）准确度和精密度的关系

定量分析工作中要求的分析结果应达到一定的准确度和精密度，准确度和精密度都是判断分析结果好坏的依据。

准确度：表示测定结果的正确性，以真实值为衡量标准，由系统误差和偶然误差决定。

精密度：表示测定结果的重现性，以平均值为衡量标准，只与偶然误差有关。

两者关系：准确度高一定要求精密度高，但精密度高的测定结果不一定准确度也高，只有在校正了系统误差的前提下，精密度高其准确度也高。如测定结果精密度差，本身就失去了衡量准确度的意义。

例如，甲、乙、丙三人同时测定一铁矿石中 Fe_2O_3 的含量（真实含量以质量分数表示为 50.36%），各分析四次，测定结果如下。

项目	1	2	3	4	平均值
甲	50.30%	50.30%	50.28%	50.29%	50.29%
乙	50.40%	50.30%	50.25%	50.23%	50.30%
丙	50.36%	50.35%	50.34%	50.33%	50.35%

从中可见，只有丙的分析结果的精密度和准确度都比较高，结果可靠。甲的分析结果精密度很好，但平均值与真实值相差较大，说明准确度低，也许存在系统误差。乙的分析结果精密度不高，准确度也不高，结果当然不可靠。

2.2　定量分析结果的表示

（1）定量分析结果的表示

定量分析结果有多种表示方法。按照我国现行国家标准的规定，应采用质量分数、体积分数或质量浓度表示。

① 固体试样　常以质量分数表示。物质中某组分 B 的质量（m_B）与物质总质量（m）之比，称为 B 的质量分数。以符号 w_B 表示。

$$w_B = \frac{m_B}{m}$$

其比值可用小数或百分数表示。例如，某纯碱中碳酸钠的质量分数为 0.9830 或 98.30%。若待测组分含量很低，可采用 $\mu g/g$（或 10^{-6}）、ng/g（或 10^{-9}）和 pg/g（或 10^{-12}）来表示。

② 液体试样　分析结果有如下表示方式。

a. 质量分数　表示待测组分的质量 m_B 除以试液的质量 m，以符号 w_B 表示。

b. 物质的量浓度　表示待测组分的物质的量 n_B 除以试液的总体积 V，以符号 c_B 表示。常用单位为 mol/L。

c. 体积分数　表示待测组分的体积 V_B 除以试液的总体积 V，以符号 φ_B 表示。如 $\varphi_{乙醇}$ =95%，表示乙醇的体积分数是 95%，即 100mL 乙醇试液中含有乙醇 95mL。

d. 质量浓度　表示单位体积试液中被测组分 B 的质量，以符号 ρ_B 表示，常用单位为 g/L 和 mg/L。例如 $\rho_{乙酸}$ =360g/L，表示乙酸溶液中乙酸的质量浓度为 360g/L；生活用水中铁含量要求 $\rho(Fe^{3+})$ <0.3mg/L；$\rho_{酚酞}$ =10g/L，表示每升酚酞指示液中含有酚酞 10g。

③ 气体试样　气体试样中的常量或微量组分的含量常以体积分数 φ_B 表示。

（2）分析结果的报告

在涉及产品质量检验的标准中，常常见到关于"允许差"（或称公差）的规定。一般要求某一项指标的平行测定结果之间的绝对偏差不得大于某一数值，这个数值就是"允许差"，平行测定结果超出允许差范围称为"超差"，此时应在短时间内增加测定次数，至测定结果与前面几次（或其中几次）测定结果之差值符合允许差规定时，再取其平均值报告结果。否则应查找原因，重新按规定进行分析。

① 例常分析　在例常分析和生产中间控制分析中，一个试样一般做 2 个平行测定。如果两次分析结果之差不超过允许差的 2 倍，则取平均值报告分析结果；如果超过允许差的 2

倍，则须再做一份分析，最后取两个差值小于允许差2倍的数据，以平均值报告结果。

【例2-4】　某化工产品中微量水的测定，若允许差为0.05%，而样品平行测定结果分别为0.50%、0.65%，应如何报告分析结果？

解　因　　　　　　　　$0.65\% - 0.50\% = 0.15\% > 2 \times 0.05\%$

故应再做一份分析，若这次分析结果为0.61%

$$0.65\% - 0.61\% = 0.04\% < 2 \times 0.05\%$$

则应取0.65%与0.61%的平均值0.63%报告分析结果。

② 多次测定结果　首先用$4\bar{d}$法对可疑值合理取舍，然后以多次测定的算术平均值或中位值报告结果，并报告平均偏差及相对平均偏差，有时还需报告标准偏差和相对标准偏差。

中位值（x_m）是指一组测定值按大小顺序排列时中间项的数值，当n为奇数时，正中间的数只有一个；当n为偶数时，正中间的数有两个，中位值是指这两个值的平均值。

【例2-5】　分析某化肥含氮量时，测得下列数据：34.45%，34.30%，34.20%，34.50%，34.25%。计算这组数据的算术平均值、中位值、平均偏差和相对平均偏差。

解　将测得数据按大小顺序列成下表

顺　序	$x/\%$	$d = x - \bar{x}$
1	34.50	+0.16
2	34.45	+0.11
3	34.30	−0.04
4	34.25	−0.09
5	34.20	−0.14
$n = 5$	$\sum x = 171.70\%$	$\sum |d| = 0.54$

由此得出

中位值　　　　　　　　　　$x_m = 34.30\%$

算术平均值　　　　$\bar{x} = \dfrac{\sum x}{n} = \dfrac{171.70\%}{5} = 34.34\%$

平均偏差　　　　　$\bar{d} = \dfrac{\sum |d|}{n} = \dfrac{0.54}{5} = 0.11\%$

相对平均偏差　　$\dfrac{\bar{d}}{\bar{x}} \times 1000\text{‰} = \dfrac{0.11}{34.34} \times 1000\text{‰} = 3.2\text{‰}$

2.3　定量分析误差的种类、来源和减免方法

2.3.1　误差的种类和来源

定量分析中的误差，按其来源和性质可分为系统误差和随机误差两类。

（1）系统误差

由于某些比较固定的原因引起的分析误差叫系统误差。系统误差对测定值的影响比较固定，具有单向性即朝一个方向偏离是其显著特点。其大小、正负在理论上是可以测定的，所以又称为可测误差。因为可以测定所以能够校正，造成系统误差的原因可能是试剂不纯、测

量仪器不准、分析方法不妥、操作技术较差等。只要找到产生系统误差的原因，就能设法纠正和克服。系统误差来源如下。

① 仪器误差　由于仪器、量器不准引起的误差。例如移液管的刻度不准确、砝码未经校正等。

② 试剂误差　由于使用的试剂纯度不够引起的误差。例如，试剂不纯、蒸馏水中含有待测组分等。

③ 方法误差　由于分析方法本身的缺陷引起的误差。例如，在重量分析中选择的沉淀形式溶解度较大。

④ 操作误差　由于操作者的主观因素造成的误差。例如对滴定终点颜色的辨别偏深或偏浅。

（2）随机误差

由于某些难以控制的偶然因素造成的误差叫随机误差或偶然误差。例如实验环境温度、湿度和气压的波动，仪器性能微小变化等都会产生随机误差。

随机误差是不可避免的，对测定值的影响是不固定的。表面上看，随机误差具有较大的偶然性，但在消除了系统误差的前提下，它遵循下面两条规律。

① 大小相等的正负误差出现的概率相等。

② 大误差出现的概率小，小误差出现的概率大。

随机误差的这种规律性，可用正态分布曲线表示，如图 2-1，以横坐标 x 代表误差的大小、纵坐标代表误差发生的相对频率。这条曲线称为随机误差的正态分布曲线。

除系统误差和随机误差外，还有一类"过失误差"，是由于工作中不认真操作或违反操作规程引起的。如加错试剂、读错刻度、溶液溅失等，这类误差应尽量避免，因

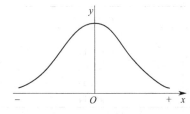

图 2-1　随机误差的正态分布曲线

过失误差出现的可疑数据应按一定规则剔除。

2.3.2　提高分析结果准确度的方法

从误差产生的原因来看，只有消除或减小系统误差和随机误差，才能提高分析结果的准确度。通常采用下列方法。

（1）对照试验

对照试验是检验系统误差的有效方法。将已知准确含量的标准样，按照待测试样同样的方法进行分析，所得测定值与标准值比较，得一分析误差。用此误差校正待测试样的测定值，就可使测定结果更接近真值。

（2）空白试验

不加试样，但按照有试样时同样的操作进行的试验，叫做空白试验。所得结果称为空白值。从试样的测定值扣除空白值，就能得到更准确的结果。例如，确定标准滴定溶液准确浓度的实验，国家标准规定必须做空白试验。

（3）校准仪器

对于分析的准确度要求较高的场合，应对测量仪器进行校正，并利用校正值计算分析结果。例如，滴定管未加校正造成测定结果偏低，校正了滴定管即可加以补正。

（4）增加平行测定份数

取同一试样几份，在相同的操作条件下对它们进行测定，叫做平行测定。增加平行测定份数，可以减小随机误差。对同一试样，一般要求平行测定 4～6 份，以获得较准确的结果。

（5）减小测量误差

一般分析天平称量的绝对误差为 ±0.0001g。为减小相对误差，试样的质量不宜过少。用滴定分析法测定化工产品主成分含量时，消耗标准滴定溶液的体积一般设计在 20mL 以上，也是为了减小滴定管读数所造成的相对偏差。此外，在数据记录和计算过程中，必须严格按照有效数字的运算和修约规则进行。

【例 2-6】　在滴定分析中，滴定管读数常有 ±0.01mL 的误差。在一次滴定中，需要读数两次，这样可能造成 ±0.02mL 的误差。为了使测量时的相对误差小于 0.1%，消耗滴定剂体积至少为多少毫升？

解　　　　　　　　　　$$相对误差 = \frac{绝对误差}{试液体积} \times 100\%$$

因此　　　　　　　$$试液体积 = \frac{绝对误差}{相对误差} = \frac{0.02}{0.001} = 20mL$$

消耗滴定液的体积必须在 20mL 以上，一般常控制在 30～40mL，以保证误差小于 0.1%。

【例 2-7】　分析天平称量的绝对误差为 ±0.0002mg。若称取 0.2000g Na_2CO_3，产生相对误差是多少？若称取 1.0000g Na_2CO_3，产生相对误差又是多少？这说明什么问题？

解　若称取 0.2000g Na_2CO_3，产生相对误差是

$$相对误差(E_r) = \frac{0.0002}{0.2000} \times 100\% = 0.1\%$$

若称取 1.0000g Na_2CO_3，产生相对误差是

$$相对误差(E_r) = \frac{0.0002}{1.0000} \times 100\% = 0.02\%$$

通过计算可知，当绝对误差相同时，称量质量越大导致的相对误差越小。所以现行国家标准同早期国家标准比较，称样量都有所增加，以减小相对误差。

2.4　有效数字及运算规则

定量分析中，不仅要准确地进行各种测量，而且还要正确地记录和计算。对于实验测量数据的记录和结果计算，保留的有效数字位数不是任意的，而应根据测量仪器的精度、分析方法的准确度等来确定。

2.4.1　有效数字

有效数字（significant figure）是指在分析工作中实际能够测量得到的数字，在保留的有效数字中，只有最后一位数字是可疑的，可能有 ±1 的误差，其余数字都是准确的。

如：用万分之一分析天平称量物质的质量为 0.5180g，这种记录正确，表示小数点后有三位数字是准确的，第四位数字 "0" 是可疑的，有 ±1 的误差。即表明实际质量在 0.5180g±0.0001g 之间，但都是测量得到的。所以 5、1、8、0 均是有效数字，此时称量的绝对误

差是±0.0001g，相对误差（‰）是±0.0001/0.5180×1000＝±0.2。若记录为0.518g是否正确？0.518g其绝对误差是±0.001g，相对误差±0.2%，所以这样记录不正确，没有反映出测量仪器的精度。因此有效数字不仅能表示数据的大小，也反映出测定的准确程度，与仪器精度有关。又如滴定管读数25.31mL中，25.3是确定的，0.01是可疑的，可能为25.31mL±0.01mL。有效数字的位数由所使用的仪器决定，不能任意增加或减少位数。如上例中滴定管的读数不能写成25.610mL，因为仪器无法达到这种精度，也不能写成25.6mL，而降低了仪器的精度。

以下列出常见分析测量中能得到的有效数字及位数：

试样的质量 m　　　　1.1430g　　　　五位有效数字（万分之一分析天平称量）

溶液的体积 V　　　　22.06mL　　　　四位有效数字（分度值0.1mL滴定管读数）

量取试液 V　　　　25.00mL　　　　四位有效数字（移液管）

标准溶液浓度 c　　　0.1000mol/L　　四位有效数字

吸光度 A　　　　　　0.356　　　　　三位有效数字

质量分数/%　　　　　98.97　　　　　四位有效数字

pH　　　　　　　　　4.30　　　　　　二位有效数字

离解常数 K　　　　1.8×10^{-5}　　　二位有效数字

电极电位 φ　　　　0.337V　　　　三位有效数字

几点特别说明如下。

① 数字"0"在数据中的双重意义。

当用来表示与测量精度有关的数字时，是有效数字。只起定位作用与测量精度无关时，不是有效数字。

简单讲，数字间和数字末尾的"0"是有效数字，数字前的"0"不是有效数字，例：0.2130g为四位有效数字。小数点前的"0"只起到定位作用，不是有效数字，而数字3后面的"0"是有效数字。又如22.06mL为四位有效数字，其中的0是有效数字。

② 含有对数的有效数字位数，取决于小数部分数字的位数，整数部分只说明相应真数的方次。

如pH、pM、lg$k$等。pH＝9.70两位有效数字，9说明相应真数的方次，不是有效数字。

③ 分数、倍数、常数，视为多位有效数字。如3.1415926，x的3倍，法拉第常数96487，x的1/5等，是非测量所得，可视为无限多位有效数字。

④ 单位换算时，要注意有效数字的位数，不能混淆。例如：1.25g不能记录为1250mg，应为1.25×10^{3}mg。

2.4.2　数值修约规则

处理分析数据时，应按测量精度及运算规则合理保留有效数字，弃去不必要的多余数字，弃去多余数字的处理过程称为数字的修约。

数值修约按GB/T 8170—2008规定进行，即"四舍六入五成双；五后非零就进一，五后皆零视奇偶，五前为偶应舍去，五前为奇则进一"。或"四舍六入五留双"，或者"四要舍六要入，五后非零需进一，五后为零看左方，左为奇数需进一，左为偶数则舍光；不论舍去多少位，都应一次修停当"，不可连续修约，即若拟舍弃的数字为两位以上，应按规则一次修约，不能分次修约。例如将 2.5491 修约为 2 位有效数字，不能先修约为 2.55，再修约为 2.6，而应一次修约到位即 2.5。在用计算器（或计算机）处理数据时，对于运算结果，亦应按照有效数字的计算规则进行修约。

如：将下列数据修约到 2 位有效数字。

$3.1416 \rightarrow 3.1$　　　　$9.053 \rightarrow 9.1$　　　　$2.549 \rightarrow 2.5$　　　　$0.776 \rightarrow 0.78$

$7.54 \rightarrow 7.5$　　　　$9.050 \rightarrow 9.0$　　　　$75.50 \rightarrow 76$　　　　$0.774 \rightarrow 0.77$

$7.55 \rightarrow 7.6$　　　　$9.150 \rightarrow 9.2$　　　　$75.51 \rightarrow 76$

注意，数字修约时只能对原始数据进行一次修约到需要的位数，不能逐级连续修约。如错误的修约：$7.549 \rightarrow 7.55 \rightarrow 7.6$，应为：$7.549 \rightarrow 7.5$。

合理取舍，不能任意舍弃亦不可无原则保留，特别是用计算器计算时。

2.4.3　有效数字运算规则

（1）加减法

几个数据相加或相减时，它们的和或差的有效数字位数的保留，应以小数点后位数最少（绝对误差最大）的数据为准，先修约、后计算。

$$0.015 + 34.37 + 4.3235 = 0.02 + 34.37 + 4.32 = 38.71$$

三个数据中 34.37 小数点后位数最少，绝对误差最大，以它为基准，先修约，后计算。

（2）乘除法

几个数据相乘或相除时，它们的积或商的有效数字位数的保留，应以各数据中有效数字位数最少（相对误差最大）的数据为准。

$$0.1034 \times 2.34 = 0.103 \times 2.34 = 0.241$$

数据 0.01034 测量的相对误差：$\pm 0.0001/0.1034 \times 1000 \approx \pm 1(‰)$

数据 2.34 测量的相对误差：$\pm 0.01/2.34 \times 1000 \approx \pm 4(‰)$　以它为准，进行结果有效数字位数的保留。

（3）乘方和开方

对数据进行乘方或开方时，所得结果的有效数字位数保留应与原数据相同。例如：

$6.72^2 = 45.1584$ 保留三位有效数字则为 45.2

$\sqrt{9.65} = 3.10644\cdots$ 保留三位有效数字则为 3.11

（4）对数计算

所取对数的小数点后的位数（不包括整数部分）应与原数据的有效数字的位数相等。例如：

$\lg 102 = 2.00860017\cdots$ 保留三位有效数字则为 2.009

在计算中常遇到分数、倍数等，可视为多位有效数字。

在乘除运算过程中，首位数为"8"或"9"的数据，有效数字位数可以多取一位。

在混合计算中，有效数字的保留以最后一步计算的规则执行。

表示分析方法的精密度和准确度时，大多取 1～2 位有效数字。

几点特别说明：分析数据中，标液浓度与体积乘积，往往先乘完再修约；某数据第一位有效数字≥8 时，有效数字位数可多算一位，如 9.37mL，可按四位有效数字处理，因为 9.37mL 接近于 10.00mL。

近年来，分析化学中更多地采用统计方法处理分析数据，使数据的处理更科学地反映研究对象的客观存在。

2.4.4 实验数据的记录

实验数据的记录与处理不仅能表达试样中待测组分的含量，而且还反映测定的准确度。分析检测人员必须能够正确地记录实验数据。这既是良好的实验习惯，也是一项不容忽视的基本功。准确地进行分析测定，要求分析者细致、认真，记录数据清楚、整洁；修改数据遵守有关规定，并注意测量所能得到的有效数字。

（1）原始数据记录要求

① 使用专门的实验记录本，不可记录在单页纸、称量纸、滤纸或手上。

② 记录内容要完整。如日期、实验名称、测定次数、实验数据及实验者、特殊仪器的型号和标准溶液的浓度、温度等都应标明。

③ 及时、准确地记录数据和现象。记录的数据单位、符号符合法定计量单位的规定，不可回忆、誊写或拼凑伪造数据。

④ 有效数字的记录位数应与测量仪器精度一致。如用常量滴定管的读数应记录至 0.01mL。

⑤ 记录的每一个数据都是测量结果。平行测定时，即使得到完全相同的数据也应如实记录下来。

⑥ 对记错的数据的改动，用一横线划去，上方写出正确数字，不可用涂改液、透明胶。

⑦ 实验结束后，应对记录进行认真地核对，判断所测量的数据是否正确、合理、平行测定结果是否超差，以决定是否需要进行重新测定。

（2）结果计算记录要求

在分析化学中，常涉及大量数据的处理及计算工作。下面是分析结果记录的基本规则。

① 记录测定结果时，只应保留一位可疑数字。在分析测试过程中，几个重要物理量的测量误差一般为：质量，$\pm 0.000x$ g；容积，$\pm 0.0x$ mL；pH，$\pm 0.0x$ 单位；电位，$\pm 0.000x$ V；吸光度，$\pm 0.00x$ 单位等。由于测量仪器不同，测量误差可能不同，因此，应根据具体试验情况正确记录测量数据。

② 有效数字位数确定以后，按"四舍六入五成双"规则进行修约。

③ 几个数相加减时，以绝对误差最大的数为标准，使所得数只有一位可疑数字。几个数相乘时，一般以有效数字位数最少的数为标准，弃去过多的数字，然后进行乘除。在计算过程中，为了提高计算结果的可靠性，可以暂时多保留一位数字。再多保留就完全没有必要了，而且会增加运算时间。但是，在得到最后结果时，一定要注意弃去多余的数字。在用计算器（或计算机）处理数据时，对于运算结果，应注意正确保留最后计算结果的有效数字位数。

④ 对于高含量组分（例如＞10%）的测定，一般要求分析结果有 4 位有效数字；对于中含量组分（例如 1%～10%），一般要求 3 位有效数字；对于微量组分（＜1%），一般只要求 2 位有效数字。通常以此为标准，报出分析结果。

⑤ 在分析化学的许多计算中，当涉及各种常数时，一般视为准确的，不考虑其有效数字的位数。对于各种误差的计算，一般只要求 2 位有效数字。对于各种化学平衡的计算（如计算平衡时某离子的浓度），根据具体情况，保留 2 位或 3 位有效数字。

2.5　分析数据的统计处理

总体：在统计学中，所考察对象的全体称为总体（或母体）。

样本：自总体中随机抽出的一组测量值称为样本（或子样）。

样本大小：样本中所含测量值的数目称为样本大小（或容量）。

如某批矿石中锑含量测定，取样、样品处理后得到 200g 样品，这是供分析用的总体，若从中称取 4 份平行试样测定，得到 4 个分析结果，则这一组分析结果就是该矿石分析总体的一个随机样本，样本大小（容量）为 4。

2.5.1　测量值的集中趋势

（1）数据集中趋势的表示

① 算术平均值和总体平均值　设样本容量为 n，则样品的算术平均值（简称平均值）x 为：

$$x = \frac{1}{n} \sum_{i=1}^{n} xi \, (n \text{ 为有限次})$$

总体平均值表示总体分布集中趋势的特征值，用 μ 表示：

$$\mu = \frac{1}{n} \sum_{i=1}^{n} xi \, (n \to \infty)$$

在无限次测量中用 μ 描述测量值的集中趋势，而在有限次测量中则用算术平均值 x 描述测量值的集中趋势。

② 中位数 x_M　将一组测量数据按大小顺序排列。当测定次数 n 为奇数时，位于序列正中间的那个数值，就是中位数；当测定次数 n 为偶数时，中位数为正中间相邻的两个测定值的平均值。优点：简便直观地说明一组测量数据的结果，不受过大误差数据的影响。缺点：不能充分利用数据。显然用中位数表示测量数据的集中趋势不如用平均值好。

（2）数据分散程度的表示

数据分散程度用平均偏差、标准偏差来衡量。用统计方法处理数据时，广泛采用标准偏差来衡量。

测定次数趋近无限多次时，各测量值对总体平均值 μ 的偏离用总体标准偏差 σ 表示。

$$\sigma = \sqrt{\frac{\sum_{i=1}^{n} (xi - \mu)^2}{n}} \, (n \to \infty)$$

测量次数不多，总体平均值 μ 又不知道时，用标准偏差 s 来衡量数据分散程度。

2.5.2　异常值的检验与取舍

定量分析多次平行测定数据中，有时会出现个别数据与其他数据相差较远的情况。如 31.15mL　31.20mL　31.19mL　35.20mL，这一数据称为异常值，也叫可疑值或极端值。

可疑值对平均值的影响很大，是保留还是舍去不是任意的，而必须按照一定规定的方法。如果是由过失误差引起的如溶液溅失、滴定过量等，则这次异常值必须舍去，如果测定并无失误，则异常值保留或舍去应按一定的统计学方法进行处理。重点介绍 Q 检验法，其次介绍 $4\bar{d}$ 检验法和格鲁布斯法（T 检验法）。

（1）Q 检验法

当测定次数为 3～10 次时，可利用 Q 值表（表 2-1），检验异常值是否需要舍弃。检验步骤为：

① 将数据按递增顺序排列 x_1，x_2，…，x_n。

② 求出最大值与最小值的差（极差）：$x_n - x_1$。

③ 求出异常值（x_n 或 x_1）与其最邻近值的差值 $x_n - x_{n-1}$ 或 $x_2 - x_1$。

④ 按下式计算 Q 值：

$$Q = \frac{x_n - x_{n-1}}{x_n - x_1} \quad \text{或} \quad Q = \frac{x_2 - x_1}{x_n - x_1}$$

⑤ 根据测定次数（n）和要求的置信度，从表 2-1 中查出对应的 Q 值。

置信度又称为置信水平，指在某一 t 值时，测量值出现在 $\mu \pm ts$ 范围内的概率。置信度越高，置信区间越大，估计区间包含真值的可能性越大。如置信度为 95%，说明以平均值为中心包括总体平均值落在该区间有 95% 的把握。

⑥ 将计算所得的 Q 值与查表所得的 Q 值进行比较。如果计算的 Q 值小于从表中查得的 Q 值，异常值应保留，所有的数据都应该参加平均值的计算；如果计算的 Q 值大于或等于从表中查得的 Q 值，则异常值 x_n 或 x_1 应予以舍弃，不参加平均值的计算。

表 2-1　不同置信度下舍弃可疑数据的 Q 值

测定次数（n）	置信度		
	90%（$Q_{0.90}$）	95%（$Q_{0.95}$）	99%（$Q_{0.99}$）
3	0.94	1.53	0.99
4	0.76	1.05	0.93
5	0.64	0.86	0.82
6	0.56	0.76	0.74
7	0.51	0.69	0.68
8	0.47	0.64	0.63
9	0.44	0.60	0.60
10	0.41	0.58	0.57

【例 2-8】　测定试样中镁的含量时测得的质量百分数分别为 31.32%、31.28%、31.27%、31.30%、31.38%，试用 Q 检验法判断 31.38% 是否应该舍弃。置信度要求为 90%。

解

① 按递增顺序排列数据 31.27%、31.28%、31.30%、31.32%、31.38%

② 极差 $x_n - x_1 = 31.38 - 31.27 = 0.11$

③ $x_n - x_{n-1} = 31.38 - 31.32 = 0.06$

④ 计算 Q 值

$$Q = \frac{x_n - x_{n-1}}{x_n - x_1} = \frac{0.06}{0.11} = 0.55$$

⑤ 查表 2-1 得 $n = 5$ 时，$Q_{0.90} = 0.64$

⑥ 判断：因为 $Q < Q_{0.90}$，所以 31.38 应该保留，参加平均值的计算。

Q 检验法的缺点是：没有充分利用测定数据，仅将可疑数据与其最邻近数据比较，可靠性差。误将可疑值判为正常值的可能性较大。Q 检验法可以重复检验至无其他可疑值为止。

（2）$4\bar{d}$ 检验法

对于一组分析数据也可用 $4\bar{d}$ 法判断异常值的取舍。先将一组数据中异常值略去不计，求出其余数据的平均值 $\bar{x}$、平均偏差 $\bar{d}$ 及 $4\bar{d}$，然后计算异常值与平均值之差的绝对值即 $|异常值 - \bar{x}|$。若 $|异常值 - \bar{x}| \geq 4\bar{d}$，该异常值应舍弃；若 $|异常值 - \bar{x}| < 4\bar{d}$，该异常值应保留，并参与平均值计算。

【例 2-9】　对某铁矿石中铁含量进行了五次平行测定，其测定数据如下表所示，试用 $4\bar{d}$ 法判断 70.80 是否应舍弃。

测定值/%	$\bar{x}$	$\|d\|$	$\bar{d}$	$4\bar{d}$	异常值 $-\bar{x}$
70.41		0.08			
70.39	70.49	0.10	0.09	0.36	0.31
70.54		0.05			
70.62		0.13			
70.80（异常值）					

解　从上表可知 70.80 为异常值。

① 求异常值以外其余数据的平均值

$$\bar{x} = \frac{70.41 + 70.39 + 70.54 + 70.62}{4} = 70.49$$

② 求异常值以外其余数据的平均偏差 $\bar{d}$ 及 $4\bar{d}$

$$\bar{d} = \frac{|d_1| + |d_2| + |d_3| + |d_4|}{4}$$

$$= \frac{0.08 + 0.10 + 0.05 + 0.13}{4} = 0.09$$

$$4\bar{d} = 4 \times 0.09 = 0.36$$

③ $|异常值 - \bar{x}| = 70.80 - 70.49 = 0.31$

④ 比较：因为 $|异常值 - \bar{x}| < 4\bar{d}$，所以异常值 70.80 不应弃去，应参加计算。故矿石中 Fe^{2+} 含量为：

$$Fe(\%) = \frac{70.41 + 70.39 + 70.54 + 70.62 + 70.80}{5} = 70.55$$

$4\bar{d}$ 法统计处理不够严格，但比较简单，不用查表，故至今为人们所采用。$4\bar{d}$ 法仅适用于 4～8 个测定数据的检验。

（3）格鲁布斯（Grubbs）法（T 检验法）

格鲁布斯法检验法常用于检验多组测定值的平均值的一致性，也可以用来检验同一组测定中各测定值的一致性。下面以检验同一组测定中各测定值的一致性，说明它的检验步骤。

① 将各数据按从小到大顺序排列：x_1，x_2，$\cdots$，x_n。求出算术平均值 x 和标准偏差 s。

② 确定检验 x_1 或 x_n 或两个都检验。

③ 若设 x_1 为可疑值，使用公式 $T=(\bar{x}-x_1)/s$ 计算 T 值，若设 x_n 为可疑值，使用公式 $T=(x_n-\bar{x})/s$ 计算 T 值。

④ 查格鲁布斯法检验临界值表（不做特别说明时，α 取 0.05），得 T 的临界值 T_{α}，n。

⑤ 将 $T_{计}$ 与 T_{α}，n 比较。如果 $T_{计} \geq T_{\alpha}$，n，则数据 x_1 或 x_n 是异常的，应予剔除，否则应予保留。

⑥ 在第一个异常数据剔除舍弃后，如果仍有可疑数据需要判别时，则应重新计算 x 和 s，求出新的 T 值，再次检验。

对于多组测定值的检验，只需把每组数据的平均值作为一个数据，用以上相同步骤检验。

【例 2-10】 各实验室分析同一样品，各实验室测定的平均值按由小到大顺序为：4.41、4.49、4.50、4.51、4.64、4.75、4.81、4.95、5.01、5.39，用格鲁布斯法检验最大值5.39是否应舍弃。

解
$$\bar{x}=\frac{1}{10}\sum_{i=1}^{10}x_i=4.746$$

$$s=\sqrt{\frac{1}{10-1}\sum_{i=1}^{10}(x_i-x)^2}=0.305$$

$$X_{\max}=5.39$$

$$T=(X_{\max}-\bar{x})/sx=\frac{5.39-4.746}{0.305}=2.11 \text{ 即 } T_{计}.$$

当 $n=10$，显著性水平 $\alpha=0.05$ 时，临界值 $T_{0.05,10}=2.176$。因 $T_{计}<T_{0.05,10}$，故为正常均值，不应舍弃。

2.5.3 回归分析

在仪器分析中，通常是通过测定试样的某种物理量（x）来确定其组分含量（y），例如，电化学分析是通过测定电量、电位等数值来测定其含量的，光学分析则是测定吸光度值来确定其含量的。变量 x 与 y 之间的关系变化规律如何？回归分析就是处理变量之间相关关系的数学工具，这里只介绍一元线性回归方程的求法。

（1）回归方程的建立

假定配制了一系列标准样液，它们的浓度（ρ）为 y_1，y_2，y_3，$\cdots$，测定它们的物理量（比如吸光度 A）对应得到 x_1，x_2，x_3，$\cdots$，它们的一元线性回归方程为：

$$y=a+bx$$

其中系数 a、b 可按下式求出：

$$a=\bar{y}-b\bar{x}$$

$$b=\frac{\sum(x_i-\bar{x})\times(y_i-\bar{y})}{\sum(x_i-\bar{x})^2}$$

$$其中\quad \bar{x}=\frac{1}{n}\sum x_i, \quad \bar{y}=\frac{1}{n}\sum y_i$$

式中 x_i，y_i——单次测定值。

（2）回归方程的检验

人们所建立的回归方程是否可信，可以通过计算的相关系数 r 来检验：

$$r=b\sqrt{\frac{\sum(x_i-\bar{x})^2}{\sum(y_i-\bar{y})^2}}=\frac{\sum(x_i-\bar{x})(y_i-\bar{y})}{\sqrt{\sum(x_i-\bar{x})^2\sum(y_i-\bar{y})^2}}$$

r 值越接近 1，回归方程越可信。

【例 2-11】 用分光光度法测定微量钴，得到下列数据：

吸光度 A	0.28	0.56	0.84	1.12	2.24
钴浓度 $\rho/(\mu g/mL)$	3.0	5.5	8.2	11.0	21.5

试确定 A 与 ρ 之间的线性关系方程。

解 设吸光度 A 为 x_i，钴浓度 ρ 为 y_i

$$\bar{x}=\frac{0.28+0.56+0.84+1.12+2.24}{5}=1.008$$

$$\bar{y}=\frac{3.0+5.5+8.2+11.0+21.5}{5}=9.84$$

$$b=\frac{\sum(x_i-\bar{x})(y_i-\bar{y})}{\sum(x_i-\bar{x})^2}=\frac{21.70}{2.29}=9.48$$

$$a=\bar{y}-b\bar{x}=9.84-9.48\times1.008=0.28$$

所以：

$$\rho=0.28+9.48A$$

相关系数计算 $r=9.48\times\sqrt{\dfrac{2.29}{205.61}}=1.000$

习题 ------

一、填空

1. 分析结果准确度用_____表示，_____越小，准确度_____。

2. 分析结果精密度用_____表示，_____越小，精密度_____。

3. 误差是指测得值与真实值之间_____，误差的表示方法有_____和_____。

4. 分析误差的来源包括_____、试剂误差、_____、_____和_____。消除相应误差的方法有_____、_____、_____、增加平行测定次数和减少测量误差。

5. 两个实验室对同一种试样 10 个样品进行分析，甲实验室测定结果总是比乙实验室测定结果高，说明两个实验室之间存在_____误差。

6. 天平砝码和移液管没有校正将产生_____误差；滴定时不慎溶液溅出将产生_____误差。

7. 分析天平的绝对误差是 0.1mg，用减量法称取一个试样将产生_____误差，若要求称量相对误差<0.1％，要求称取试样的质量最低是_____。

8. 有效数字是指分析仪器_____的数字。滴定管读数 35.10 有_____有效数字，$c(NaOH)=0.1002mol/L$ 标准溶液浓度有_____有效数字，用分析天平称取 0.1025g 有_____有效数字。

9. 有效数字不仅表示_____的大小，而且也表示测量的_____。

10. 根据试样不同，定量分析结果可以用质量分数_____、体积分数_____或质量浓度_____表示。

二、选择

1. 在不加样品的情况下，用测定样品同样的方法、步骤进行的试验称为（　　）。

A. 对照试验　　　B. 空白试验　　　C. 平行试验　　　D. 预试验

2. 用测定样品同样的方法、步骤对标准样进行的测定称为（　　）。

A. 对照试验　　　B. 空白试验　　　C. 平行试验　　　D. 预试验

3. 下列关于平行测定结果准确度与精密度的描述正确的有（　　）。

A. 精密度高则没有随机误差　　　　　B. 精密度高则准确度一定高

C. 精密度高表明方法的重现性好　　　D. 存在系统误差则精密度一定不高

4. 系统误差的性质是（　　）。

A. 随机产生　　　B. 具有单向性　　　C. 呈正态分布　　　D. 难以测定

5. 对某甲醛试样进行三次平行测定，测得平均含量为 38.6％，已知真实含量为 38.3％，则 38.6％－38.3％＝0.3％ 为（　　）。

A. 相对误差　　　B. 相对偏差　　　C. 绝对误差　　　D. 绝对偏差

6. 由计算器算得的 $\dfrac{2.236 \times 1.1124}{1.036 \times 0.2000}$ 结果为 12.004471，按有效数字运算规则应将结果修约为（　　）。

A. 12　　　B. 12.0　　　C. 12.00　　　D. 12.004

7. 表示一组测量数据的精密度时，其最大值与最小值之差叫做（　　）。

A. 绝对误差　　　B. 相对误差　　　C. 极差　　　D. 平均偏差

8. 有效数字是指实际上能测量到的数字，只保留末一位（　　）数字，其余数字均为准确数字。

A. 可疑　　　B. 准确　　　C. 不可读　　　D. 可读

9. （　　）是指在相同条件下，对同一试样的平行测定值互相符合的程度。

A. 精密度　　　B. 偏差　　　C. 误差　　　D. 准确度

10. 一个样品分析结果的准确度不好，但精密度好，可能的原因是（　　）。

A. 操作失误　　　B. 记录有差错　　　C. 使用试剂不纯　　　D. 随机误差大

11. 用沉淀滴定法测纯 NaCl 中 Cl^- 的含量，测得结果为 59.98％，则绝对误差为（　　）。

$M(NaCl)=58.44g/mol, M(Cl)=35.45g/mol$。

A. －0.68％　　　B. 0.68％　　　C. －1.12％　　　D. 无法计算

12. 称量样品 A 的质量为 1.4567g，该样品的真实值为 1.4566g；称量样品 B 的质量为 0.1432g，该样品的真实值为 0.1431g。称量准确度高的是（　　）。

A. A 高　　　　　　　B. 高　　　　　　　C. 同样高　　　　　　D. 无法比较

13. 在分析化学中通常不能将（　　　）当作真值处理。

A. 理论真值　　　　　　　　　　B. 计量学约定的真值

C. 相对真值　　　　　　　　　　D. 算术平均值

14. 有效数字的计算一般遵从（　　　）原则。

A. 先修约，再计算　　　　　　　B. 先计算，后修约

C. 可先修约，也可先计算　　　　D. 都一样

三、判断

1. 分析天平称量绝对误差是 0.0002g，若使称量相对误差小于 0.1％，称量物质的质量应该小于 0.1g。（　　　）

2. 绝对误差有正有负，相对误差永远是正的。（　　　）

3. 测定的精密度好，但准确度不一定好，消除了系统误差后，精密度好的，结果准确度就好。（　　　）

4. 分析测定结果的偶然误差可通过适当增加平行测定次数来减免。（　　　）

5. 系统误差是有规律的、恒定的，但是，不能消除。（　　　）

6. 用标准偏差表示精密度可以使大偏差更显著地反映出来。（　　　）

7. 测定值与真实值之差称为误差，个别测定结果与多次测定的平均值之差称为偏差。（　　　）

8. 系统误差影响分析结果的准确度，随机误差影响分析结果的精密度。（　　　）

9. 将 4.73550 修约为四位有效数字的结果是 4.735。（　　　）

10. 有效数字的位数应该根据检验方法和仪器的准确度来决定。（　　　）

11. 两位分析者同时测定某一试样中硫的质量分数，称取试样均为 4.4g，分别报告结果如下。

甲：0.033％，0.031％；乙：0.03098％，0.03202％。乙的报告是合理的。（　　　）

12. 在比较和判断分析结果之间是否吻合或超差时，标准偏差起着判断数据标准的作用。（　　　）

13. 如果分析结果超出允许公差范围，就称为超差，必须重新进行该项分析。（　　　）

14. 一个试样经过多次测定，可以去掉一个最大值和一个最小值后，取平均值计算结果。（　　　）

15. 液体试样测定的结果可以用质量分数、质量浓度、体积分数和物质的量浓度表示。（　　　）

四、简答

1. 解释下列名词

真值、准确度、精密度、误差、偏差、平均偏差、相对平均偏差、极差、相对极差、标准偏差、相对标准偏差、系统误差、随机误差、公差（允差）、有效数字、可疑数字、对照试验、空白试验

2. 什么是系统误差？产生系统误差原因有哪些？如何消除？

3. 什么是偶然误差？如何减少偶然误差？

4. 什么是有效数字？举例说明使用分析天平称量、滴定管读数、移液管量取能准确到

小数点后几位？

5. 分析过程中出现如下情况，试回答将引起什么性质的误差？

(1) 砝码被腐蚀；

(2) 称量时样品吸收了少量水分；

(3) 读取滴定管读数时，最后一位数字估测不准；

(4) 称量过程中，天平零点稍有变动；

(5) 试剂中含有少量待测组分。

6. 在一个样品的多次测定中，以中位数和算数平均值报告分析结果各有什么优点？

7. 什么是有效数字？说明有效数字的修约规则和运算规则。

五、计算

1. 测定工业硫酸试样进行 3 次平行测定，结果分别为 98.65%、98.62%、98.60%，该试样的真值是 98.63%，试计算绝对误差、相对误差、绝对偏差、相对偏差。

2. 指出下列各数有效数字位数。

35.03mL　　1.0000g　　25.00mL　　pH＝6.80　　$k_a＝1.8×10^{-5}$　　0.0998mol/L

3. 按有效数字修约规则，将下列数值保留 3 位有效数字。

1.8642　　0.23461　　21.3500　　4.3850　　1.24511　　1.3657

4. 按有效数字运算规则进行计算

(1) $\dfrac{(50.00×1.010-30.00×0.1002)×\dfrac{1}{2}×100.09}{2.500×1000}$

(2) $\sqrt{\dfrac{1.5×10^{-3}×6.1×10^{-8}}{3.3×10^{-5}}}$

(3) $\dfrac{1.20×(112-1.240)}{5.4375}$

5. 某分析天平称量的最大绝对误差为±0.1mg，要使称量的相对误差不大于 0.2%，问至少应称多少样品？

6. 测定铜合金中铜含量，5 次测得数据为 72.32%、72.30%、72.25%、72.22%、72.21%，求其平均偏差、相对平均偏差。

7. 测定铜合金中铜含量，5 次测得数据为 62.54%、62.46%、62.50%、62.48%、62.52%，求其标准偏差、相对标准偏差。

8. 测定某化合物氮含量，平行测定 4 次其结果分别是 32.98%、33.01%、32.97%、33.07%，用 $4\bar{d}$ 法判断 33.07% 能否应该舍去，并报告分析结果。

9. 测定氯化钠中氯含量，进行了 5 次平行测定，其测定数据如下 60.41、60.39、60.54、60.62、60.80，试用 $4\bar{d}$ 法判断 60.80 是否应舍弃，并求出测定结果的平均值和中位值。

10. GB/T 17529.1—2008 工业丙烯酸中水分含量测定，规定允许差为 0.02%，而样品平行测定结果分别为 0.14%，0.16%，应如何报告分析结果？

11. GB/T 1628—2020 工业冰乙酸中乙酸含量测定，规定允许差为 0.15%，而样品平行测定结果分别为 99.85%，99.50%，能否取平均值报告结果？若再测定一次为 99.80%，结果应该报告多少？

12. GB 1616—2014 规定,工业过氧化氢含量两次平行测定的允许差是 0.1%,若第一次测定结果是 30.20,第二次测定数值是多少才能符合要求?

13. GB/T 1628—2020 工业冰乙酸标准应符合下表的技术要求,实际产品测定值如下表所列。试判断该产品的等级。

项　　目		指　　标			实际测定值
		优等品	一等品	合格品	
乙酸的质量分数/%	≥	99.8	99.5	98.5	99.79
色度/Hazen 单位(铂-钴色号)	≤	10	20	30	8
水的质量分数/%	≤	0.15	0.20	—	0.14
甲酸的质量分数/%	≤	0.05	0.10	0.30	0.02
乙醛的质量分数/%	≤	0.03	0.05	0.10	0.01
蒸发残渣质量分数/%	≤	0.01	0.02	0.03	0.005
铁的质量分数(以 Fe 计)/%	≤	0.00004	0.0002	0.0004	0.0003
高锰酸钾时间/min	≥	30	5	—	35

14. 按 GB/T 6818—2019 工业辛醇标准实测结果和技术标准要求数据如下表,应该如何填写检测报告?

检验参数	标准规定指标	实测结果
2-乙基己醇的质量分数/%	≥99.0	99.8
色度/Hazen 单位(铂-钴色号)	≤10	5
水的质量分数/%	≤0.20	0.004
酸度(以乙酸计)的质量分数/%	≤0.01	0.002
羰基(以 2-乙基己醛计)的质量分数/%	≤0.04	0.0038
硫酸显色试验(铂-钴色号)	≤35	25

任务二　一般溶液的配制

知识目标

1. 理解滴定分析中的基本概念。
2. 理解基准物质必备条件。
3. 掌握一般溶液和标准(滴定)溶液的配制方法。
4. 掌握滴定分析计算。

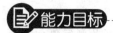**能力目标**

1. 能够正确选择合适的方法、试剂、仪器配制标准溶液和一般溶液。

2. 能够配制常用酸碱指示剂（酚酞、甲基橙、甲基红、甲基红-溴甲酚绿、甲基红-亚甲基蓝指示液），金属指示剂（铬黑 T、二甲酚橙、PAN、Cu-PAN、磺基水杨酸、钙指示剂），氧化还原滴定指示剂（二苯胺磺酸钠、邻苯氨基苯甲酸、淀粉），K_2CrO_4、铁铵矾指示剂。

3. 能够正确进行滴定分析计算。

4. 能够进行交流，有团队合作精神与职业道德，可独立或合作学习与工作。

**相关知识**

2.6　化学试剂

化学试剂是分析工作的物质基础。化学试剂的纯度对分析结果准确度影响很大，不同的分析工作对试剂纯度的要求也不同。对于分析工作者，必须了解化学试剂的性质、分类、规格、用途、选择及使用。

化学试剂的门类很多，世界各地对化学试剂的分类和分级的标准不尽一致，各国都有自己的国家标准及其他标准（行业标准、学会标准等）。我国的化学试剂产品有国家标准（GB）、原化工部标准（HG）及企业标准（QB）三级。

2.6.1　化学试剂的分类

将化学试剂进行科学的分类，以适应化学试剂的生产、科研、进出口等需要，是化学试剂标准化所要研究的内容之一。

化学试剂产品已有数千种，有分析试剂、仪器分析专用试剂、指示剂、有机合成试剂、生化试剂、电子工业专用试剂、医用试剂等。随着科学技术和生产的发展，新的试剂种类还将不断产生。常用的化学试剂的分类方法有：按试剂用途和化学组成分类；按试剂用途和学科分类；按试剂包装和标志分类；按化学试剂的标准分类。现将化学试剂分为标准试剂、普通试剂、高纯试剂、专用试剂四大类，分别介绍如下。

（1）标准试剂

标准试剂是用于衡量其他（欲测）物质化学量的标准物质。标准试剂的特点是主体含量高而且准确可靠，其产品一般由大型试剂厂生产，并严格按国家标准检验。主要国产标准试剂的分类及用途列于表 2-2 中。

表 2-2　主要国产标准试剂的分类与用途

类别	主要用途
滴定分析第一基准试剂(C 级)	工作基准试剂的定值
滴定分析工作基准试剂(D 级)	滴定分析标准溶液的定值
杂质分析标准溶液	仪器及化学分析中作为微量杂质分析的标准
滴定分析标准溶液	滴定分析法测定物质的含量
一级 pH 基准试剂	pH 基准试剂的定值和高精度 pH 计的校准
pH 基准试剂	pH 计的校准(定位)
热值分析试剂	热值分析仪的标定
色谱分析标准	气相色谱法进行定性和定量分析的标准
临床分析标准溶液	临床化验
农药分析标准	农药分析
有机元素分析标准	有机元素分析

　　滴定分析用标准试剂习惯称为基准试剂，分为第一基准试剂（C 级）和工作基准试剂（D 级）两个级别。主体成分含量分别为 99.98%～100.02% 和 99.95%～100.05%。D 级基准试剂是滴定分析中的标准物质，常用的 D 级基准试剂列于表 2-3 中。

　　基准试剂规定采用浅绿色标签。

表 2-3　常用 D 级基准试剂

名称	国家标准代号	主要用途
无水碳酸钠	GB 1255—2007	标定 HCl、H_2SO_4 溶液
邻苯二甲酸氢钾	GB 1257—2007	标定 $NaOH$、$HClO_4$ 溶液
氧化锌	GB 1260—2008	标定 EDTA 溶液
碳酸钙	GB 12596—2008	标定 EDTA 溶液
乙二胺四乙酸二钠	GB 12593—2007	标定金属离子溶液
氯化钠	GB 1253—2007	标定 $AgNO_3$ 溶液
硝酸银	GB 12595—2008	标定卤化物及硫氰酸盐溶液
草酸钠	GB 1254—2007	标定 $KMnO_4$ 溶液
三氧化二砷	GB 1256—2008	标定 I_2 溶液
碘酸钾	GB 1258—2007	标定 $Na_2S_2O_3$ 溶液
重铬酸钾	GB 1259—2007	标定 $Na_2S_2O_3$、$FeSO_4$ 溶液
溴酸钾	GB 12594—2008	标定 $Na_2S_2O_3$ 溶液

（2）普通试剂

　　普通试剂是实验室最普遍使用的试剂，按质量分为四级及生化试剂。表 2-4 列出了普通试剂的分级。

表 2-4　普通化学试剂的分级

级别	习惯等级与代号	标签颜色	适用范围
一级	保证试剂 优级纯(G.R.)	绿色	纯度很高,适用于精确分析和科学研究工作,有的可作为基准试剂
二级	分析试剂 分析纯(A.R.)	红色	纯度较高,适用于一般分析和科学研究工作
三级	化学试剂 化学纯(C.P.)	蓝色	适用于工业分析和一般化学试验
四级	实验试剂(L.R.)	棕色或其他颜色	适用于一般化学实验辅助试剂
生化试剂	生化试剂(B.R.)	咖啡色	适用于生物化学及医用化学实验

（3）高纯试剂

高纯试剂的特点是杂质含量低（比优级纯基准试剂低），主体含量与优级纯试剂相当，而且规定检验的杂质项目比同种优级纯或基准试剂多 $1\sim2$ 倍。通常杂质量控制在 $10^{-9}\sim10^{-6}$ 级的范围内。高纯试剂主要用于微量分析中试样的分解及试液的制备。

高纯试剂多属于通用试剂（如 HCl、$HClO_4$、$NH_3 \cdot H_2O$、Na_2CO_3、H_3BO_3）。目前只有 8 种高纯试剂颁布了国家标准，其他产品一般执行企业标准，在产品的标签上标有"特优"或"超优"试剂字样。

（4）专用试剂

专用试剂是指有特殊用途的试剂。其特点是不仅主体含量较高，而且杂质含量很低。它与高纯试剂的区别是：在特定的用途中（如发射光谱分析）有干扰的杂质成分只需控制在不致产生明显干扰的限度以下。

专用试剂种类很多，举例如下。

① 光谱纯试剂（符号 S. P.） 杂质的含量用光谱分析法已测不出或杂质含低于某一限度，主要用作光谱分析中的标准物质。

② 分光光度纯试剂 要求在一定波长范围内没有或很少有干扰物质，用作分光光度法的标准物质。

③ 色谱试剂与制剂 包括色谱用的固体吸附剂、固定液、载体、标样等。注意"色谱试剂"和"色谱纯试剂"是不同概念的两类试剂。前者是指使用范围，即色谱中使用的试剂，后者是指其纯度高，杂质含量用色谱分析法测不出或低于某一限度，用作色谱分析的标准物质。

④ 生化试剂 用于各种生物化学检验。

按规定，试剂瓶的标签上应标示试剂的名称、化学式、摩尔质量、级别、技术规格、产品标准号、生产许可证号、生产批号、厂名等，危险品和毒品还应给出相应的标志。

2.6.2 化学试剂的选用

化学试剂的纯度越高，则其生产或提纯过程越复杂而价格越高，如基准试剂和高纯试剂的价格要比普通试剂高数倍乃至数十倍。因此，应根据分析任务、分析方法、分析对象的含量及对分析结果准确度的要求进行合理选择，不要盲目地追求高纯度。化学试剂选用的原则是：在满足实验要求的前提下，选择试剂的级别应就低而不就高。既不超级别造成浪费，又不随意降低试剂级别而影响分析结果。试剂的选择要考虑以下几点。

① 滴定分析中常用间接法配制的标准溶液，一般应选用分析纯试剂配制，再用基准试剂标定。在某些情况下，如对分析结果要求不很高的实验，也可用优级纯或分析纯代替基准试剂标定。滴定分析中所用的其他试剂一般为分析纯试剂。

② 在仲裁分析中，一般选择优级纯和分析纯试。在进行痕量分析时，应选用优级纯试剂以降低空白值和避免杂质干扰。

③ 仪器分析实验中一般选用优级纯或专用试剂，测定微量或超微量成分时应选用高纯试剂。

④ 试剂的级别高分析用水的纯度及容器的洁净程度要求也高，必须配合，方能满足实验的要求。

⑤ 在分析方法标准中一般规定，不应选用低于分析纯的试剂。此外，由于进口化学试剂的规格、标志与我国化学试剂现行等级标准不甚相同，使用时应参照有关化学手册加以区分。

2.6.3　化学试剂的保存和管理

化学试剂如果保管不善则会发生变质。变质试剂不仅能够导致分析误差，严重的还会使分析工作失败，甚至引起事故。因此，应根据试剂的毒性、易燃性、腐蚀性和潮解性等不同的特点，以不同的方式妥善保管化学试剂。

（1）一般化学试剂的贮存

通常化学试剂大都具有一定毒性，并且易燃易爆。因此，一般化学试剂应分类存放于阴凉通风、温度变化小、干燥洁净的房间，要远离火源，环境温度最好在 15～20℃，相对湿度在 40%～70% 范围内。

固体试剂应保存在广口瓶中，液体试剂盛放在细口瓶或滴瓶中，见光易分解的试剂如 $AgNO_3$、$KMnO_4$、双氧水、草酸等应盛放在棕色瓶中并置于暗处，容易侵蚀玻璃而影响试剂纯度的，如氢氟酸、氟化钠、氟化钾、氟化铵、氢氧化钾等，应保存在塑料瓶中或涂有石蜡的玻璃瓶中。盛碱的瓶子要用橡胶塞，不能用磨口塞，以防瓶口被碱溶结。吸水性强的试剂，如无水碳酸钠、氢氧化钠、过氧化钠等应严格用蜡密封。

（2）易燃类试剂的贮存

通常把闪点低于 25℃ 的液体列入易燃类试剂。极易挥发成液体，遇明火即燃烧。例如闪点低于 -4℃ 的有石油醚、氯乙烷、乙醚、汽油、苯、丙酮、乙酸乙酯等，闪点低于 25℃ 的有丁酮、甲苯、二甲苯、甲醇、乙醇等。这些试剂应单独存放于阴凉通风处，存放温度不得超过 30℃，远离火源。

（3）强腐蚀类试剂的贮存

强腐蚀类试剂对人体皮肤、黏膜、眼、呼吸道和物品等有极强腐蚀性。如发烟硫酸、硫酸、发烟硝酸、盐酸、氢氟酸、氢溴酸、一氯乙酸、甲酸、乙酸酐、五氧化二磷、溴、氢氧化钠、氢氧化钾、硫化钠、苯酚等。这些试剂应与其他药品隔离放置，存放在抗腐蚀材料台架上或靠墙地面处以保证安全。

（4）燃爆类试剂的贮存

遇水反应十分猛烈燃烧爆炸的有钾、钠、锂、钙、氢化锂铝、电石等，钾和钠应保存在煤油中；白磷易自燃，要浸在水中保存；试剂本身就是炸药的有硝酸纤维、苦味酸、三硝基甲苯、三硝基苯、叠氮或重氮化合物，要轻拿轻放。此类试剂应与易燃物、氧化剂隔离存放，存放温度不得超过 30℃。

（5）强氧化剂类试剂的贮存

这类试剂是过氧化物、含氧酸及其盐如硝酸钾、高锰酸钾、重铬酸钾、过硫酸铵、过氧化钠、过氧化钾等。应存放于阴凉通风处，特别注意与酸类以及木屑、炭粉、硫化物、糖类或其他有机物等易燃物、可燃物或易被氧化物质隔离存放。

（6）剧毒试剂的贮存和管理

剧毒试剂如氰化物、砒霜、氢氟酸、二氯化汞等，应专柜存放在固定地方，由双人双锁保管。使用剧毒药品需经负责人同意后，由领用人和保管人共同称重复核发放，并按规定记

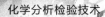

录备查，注明用途。无使用价值的剧毒药品必须有负责人批准并经必要的处理，确保无毒或低毒后方可弃去，并作好销毁记录。常用的三氧化二砷采用滴加碘试液使之转化为低毒的砷酸盐后弃去；汞盐类采取添加硫化钠试液使之生成硫化汞沉淀后，再弃去。

2.7 分析实验用水

在分析实验中需要使用大量的水，如洗涤仪器、溶解样品、配制溶液等都需要水。自来水或其他天然水中常含有多种杂质如 Ca^{2+}、Mg^{2+}、Na^+、Fe^{3+}、Al^{3+}、Cl^-、SO_4^{2-}、HCO_3^- 等，只能用于仪器的初步洗涤，不能用于分析实验。分析实验中使用的是纯水，需将自来水按照一定的方法净化并达到国家标准规定的要求。在实验中，要根据分析任务和要求的不同，采用不同规格的实验室用水。

我国国家标准 GB/T 6682—2008《分析实验室用水规格和试验方法》中规定了实验室用水规格、等级、技术指标，制备方法及检验方法。这一标准的制订，对规范我国分析实验室的分析用水、提高分析方法的准确度起到了重要的作用。

2.7.1 分析实验用水的级别、用途及主要指标

国家标准规定实验室用水分为三级。

① 一级水 基本上不含有溶解或胶态离子杂质及有机物。用于有极其严格要求的分析实验，包括对颗粒有要求的实验，如高效液相色谱分析用水。

② 二级水 可含有微量的无机、有机或胶态杂质。用于要求稍高的仪器分析实验，如原子吸收光谱分析用水。

③ 三级水 是最普遍使用的纯水，适用于一般化学定量分析实验和很多仪器分析实验，过去多采用蒸馏方法制备，故通常称为蒸馏水。

表 2-5 列出了实验室用一级水、二级水、三级水主要指标。

表 2-5　实验室用水的级别及主要指标

指标名称	一级	二级	三级
pH 范围(25℃)	—	—	5.0~7.5
电导率(25℃)/(mS/m)	≤0.01	≤0.10	≤0.50
可氧化物质含量(以 O 计)/(mg/L)	—	≤0.08	≤0.4
吸光度(254nm,1cm 光程)	≤0.001	≤0.01	—
蒸发残渣(105℃±2℃)/(mg/L)	—	≤1.0	≤2.0
可溶性硅(以 SiO_2 计)含量/(mg/L)	≤0.01	≤0.02	—

注：1. 由于在一级水、二级水的纯度下，难于测定其真实的 pH。因此，对一级水、二级水的 pH 范围不做规定。

2. 由于在一级水的纯度下，难于测定可氧化物质和蒸发残渣，对其限量不做规定，可用其他条件和制备方法来保证一级水的质量。

2.7.2 分析实验一般用水的制备

制备实验室用纯水的原始用水，应当是饮用水或比较纯净的水。如有污染，则必须进行预处理。纯水制备方法很多，常用以下三种方法。

（1）蒸馏法

蒸馏法制备纯水是根据水与杂质的沸点不同，将自来水（或其他天然水）用蒸馏器蒸馏

而得到的。用这种方法制备纯水操作简单，成本低廉，能除去水中非蒸发性杂质，但不能除去易溶于水的气体。由于蒸馏一次所得蒸馏水（一次蒸馏水）仍含有微量杂质，只能用于定性分析或一般工业分析。洗涤洁净度高的仪器和进行精确的定量分析实验工作，则必须采用多次蒸馏而得到的二次、三次甚至更多次的高纯蒸馏水。

目前使用的蒸馏器一般是由玻璃、镀锡铜皮、铝皮或石英等材料制成的。由于蒸馏器的材质不同，带入蒸馏水中的杂质也不同。用玻璃蒸馏器制得的蒸馏水会有 Na^+、SiO_3^{2-} 等离子。用铜蒸馏器制得的蒸馏水通常含有 Cu^{2+}，蒸馏水中通常还含有一些其他杂质。蒸馏法制备纯水产量低，一般纯度也不够高。制备高纯蒸馏水时，需采用特殊材料如石英、银、铂、聚四氟乙烯等制作的蒸馏器皿。

必须指出，以生产中的废汽冷凝制得的"蒸馏水"，因含杂质较多，是不能直接用于分析化验的。

将自来水置于蒸馏器中加热变为水蒸气，再冷凝得到的水，称为蒸馏水。进行一次蒸馏得到的是一次蒸馏水，进行二次蒸馏得到的是二次蒸馏水。一次蒸馏水适合于一般实验用水，二次蒸馏水适合于分析测定用水。该方法操作简单，成本低廉，能除去水中非挥发性杂质即无机盐类，但不能除去易溶于水的气体，这是目前最广泛采用的方法。

（2）离子交换法

离子交换法制备纯水是采用离子交换树脂来分离出水中的杂质离子，这种方法制得的水通常称"去离子水"。离子交换法是采用两根交换柱，柱内分别装有 H^+ 型（阳）离子交换树脂和 OH^- 型（阴）离子交换树脂。当天然水流经阳离子交换树脂时，水中的阳离子与树脂中 H^+ 交换而被吸附在树脂上，H^+ 与阴离子流出；将含有阴离子和 H^+ 的水再流经阴离子树脂时，则阴离子与树脂中 OH^- 交换而被吸附在树脂上，H^+ 与 OH^- 共同流出生成 H_2O。

这种方法具有出水纯度高、操作技术易掌握、产量大、成本低等优点，很适合于各种规模的化验室采用。该方法的缺点是设备较复杂，制备的水含有微生物和某些有机物，要获得既无电解质又无微生物的纯水，还须将离子交换水再进行蒸馏。

（3）电渗析法

这是在离子交换技术基础上发展起来的一种方法。它是在外电场的作用下，利用阴、阳离子交换膜对溶液中离子的选择性透过而使杂质离子自水中分离出来，从而制得纯水的方法。其特点是设备可以自动化，常用于海水淡化或与离子交换法联用制备较好的化验用纯水。

2.7.3 分析实验特殊用水的制备

（1）无二氧化碳纯水

煮沸法：将蒸馏水或去离子水置于烧瓶中，煮沸 10min，贮存于一个附有碱石灰管的橡皮塞盖严的瓶中，放置冷却后即得无二氧化碳纯水。

曝气法：将惰性气体通入蒸馏水或去离子水至饱和即得无二氧化碳纯水。

（2）无氧纯水

将蒸馏水或去离子水置于烧瓶中，煮沸 1h，立即用装有玻璃导管（导管与盛有 100g/L

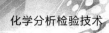

焦性没食子酸碱性溶液的洗瓶连接）的胶塞塞紧瓶口，放置冷却后即得无氧纯水。

（3）无氯纯水

将蒸馏水或去离子水中加入亚硫酸钠等还原剂，将余氯还原为氯离子，以 N-二乙基对苯二胺（DPD）检查不显色。再用附有缓冲球的全玻蒸馏器蒸馏即得无氯纯水。

2.7.4　纯水的质量检验

为保证纯水的质量符合分析工作的要求，对于所制备的每一批纯水，都必须进行质量检验。

（1）pH 的测定

普通纯水 pH 应在 5.0～7.5 之间（25℃），可用精密 pH 试纸或酸碱指示剂检验（对甲基红不显红色，对溴百里酚蓝不呈蓝色）。用酸度计精确测定纯水的 pH 时，先用 pH 为 5.0～8.0 的标准缓冲溶液校正 pH 计，再将 100mL 三级水注入烧杯中，插入玻璃电极和甘汞电极，测定 pH。

（2）电导率的测定

纯水是微弱导体，水中溶解了电解质，其电导率将相应增加。测定电导率应选用适于测定高纯水的电导率仪。按 GB/T 6682—2008 方法中的规定测定实验用水电导率。

（3）吸光度的测定

按 GB/T 6682—2008 的规定测定。将水样分别注入 1cm 和 2cm 的石英比色皿中，用紫外可见分光光度计于波长 254nm 处，以 1cm 比色皿中水为参比，测定 2cm 比色皿中水的吸光度。一级水的吸光度应≤0.001；二级水的吸光度应≤0.01；三级水可不测水样的吸光度。

（4）可溶性硅的限量试验

一级水、二级水中的 SiO_2 可按 GB/T 6682—2008 方法中的规定测定。

（5）可氧化物质限量试验

将 1000mL 二级水放入烧杯，加入 5.0mL 20% H_2SO_4 溶液，混匀。

将 200mL 三级水放入烧杯，加入 1.0mL 20% H_2SO_4 溶液，混匀。

在上述已酸化试液中，分别加入 1.0mL $c\left(\dfrac{1}{5}KMnO_4\right)=0.01mol/L$ 的 $KMnO_4$ 溶液，混匀，盖上表面皿，将其煮沸并保持 5min，此时溶液呈淡粉色如未完全褪尽，则符合可氧化物质限量实验。

（6）Ca^{2+}、Mg^{2+}、Zn^{2+}、Cu^{2+}、Pb^{2+}、Fe^{3+} 的定性检验

取水样 10mL，加 $NH_3 \cdot H_2O$-NH_4Cl 缓冲溶液（pH≈10）2mL，5g/L 铬黑 T 指示剂 2 滴，摇匀，溶液不显红色为合格。

（7）Cl^- 的定性检验

取水样 10mL，用 4mol/L 的 HNO_3 酸化，加 2 滴 1% $AgNO_3$ 溶液，摇匀后无混浊现象为合格。

2.7.5　分析用水的贮存

分析用水的贮存影响到分析用水的质量。各级分析用水均应使用密闭的专用聚乙烯容器。三级水也可使用密闭的专用玻璃容器。高纯水不能贮存在玻璃容器中，而应贮于有机玻

璃、聚乙烯塑料或石英容器中。新容器在使用前需要在盐酸溶液（20％）浸泡 2～3 天，再用待测水反复冲洗，并注满待测水浸泡 6h 以上。

各级分析用水在贮存期间，其污染主要来源是聚乙烯容器可溶成分的溶解，空气中 CO_2 和其他杂质。所以，一级水不可贮存，使用前制备。二级水、三级水可适量制备，分别贮存于预先经同级水清洗过的相应容器中。各级水在运输过程中应避免污染。

2.8　滴定分析的条件和方法分类

滴定分析是化学分析检验技术中广泛采用的方法。

2.8.1　滴定分析基本术语

① 滴定分析（法）　滴定分析（titration analysis）又称容量分析。将已知准确浓度的试剂溶液（标准滴定溶液）滴加到待测物质的溶液中，直至所加试剂与待测组分反应达化学计量点时，根据所加试剂的体积和浓度计算出待测组分含量的分析方法。

② 滴定　将滴定剂通过滴定管滴加到试样溶液中，与待测组分进行化学反应。达到化学计量点时，根据所需滴定剂的体积和浓度计算待测组分含量的操作。

③ 滴定剂　用于滴定而配制的具有一定浓度的溶液。

④ 标准（滴定）溶液　用标准物质标定或直接配制的已知准确浓度的溶液。

⑤ 化学计量点　滴定过程中，待测组分的物质的量和滴定剂的物质的量达到相等的点。

⑥ 指示剂　在滴定分析中加入的某种试剂，利用该试剂的颜色突变来判断化学计量点。这种能改变颜色或其他性质的试剂称为指示剂。

⑦（滴定）终点　滴定时，指示剂改变颜色的那一点称为滴定终点，简称终点。

⑧ 终点误差　因滴定终点与化学计量点不完全符合而引起的误差。是滴定分析误差的主要来源之一，其大小决定于化学反应的完全程度和指示剂的选择。还可以用仪器分析法来确定滴定终点。

2.8.2　滴定分析法对化学反应的要求和滴定方式

滴定分析是化学分析中主要的分析方法之一，它适用于组分含量在 1％ 以上（常量组分）的物质的测定。不是任何化学反应都能用于滴定分析，适用于滴定分析的化学反应必须符合下列条件。

（1）滴定分析法对化学反应的要求（滴定分析的基本条件）

① 反应按一定的化学反应式进行，即具有确定的化学计量关系，不发生副反应，这是定量计算的基础。

② 反应必须定量进行完全，通常要求反应完全程度≥99.9％。

③ 反应速率要快。对于速率较慢的反应，可通过加热、增加反应物浓度、加入催化剂等加快反应速率。

④ 有适当的方法确定滴定终点。

这样的反应可采用直接滴定法。

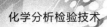

（2）滴定方式

① 直接滴定法　这是最常用和最基本的滴定方式，简便、快速、引入的误差小。凡是能满足滴定分析要求的反应都可以用标准（滴定）溶液直接滴定被测物质。例如，NaOH→HCl，HAc，H_2SO_4；$KMnO_4$→$C_2O_4^{2-}$；EDTA→Ca^{2+}，Mg^{2+}，Zn^{2+}；$AgNO_3$→Cl^- 等。

如果反应不能完全符合滴定分析要求，则可以用下述方式进行滴定。

② 返滴定法（又称剩余量回滴法或回滴法）　在待测试液中准确加入适当过量的标准溶液，待反应完全后，再用另一种标准溶液返滴定剩余的第一种标准溶液，从而测定待测组分的含量。适用于滴定速度较慢或反应物是固体的情况。例如，Al^{3+} 与 EDTA 标准溶液反应速率慢，不能直接滴定，可采用返滴定法。一定 pH 条件下，Al^{3+} 试液中加入过量 EDTA 标液，加热至反应完全，Zn^{2+} 标液回滴。

③ 置换滴定法　先加入一种适当的试剂与待测组分定量反应，生成一种可滴定的物质，再利用标准溶液滴定反应产物，然后由滴定剂的消耗量、反应生成的物质与待测组分等物质的量的关系计算待测组分的含量。用于因无定量关系或伴有副反应而无法直接滴定的情况。如以 $K_2Cr_2O_7$ 作基准物标定 $Na_2S_2O_3$ 溶液的浓度。

④ 间接滴定法　某些待测组分不能直接与滴定剂反应，但可以通过其他的化学反应间接测定其含量。例如：Ca^{2+} 几乎不发生氧化还原反应，但利用它与 $C_2O_4^{2-}$ 作用形成沉淀，过滤洗净后，溶于 H_2SO_4 溶液，用 $KMnO_4$ 标准滴定溶液滴定。

2.8.3　滴定分析方法分类

按照标准滴定溶液与被测组分之间发生化学反应类型的不同，滴定分析方法可分为以下4种。

（1）酸碱滴定法

此法是以酸碱之间的质子传递反应为基础，测定碱和碱性物质或测定酸和酸性物质。其反应实质可表示为：

$$H_3O^+ + OH^- \rightleftharpoons 2H_2O$$

$$HA（酸） + OH^- \rightleftharpoons A^- + H_2O$$

$$A^-（碱） + H_3O^+ \rightleftharpoons HA + H_2O$$

滴定剂常用 HCl、H_2SO_4 和 NaOH 溶液。

（2）配位滴定法

此法是以生成配位化合物的反应为基础，测定的是金属离子。滴定剂常用乙二胺四乙酸二钠盐（缩写为 EDTA）溶液，如：

$$M^{n+} + Y^{4-} \longrightarrow MY^{n-4}$$

式中，M^{n+} 表示金属离子；Y^{4-} 表示 EDTA 的阴离子。

（3）氧化还原滴定法

此法以氧化还原反应为基础，测定各种还原性和氧化性物质含量，以及一些能与氧化剂或还原剂起定量反应的物质含量。常用高锰酸钾、重铬酸钾、碘、硫代硫酸钠等作滴定剂，测定具有还原性或氧化性的物质。如用高锰酸钾标准滴定溶液滴定二价铁离子，其反应如下：

$$MnO_4^- +5Fe^{2+} +8H^+ \longrightarrow Mn^{2+} +5Fe^{3+} +4H_2O$$

（4）沉淀滴定法

利用生成难溶物质的反应为基础，测定卤化物的含量。滴定剂常用硝酸银溶液。例如：

$$Cl^- +Ag^+ \longrightarrow AgCl\downarrow$$

滴定分析通常适用于常量组分（含量≥1%）测定，有时也用于测定微量组分，测定的相对误差通常为1‰～2‰。与称量分析相比，滴定分析具有简便、快速、准确、应用范围广等优点，因此在企业生产中作为对原料、成品以及生产过程监控的常用分析方法，在科学实验中也具有广泛的实用性。

2.9　一般溶液、基准物质和标准滴定溶液

2.9.1　辅助试剂溶液的配制

辅助试剂溶液也称为一般溶液，常用于样品处理、分离、掩蔽、调节溶液的酸碱性等操作中控制化学反应条件。它包括各种浓度酸碱溶液、缓冲溶液、指示剂等。这类溶液的浓度不需十分准确，配制时试剂的质量可用托盘天平称量，体积可用量筒或量杯量取。

（1）比例浓度溶液的配制

比例浓度分为体积比浓度和质量比浓度两种。

① 体积比浓度　主要用于溶质B和溶剂A都是液体时的场合，用（V_B+V_A）表示，V_B为溶质B的体积，V_A为溶剂A的体积。例如，（1+2）的H_2SO_4指的是1个体积的浓硫酸和2个体积水的混合溶液。

② 质量比浓度　主要用于溶质B和溶剂A都是固体的场合，用（m_B+m_A）表示，m_B为溶质B的质量，m_A为溶剂A的质量。例如配制（1+100）的钙试剂-NaCl指示剂，即称取1g钙试剂和100g NaCl于研钵中研细、混匀即可。

（2）质量分数溶液的配制

① 质量分数　混合物中B物质的质量m_B(g)与混合物的质量m(g)之比称为物质B的质量分数，常用%表示，符号为w_B。在溶液中是溶质B质量m_B与溶液质量m之比，即100g溶液中含有溶质的质量。

$$w_B=\frac{溶质的质量}{溶质的质量+溶剂的质量}\times100\%$$

如市售的98%硫酸，表示在100g硫酸溶液中H_2SO_4为98g和H_2O为2g。质量分数也可以表示为小数，如上述硫酸的质量分数可表示为0.98。

【例2-12】　配制质量分数为20%的KI溶液100g，应称取KI多少克？加水多少克？如何配制？

解　已知$m=100g$，$w(KI)=20\%$

则$m(KI)=100\times20\%=20(g)$

溶剂水的质量$=100-20=80(g)$

答：在托盘天平上称取KI 20g于烧杯中，用量筒加入80mL蒸馏水，搅拌至溶解，即得质量分数为20%的KI溶液。将溶液转移到试剂棕色瓶（KI见光易分解）中，贴上标签。

溶剂水的密度近似为 1g/mL，可直接量取 80mL。如果溶剂的密度不是 1g/mL，需进行换算。

【例 2-13】 欲配制质量分数为 20% 的硝酸（$\rho_2 = 1.115$g/mL）溶液 500mL，需质量分数为 67% 的浓硝酸（$\rho_1 = 1.40$g/mL）多少毫升？加水多少毫升？如何配制？

解 根据题意

$$V_1 = \frac{V_2 \rho_2 w_2}{\rho_1 w_1} = \frac{500 \times 1.115 \times 20\%}{1.40 \times 67\%} = 118.9$$

需加入水的体积为 $V_2 - V_1 = 500 - 119 = 381$(mL)

答：用量筒量取 381mL 蒸馏水置于烧杯中，再用量筒量取 67% 的硝酸 119mL，在搅拌下，将硝酸缓缓倒入烧杯中与水混合均匀，转入棕色试剂瓶中，贴上标签。

② 体积分数 指溶质 B 体积 V_B 与溶液体积 V 之比。可以用百分数（%）、千分数（‰）、10^{-6} 等表示，也可以用小数表示。体积分数多用在液体有机试剂或气体分析中。气体用其体积表示比用其质量表示方便得多。

$$\varphi_B = \frac{V_B}{V} \times 100\%$$

【例 2-14】 用无水乙醇配制 500mL 体积分数为 70% 的乙醇溶液，应如何配制？

解 所需乙醇体积为：

$$500 \times 70\% = 350(mL)$$

答：用量筒量取 350mL 无水乙醇于 500mL 试剂瓶中，用蒸馏水稀释至 500mL，贴上标签。

（3）质量浓度溶液的配制

质量浓度 ρ_B 是组分 B 的质量与混合物的体积之比。在溶液中是指单位体积溶液中所含溶质的质量，常用单位是 g/L、mg/mL 和 μg/mL。在水质分析工作中，通常使用 mg/L 来表示含量。这里，因为杂质量很小，所以试样体积相当于溶剂体积。而在配制指示剂溶液时，常使用 g/L 来表示其浓度。在分光光度测定中，经常使用 mg/mL 和 μg/mL 来表示其浓度。

【例 2-15】 配制质量浓度为 0.1g/L 的 Cu^{2+} 溶液 1L 应取 $CuSO_4 \cdot 5H_2O$ 多少克？如何配制？$CuSO_4 \cdot 5H_2O$ 和 Cu 的摩尔质量 M 分别为 249.68g/mol 和 63.55g/mol。

解 设称取 $CuSO_4 \cdot 5H_2O$ 的质量为 m，根据 Cu^{2+} 的物质的量等于 $CuSO_4 \cdot 5H_2O$ 的物质的量：

$$\frac{0.1 \times 1}{63.55} = \frac{m}{249.68}$$

$$m = \frac{0.1 \times 1 \times 249.68}{63.55} = 0.4(g)$$

答：称取 0.4g $CuSO_4 \cdot 5H_2O$ 置于烧杯中，用少量水溶解，转移至 1000mL 试剂瓶中，用水稀释至 1000mL，摇匀，贴上标签。

2.9.2 基准物质和标准滴定溶液

在滴定分析中，不论采用何种滴定方法，都必须使用标准溶液，并通过标准溶液的浓度和用量来计算待测组分的含量。因此以正确的方法配制标准溶液、准确地标定其浓度，对于提高滴定分析的准确度意义重大。标准溶液的配制一般有两种方法——直接法和间接法。

（1）直接法

能用直接法配制标准溶液的物质称为基准物质。基准物质必须符合下列要求。

① 具有足够的纯度，一般要求纯度在99.9%以上；而杂质含量应少于滴定分析所允许的误差限度以下。

② 物质的组成与化学式完全符合。若含结晶水，其结晶水的量也必须与化学式相符，例如 $H_2C_2O_4 \cdot 2H_2O$、$Na_2B_4O_7 \cdot 10H_2O$。

③ 性质稳定。例如贮存时应不起变化，在空气中不吸收水分和二氧化碳，不被空气中的氧所氧化，在烘干时不分解等。

④ 具有较大的摩尔质量，以减少称量时的相对误差。

⑤ 参加滴定反应时，按反应式定量进行，没有副反应。

直接法配制标准溶液：准确称取一定量的基准物质，经溶解后，定量转移入一定体积容量瓶中，用去离子水稀释至刻度，根据溶质的质量和容量瓶的体积直接计算溶液的准确浓度。

但是用来配制标准溶液的物质大多数不能满足上述条件。如 NaOH 极易吸收空气中的 CO_2 和水分，高锰酸钾、硫代硫酸钠都含有少量杂质，而且溶液不稳定。因此，对于这一类物质要用标定法配制。

（2）标定法（又称间接法）

将试剂先配制成近似浓度的溶液，然后用基准物质或另一种标准溶液来测定它的准确浓度。这种利用基准物质（或已知准确浓度的溶液）来确定标准溶液准确浓度的操作过程称为标定。例如，欲配制浓度为 0.1mol/L 的盐酸溶液，可先量取适量浓盐酸，稀释，配成浓度大约为 0.1mol/L 的盐酸溶液，然后准确称取一定量的基准物质（如碳酸钠、硼砂）进行标定；或者用已知准确浓度的 NaOH 标准溶液进行标定。这样便可求出 HCl 标准溶液的准确浓度。表2-6 列出了各种滴定分析中常用的基准物质。

表 2-6 常用基准物质的干燥条件和应用

名称	化学式	干燥条件	标定对象
碳酸钠	Na_2CO_3	270～300℃(2～2.5h)	酸
邻苯二甲酸氢钾	$KHC_8H_4O_4$	110～120℃(1～2h)	碱
重铬酸钾	$K_2Cr_2O_7$	研细,105～110℃(3～4h)	还原剂
溴酸钾	$KBrO_3$	120～140℃(1.5～2h)	还原剂
碘酸钾	KIO_3	120～140℃(1.5～2h)	还原剂
三氧化二砷	As_2O_3	105℃(3～4h)	氧化剂
草酸钠	$Na_2C_2O_4$	130～140℃(1～1.5h)	氧化剂
碳酸钙	$CaCO_3$	105～110℃(2～3h)	EDTA
锌	Zn	依次用(1+3)HCl、水、乙醇洗后,置干燥器中保存	EDTA
氧化锌	ZnO	800～900℃(2～3h)	EDTA
氯化钠	NaCl	500～650℃(40～45min)	$AgNO_3$
氯化钾	KCl	500～650℃(40～45min)	$AgNO_3$

2.10 滴定分析的计算

滴定分析的计算是滴定分析法的重要步骤。

2.10.1 溶液浓度的表示方法

分析中用的溶液，大体分两类：具有大约浓度的一般溶液和具有相当准确浓度的标准溶液，这两类溶液在准确度上有很大不同，其配制方法、所使用的试剂和仪器都有很大差别。

（1）标准滴定溶液浓度的表示

标准滴定溶液的浓度常用物质的量浓度和滴定度表示。

① 物质的量的浓度

a. 物质的量　物质的量（n）是国际单位制的基本量之一，单位为 mol。

摩尔是国际单位制的基本单位。它是一系统的物质的量，该系统中所包含的基本单元数与 0.012kg 碳-12 的原子数相等。使用摩尔 mol 时，必须指明基本单元。

b. 基本单元　基本单元可以是组成物质的任何自然存在的原子、分子、离子等一切物质的粒子（以 B 表示），也可以是按照需要人为地将它们进行分割或组合成实际上并不存在的个体或单元（以 $\frac{1}{z}B$ 表示）。如 "$\frac{1}{2}H_2SO_4$" "$\frac{1}{5}KMnO_4$" 等。

同样质量物质 B，由于它们采用的基本单元不同，物质的量也不同。酸碱反应以接受或给出一个质子的特定组合作为反应物质的基本单元。氧化还原反应是以接受或给出一个电子的特定组合作为反应物质的基本单元。

如反应：$H_2SO_4 + NaOH \longrightarrow NaHSO_4 + H_2O$ 和反应：$H_2SO_4 + 2NaOH \longrightarrow Na_2SO_4 + H_2O$ 中，H_2SO_4 的基本单元分别为 H_2SO_4 和 $\frac{1}{2}H_2SO_4$。

c. 基本单元的摩尔质量 $M\left(\frac{1}{z}B\right)$

若以 $M(B)$ 表示物质 B 的摩尔质量，就可以用 $M\left(\frac{1}{z}B\right)$ 表示以 $\frac{1}{z}B$ 为基本单元的摩尔质量。若已知物质的质量和基本单元的摩尔质量，即可求出以 $\frac{1}{z}B$ 为基本单元的物质的量。

$$n\left(\frac{1}{z}B\right) = \frac{m_B}{M\left(\frac{1}{z}B\right)}$$

d. 物质的量浓度 $c\left(\frac{1}{z}B\right)$

表示物质的量浓度时，一定要指明其基本单元。

$$c\left(\frac{1}{z}B\right) = \frac{n\left(\frac{1}{z}B\right)}{V}$$

$$c\left(\frac{1}{z}B\right) = zc(B)$$

同一溶液，因选用的基本单元不同，其浓度不同。

【例 2-16】 每升硫酸溶液中含 98.07g H_2SO_4，求 $c(H_2SO_4)$ 和 $c\left(\dfrac{1}{2}H_2SO_4\right)$。

解 $M(H_2SO_4)=98.07\text{g/mol}$，$M\left(\dfrac{1}{2}H_2SO_4\right)=98.07/2(\text{g/mol})$

$c(H_2SO_4)=1.000\text{mol/L}$，而 $c\left(\dfrac{1}{2}H_2SO_4\right)=2.000\text{mol/L}$。

② 滴定度 指每毫升标准滴定溶液相当于被测物质的质量（g 或 mg）。以 $T_{B/S}$ 表示，单位 g/mL。

$$T_{B/S}=m_B/V_S$$

m_B 是待测物质的质量；V_S 是标准滴定溶液的体积。例如 $T_{Fe}/K_2Cr_2O_7=0.005585\text{g/mL}$，表示每毫升 $K_2Cr_2O_7$ 标准滴定溶液可以与 0.005585g Fe^{2+} 反应。

（2）一般溶液浓度的表示

以 A 代表溶剂；B 代表溶质。

① "分数" 浓度

a. B 的质量分数（w_B） B 的质量 m_B 与溶液质量之比。

$$w_B=m_B/m_{溶液}$$

如 $w(H_2SO_4)=98\%$ 称为 H_2SO_4 的质量分数为 0.98，即 100g H_2SO_4 溶液含 H_2SO_4 98g。

b. B 的体积分数（φ_B） B 的体积 V_B 与溶液体积之比。

$$\varphi_B=V_B/V_{溶液}$$

② "比例" 浓度

a. 体积比浓度 V_A+V_B，液体试剂相互混合或用溶剂稀释时的表示方法。如（1+3）的硫酸，指 1 个单位体积的浓硫酸与 3 个单位体积的水，按一定方法相互混合。

b. 质量比浓度 m_A+m_B，固体试剂相互混合时的表示方法。

③ B 的质量浓度（ρ_B） ρ_B 的定义为 B 的质量除以溶液的体积，即：

$$\rho_B=m_B/V_{溶液}$$

单位是 g/L，即 1L 溶液中所含溶质的克数。一般指示液的浓度常用此法表示，如 $\rho_{酚酞}=10\text{g/L}$。

④ 物质的量浓度 表示方法同上标准溶液。

2.10.2 滴定分析的计算依据

计算的基本依据是滴定剂与被滴定剂的关系。设滴定剂 A 与被测组分 B 发生下列反应：

$$a A+b B \longrightarrow c C+d D$$

则被测组分 B 的物质的量 n_B 与滴定剂 A 的物质的量 n_A 之间的关系可用两种方法求得。

（1）根据滴定剂 A 与被测组分 B 的化学计量数比计算

上述反应中有如下关系：

$$n_A：n_B=a：b$$

因此有 $\qquad n_A=\dfrac{a}{b}n_B \qquad\qquad n_B=\dfrac{b}{a}n_A$

b/a 或 a/b 称为化学计量系数比（也称摩尔比），表示反应物的化学计量关系，是滴定分析定量测定的依据。例如滴定反应：

$$Cr_2O_7^{2-} + 6Fe^{2+} + 14H^+ \longrightarrow 2Cr^{3+} + 6Fe^3 + 7H_2O$$

根据该反应，可得 $n(Fe) = 6n(K_2Cr_2O_7)$

（2）根据等物质的量规则计算

滴定分析的计算原则是等物质的量规则。这一规则是指对于一定的化学反应，如选定适当的基本单元，那么在任何时刻所消耗的反应物的物质的量均相等。在滴定分析中，若根据滴定反应选取适当的基本单元，则滴定到达化学计量点时，被测组分的物质的量就等于所消耗标准滴定溶液的物质的量。

等物质的量规则可表示为 $n\left(\dfrac{1}{Z_B}B\right) = n\left(\dfrac{1}{Z_A}A\right)$，为滴定分析计算的基本公式。

如上例中 $K_2Cr_2O_7$ 的电子转移数为 6，以 $1/6\ K_2Cr_2O_7$ 为基本单元，Fe^{2+} 的电子转移数为 1，以 Fe^{2+} 为基本单元，则：

$$n\left(\frac{1}{6}K_2Cr_2O_7\right) = n(Fe^{2+})$$

2.10.3 滴定分析法计算

（1）标准滴定溶液的浓度计算方法

① 直接配制法 准确称取质量为 $m_B(g)$ 的基准物质 B，配成体积为 $V_B(L)$ 的标准滴定溶液，已知基准物质 B 的摩尔质量为 $M_B(g/mol)$，则该标准滴定溶液的浓度为：

$$c\left(\frac{1}{Z_B}B\right) = \frac{n\left(\dfrac{1}{Z_B}B\right)}{V_B} = \frac{m_B}{V_B M\left(\dfrac{1}{Z_B}B\right)}$$

【例 2-17】   欲将 $c(Na_2S_2O_3) = 0.2100mol/L$，250.0mL 的 $Na_2S_2O_3$ 溶液稀释成 $c(Na_2S_2O_3) = 0.1000mol/L$，需加水多少毫升？

解   设需加水体积为 VmL，根据溶液稀释前后其溶质的物质的量相等的原则得

$$0.2100 \times 250.0 = 0.1000 \times (250.0 + V)$$

$$V = 275.0(mL)$$

答：需加水 275.0mL。

② 标定法 若以基准物质 B 标定浓度为 c_A 的标准滴定溶液，设所称取的基准物质的质量为 $m_B(g)$，摩尔质量为 $M(B)$，滴定时消耗待标定标准滴定溶液的体积为 $V_A(mL)$，根据等物质的量关系

$$n\left(\frac{1}{Z_B}B\right) = n\left(\frac{1}{Z_A}A\right)$$

则 $$\frac{m_B}{M\left(\dfrac{1}{Z_B}B\right)} = c\left(\frac{1}{Z_A}A\right) \times \frac{V_A}{1000}$$

$$c\left(\frac{1}{Z_A}A\right) = \frac{1000 m_B}{M\left(\dfrac{1}{Z_B}B\right)V_A}$$

【例 2-18】 称取基准物草酸（$H_2C_2O_4 \cdot 2H_2O$）0.2002g 溶于水中，用 NaOH 溶液滴定，消耗了 NaOH 溶液 28.52mL，计算 NaOH 溶液的浓度。$M(H_2C_2O_4 \cdot 2H_2O) = 126.1g/mol$。

解　按题意滴定反应为：

$$2NaOH + H_2C_2O_4 \longrightarrow Na_2C_2O_4 + 2H_2O$$

根据质子转移数选 NaOH 为基本单元，则 $H_2C_2O_4$ 的基本单元为 $\frac{1}{2}H_2C_2O_4$，

$$c(NaOH) = \frac{1000m(H_2C_2O_4 \cdot 2H_2O)}{M\left(\frac{1}{2}H_2C_2O_4 \cdot 2H_2O\right) \cdot V(NaOH)}$$

代入数据得：

$$c(NaOH) = \frac{1000 \times 0.2002}{1/2 \times 126.1 \times 28.52}mol/L = 0.1113mol/L$$

答：该 NaOH 溶液的物质的量浓度为 0.1113mol/L。

【例 2-19】 配制 0.1mol/L HCl 溶液用基准试剂 Na_2CO_3 标定其浓度，试计算 Na_2CO_3 的称量范围。

解　用 Na_2CO_3 标定 HCl 溶液浓度的反应为：

$$2HCl + Na_2CO_3 \longrightarrow 2NaCl + CO_2 \uparrow + H_2O$$

根据反应式得

$$n\left(\frac{1}{2}Na_2CO_3\right) = n(HCl)$$

则

$$\frac{m(Na_2CO_3)}{M(1/2Na_2CO_3)} = \frac{c(HCl)V(HCl)}{1000}$$

$$m_{Na_2CO_3} = c(HCl)V(HCl)M\left(\frac{1}{2}Na_2CO_3\right)/1000$$

为保证标定的准确度，HCl 溶液的消耗体积一般在 30~40mL 之间。

$$m_1 = 0.1 \times (30/1000) \times 53.00g = 0.16g$$

$$m_2 = 0.1 \times (40/1000) \times 53.00g = 0.21g$$

可见为保证标定的准确度，基准试剂 Na_2CO_3 的称量范围应在 0.16~0.21g。

③ 滴定度与物质的量浓度之间的换算　设标准溶液浓度为 c_A，滴定度为 $T_{B/A}$，根据等物质的量规则（或化学计量系数比）和滴定度的定义，它们之间的关系应为：

$$T_{B/A} = \frac{c\left(\frac{1}{Z_A}A\right)M\left(\frac{1}{Z_B}B\right)}{1000}$$

$$或\ c\left(\frac{1}{Z_A}A\right) = \frac{T_{B/A} \times 1000}{M\left(\frac{1}{Z_B}B\right)}$$

（2）待测组分含量的计算

滴定分析中，可得到三个测量数据，即称取试样的质量 m_s(g)、标准滴定溶液的浓度 $c\left(\frac{1}{Z_A}A\right)$(mol/L)、滴定至终点时的标准滴定溶液消耗体积 V_A(mL)。若设测得试样中待测

组分 B 的质量为 $m_B(g)$，则待测组分 B 的质量分数 w_B（数值以％表示）为：

$$w_B = (m_B/m_s) \times 100$$

根据等物质的量规则，得：

$$w_B = \frac{c\left(\frac{1}{Z_A}A\right)V_A M\left(\frac{1}{Z_B}B\right)}{m_s \times 1000} \times 100$$

【例 2-20】 用 $c\left(\frac{1}{2}H_2SO_4\right) = 0.2020 mol/L$ 的硫酸标准滴定溶液测定 Na_2CO_3 试样的含量时，称取 $0.2009g$ Na_2CO_3 试样，消耗 $18.32mL$ 硫酸标准滴定溶液，求试样中 Na_2CO_3 的质量分数。已知 $M(Na_2CO_3) = 106.0 g/mol$。

解 滴定反应式为：

$$H_2SO_4 + Na_2CO_3 \longrightarrow Na_2SO_4 + CO_2 \uparrow + H_2O$$

根据反应式，Na_2CO_3 和 H_2SO_4 得失质子数分别为 2，因此基本单元分别取 $1/2H_2SO_4$ 和 $1/2Na_2CO_3$。则

$$w(Na_2CO_3) = \frac{c\left(\frac{1}{2}H_2SO_4\right)V(H_2SO_4)M\left(\frac{1}{2}Na_2CO_3\right)}{m_s \times 1000} \times 100$$

代入数据，得：

$$w(Na_2CO_3) = \frac{0.2020 \times 18.32 \times 1/2 \times 106.0}{1000 \times 0.2009} \times 100 = 97.63$$

答：试样中 Na_2CO_3 的质量分数为 97.63％。

习题

一、填空

1. 在滴定分析中，已知准确浓度的溶液称为_____。滴定剂与被测组分恰好反应完全时称为_____；而观察到反应完全的点称为_____，两者不完全吻合而带来的误差称为_____。

2. 滴定分析对化学反应的要求是：滴定反应必须按_____关系定量进行，滴定反应必须进行_____，滴定反应速度_____，具有确定_____的方法。

3. 进行滴定分析要具备能准确称量试样质量的_____和准确计量溶液_____的玻璃器皿，可用于滴定的_____溶液和_____溶液，具有确定滴定终点的_____。

4. 标准溶液配制方法有_____和_____两种。

5. 对基准物的要求有：纯度_____；组成与_____相符；性质_____；使用时易溶解；最好是摩尔质量较_____，使称样量大可以减少称量误差。

6. 间接法配制标准溶液，先配制出近似浓度的溶液，再用_____测定得到它的准确浓度，这个操作称作_____。

7. 正确选取基本单元的情况下，滴定达到化学计量点时，_____基本单元的物质的量 n_B 与_____基本单元的物质的量 n_A_____，这就是_____规则。

8. 滴定度 $T_{被测组分/滴定剂}$ 是指每毫升标准溶液相当的_____。

二、选择

1. 要配制 0.1000mol/L $K_2Cr_2O_7$ 溶液，适用的玻璃量器是（　　）。

A. 容量瓶　　　　　B. 量筒　　　　　　　C. 刻度烧杯　　　　　D. 酸式滴定管

2. 优级纯试剂的标签颜色是（　　）。

A. 红色　　　　　　B. 蓝色　　　　　　　C. 玫瑰红色　　　　　D. 深绿色

3. 直接法配制标准溶液必须使用（　　）。

A. 基准试剂　　　　B. 化学纯试剂　　　　C. 分析纯试剂　　　　D. 优级纯试剂

4. 可用于直接配制标准溶液的是（　　）。

A. $KMnO_4$　　　　B. $K_2Cr_2O_7$　　　　C. $Na_2S_2O_3 \cdot 5H_2O$　　D. NaOH

5. 以下物质必须用间接法制备标准溶液的是（　　）。

A. NaOH　　　　　B. As_2O_3　　　　　C. $K_2Cr_2O_7$　　　　D. Na_2CO_3

6. 基准物质最好摩尔质量较大，目的是（　　）。

A. 试剂颗粒大，容易称量　　　　　　B. 称量样较少

C. 计算容易　　　　　　　　　　　　D. 称量样较多，减少称量误差

7. 滴定分析对所用基准试剂的要求不是（　　）。

A. 在一般条件下性质稳定　　　　　　B. 主体成分含量为 $99.95\% \sim 100.05\%$

C. 实际组成与化学式相符　　　　　　D. 杂质含量 $\leqslant 0.5\%$

8. 下列物质能用来做基准试剂的是（　　）。

A. NaOH　　　　　B. H_2SO_4　　　　　C. Na_2CO_3　　　　D. HCl

三、判断

1. 滴定分析中的化学计量点就是滴定终点。（　　）

2. 凡是优级纯的物质都可用于直接法配制标准溶液。（　　）

3. 直接法配制标准溶液必需使用基准试剂。（　　）

4. 所谓终点误差是由于操作者终点判断失误或操作不熟练而引起的。（　　）

5. 滴定分析相对误差一般小于 0.1%，滴定消耗的标准溶液体积应控制在 $10 \sim 15$mL。
（　　）

6. 将 20.000g Na_2CO_3 准确配制成 1L 溶液，其物质的量浓度为 0.1886mol/L。
$[M(Na_2CO_3) = 106g/mol]$（　　）

7. 用过的铬酸洗液应倒入废液缸，不能再次使用。（　　）

8. 锥形瓶使用前需要用将注入的溶液润洗或烘干。（　　）

9. 1L 溶液中含有 98.08g H_2SO_4，则 $c\left(\dfrac{1}{2}H_2SO_4\right) = 2$mol/L。（　　）

10. 用浓溶液配制稀溶液的计算依据是稀释前后溶质的物质的量不变。（　　）

11. 玻璃器皿不可盛放浓碱液，但可以盛酸性溶液。（　　）

四、计算

1. 计算下列溶液的物质的量浓度：

(1) 6.00g NaOH 配制成 0.200L 溶液；

(2) 0.315g $H_2C_2O_4 \cdot 2H_2O$ 配制成 50.0mL 溶液；

(3) 21.0g CaO 配制成 2.00L 溶液；

（4）49.0mg H_2SO_4 配制成 10.0mL 溶液；

（5）2.48g $CuSO_4 \cdot 5H_2O$ 配制成 500mL 溶液。

2. 下列物质参加酸碱反应（假定这些物质完全起反应）时，确定它们的基本单元。

（1）H_2SiF_6；（2）SO_3；（3）H_3AsO_4；（4）$(NH_4)_2SO_4$；（5）$Na_2B_4O_7 \cdot 10H_2O$；

（6）$CaCO_3$。

3. 计算下列溶液的物质的量浓度：

（1）4.74g $KMnO_4$ 配制成 3.00L 溶液，求 $c\left(\dfrac{1}{5}KMnO_4\right)$；

（2）14.71g $K_2Cr_2O_7$ 配制成 200.0mL 溶液，求 $c\left(\dfrac{1}{6}K_2Cr_2O_7\right)$；

（3）2.538g I_2 配制成 500.0mL 溶液，求 $c\left(\dfrac{1}{2}I_2\right)$；

（4）744.6mg $Na_2S_2O_3 \cdot 5H_2O$ 配制成 30.00mL 溶液，求 $c(Na_2S_2O_3)$；

4. 如何配制下列溶液：

（1）100mL 含 NaCl 为 0.095g/mL 的水溶液；

（2）1000mL 含 I_2 为 0.01g/mL 的乙醇溶液；

（3）500g $w=10\%$ 的葡萄糖水溶液；

（4）200g $w=5.0\%$ 的 NH_4CNS 水溶液；

（5）200mL $\varphi_水=30\%$ 的乙醇水溶液。

5. 计算下列溶液的物质的量浓度：

（1）HCl 溶液，密度为 1.06g/mL，$w(HCl)=12.0\%$，求 $c(HCl)$；

（2）NH_4OH 溶液，密度为 0.954g/mL，$w(NH_4OH)=11.6\%$，求 $c(NH_4OH)$；

（3）H_2SO_4 溶液，密度为 1.30g/ml，$w(SO_3)=11.6\%$，求 $c\left(\dfrac{1}{2}H_2SO_4\right)$。

6. 欲配制 1000mL 0.1mol/L HCl 溶液，应取浓盐酸（12mol/L HCl）多少毫升？

7. 称取优级纯无水 Na_2CO_3 0.1500g 溶于水后，加甲基橙指示剂，用待标定 HCl 滴定至溶液由黄色变为橙色，消耗 28.00mL，求 HCl 溶液物质的量浓度？

8. 滴定 25.00mL 氢氧化钠溶液，用去 0.1050mol/L HCl 标准溶液 26.50mL，求该氢氧化钠溶液物质的量浓度和质量浓度。

9. 标定 NaOH 溶液时，为使 0.1mol/L NaOH 溶液消耗 30～40mL，应称取邻苯二甲酸氢钾的质量范围是多少？

10. 欲将 $c(Na_2S_2O_3)=0.2100mol/L$，250.0mL 的 $Na_2S_2O_3$ 溶液稀释成 $c(Na_2S_2O_3)=0.1000mol/L$，需加水多少毫升？

11. 称取基准物草酸（$H_2C_2O_4 \cdot 2H_2O$）0.2002g 溶于水中，用 NaOH 溶液滴定，消耗了 NaOH 溶液 28.52mL，计算 NaOH 溶液的浓度。已知 $M(H_2C_2O_4 \cdot 2H_2O)$ 为 126.1g/mol。

12. 配制 0.1mol/L HCl 溶液用基准试剂 Na_2CO_3 标定其浓度，试计算 Na_2CO_3 的称量范围。

13. 计算 $c(HCl)=0.1015mol/L$ 的 HCl 溶液对 Na_2CO_3 的滴定度。

14. 计算下列溶液的滴定度，以 g/mL 表示：

（1）$c(HCl)=0.2615mol/L$ HCl 溶液，用来测定 $Ba(OH)_2$ 和 $Ca(OH)_2$；

（2）$c(NaOH)=0.1032mol/L$ NaOH 溶液，用来测定 H_2SO_4 和 CH_3COOH。

15. 用硼砂（$Na_2B_4O_7 \cdot 10H_2O$）0.4709g 标定 HCl 溶液，滴定至化学计量点时，消耗 25.20mL，求 $c(HCl)$ 为多少？（提示：$Na_2B_4O_7+2HCl+5H_2O \longrightarrow 4H_3BO_3+2NaCl$）$M(Na_2B_4O_7 \cdot 10H_2O)=381.37g/mol$

任务三　分析天平的使用

知识目标

1. 双盘部分机械加码电光天平的构造和各部件作用。
2. 电子天平的构造和各部件作用。
3. 称量的一般程序。
4. 直接称量法、递减称量法、固定质量称量法的操作方法及步骤。
5. 实验数据的及时与正确记录。

能力目标

1. 正确操作分析天平。
2. 能够根据分析目的、试样特点和称量要求正确选择和使用三种称量方法：直接称量法、递减称量法、固定质量称量法称量固体或液体试样质量。
3. 正确、及时、简明记录实验原始数据的习惯。
4. 会进行称样量的计算。
5. 能够进行交流，有团队合作精神与职业道德，可独立或合作学习与工作。

技能训练一　分析天平称量操作练习

一、项目要求

1. 熟悉 AL204 型（或其他类型）电子天平的构造和使用方法。
2. 掌握称量的一般程序。
3. 初步掌握直接称量法的操作方法及步骤。
4. 初步掌握递减称量法的操作方法及步骤，学会用称量瓶倾出试样基本操作。
5. 初步掌握固定质量称量法的操作方法及步骤，学会用药匙加样基本操作。
6. 初步掌握一般液体及挥发性液体试样的称量方法及步骤。
7. 培养正确、及时、简明记录实验原始数据的习惯。

二、实施依据

电子天平是利用电子装置完成电磁力补偿的调节，使物体在重力场中实现力矩的平衡；或通过电磁力矩的调节，使物体在重力场中实现力矩的平衡。AL204 型电子天平是多功能、上皿式常量分析天平，感量为 0.1mg，最大载荷为 210g。

常用的称量方法有直接称量法、递减称量法和固定质量称量法。无论采用哪种方法称量，在称量前、后都需要调节天平的零点。

三、仪器、试剂

仪器：AL204 型电子天平、托盘天平、牛角匙、小表面皿、小烧杯、称量瓶、瓷坩埚、滴瓶、容量瓶、锥形瓶、安瓿球、酒精灯。

试剂：Na_2CO_3 固体、$KHC_8H_4O_4$ 固体、$CaCO_3$ 固体、磷酸、氨水。

四、工作程序

1. 开机与校准

（1）开机

① 水平调节　检查天平是否处于水平位置，如水平仪水泡偏移，需调节天平底部的两个水平旋钮，使水泡位于水平仪中心。

② 预热　接通电源，预热 30min，开启显示器进行操作。

③ 开启显示器　轻按"O/T"键（开关键、去皮调零键），显示器全亮，约 2s 后，显示天平的型号，然后是称量模式 0.0000g，即进入称量状态。

（2）天平的校准

① 在开机状态下，清除天平秤盘上的被称物体，按去皮钮，待天平显示器稳定显示 0.0000g。

② 按住"CAL"键（校准键、调整键），直到天平显示"CAL 200.0000g"字样，放入标值 200g 砝码，天平显示"CAL 0.0000g"时移去砝码，仪器即自动进行校准。

③ 当显示"CAL DONE"和"0.0000g"后，天平的校准结束。

2. 直接称量法

将干燥的小表面皿轻轻放在天平秤盘上，显示表皿的质量，待显示稳定后，及时记录在实验记录本上。再依次用直接称量法称量小烧杯、称量瓶、瓷坩埚的质量并记录。

学会做称量的结束工作。

3. 递减称量法

（1）将洁净的锥形瓶（或小烧杯）编上号。

（2）将干燥清洁的称量瓶先放在托盘天平上粗称，然后加入约 2g Na_2CO_3 固体，盖好瓶盖。按一下电子天平的"O/T"键，显示"0.0000g"，将装有 Na_2CO_3 固体的称量瓶放在电子天平的秤盘上，待读数显示稳定后，记录为 m_1；然后取出称量瓶向第一个锥形瓶中敲出 0.2～0.3g Na_2CO_3，再将称量瓶放在天平上称量，如果所示质量达到要求范围，记录称量瓶和剩余 Na_2CO_3 的质量为 m_2，则第一个锥形瓶中试样质量 m 为 (m_1-m_2)g；以同样方法再连续称出三份试样并记录。

（3）完成以上操作后，进行计时称量练习。

4. 固定质量称量法

固定质量称量法是指称取某一固定质量的试样，例如要称取 0.6127g $KHC_8H_4O_4$ 试样，方法如下。

将干燥的小表面皿轻轻放在天平秤盘上，显示表面皿的质量，待显示稳定后，按一下"O/T"键，扣除皮重，并显示"0.0000g"，然后打开天平右侧门，用牛角匙缓慢加入 $KHC_8H_4O_4$ 试样至表面皿中，并时刻观察显示屏，当达到所需质量时停止加样，关上天平门，读数并记录 $KHC_8H_4O_4$ 试样质量。以同样方法再称取 2～3 份 $KHC_8H_4O_4$ 样品。

完成以上操作后，进行称量练习。按同样方法称取 0.2120g $CaCO_3$ 固体 3～4 份。

5. 一般液体试样的称量

称出装有磷酸试样的滴瓶的质量。从滴瓶中取出 10 滴磷酸于接受器中，称出取样后滴瓶的质量，计算 1 滴磷酸的质量。据此计算出 1.5g 磷酸的大致滴数。称取需要量的磷酸。以同样方法再称取磷酸试样 2～3 份。

6. 挥发性液体试样的称量

准确称量空安瓿球并记录。在酒精灯上微微加热球部，小心将毛细管一端插入氨水试样中，吸入约 1～1.5mL 氨水试样，用小片滤纸擦干毛细管口，在酒精灯上熔封毛细管口，准确称出质量并记录。

五、数据记录与处理

见表 2-7～表 2-11。

表 2-7　直接称量法称量记录

被称物	表面皿	小烧杯	称量瓶	瓷坩埚
被称物质量/g				

表 2-8　减量法称量记录

记录项目	Ⅰ	Ⅱ	Ⅲ	Ⅳ
倾样前称量瓶＋试样质量 m_1/g				
倾样后称量瓶＋试样质量 m_2/g				
试样质量 m/g				

表 2-9　固定质量称量法记录

记录项目	Ⅰ	Ⅱ	Ⅲ	Ⅳ
$KHC_8H_4O_4$ 试样质量				
$CaCO_3$ 试样质量/g				

表 2-10　一般液体试样称量记录

记录项目	Ⅰ	Ⅱ	Ⅲ	Ⅳ
滴瓶＋磷酸试样质量/g				
取出磷酸后滴瓶＋磷酸试样质量/g				
磷酸试样质量/g				

表 2-11　挥发性液体试样称量记录

记 录 项 目	I	II	III	IV
空安瓿球质量/g				
空安瓿球＋氨水试样质量/g				
氨水试样质量/g				

六、注意事项

1. 称量前要做好准备工作（调水平、清扫、调零点）。

2. 拿取称量瓶需要戴手套。

3. 倾出试样过程中，称量瓶口应始终在接受容器上方，且不能碰接受容器。

4. 固定质量称量法加样时注意不要碰到天平，注意防止试样的洒落。

5. 放在天平盘上的器皿必须干净、干燥。

七、思考与质疑

1. 使用天平前要对天平进行检查，应做哪些检查？

2. 在什么情况下选用差减法称量？什么情况下应该使用固定质量称量法？

3. 电子天平在什么情况下需要进行校准，步骤有哪些？

4. 如何称量液体试样？

5. 浓氨水、浓硫酸、发烟硫酸的称量可分别用什么容器来进行称量？

相关知识

2.11　分析天平的种类和称量原理

如何进行准确的称量？

　　分析天平是定量分析中准确称量试样的精密仪器，也是分析工作中最重要的仪器之一，称量的准确度直接影响测定结果。因此，分析工作者必须了解分析天平的种类、构造和计量性能，熟练掌握分析天平的使用方法。

2.11.1　分析天平的种类和分级

　　根据天平的平衡原理，可分为杠杆式天平、弹性力式天平、电磁力式天平和液体静力平衡式天平四大类。根据使用目的，又可分为通用天平和专用天平两大类。根据量值传递范畴，又可分为标准天平和工作用天平两大类，凡直接用于检定传递砝码质量量值的天平均称为标准天平，其他天平一律称为工作用天平。工作用天平又可分为分析天平和其他专用天平。

常用的分析天平有阻尼天平，半自动电光天平，全自动电光天平，单盘电光天平，微量天平和电子天平等。国内部分天平的型号与规格见表 2-12。

表 2-12　国内部分天平的型号与规格

分析天平名称		型号	规格和主要技术指标	
			最大载荷/g	分度值/mg
双盘天平	空气阻尼天平	TG-528B	200	0.4
	全自动电光天平（全机械加码电光天平）	TG-328A	200	0.1
	半自动电光天平（部分机械加码电光天平）	TG-328B	200	0.1
	微量天平	TG-332	20	0.01
单盘天平	单盘电光天平	TG-729B	100	0.1
	单盘精密天平	DT-100A	100	0.1
	单盘微量天平	DWT-1	20	0.01
电子天平	上皿式电子天平	MD100-1	100	1
	上皿式电子天平	MD200-3	200	3
	电子分析天平	FA 系列	100～200	0.1
	电子分析天平	AEL-200	200	0.1

天平还可按精度分级。我国将天平分为四级：Ⅰ——特种准确度（精细天平），Ⅱ——高准确度（精密天平），Ⅲ——中等准确度（商用天平），Ⅳ——普通准确度（粗糙天平）。对于机械杠杆式的Ⅰ级和Ⅱ级天平，按其最大载荷与分度值之比（m_{max}/D，以 n 表示）的大小，在Ⅰ级中又细分为七个小级，在Ⅱ级中又分为三个小级，如表 2-13 所示，1～10 级准确度依次降低。对于电子天平，目前我国暂不细分天平的级别，只要求指明分度值 D 和最大载荷 m_{max}。

表 2-13　Ⅰ级和Ⅱ级机械杠杆式天平级别的细分[①]

准确度级别		最大称量与分度值之比
Ⅰ	1	$1\times10^7 \leqslant n < 2\times10^7$
	2	$4\times10^6 \leqslant n < 1\times10^7$
	3	$2\times10^6 \leqslant n < 4\times10^6$
	4	$1\times10^6 \leqslant n < 2\times10^6$
	5	$4\times10^5 \leqslant n < 1\times10^6$
	6	$2\times10^5 \leqslant n < 4\times10^5$
	7	$1\times10^5 \leqslant n < 2\times10^5$
Ⅱ	8	$4\times10^4 \leqslant n < 1\times10^5$
	9	$2\times10^4 \leqslant n < 4\times10^4$
	10	$1\times10^4 \leqslant n < 2\times10^4$

① 数据引自国家标准 GB/T 4168—1992。

例：最大称量为 200g，分度值为 0.0001g 的天平，其级别 $n = \dfrac{200}{0.0001} = 2\times10^6$，由表

查得准确度级别为 3 级。

2.11.2 杠杆式机械天平的称量原理

杠杆式天平是根据杠杆原理制成的一种精密衡量仪器，它是用已知质量的砝码来衡量被称物的质量。如图 2-2 所示杠杆 A、B、C，其支点为 B，力点分别在两端的 A 和 C 上。被称物重力为 P，砝码的重力为 Q，支点两端的臂长分别为 L_1 和 L_2，根据力学原理，当杠杆处于水平平衡状态时，支点两边的力矩相等，即：

$$QL_1 = PL_2$$

对等臂天平而言，两臂长度相等，即 $L_1 = L_2$，所以 $Q = P$。又因重力加速度相等，因此两端的质量也相同。因此等臂天平作用原理是：当等臂天平处于平衡状态时，被称物体的质量等于砝码的质量。

等臂分析天平的横梁用三个玛瑙三棱体的锐边（刀口）分别作为支点 B（刀口向下）和力点 A、C（刀口向上）。这三个刀口必须完全平行且位于同一水平面上，如图 2-3 中虚线所示。

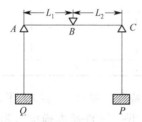

图 2-2　等臂天平平衡原理

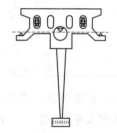

图 2-3　等臂天平的横梁

2.12　常用几种分析天平的构造和使用方法

2.12.1　TG-328B 型部分机械加码电光天平（半自动电光分析天平）

TG-328 型分析天平如图 2-4 所示。

（1）天平的结构

① 天平横梁　天平横梁是天平的主要部件，一般由质轻坚固、膨胀系数小的铝铜合金制成，起平衡和承载物体的作用。等臂分析天平的横梁上等距离安装有 3 个玛瑙刀，中间为支点刀（中刀），刀口向下，由固定在立柱上的玛瑙平板刀承支撑，两边各有 1 个承重刀（边刀），刀口向上，在刀口上方各悬有 1 个嵌有玛瑙平板刀承的吊耳。

刀口的锋利程度对天平的灵敏度有很大影响，刀口越锋利，和刀口相接触的刀承越平滑，它们之间的摩擦越小，天平的灵敏度越高，使用时要特别注意保护玛瑙刀口，尽量减少磨损。

梁的两端对称孔内装有平衡调节螺钉（平衡砣），用来调节天平空载时的平衡位置（即零点）。支点刀的后上方装有感量调节螺钉（重心砣），用以调整天平的灵敏度和稳定性。梁的中间装有垂直向下的指针，指针下端装有缩微标尺，经光学系统放大后成像于投影屏上，用以指示平衡位置。

② 立柱　垂直固定在天平底板上。柱的上方嵌有 1 块玛瑙平板，与支点刀口相接触。柱的上部装有能升降的托梁架（托翼），关闭天平时它托住横梁，与刀口脱离接触，以减少磨损。柱的中部装有空气阻尼器的外筒。

③ 悬挂系统

a. 吊耳　如图 2-5 所示，它的平板下面嵌有光面玛瑙，与力点刀口相接触，使吊钩及秤盘、阻尼器内筒能自由摆动。

b. 空气阻尼器　由 2 个特制的铝合金圆筒构成，外筒固定在立柱上，内筒挂在吊耳上。两筒间隙均匀，没有摩擦，开启天平后，内筒能自由上下运动，由于筒内空气阻力的作用，使天平横梁很快达到平衡状态，停止摆动，便于读数。

c. 秤盘　2 个秤盘分别挂在吊耳上，左盘放被称物，右盘放砝码。盘托位于天平盘的下面，装在天平底板上，停止称量时，盘托上升，托住秤盘。

注意，吊耳、阻尼器内筒、秤盘和盘托等部件上分别标有左"1"、右"2"的字样，安装时要注意区分。

④ 光学读数系统　指针下端装有缩微标尺，光源通过光学系统将缩微标尺上的分度线放大，再反射到光屏上，如图 2-6 所示。从光屏上可看到标尺的投影，中间为零，左负右正。光屏中央有 1 条固定垂直刻线，标尺投影与该线重合处即天平的平衡位置。如图 2-6 光标读数方法。当天平空载时，刻线与缩微标尺上的"0"位置应当恰

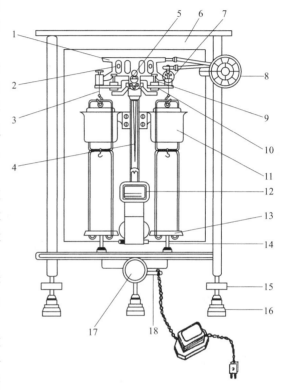

图 2-4　TG-328B 型分析天平

1—横梁；2—平衡调节螺钉；3—吊耳；4—指针；5—支点刀；6—框罩；7—圈码；8—指数盘；9—支力销；10—托翼；11—阻尼器内筒；12—投影屏；13—秤盘；14—盘托；15—螺旋脚；16—垫脚；17—升降枢旋钮；18—调屏拉杆

好重合，即调整好零点。缩微标尺上 1 大格相当于 1mg，每 1 大格又分为 10 小格，1 小格为 0.1mg。通过缩微标尺在光屏上的投影，可以直接读取 10mg 以下的质量。天平箱下的调屏拉杆可将光屏在小范围内左右移动，用于细调天平的零点。

⑤ 天平升降枢旋钮　位于天平底板正中，它连接托翼、盘托和光源开关。开启天平时，顺时针旋转升降枢旋钮，托翼微微下降，梁上的 3 个刀口与相应的玛瑙平板接触，使吊钩及秤盘自由摆动，同时接通了光源，屏幕上显出了标尺的投影，天平已进入工作状态。停止称量时，逆时针旋转升降枢旋钮，则横梁、吊耳及秤盘被托住，刀口与玛瑙平板脱离，光源切断，天平进入休止状态。

注意，为保护玛瑙刀，切不可触动未休止的天平。启动和关闭天平操作均应轻、缓、匀。

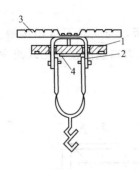

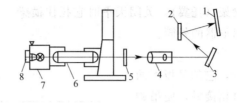

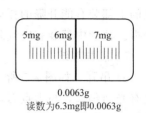

0.0063g

读数为6.3mg即0.0063g

图 2-5　吊耳　　　　　　　　　　　　图 2-6　光学读数装置

1—承重板；2—十字头；　　　　　　　1—投影屏；2—大反射镜；3—小反射镜；4—物镜筒；5—指针；

3—加码承重片；4—刀承（边刀垫）　　6—聚光镜；7—照明筒；8—灯座

⑥ 框罩、天平足和水平仪　框罩用以保护天平使之不受灰尘、热源、湿气、气流等外界条件的影响。框罩是木制框架，镶有玻璃。底座为大理石或玻璃板，用以固定立柱、天平脚、升降枢旋钮等。天平框罩安装有 3 个门，前面是 1 个可以向上开启的门，供装配、调整和维修天平用，称量时不准打开，两侧各有 1 个玻璃推门，左门用于取放称量物品，右门用于取放砝码，在读取天平零点、平衡点时，天平门必须关好。

天平框罩下装有 3 只脚（天平足），前边的 2 只脚带有旋钮，可使天平底板升降，用以调节天平的水平位置。后边的 1 只不可调。天平立柱的后上方装有气泡水平仪，气泡位于中心表示天平处于水平位置。

⑦ 砝码和机械加码装置

a. 砝码　每台天平都附有一盒配套的砝码，砝码大小有一定的组合规律，如 5、2、2、1 系统组合或 5、2、1、1 系统组合。前者砝码组有 100g、50g、20g、20g、10g、5g、2g、2g、1g 等共 9 个砝码。标称值相同的两个砝码，其实际质量可能有微小的差别，所以规定其中的一个用"·"或"＊"作标记以示区别。为减小称量系统误差，平行测定中的几次称量，应尽可能采用同一砝码。砝码必须使用骨质或塑料尖镊子夹取，用完及时放回盒内并盖严。

b. 机械加码装置　1g 以下的砝码做成环状，称环码或圈码，有 10mg、10mg、20mg、50mg、100mg、100mg、200mg、500mg，可组合成 10～990mg 的任意数值。转动圈码指数盘（如图 2-7 所示），可使天平梁右端吊耳上加 10～990mg 圈形砝码（如图 2-8 所示）。指数盘上印有圈码的质量值，内层为 10～90mg 组，外层为 100～900mg 组。

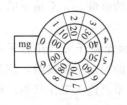

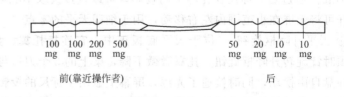

前(靠近操作者)　　　　　　后

图 2-7　圈码指数盘　　　　　　　　图 2-8　环码

半自动电光天平 1g 以下的砝码用机械加码装置加减，1g 以上的砝码装在砝码盒中，用镊子夹取。全自动电光天平全部砝码均由机械加码装置加减，机械加码装置在天平左侧。

（2）称量的一般程序

分析天平是精密仪器，使用时必须认真、仔细，要预先熟悉使用方法，通过大量练习，最终达到快速准确称量的目的。TG-328B 型双盘天平称量的一般程序如下。

① 取下天平罩，折叠好放在天平右后方。

② 称量时操作者面对天平端坐，将记录本放在胸前的台面上，接受称量物的器皿放在天平左侧，砝码盒放在右侧。

③ 称量前的检查和调节

a. 被称物温度是否和天平框内的温度相同。加热或冷却过的物品必须放在干燥器中，待温度与天平框内温度平衡后再进行称量。

b. 检查秤盘和底板是否洁净，秤盘可用软毛刷轻轻扫净。如有斑痕污物，可用浸有无水乙醇的鹿皮轻轻擦拭。底板如不干净，可用毛刷拂扫或用细布擦拭。

c. 检查天平是否水平。若不水平，调节天平前面的两个脚直至水平（气泡式水平仪的气泡位于圆圈的中心）。

d. 检查天平其他各部件是否正常：硅胶（干燥剂）容器是否靠住秤盘；圈码指数盘是否在"000"位；圈码有无脱落；吊耳和横梁是否错位等。如有问题及时报告老师处理。

④ 调节零点　接通电源，完全打开升降枢旋钮，此时在光屏上可以看到标尺的投影在移动。当标尺稳定后，如果屏幕中央的刻线与标尺上的"0"线不重合，可拨动调屏拉杆，移动屏幕的位置，使屏中刻线恰好与标尺中的"0"线重合，即调定零点。如果屏幕移到尽头仍调不到零点，则需关闭天平，将调屏拉杆放在与自己平行的位置，调节横梁上平衡调节螺钉，再开启天平，若屏中刻线在"0"线左右 3 格内，拨动调屏拉杆，调到零点，否则继续调节平衡调节螺钉，直至调定零点。调节零点需在天平各部件正常后进行，并且应在空载状态下进行。零点调好后关闭天平，准备称量。

⑤ 称量　将被称物先在架盘药物天平（台秤、托盘天平）上粗称，然后放到天平左盘中央关闭左门，根据粗称的数据在天平右盘上加砝码至克位，大砝码放在盘的中央，小的集中在其周围且各砝码不能互相碰在一起。半开天平，观察标尺移动方向或指针倾斜方向以判断所加砝码是轻还是重，（光标总是向重盘方向移动、指针总是向轻盘方向倾斜）直至多加 1g 砝码嫌重，关闭天平，减少 1g 砝码即调定克组砝码。关闭天平右门，依次调定百毫克组及十毫克组圈码，十毫克圈码调定后，完全开启天平，准备读数。为尽快达到平衡，选取砝码应遵循"由大至小、中间截取、逐级试验"的原则。砝码未完全调定时不可完全开启天平，以免横梁过度倾斜，造成横梁错位或吊耳脱落。

⑥ 读数与记录　待标尺停稳后且刻线在 0～10mg 之间即可读数，被称物的质量等于砝码总质量加标尺读数（均以克计），立即记录到原始数据记录本上。

先按照砝码盒里的空位记录砝码总质量，再按大顺序依次核对称盘上的砝码。

⑦ 复原　称量、记录完毕，随即关闭天平，取出被称物，将砝码放回盒内并核对记录数据，圈码指数盘退回到"000"位，关闭两侧门，再完全打开天平观察屏中刻线，屏中刻线应在"0"线左右 2 格内，否则应重新称量。关闭天平，砝码盒放回原位，盖上天平罩，切断电源，填好天平使用登记簿后方可离开。

（3）天平使用规则

① 天平安放好后，不准随便移动，应保持天平处于水平位置。

② 保持天平室内一定恒定温度，保持天平框内清洁干燥，天平框内吸湿硅胶变色后应及时更换。

③ 被称物应首先在托盘天平上粗称，被称物质量不得超过分析天平的最大载荷，被称物外型不能过高过大。不得称量过热或过冷的物体，称量易吸潮和易挥发的物质必须加盖密闭严禁将化学试剂直接放在天平盘上称量，根据其性能可选用洁净的称量瓶、表面皿或硫酸纸称量。重物和砝码应位于秤盘中央，大砝码应居中。

④ 完成同一实验过程的全部称量使用同一台天平和与之配套砝码。

⑤ 不得随意开启天平前门，被称物和砝码只能从侧门取放。

⑥ 应特别注意保护玛瑙刀口。开、关天平时动作要轻、缓、连续。取放物体和加减砝码时必须关闭天平，严禁在天平处于工作状态时取放物体和加减砝码。

⑦ 不能用手直接取放物体和砝码。

⑧ 读数前要关好两边的侧门，防止气流影响读数。

⑨ 记录称量读数时，应先以砝码盒空位的砝码总质量计算一次（空位读数），再将砝码由大到小取出时复核一遍。

⑩ 称量结束时，关闭天平。应将天平复原，并核对一次零点。进行登记。盖好天平罩，切断电源。

（4）砝码使用规则

① 砝码和天平必须配套使用，不得随意调换。

② 砝码的表面应保持清洁，如有灰尘，应用软毛刷清除。如有污物，无空腔的砝码可用无水乙醇或丙酮清洗，有空腔的可用绸布蘸无水乙醇擦净，并注意避免使溶剂渗入砝码空腔内。砝码绝不可沾上水、油脂等。

③ 砝码只能放在砝码盒内相应的空位上或秤盘上，不得放在其他地方。

④ 取用砝码时要用专用镊子小心取放，这种镊子带有骨质或塑料尖，不能使用金属镊子，要防止摔落划伤或腐蚀砝码表面，严禁直接用手拿取砝码。

⑤ 称量时应遵循"最少砝码个数"的原则，不可用多个小砝码代替大砝码；称量时如用到面值相同的砝码时，应先使用无标记的砝码；同一物体前后两次称量时应使用同一组合的砝码，尽量少换。

⑥ 为了尽量减少添加砝码的次数，达到快速准确称量的目的，应按"由大到小、中间截取"的原则选用砝码。

⑦ 使用机械加码的刻度盘时，不要将尖头对着两个读数之间。刻度盘既可顺时针方向旋转，也可逆时针方向旋转，但应轻轻地逐档次地旋转，决不可用力快速转动，以免造成圈码变形、互相重叠、圈码脱钩，甚至吊耳移位等故障。加减圈码后先微微开启天平进行观察，当屏中刻线在标尺范围内，方可全开天平。

⑧ 砝码是衡量质量的标准，准确度应符合要求。砝码不管制造得如何精良，用久后其质量都会有或多或少的改变。所以必须按使用的频繁程度定期予以校正或送计量部门检定。一般周期为1年。

2.12.2 电子天平

（1）电子天平的结构和称量原理

电子天平是最新一代的天平，它是依据电磁力平衡原理制成的。

根据电磁学基本理论，通电的导线在磁场中将产生电磁力或安培力。力的方向、磁场方向、电流方向三者互相垂直。当磁场强度不变时，产生电磁力的大小与流过线圈的电流强度成正比。

如果使重物的重力方向向下，电磁力的方向向上，并与之相平衡，则通过导线的电流与被称物体的质量成正比。国产 FA1604 型电子分析天平的外形和键盘结构如图 2-9 所示。

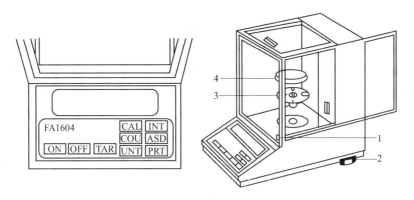

图 2-9　国产 FA1604 型电子分析天平外形和键盘结构

1—水平仪；2—水平调节脚；3—盘托；4—称量盘

ON—开启显示器键；OFF—关闭显示器键；TAR—清零、去皮键；CAL—校准功能键；INT—积分时间
调整键；COU—点数功能键；ASD—灵敏度调整键；UNT—量制转换键；PRT—输出模式设定键

秤盘通过支架连杆与线圈相连，线圈置于磁场中，且与磁力线垂直。秤盘与被称物体的重力通过连杆支架作用于线圈上，方向向下。线圈内有电流通过，产生一个向上作用的电磁力，与秤盘重力方向相反、大小相等。若以适当的电流流过线圈，使产生的电磁力大小正好与重力大小相等，方向相反，处于平衡状态，位移传感器处于预定的中心位置，当秤盘上的物体质量发生变化时，位移传感器检出位移信号，经调节器和放大器改变线圈的电流直至线圈回到中心位置为止。通过线圈的电流与被称物的质量成正比，通过数字显示出物体质量。

（2）电子天平的特点

① 电子天平支承点采用弹性簧片，没有机械天平的宝石或玛瑙刀子，采用数字显示方式代替指针刻度式显示。使用寿命长，性能稳定，灵敏度高，体积小，操作方便。

② 电子天平采用电磁力平衡原理，称量时全量程不用砝码。放上被称物后，在几秒钟内即可达到平衡，显示读数，称量速度快，精度高。

③ 电子天平一般具有内部校正功能。天平内部装有标准砝码，使用校准功能时，标准砝码被启用，天平的微处理器将标准砝码的质量值作为校准标准，数秒钟内即能完成天平的自动校验，校验天平无需任何额外器具。

④ 电子天平是高智能化的衡量器具，其内装有稳定性监测器，达到稳定时才输出数据，重现性、准确性达到百分之百，可在全量程范围内实现去皮重、累计称量、超载显示、故障报警等。

⑤ 电子天平具有质量电信号输出，抗干扰能力强，可在震动环境下保持良好的稳定性，这是机械天平无法做到的。可以与打印机、计算机连接，实现称量、记录和计算的自动化。

（3）电子天平的使用方法

电子天平对天平室和天平台的要求与机械天平相同，同时应远离带有磁性或能产生磁场的物体和设备。称量前后注意天平内外的清洁。

① 水平调节　观察水平仪。如水平仪水泡偏移，需调整水平脚，使水泡位于水平仪中心。

② 预热　接通电源，预热 1h 后，开启显示器进行操作。称量完毕，一般不用切断电源（若较短时间内，例如 2h 内暂不使用天平），再用时可省去预热时间。

③ 开启显示器　轻按"ON"键，显示器全亮，约 2s 后显示天平的型号，然后是称量模式 0.0000g。读数时应关上天平门。

④ 天平基本模式的设定　天平通常为"通常情况"模式，并具有断电记忆功能。使用时若改为其他模式，使用后一经按"OFF"，键，天平即恢复"通常情况"模式。

量制单位的设置由"UNT"键控制，如在显示"g"时松手，即设置单位为克。积分时间的选择由"INT"键控制，INT-0，快速；INT-1，短；INT-2，较短；INT-3，较长。灵敏度的选择由"ASD"键控制。灵敏度的顺序为 ASD-0，最高；ASD-1，高；ASD-2，较高；ASD-3，低。

"ASD"键和"INT"键两者配合使用情况如下。

最快称量速度：INT-1　　　　　ASD-3

通常情况：　　　INT-3　　　　　ASD-2

环境不理想时：INT-3　　　　　ASD-3

⑤ 校准　天平安装后，第一次使用前，应对天平进行校准。因存放时间较长、位置移动、环境变化或为获得精确测量，天平在使用前也应进行校准。本天平采用外校准（有的电子天平具有内校准功能），由"TAR"键清零后，按"CAL"键、放上 100g 标准砝码，显示 100.000g，即完成校准。

⑥ 称量　按"TAR"键，显示为零后，置被称物于称量盘上，待数字稳定，即显示器左下脚的"0"标志熄灭后，该数字即为被称物的质量值。

⑦ 去皮称量　按"TAR"键清零，置容器于称量盘上，天平显示容器质量，再按"TAR"，键，显示零，即为去皮重。再置被称物于容器中，或将被称物（粉末状物或液体）逐步加入容器中直至加物达到所需质量，待显示器左下角"0"熄灭，这时显示的是被称物的净质量。将称量盘上的所有物品拿开后，天平显示负值，按"TAR"键，天平显示 0.0000g。若称量过程中称量盘上的总质量超过最大载荷（FA1604 型电子天平为 160g）时，天平仅显示上部线段，此时应立即减少载荷。

⑧ 称量结束后，按"OFF"键关闭显示器。若当天不再使用天平，应拔下电源插头。

（4）使用注意事项

① 电子天平在安装之后，称量之前必须进行校准。因为，用电子天平称出的物质的质量是由被称物质的质量产生的重力通过传感器转换成电信号获得的。称量结果实质上是被称物质重力的大小，故与重力加速度有关，这种影响使称量值随纬度的增高而增加，随海拔的升高而减小。因此，电子天平在安装后或移动位置后必须进行校准。

② 电子天平开机后需要预热较长一段时间（至少 0.5h 以上），才能进行正式称量。

③ 电子天平本身质量较小，容易被碰位移，从而可能造成水平改变，影响称量结果的

准确性。所以使用时应特别注意，动作要轻、缓，并时常检查水平是否改变。

④ 要注意克服可能影响天平示值变动性的各种因素，例如：空气对流、温度波动、容器不够干燥、开门及放置被称物时动作过重等。

⑤ 长时间不使用的电子天平应每隔一段时间通电一次，以保持电子元器件干燥，特别是湿度大时更应经常通电。

2.13　基本称量方法和操作

使用机械天平常用的称量方法有：直接称量法、差减法（递减称量法）和固定质量称量法（增量法），其中，直接称量法最简单，差减法最常用，固定质量称量法最难。

（1）直接称量法

这种称量方法适用于称量洁净干燥的器皿、棒状或块状的金属、某些在空气中没有吸湿性、不与空气反应的试样，如邻苯二甲酸氢钾等。

检查调整好天平之后，将被称物直接放在天平盘上，所得读数即为被称物的质量。称量化学试剂时，首先准确称出干燥而洁净的表面皿（或称量纸）的质量，然后用牛角匙取出一定量试剂放在其上面，准确称量，再将试样全部转移到接受容器中，试样质量为试样和表面皿的总质量减去表面皿的质量。

注意，不得用手直接取放被称物，可采用戴细纱手套拿取或垫纸条夹取被称物。

（2）差减法

这种称量方法适用于称量易吸湿、易氧化、易与空气中 CO_2 反应的试样，如碳酸钠等。对一般的颗粒状、粉末状及液体试样的称量普遍适用。这种方法操作简单、快速、准确，称出试样的质量不要求固定的数值，只需在一定的质量范围内即可。

待称样品放于洁净干燥的容器（固体粉末状或颗粒状样品用称量瓶，液体样品可用小滴瓶）中，置于干燥器中保存。称量时戴细纱手套拿取或用清洁的纸叠成约 1cm 宽的纸条套住瓶身中部（如图 2-10）取出称量瓶，粗称后放在天平左盘的正中央，准确称量并记录读数。关闭天平，取出称量瓶，拿到接受器上方约 1cm 处，右手打开瓶盖，将瓶身慢慢向下倾斜，使称量瓶身接近水平，瓶底略低于瓶口，用瓶盖轻轻敲击称量瓶的内侧上沿，同时微微转动称量瓶使样品缓缓落入容器中（如图 2-11）。估计倾出的样品接近需要的质量时，再边敲瓶口边将瓶身扶正，盖好瓶盖后方可离开容器的上方（在此过程中，称量瓶不得碰接受容器），再准确称量。

图 2-10　夹取称量瓶的方法

图 2-11　倾出试样的操作

如果一次倾出的试样量不够所需量，可再次倾倒样品，直到移出的样品质量满足要求（在欲称质量的±10％以内为宜）后，再记录天平读数，但添加样品次数不得超过3次，否则应重称。在敲出样品的过程中，要保证样品没有损失，边敲边观察样品的转移量，切不可在还没盖上瓶盖时就将瓶身和瓶盖都离开容器上口，因为瓶口边沿处可能粘有样品，容易损失。务必在敲回样品并盖上瓶塞后才能离开容器。如不慎倒出试样量太多，只能弃去重称。

按上述方法连续递减，可称取多份试样，如称取4份平行试样，只需连续称量五次即可。表2-14为递减称量法称量记录格式示例。

表 2-14　递减称量法称量记录示例

编　　号	Ⅰ	Ⅱ	Ⅲ	Ⅳ
倾出试样前称量瓶与试样总质量/g	21.7539	21.4357	21.1169	20.8073
倾出试样后称量瓶与试样总质量/g	21.4357	21.1169	20.8073	20.4938
试样质量/g	0.3182	0.3188	0.3096	0.3135

递减称量法操作简单、快速、准确，常用于称取待测试样和基准物质。

（3）固定质量称量法（增量法）

又称指定质量称量法。此法只适用于用来称取不易吸湿，且不与空气作用、性质稳定的粉末状物质。如用直接法配制指定浓度的标准溶液时，常用该法称取基准物质。

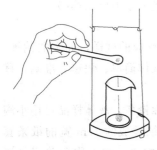

图 2-12　固定质量称量法

称量操作方法如下：准确称量一个洁净干燥的小表面皿（通常直径为6cm），在右盘上增加所需称取试样质量的砝码，然后用左手持盛有试剂的牛角匙小心地伸向表面皿的近上方，以食指轻击匙柄，将试剂弹入表面皿中，半开启天平进行试重，直到所加试剂质量只相差很小时（此值应小于缩微标尺的满刻度），全开启天平，极其小心地以左手拇指、中指及掌心拿稳角匙，以食指摩擦角匙柄，让牛角匙内的试剂以非常少的量和非常缓慢的速度抖入表面皿内（见图2-12），这时眼睛既要注意牛角匙，同时也要注意标尺的读数，待标尺正好移动到与所需刻度相差1～2个分度时，立即停止抖入试剂，在此过程中，右手不要离开天平的升降枢旋钮，以便及时开关天平。关闭天平，关上侧门，再次进行读数。

例如配制 250mL $c(\frac{1}{6}K_2Cr_2O_7)$＝0.05000mol/L $K_2Cr_2O_7$ 的标准溶液，通过计算，需要称取基准试剂 $K_2Cr_2O_7$ 0.6129g，必须准确称取。称取空表面皿后，在刻度盘上增加0.61g质量，用牛角匙在左盘表面皿上慢慢加入 $K_2Cr_2O_7$，至投影屏显出2.9mg时，立即停止加样。取出表面皿，将试样全部转移到实验容器中（用水冲洗表面皿数次）。

这种称量方法要求十分仔细，若不慎多加试样，只能关闭升降枢，用牛角匙取出多余的试样，再重复上述操作直到合乎要求为止。

操作注意事项如下。

① 试样绝不能洒落在秤盘上和天平内。半开启天平称样时，切忌抖入过多的试样，否则会使天平突然失去平衡。

② 称好的试样必须直接定量转入接受器中。

③ 称量完毕后要仔细检查是否有试样洒落在天平箱的内外，必要时加以清除。

固体试样放置在空气中常含有湿存水，其含量随试样的性质和条件而变化。因此，无论用上述哪种方法称取固体试样，称量前必须以适当的方法预处理进行干燥。对于性质比较稳定不吸湿的试样，可将试样薄薄地铺在表面皿或蒸发皿上，放在烘箱或马弗炉里，在指定的温度下干燥一定时间，取出放入干燥器中冷却，最后移至磨口称量瓶里备用。对于受热易分解的试样，应在较低温度下干燥或在常温放在真空干燥器中干燥。也可取未经干燥的试样进行分析，同时另取一份试样测定水分，以湿品含量换算为干品含量。

（4）液体样品的称量

液体样品的准确称量比较麻烦。根据样品的性质有多种称量方法，主要有以下 3 种。

① 性质较稳定、不易挥发的样品如 H_2SO_4 可装在干燥的小滴瓶中用差减法称量，最好预先粗测每滴样品的大致质量。

② 较易挥发的样品可用增量法称取。例如称取浓盐酸试样时，可先在 100mL 具塞锥形瓶中加入 20mL 水，准确称量后快速加入适量的样品，立即盖上瓶塞，再进行准确称量，随后即可进行测定（例如用 NaOH 溶液滴定 HCl）。

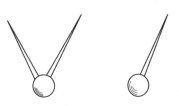

图 2-13 安瓿球

③ 易挥发或与水作用强烈的样品需要采取特殊的办法进行称量，例如冰乙酸样品可用小称量瓶准确称量，然后连瓶一起放入已装有适量水的具塞锥形瓶，摇动使称量瓶盖子打开，样品与水混合后进行测定。发烟硫酸、硝酸或氨水样品一般采用直径约 10mm、带毛细管的安瓿球（见图 2-13）称取。先准确称量空安瓿球，然后将球形部分经酒精灯火焰微热后，迅速将其毛细管插入样品中，球泡冷却后可吸入 1～2mL 样品，注意忽将毛细管部分碰断。用吸水纸将毛细管擦干并用火焰封住毛细管口，准确称量后将安瓿球放入盛有适量试剂的具塞锥形瓶中，摇碎安瓿球，若摇不碎亦可用玻璃棒击碎。断开的毛细管可用玻璃棒碾碎，再冲洗玻璃棒。待样品与试剂混合并冷却后即可进行测定。

使用电子天平时，称量过程很简单。将表面皿放称量盘上，去皮重后，只需将样品缓慢加到表面皿上，直到天平显示所需的样品质量即可。

2.14 分析天平的计量性能与质量检验

分析天平作为精密的衡量仪器，主要有四大计量性能，即灵敏性、稳定性、正确性和示值变动性。

2.14.1 天平的灵敏性

（1）天平灵敏性的表示方法

是指天平能觉察出放在秤盘上物体质量改变的能力，用灵敏度或感量来表示。

天平的灵敏度，通常有 4 种表示方式：角灵敏度 E_α、线灵敏度 E_l、分度灵敏度 E_n、分度值 D 或称感量。常用的灵敏度表示方式是 E_n 和 D。下面只介绍这两种灵敏度的概念。

分度灵敏度 E_n：一般规定为载荷改变 1mg 引起的指针在缩微标尺上偏移的格数 n（分度数）。因此，E_n 为标尺移动的分度数 n 与在秤盘上所添加的小砝码的质量 m 之比，即

$$E_n = \frac{n}{m}$$

质量改变 1mg，指针在缩微标尺上偏移的格数越多，天平越灵敏。

分度值 D：也称感量，是分度灵敏度的倒数，是指针在缩微标尺上偏移一格或一个分度需要增加的质量（毫克）。单位为 mg/格。

如 TG-328B 型半自动电光分析天平分度值为 0.1mg/格，则灵敏度为：

$$E_n = \frac{1}{D} = \frac{1}{0.1} = 10 \ 格/mg$$

表示 1mg 砝码使投影屏上有 10 小格的偏移。由于采用光学放大读数装置，提高了读数的精确度，可直接准确读出 0.1mg，因此，这类天平也被称为"万分之一"分析天平。

影响天平灵敏度的因素如下。

① 天平本身的结构　天平的灵敏度主要决定于天平本身的结构，天平的灵敏度与天平梁的质量及重心至支点的距离成反比，与天平臂长成正比。一架天平梁的质量和臂长是一定的，通常只能改变重心至支点的距离，感量调节螺丝（重心铊）上移，可以提高天平的灵敏度；反之，灵敏度下降。

② 玛瑙刀口接触点的质量　天平的灵敏度在很大程度上取决于 3 个玛瑙刀口接触点的质量。刀口棱边越锋利，玛瑙刀承表面越光滑，两者接触时摩擦越小，则灵敏度高。如刀口已损伤，无论如何调节重心铊，也不能显著改变天平的灵敏度。

③ 载荷　一般在载荷时天平臂微下垂，以致天平臂的实际长度减小，使梁的重心下移，故载荷后天平灵敏度会减小。

天平灵敏度应该适当，并不是越高越好。因为梁的重心位置与天平的稳定性有关，重心过高，虽然灵敏度高，但天平指针摆动幅度过大，不易停止从而降低天平的稳定性。灵敏度过高，微小的湿度差、灰尘、温度差、气流等都会使天平休止点变动很大，天平也不会很快静止。灵敏度太低时称量误差大，达不到称准 0.1mg 的目的。

（2）灵敏度的测定

① 零点的测定　天平在使用前，应先测定和调节零点。电光天平的零点是指天平空载时，缩微标尺的"0"刻度与投影屏上的标线相重合的平衡位置。接通电源，开启天平升降枢旋钮后，天平的缩微标尺即印在投影屏上。标尺停稳后，标尺的"0"刻度应与投影屏上的标线相重合，若不重合但偏离不大，可拨动旋钮下面的拨杆，挪动一下投影屏的位置，使其重合；若偏离较大，应调节天平梁上的平衡调节螺丝直至标尺"0"刻度与标线重合。

② 灵敏度的测定　以 TG-328B 双盘天平型为例，其分度值为 0.1mg/格。调节零点后休止天平，在天平左盘上放一个 10mg 标准砝码（环码），再开启天平，如果平衡位置在 99～101 分度内，其空载时的分度值误差就在国家规定的允差之内。若超出这个范围，就应通过调节感量调节螺丝来调节灵敏度，使达到要求。注意每次调节灵敏度后都要重新调节零点。

当载荷时，天平臂略有变形，灵敏度有微小的变化。必要时可制作灵敏度校正曲线，即分别测定 0g、10g、20g、30g、40g、50g 时相应的灵敏度，将天平在不同载荷时测得的灵敏度作为纵坐标、以载荷为横坐标绘制成灵敏度曲线。

2.14.2 天平的稳定性

是指天平在空载或载荷时平衡状态受到扰动后，能自动回到初始平衡位置的能力。天平的重心越低越稳定，不稳定的天平无法进行称量。天平的灵敏性和稳定性是相互矛盾的两种性质，称量时不仅要求有一定的灵敏性，还要有相当的稳定性，因此两者必须兼顾。

2.14.3 天平的示值变动性

示值变动性是指天平在载荷平衡的情况下，多次开关天平称量同一物体，恢复原平衡位置的性能。也是天平计量性能的一个重要指标，表示天平衡量结果的可靠程度。其影响因素主要是天平元件的质量和天平装配调整状况；环境条件（如温度、气流、震动等）对它也有影响。

检查示值变动性时，首先连续测量空盘零点两次，载荷后再测量两次零点，各次测量值的极差即为示值变动性。允差为 1 个分度，即 0.1mg。

例如，测得天平零点为 0.0mg、+0.1mg，载荷后取下砝码，再测零点为 -0.1mg、-0.1mg，示值变动性为 0.1-(-0.1)=0.2mg。

若示值变动性超过允差，应查找原因并进行调修。常见原因有：横梁上的零部件如刀口、平衡调节螺丝、感量铊、配重铊等松动；横梁、刀口、阻尼器等处有灰尘；天平附近或天平室是否有空气对流；天平室温度不符合要求；天平室附近有无振动性作业等。以及操作天平不当如用力过猛等。

2.14.4 天平的正确性

指天平的等臂性而言。双盘等臂天平的两臂应是等长的，但实际上稍有差别。由于两臂不等长产生的误差，称为不等臂性误差，也称偏差。

双盘天平不等臂性误差的测定：调节零点后休止天平，将一对等量砝码分别放在天平两盘上，开启升降枢旋钮，读数为 P_1，然后将左、右两盘的砝码对换位置，再读数为 P_2，则

$$偏差 = \left| \frac{P_1 + P_2}{2} \right|$$

因为两个面值相等的砝码质量不一定完全相等，故采用置换法测定偏差。规定的允差为 3 个分度，即 0.3mg。若发现超差，应请专业人员进行调整。

具有缩微标尺或数字标尺的天平，国家规定的计量性能指标列于表 2-15。

表 2-15 杠杆式天平计量性能允差[①]

示值变动性误差/(分度)	分度值误差/(分度)				不等臂性误差/(分度)
	左 盘	右 盘	空 载	全 载	
双盘	1	2		±1	-1,+2	3
单盘	1	-1,+2				—
挂码误差 (D=0.1mg)/(分度)	毫克组：±2, 克组：±5 全量：±5				

① 数据引自国家标准 GB/T 4168—1992。

习题 --

一、填空

1. 目前经常使用的分析天平按称量原理不同有 _____ 和 _____ 两类。

2. 使用部分机械加码分析天平称量的一般程序是：准备工作、_____、预称、_____、读数、记录和结束工作。

3. 使用电子天平进行去皮称量一般程序是：_____ 、_____ 、_____ 、_____ 、加样或减样、读数，结束工作。

4. 使用分析天平称量时不准用手直接拿取_____ 和_____ 。

5. 使用分析天平称量时，加减砝码或取放称量物必须把天平盘_____ 。

6. 减量法适用于称量易_____ 、易氧化和易_____ 。

7. 分析天平是指分度值为_____ 的天平。

二、选择

1. 递减法称取试样时，适合于称取（   ）。

A. 剧毒物质   B. 易吸湿、易氧化、易与空气中 CO_2 反应的物质

C. 多组分不易吸湿的样品   D. 易挥发的物质

2. 使用分析天平时，加减砝码和取放物体必须休止天平，这是为了（   ）。

A 防止天平盘的摆动   B. 减少玛瑙刀口的磨损

C. 增加天平的稳定性   D. 加快称量速度

3. 对某甲醛试样进行三次平行测定，测得平均含量为 38.6% ，已知真实含量为 38.3% ，则 38.6%－38.3%＝0.3% 为（   ）。

A. 相对误差   B. 相对偏差   C. 绝对误差   D. 绝对偏差

4. 用分析天平称量试样时，容器（   ）不能放在天平盘上。

A. 滴瓶   B. 锥形瓶   C. 称量瓶   D. 表面皿

5. 选择天平的原则不正确的是（   ）。

A. 不能使天平超载   B. 不应使用精度不够的天平

C. 不应滥用高精度天平   D. 天平精度越高越好

6. 用质量约为 20g 的容器盛装样品，拟称出样品量 0.2g，要求称准至 0.0002g，应选择天平（   ）。

A. 最大载荷 200g，分度值 0.01g   B. 最大载荷 100g，分度值 0.1mg

C. 最大载荷 100g，分度值 0.1g   D. 最大载荷 2g，分度值 0.01mg

7. 天平的灵敏度与（   ）成正比。

A. 横梁的质量   B. 臂长   C. 重心距   D. 稳定性

8. 当电子天平显示（   ）时，可进行称量。

A. 0.0000g   B. CAL   C. TARE   D. OL

9. 当电子天平超载时，天平显示（   ）。

A. －OL   B. ＋OL   C. OL   D. 0.000

10. 电子天平在安装后，称量之前必不可少的一个环节是（   ）。

A. 清洁各部件　　B. 清洗样品盘　　C. 校准　　　　　D. 稳定

11. 下列有关电子天平使用的说法正确的有（　　　）。

A. 环境湿度大时应经常通电，以保持电子元件干燥

B. 电子天平开机后可立即进行称量

C. 电子天平称量值与所处纬度和海拔高度有关

D. 电子天平不必像机械天平一样，每年都进行校准

12. 使用分析天平较快停止摆动的部件是（　　　）。

A. 吊耳　　　　　B. 指针　　　　　C. 阻尼器　　　　D. 平衡调节螺丝

13. 有关称量瓶的使用错误的是（　　　）。

A. 不可作反应器　　　　　　　　B. 不用时要盖紧盖子

C. 盖子要配套使用　　　　　　　D. 用后要洗净

三、判断

1. 天平灵敏度是指天平的一个秤盘上增加 1mg 质量时所引起指针偏转的格数。（　　　）

2. 电子天平一般开机即可使用。（　　　）

3. 天平的分度值越大，天平的灵敏度越高。（　　　）

4. 天平精度越高，天平灵敏度越高，稳定性越好。（　　　）

5. 天平室要经常敞开通风，以防室内过于潮湿。（　　　）

6. 电子天平一定比普通电光天平的精度高。（　　　）

7. 天平灵敏度越高，天平稳定性也越高。（　　　）

8. 天平和砝码应定时检定，按照规定最长检定周期不超过 1 年。（　　　）

9. 化验室选择什么样的天平应在了解天平的技术参数和各类天平特点的基础上进行。
（　　　）

四、计算

在部分机械加码分析天平右盘上加入 1mg 砝码，天平光标移动 9.9 个小格。试计算该天平的灵敏度和分度值？

任务四　滴定分析仪器的使用和校正

🔲 知识目标

1. 三种滴定分析仪器滴定管、容量瓶和移液管的洗涤方法和基本操作方法。

2. 滴定分析仪器使用注意事项。

3. 滴定分析仪器的校准。

4. 酸碱体积比的测定。

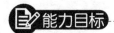能力目标

1. 能够正确选择和使用滴定管、容量瓶和移液管。

2. 形成正确、及时、简明记录实验原始数据的习惯。

3. 正确进行滴定分析仪器的校准。

4. 能够正确地测定酸碱体积比。

5. 初步学会甲基橙和酚酞的终点判断。

6. 能够进行交流，有团队合作精神与职业道德，可独立或合作学习与工作。

技能训练二 滴定分析仪器基本操作

一、项目要求

1. 掌握滴定管、容量瓶和移液管的洗涤和使用方法。

2. 初步掌握滴定管、容量瓶和移液管的基本操作方法。

二、仪器、试剂

1. 常用滴定分析仪器。

主要有：滴定管（50mL 酸式滴定管和 50mL 碱式滴定管）、容量瓶（500mL、250mL 和 100mL）、移液管（25mL）、吸量管（10mL）、锥形瓶（250mL）、烧杯、量筒、洗耳球、洗瓶。

2. Na_2CO_3 固体。

三、工作程序

（一）认、领、清点仪器

按实验仪器单认领、清点滴定分析仪器。

（二）滴定分析仪器基本操作练习

1. 滴定管的使用

（1）检查滴定管的质量和有关标志。

（2）洗涤滴定管至不挂水珠。

（3）涂油（酸式滴定管），试漏。

（4）用待装溶液润洗。

（5）装溶液，赶气泡。

（6）调零。

（7）滴定、读数。练习滴定基本操作，最终做到能够控制三种滴定速度。

（8）用毕后洗净，倒置夹在滴定管架上。

2. 容量瓶的使用（练习 250mL 容量瓶的使用）

（1）检查容量瓶的质量和有关标志。

容量瓶应无破损，玻璃磨口瓶塞合适不漏水。

（2）洗涤容量瓶至不挂水珠。

（3）试漏。试漏合格后进行以下操作，如漏水应更换容量瓶。

（4）容量瓶的操作。

① 准确称量 $1.5 \sim 2g$ 固体 Na_2CO_3。

② 在小烧杯中用约 50mL 水溶解所称量 Na_2CO_3 样品。

③ 将 Na_2CO_3 溶液沿玻璃棒注入容量瓶中（注意杯嘴和玻璃棒的靠点及玻璃棒和容量瓶颈的靠点），洗涤烧杯并将洗涤液也注入到容量瓶中。

④ 初步摇匀。用洗瓶加水稀释至总体积的 3/4 左右时，水平摇动容量瓶使溶液初步混匀（不要盖瓶塞，不能颠倒）。

⑤ 定容。加水至距离标线约 1cm 处，放置 $1 \sim 2min$，再小心加水调定弯月面最低点和刻度线上缘相切（注意容量瓶垂直，视线水平）。

⑥ 混匀。塞紧瓶塞，颠倒摇动容量瓶 14 次以上（注意要数次提起瓶塞），混匀溶液。

（5）用毕后洗净，在瓶口和瓶塞间夹一纸片，放在指定位置。

3. 移液管和吸量管的使用

（1）检查移液管的质量及有关标志。

移液管的上管口应平整，流液口没有破损；主要的标志是应有商标，标准温度，标称容量及单位，移液管的级别，有无规定等待时间。

（2）移液管的洗涤。

依次用自来水、洗涤剂或铬酸洗液、自来水洗涤至不挂水珠，再用蒸馏水淋洗 3 次以上。

（3）移液操作。

用 25mL 移液管移取蒸馏水，练习移液操作。

① 用待吸液润洗 3 次。

② 吸取溶液。用洗耳球将待吸液吸至刻度线稍上方（注意正确握持移液管及洗耳球），堵住管口，用滤纸擦干外壁。

③ 调液面。将弯月面最低点调至与刻度线上缘相切。注意观察视线应水平，移液管要保持垂直，用一洁净小烧杯在流液口下接取。

④ 放出溶液。将移液管移至另一接受器（通常为锥形瓶）中，保持移液管垂直，接受器倾斜，移液管的流液口紧触接受器内壁。放松手指，让液体自然流出，流完后停留 15s，保持触点，将管尖在靠点处靠壁左右转动。

（4）洗净移液管，放置在移液管架上。

（5）吸量管的操作与移液管基本相同。取一只 10mL 吸量管，同上述步骤操作，但放出溶液时，可以控制不同的体积把溶液移入锥形瓶中。

以上操作反复练习，直至熟练为止。

四、注意事项

1. 实验前，首先要查阅相关资料，理解滴定分析基本操作及注意事项。

2. 酸式滴定管涂油量要适当。操作时注意保护酸式滴定管的旋塞。

3. 向容量瓶中定量转移溶液时注意玻璃棒下端和烧杯的位置。

4. 容量瓶稀释至 3/4 处应水平摇动，不要塞瓶塞。稀释至近标线下约 1cm 处时应放置 1～2min。

5. 用待吸溶液润洗移液管时，插入溶液之前要将移液管内外的水尽量沥干。

6. 移液管吸取溶液后，用滤纸擦干外壁；调节液面至刻度线后，不可再用滤纸擦外壁和管尖，以免管尖出现气泡。

7. 移液管放出溶液时注意在接受容器中的位置，溶液流完后应停留 15s，同时微微左右旋转。

五、思考与质疑

1. 玻璃仪器洗净的标志是什么？使用铬酸洗液时应注意些什么？

2. 移液管、滴定管和容量瓶这几种滴定分析仪器，哪些要用操作溶液润洗 3 次？为什么？

3. 润洗前为什么要尽量沥干？

4. 同学之间相互演示讲解滴定管、容量瓶和移液管的使用方法。

5. 滴定管中存在气泡对分析有何影响？怎样赶除气泡？

6. 移液管和容量瓶能否烘干、加热？

技能训练三 滴定终点练习

一、项目要求

1. 掌握近滴定终点颜色变化时的半滴操作技术。

2. 能够正确地测定酸碱体积比。

3. 初步掌握甲基橙和酚酞指示剂滴定终点颜色的判断。

二、实施依据

根据 $0.1mol/L$ HCl 和 $0.1mol/L$ NaOH 相互滴定的突跃范围（pH 为 4.3～9.7），可以选用甲基橙或酚酞作为判断滴定终点的指示剂，考虑到滴定程序的原因，用 NaOH 溶液滴定 HCl 溶液时选择酚酞（终点溶液颜色由无色变为粉红色），而用 HCl 溶液滴定 NaOH 溶液时，以甲基橙作为指示剂效果为佳（终点溶液颜色由黄色变为橙色）。

一定浓度的 HCl 溶液和 NaOH 溶液相互滴定时，所消耗的体积之比 V（HCl）/V（NaOH）应是一定的。在指示剂不变的情况下，改变被滴定溶液的体积，此体积之比应基本不变。借此，可以检验滴定操作技术和判断终点的能力。

三、仪器、试剂

1. 常用滴定分析仪器：酸式滴定管（50mL）、碱式滴定管（50mL）、量筒（100mL、100mL）、表面皿、烧杯（250mL、500mL）、锥形瓶（250mL）、洗瓶。

2. $c(HCl)=6mol/L$ 的 HCl 溶液。

3. NaOH 固体。

4. $\rho=1g/L$ 的甲基橙（MO）溶液。

5. $\rho=2g/L$ 酚酞（PP）乙醇溶液。

四、工作程序

1. 配制 $c(HCl)=0.1mol/L$ HCl 溶液 500mL

用洁净量筒量取约 8.5mL 6mol/L 的 HCl 溶液倒入 500mL 烧杯中，加入约 300mL 蒸馏水，摇匀，稀释至 500mL，摇匀。转移到试剂瓶中，盖上瓶塞，贴好标签，标签上写明：试剂名称、浓度、配制日期、配制者姓名。

2. 配制 $c(NaOH)=0.1mol/L$ NaOH 溶液 500mL

在托盘天平上用表面皿迅速称取 2.0～2.2g NaOH 固体于 250mL 烧杯中，加入 100mL 水溶解后转移到试剂瓶中，稀释至 500mL，盖上橡胶塞，摇匀。贴好标签。

3. 滴定管的准备

（1）酸式滴定管准备　将酸式滴定管洗净，旋塞涂油、试漏。用 $c(HCl)=0.1mol/L$ HCl 溶液润洗 3 次，再装入 HCl 溶液至 "0" 刻度以上，排除滴定管下端的气泡，调节液面到 0.00mL。

（2）碱式滴定管准备　将碱式滴定管洗净，试漏。用 $c(NaOH)=0.1mol/L$ NaOH 溶液润洗 3 次，再装入 NaOH 溶液至 "0" 刻度以上，排除玻璃珠下部管中的气泡，调节液面到 0.00mL。

4. 酸碱溶液相互滴定

（1）NaOH 溶液滴定 HCl 溶液终点练习　从酸式滴定管中准确放出 30.00mL $c(HCl)=0.1mol/L$ HCl 溶液于 250mL 锥形瓶中（控制 10mL/min 即每秒滴入 3～4 滴的速度滴入溶液）。加 2 滴酚酞指示剂，用 NaOH 溶液进行滴定。开始滴定时，滴落点周围溶液无明显的颜色变化，滴定速度可稍快。当滴落点周围出现暂时性的颜色变化（浅粉红色）时，应一滴一滴地加入。近终点时，颜色扩散到整个溶液，摇动 1～2 次才消失，此时应加一滴，摇几下，最后加入半滴溶液，并用蒸馏水吹洗瓶壁。到溶液由无色突然变为浅粉红色且 30s 之内不褪色即到终点，记录消耗 NaOH 溶液的体积（读准至 0.01mL）。重复此操作 5 次，得到 5 组数据，计算每次滴定的体积比 $V(HCl)/V(NaOH)$ 及体积比的相对平均偏差。

（2）HCl 溶液滴定 NaOH 溶液终点练习　从碱式滴定管中准确放出 30.00mL $c(NaOH)=0.1mol/L$ NaOH 溶液于 250mL 锥形瓶中，加 2 滴甲基橙指示剂，用 HCl 溶液滴定到溶液颜色由黄色变为橙色为滴定终点（注意滴定速度的控制，尤其是终点前的半滴控制），记录消耗 HCl 溶液的体积（读准至 0.01mL）。重复此操作 5 次，得到 5 组数据，计算每次滴定的体积比 $V(HCl)/V(NaOH)$ 及体积比的相对平均偏差。

上述操作应反复练习，直至体积比 $V(HCl)/V(NaOH)$ 的相对平均偏差达到 $\leqslant 0.2\%$。

实验结束后将实验仪器洗净，摆放整齐。将滴定管倒置夹在滴定管架上（酸式滴定管的活塞要打开）。

五、数据记录与计算

见表 2-16、表 2-17。

表 2-16 用 NaOH 溶液滴定 HCl 溶液   指示剂：酚酞

项 目	1	2	3	4	5
$V(HCl)/mL$	30.00	30.00	30.00	30.00	30.00
$V(NaOH)/mL$					
$V(HCl)/V(NaOH)$					
$V(HCl)/V(NaOH)$平均值					
相对平均偏差/%					

表 2-17 用 HCl 溶液滴定 NaOH 溶液   指示剂：甲基橙

项 目	1	2	3	4	5
$V(NaOH)/mL$	30.00	30.00	30.00	30.00	30.00
$V(HCl)/mL$					
$V(HCl)/V(NaOH)$					
$V(HCl)/V(NaOH)$平均值					
相对平均偏差/%					

六、注意事项

1. 滴定管在装溶液前要用待装溶液润洗。
2. 指示剂不宜多加，否则终点难以观察。
3. 注意滴定管在使用过程中不得产生气泡。
4. 滴定过程中要注意观察溶液颜色的变化。
5. 滴定管的读数方法要正确，读数要准确。
6. 体积比也可用 $V(NaOH)/V(HCl)$ 表示。

七、思考与质疑

1. 锥形瓶使用前是否要干燥？为什么？
2. 滴定管在使用前为什么要用待装溶液润洗？
3. 为什么每次从滴定管放出溶液或开始滴定都要从 "0" 刻度开始？
4. 滴定开始前和滴定结束时滴定管下端悬挂的溶液应如何处理？

技能训练四   滴定分析仪器的校准

一、项目要求

1. 了解滴定分析仪器校准的意义。
2. 初步掌握滴定分析仪器的校准方法（用称量法校准滴定管及移液管和容量瓶的相对校准）。

二、实施依据

滴定管、移液管、容量瓶等分析实验室常用的玻璃量器，都具有刻度和标称容量，合格的产品其容量误差往往小于允差，但也常有不合格产品流入市场。此外，长期使用的仪器由于溶液的侵蚀等原因也常存在容量误差，如果不预先进行容量校准就可能给实验结果带来系统误差。对于准确度要求较高的分析工作，需要对使用的容量仪器进行校准。

容量仪器的校准有绝对校准法（称量法）和相对校准法，滴定管的校准常用绝对校准法，移液管和容量瓶的相对体积用相对校准法。

三、仪器、试剂

1. 常用滴定分析仪器。

2. 具塞锥形瓶（125mL），洗净晾干。

3. 温度计（分度值0.1℃）。

4. 95％乙醇。

四、工作程序

1. 滴定管的校准

洗净一支50mL酸式滴定管，用滤纸擦干外壁。注入蒸馏水至标线以上约5mm处，垂直夹在滴定管架上，等待30s后调节液面至0.00mL。

取一只洗净晾干的125mL具塞锥形瓶，在天平上称准至0.001g。从滴定管向锥形瓶中按刻度值依次放出10mL、20mL、30mL、40mL、50mL蒸馏水（若校准25mL滴定管每次放出5mL左右）。每次放出蒸馏水至被校分度线以上约0.5mL时，等待15s，然后在10s内将液面调整至被校分度线，随即用锥形瓶内壁靠下挂在尖嘴下的液滴，立即盖上瓶塞进行称量。

测量水温后，查出该温度下的ρ_t，利用$V_t = \dfrac{m_t}{\rho_{水}}$计算被校分度线的实际体积，再计算出相应的校准值（$\Delta V =$实际体积－标称容量）和总校准值。

以滴定管被校分度线的标称容量为横坐标，相应的总校准值为纵坐标，用直线连接各点绘出校准曲线。

2. 移液管、容量瓶的相对校准

将250mL容量瓶洗净、晾干（可用少量乙醇润洗内壁后倒挂在漏斗架上控干），用洗净的25mL移液管准确吸取蒸馏水10次至容量瓶中，仔细观察容量瓶中水的弯月面下缘是否与标线相切，若正好相切，说明移液管与容量瓶体积之比为1∶10。若不相切，另作一标记（贴一平直的窄纸条使纸条上沿与弯月面相切）。待容量瓶晾干后再校准一次，若连续两次实验相符，在纸条上贴一块透明胶布保护此标记。以后使用的容量瓶与移液管即可按所贴标记配套使用。

五、数据记录与计算

见表2-18。

表 2-18　50mL 滴定管校准记录

水温：＿＿＿＿＿℃　　　ρ_t：＿＿＿＿＿＿＿＿

滴定管读数/mL	瓶＋水的质量/g	标称容量/mL	纯水的质量/g	实际容量/mL	校准值/mL	总校准值/mL

六、注意事项

1. 校准操作要正确、规范，如果由于校准不当引起的校准误差达到或超过允差或量器本身固有的误差，校准就失去了意义。若要使用校准值，校准次数不可少于两次，且两次校准数据的偏差应不超过该量器容量允差的 1/4，并以其平均值为校准结果。

2. 量入式量器校准前要进行干燥，可用热气流（最好用气流烘干机）烘干或用乙醇涮洗后晾干。干燥后再放到天平室与室温达到平衡。

3. 仪器的校准应连续、迅速地完成，以避免温度波动和水的蒸发所引起的误差。

七、思考题

1. 容量分析仪器为什么要进行校准？

2. 称量纯水所用锥形瓶为什么必须是具塞磨口锥形瓶？为什么要避免将磨口和瓶塞沾湿？在放出纯水时，瓶塞如何放置？

3. 在校准滴定管时，为什么具塞磨口锥形瓶的外壁必须干燥？其内壁是否一定要干燥？

4. 在校准滴定管时，锥形瓶和水的质量是否必须称准至 0.0001g，为什么？

5. 如果要用称量法校准一支 25mL 移液管，试写出校准的简要步骤。

技能训练五　滴定分析基本操作（考核）

一、项目要求

1. 进一步掌握滴定分析基本操作。

2. 熟练掌握甲基橙指示剂终点的判断。

二、实施依据

略。

三、仪器、试剂

1. 常用滴定分析仪器。

2. $c(HCl)=0.1mol/L$ 的 HCl 溶液。

3. $c(NaOH)=0.1mol/L$ 的 NaOH 溶液。

4. $\rho=1g/L$ 的甲基橙（MO）溶液。

四、工作程序

1. 滴定管、移液管和锥形瓶的洗涤。

2. 滴定管和移液管的润洗。

3. 用移液管移取 25.00mL NaOH 溶液置于锥形瓶中，移取 4 份。

4. 在锥形瓶中，加 1 滴 MO 指示剂，然后用 HCl 溶液滴定至溶液由黄色变为橙色即为终点，记录读数。

5. 计算 $V(HCl)/V(NaOH)$ 及相对平均偏差。

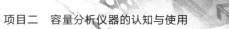

五、评分

滴定分析基本操作考核见表 2-19。

表 2-19　滴定分析基本操作考核表

考核项目		考核内容	考核记录		分值	扣分	得分
移液管的使用 27 分	移液管的准备 8 分	移液管洗涤方法（自来水→洗涤剂→自来水→蒸馏水）	正确		2		
			不正确				
		移液管洗涤效果	不挂水珠		1		
			挂水珠				
		润洗前管尖及外壁水的处理	吸干		1		
			未处理				
		润洗时待吸液用量	合适		1		
			过多或过少				
		用待吸液润洗方法	正确		1		
			不正确				
		用待吸液润洗次数	三次		1		
			少于三次				
		润洗后废液的排放	从下口排出		1		
			从上口放出				
	溶液的移取 12 分	左手握吸耳球、右手持移液管的姿势	正确		1		
			不正确				
		吸液时管尖插入液面的深度	1～2cm		2		
			过深、过浅或吸空				
		吸液高度	刻度线以上少许		1		
			过高				
		调节液面前外壁的处理	擦干		2		
			未擦				
		调节液面时手指动作	规范自如		2		
			不规范				
		调节液面时视线	水平		1		
			不正确				
		调节液面时溶液排放	正确		1		
			放回原瓶				
		调节液面时管尖是否有气泡	无		2		
			有				
	放出溶液 7 分	放溶液时移液管垂直,盛器倾斜 30°～45°,管尖碰壁	正确		2		
			不正确				
		溶液自然流出	是		1		
			否				
		溶液流完后停靠 15s	是		2		
			否				
		最后管尖靠壁左右旋转	是		1		
			否				
		移液管使用后的处理	洗涤置架上		1		
			不处理				

考核项目		考核内容	考核记录		分值	扣分	得分
滴定管的使用36分	使用前准备13分	滴定管的洗涤方法	正确		1		
			不正确				
		洗涤效果	不挂水珠		1		
			挂水珠				
		试漏及试漏方法	正确		2		
			不正确				
		洗净滴定管放置	倒置		1		
			未倒置				
		润洗前摇匀待装溶液	摇		1		
			不摇				
		润洗时溶液用量	合适		1		
			随意				
		润洗方法、次数	正确		2		
			不正确				
		赶气泡	赶		1		
			不赶				
		赶气泡方法	正确		2		
			不正确				
		调节液面前静置1～2min	静置		1		
			未静置				
	滴定操作20分	从0.00mL开始	是		1		
			否				
		滴定前管尖悬挂液的处理	正确		1		
			不正确				
		滴定管的握持姿势	正确		1		
			不正确				
		滴定时管尖插入锥形瓶口的距离	合适		1		
			过深或过浅				
		滴定速度	合适		1		
			过快				
		滴定时左右手的配合	熟练、自如		1		
			差				
		近终点时的半滴操作	控制熟练		2		
			不熟练				
		是否有挤松活塞漏夜的现象	是		3		
			否				
		是否有滴出锥形瓶外的现象	是		3		
			否				
		终点判断和终点控制	正确		3		
			不正确				
		终点后滴定管尖是否有气泡或悬挂液	无		3		
			有				
	读数3分	终点后停30s读数	是		1		
			否				
		读数方法(取下滴定管,保持自然垂直,视线水平,读数准确)	正确		2		
			不正确				

续表

考核项目	考核内容	考核记录		分值	扣分	得分
数据记录及处理 31 分	数据记录及时、真实、准确、清晰、整洁	是		3		
		否				
	数字用仿宋体书写	是		1		
		否				
	计算方法及结果	正确		3		
		不正确				
	有效数字	正确		2		
		不正确				
	精密度	符合要求		10		
		不符合要求				
	准确度	符合要求		12		
		不符合要求				
结束工作 3 分	滴定完毕滴定管内剩余溶液的处理	倒入废液杯		1		
		倒入原试剂瓶				
	滴定管及时洗涤	清洗		1		
		未清洗				
	洗净后滴定管放置	倒置架上		1		
		随意放置				
其他 3 分	统筹安排			3		
总分 100 分						

相关知识

2.15　滴定分析仪器与基本操作

在滴定分析中准确测量溶液体积用的容量仪器有：滴定管、移液管、吸量管和容量瓶。滴定管、移液管和吸量管为"量出式"量器，量器上标有"A"字样，但我国目前统一用"Ex"表示"量出"，用于测定从量器中放出的液体的体积；一般容量瓶为"量入式"量器，量器上标有"E"字样，但我国目前统一用"In"表示"量入"，用于测定注入量器中液体的体积。另一种是"量出式"容量瓶，瓶上标有"A"或"Ex"字样，它表示在标明温度下，液体充满到标线刻度后，按一定方法倒出液体时，其体积与瓶上标明的体积相同。滴定分析中使用的滴定管、容量瓶和移液管应分别符合 GB 12805—2011、GB 12806—2011 和 GB 12807—1991 规定的要求。

2.15.1　滴定管

滴定管是用来准确测量滴定时放出滴定剂体积的玻璃量器。常量分析用的滴定管容积为 50mL 和 25mL，最小分度值为 0.1mL，读数可估计到 0.01mL。

滴定管的容量精度分为 A 级和 B 级。通常以喷、印的方法在滴定管上制出耐久性标志，如制造厂商标、标准温度（20℃），量出式符号（Ex），精度级别（A 或 B）和标称总容量（mL）等。

滴定管主体部分管身是用细长且内径均匀的玻璃管制成的，上面刻有均匀的分度线，线宽不超过 0.3mm。下端的流液口为一尖嘴玻璃管，中间通过玻璃活塞或乳胶管（配以玻璃珠）连接以控制滴定速度，前者称酸式滴定管，也称具塞滴定管，如图 2-14(a) 所示，后者为碱式滴定管，也称无塞滴定管，如图 2-14(b) 所示。酸式滴定管用来装酸性、中性及氧化性溶液，但不适宜装碱性溶液，因为碱性溶液能腐蚀玻璃的磨口和活塞。碱式滴定管用来装碱性及无氧化性溶液，而不能装能与橡胶起反应的溶液如 $KMnO_4$、I_2 或 $AgNO_3$ 溶液等。现有活塞为聚四氟乙烯的滴定管，酸、碱及氧化性溶液均可用。在酸式滴定管中，有一种棕色滴定管用于装见光易分解的溶液，如 $KMnO_4$、I_2 或 $AgNO_3$ 溶液等。

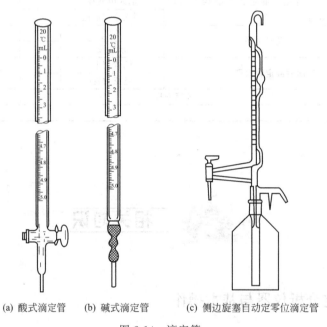

(a) 酸式滴定管　　(b) 碱式滴定管　　(c) 侧边旋塞自动定零位滴定管

图 2-14　滴定管

自动定零位滴定管是将贮液瓶与具塞滴定管通过磨口塞连接在一起的滴定装置，加液方便，自动调零点，主要适用于常规分析中的经常性滴定操作。如图 2-14(c) 所示。

新滴定管在使用前应先作一些初步检查，如酸式滴定管活塞是否匹配、滴定管尖嘴和上口是否完好，碱式滴定管的乳胶管孔径与玻璃珠大小是否合适，乳胶管是否有孔洞、裂纹和老化等。初步检查合格后，进行下列准备工作。

（1）滴定管的准备

① 洗涤　无明显油污的滴定管，直接用自来水冲洗。若有油污，则用铬酸洗液洗涤。

用洗液洗涤时，先关闭酸式滴定管的活塞，倒入 10～15mL 洗液于滴定管中，先从下端放出少许，然后用双手平端滴定管，并不断转动，使洗液润洗滴定管整个内壁，操作时管口对准洗液瓶口，以防洗液外流。洗完后将洗液从上口倒回原瓶中。若油污严重，可倒入温洗液浸泡一段时间。为防止洗液流出，在滴定管下方可放一烧杯。碱式滴定管洗涤时，要注意不能使铬酸洗液直接接触乳胶管。为此，可将碱式滴定管倒立于装有铬酸洗液的烧杯中，乳胶管接在抽水泵上，打开抽水泵，轻捏玻璃珠，待洗液徐徐上升到接近橡胶管处即停止。让洗液浸泡一段时间后，将洗液放回原瓶中。洗液洗涤后，先用自来水将管中附着的洗液冲净，再用蒸馏水涮洗几次。洗净的滴定管的内壁应完全被水均匀润湿而不挂水珠。否则，应再用洗液浸洗，直到洗净为止。

②涂凡士林（或真空油脂）　酸式滴定管（简称酸管），为了使其玻璃活塞转动灵活而且不漏，必须给活塞涂少许凡士林（简称涂油）。方法是：将滴定管平放在桌面上，取下活塞，把活塞及活塞座内壁用滤纸擦干（注意：一定要擦干！擦活塞座时应使滴定管平放在桌面上），然后用手指蘸上凡士林后，均匀地在活塞两端沿圆周各涂上薄薄的一层（注意：涂得过多或过少都会导致漏水；活塞座内壁不涂油！），如图 2-15 所示。

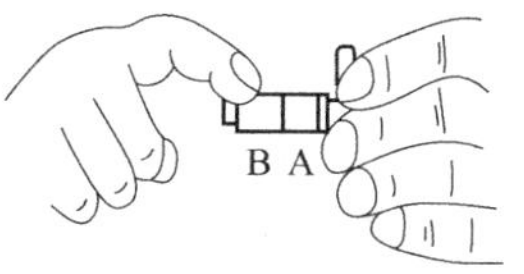

图 2-15　活塞涂凡士林操作

涂油后，将活塞径直插入活塞座内（注意，此时滴定管仍不能竖起，应平放在桌面上，否则管中的水会流入活塞座内），插时活塞孔应与滴定管平行，此时活塞不要转动，这样可以避免将凡士林挤到活塞孔中去，然后向同一方向转动活塞（不要来回转），直到从外面观察时，凡士林均匀透明为止。旋转时，应有一定的向活塞小头部分方向挤的力，以免来回移动活塞，使塞孔受堵。最后将滴定管活塞的小头朝上，用橡胶圈套在活塞的小头部分沟槽上（注意，不允许用橡皮筋绕！），以防活塞脱落。在涂凡士林过程中要特别小心，切莫让活塞跌落在地上，造成整根滴定管的报废。涂凡士林后的滴定管，活塞应转动灵活，凡士林层中没有纹络，活塞呈均匀的透明状态。

若活塞孔或出口尖嘴被凡士林堵塞时，可将滴定管充满水后，将活塞打开，用洗耳球在滴定管上部挤压、鼓气，可以将凡士林排除。

注意，若使用活塞为聚四氟乙烯的滴定管不需涂凡士林。

③检漏　检漏的方法是将滴定管用水充满至"0"刻线附近，然后夹在滴定管夹上，用滤纸将滴定管外壁擦干，静置 1min，检查管尖及活塞周围有无水渗出，然后将活塞转动 180°，重新检查，如有漏水，必须重新涂凡士林或更换乳胶管（玻璃珠）。

碱式滴定管只需装满蒸馏水直立 5min，若管尖处无水滴滴下即可使用。

试漏合格的滴定管，用蒸馏水洗涤 3 次。

④装溶液与赶气泡　装操作溶液前，应先将试剂瓶中的操作溶液摇匀，使凝结在瓶内壁上的液珠混入溶液。混匀后将操作溶液直接小心地倒入滴定管中，不得用其他容器（如烧杯、漏斗）转移溶液。倒入操作溶液时，左手前三指持滴定管上部无刻度处，稍微倾斜，右手拿住细口瓶往滴定管中倒溶液，如用小试剂瓶，可用右手握住瓶身（标签向手心）倾倒溶液于管中，大试剂瓶则仍放在桌上，手拿瓶颈使瓶慢慢倾斜，让溶液慢慢沿滴定管内壁流下。

为了避免操作溶液浓度发生变化，装入溶液前应先用待装溶液润洗滴定管 3 次。润洗方法是：向滴定管中加入 10～15mL 已完全混匀的待装溶液，先从滴定管下端放出少许，然后双手平托滴定管的两端，注意把住玻璃旋塞，慢慢转动滴定管，使溶液润洗滴定管整个内壁，使溶液接触管内壁 1～2min，最后将溶液全部从上口放出。重复 3 次。

用待装溶液润冲滴定管后，装入溶液至"0"刻度以上。检查滴定管的出口下部尖嘴部

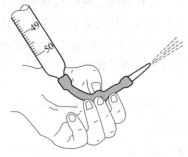

分是否充满溶液，旋塞附近或胶管内是否留有气泡。在整个滴定过程中，均要保证上述部位不出现气泡。为了排除碱管中的气泡，可将碱管垂直地夹在滴定管架上，左手拇指和食指捏住玻璃珠部位，使乳胶管向上弯曲翘起，出口管斜向上方，在玻璃珠部位往一旁轻轻捏挤胶管，使溶液从管口喷出即可排除气泡。如图 2-16 所示（碱式滴定管排气泡的方法）。滴定过程中，不要挤捏玻璃珠以下部位的胶管，以防出现气泡。

图 2-16　碱式滴定管排气泡的方法

酸管的气泡，一般较易看出，当有气泡时，右手拿滴定管上部无刻度处，并使滴定管倾斜 30°，左手迅速打开旋塞，使溶液冲出管口，反复数次，一般即可达到排除酸管出口处气泡的目的，由于目前酸管制作有时不符合规格要求，因此，有时按上法仍无法排除酸管出口处的气泡，这时可在活塞打开的情况下，上下晃动滴定管以达到排除气泡的目的。也可在出口尖嘴上接上一根约 10cm 的乳胶管，然后，按碱管排气泡的方法进行。

⑤ 调零点　排除气泡后，装入溶液至"0"刻度以上 5mm 左右，不可过高，放置 1min，慢慢打开旋塞使溶液液面慢慢下降，调节液面处于 0.00mL 处。将滴定管垂直地夹在滴定管架上的滴定管夹上，滴定之前再复核一下零点。

（2）滴定管的使用

① 滴定管的操作　使用酸式滴定管时，用左手控制活塞，无名指和小指向手心弯曲，轻轻抵住出口管，用其余三指控制活塞的转动，手心空握，如图 2-17(a) 所示。转动活塞时应使活塞稍有一点向手心的力，切勿向外用力，以免顶出活塞，造成漏液。但也不要过分往里拉，以免造成活塞转动困难，不能自如操作。

使用碱式滴定管时，左手拇指在前，食指在后，其他三指辅助夹住出口管。拇指和食指捏住乳胶管中玻璃珠所在部位稍上的地方，向右方挤乳胶管，使其与玻璃珠之间形成一条缝隙，从而放出溶液，如图 2-17(b) 所示。注意不能捏玻璃珠下方的乳胶管，以免当松开手时空气进入而形成气泡，也不要用力捏压玻璃珠，或使玻璃珠上下移动。

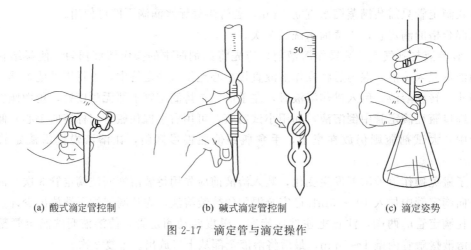

(a) 酸式滴定管控制　　　　(b) 碱式滴定管控制　　　　(c) 滴定姿势

图 2-17　滴定管与滴定操作

要能熟练自如地控制滴定管中溶液流出的技术：a. 使溶液逐滴流出；b. 只放出一滴溶

液；c. 使液滴悬而未落（当在瓶上靠下来时即为半滴）。

② 滴定操作 滴定时站在实验台前，身体距离实验台边缘一拳左右的距离，调整好滴定管架与自己的距离。有时也可以坐着滴定。

滴定通常在锥形瓶或烧杯中进行，在锥形瓶中进行滴定时，锥形瓶下垫一白瓷板作背景，用右手的拇指、食指和中指拿住锥形瓶瓶颈，其余两指辅助在下侧，使瓶底离瓷板约2~3cm，调节滴定管高度，使其下端伸入瓶口约1cm。左手按前述方法操作滴定管，滴加溶液，同时右手运用腕力摇动锥形瓶，使其向同一方向作圆周运动，边滴加溶液边摇动锥形瓶，如图2-17(c)所示。

在烧杯中滴定时，将烧杯放在滴定台上，垫好白瓷板，调节滴定管的高度，使其下端伸入烧杯内约1cm。滴定管下端应在烧杯中心的左后方处（放在中央影响搅拌，离杯壁过近不利搅拌均匀）。左手滴加溶液，右手持玻璃棒搅拌溶液，如图2-18所示。玻璃棒应作圆周搅动，不要碰到烧杯壁和底部。当滴定至接近终点只滴加半滴溶液或更少量时，用玻璃棒下端承接此悬挂的半滴溶液于烧杯中，但要注意，玻璃棒只能接触液滴，不能接触管尖，其余操作同前所述。

溴酸钾法、碘量法等需要在碘量瓶中进行反应和滴定。碘量瓶是带有磨口玻璃塞和水槽的锥形瓶，如图2-19所示。喇叭形瓶口与瓶塞柄之间形成一圈水槽，槽中加纯水可形成水封，防止瓶中溶液反应生成的气体（Br_2、I_2 等）逸失。反应一定时间后，打开瓶塞水即流下并可冲洗瓶塞和瓶壁，接着进行滴定。

图 2-18　在烧杯中的滴定操作

图 2-19　碘量瓶

进行滴定操作时，一定要注意左右手的配合，同时还应注意以下几点。

a. 每次滴定最好都从读数0.00mL开始，这样在平行测定时，使用同一段滴定管，可减小误差，提高精密度。

b. 在整个滴定过程中，左手一直不能离开活塞任溶液自流。

c. 摇瓶时，应微动腕关节，使溶液水平向同一方向（逆时针或顺时针）旋转，不要溅出溶液，不要使瓶口碰滴定管口，或使瓶底碰白瓷板，也不能前后振动。摇瓶时，一定要使溶液旋转出现一旋涡，因此，要求有一定速度，不能摇得太慢，影响化学反应的进行。

d. 滴定时，要观察滴落点周围颜色的变化。不要去看滴定管上的刻度变化，而不顾滴定反应的进行。

e. 滴定速度的控制。一般在滴定开始时，无可见的变化，滴定速度可稍快，一般为6~8mL/min，即约3滴/s，可一滴接一滴滴下，但不可成线滴下。滴定到一定时候，滴落点周围出现暂时性的颜色变化。在离滴定终点较远时，颜色变化立即消逝。临近终点时，变色甚至可以暂时地扩散到全部溶液，不过在摇动1~2次后变色完全消逝。此时，应改为滴1滴，摇几下。等到必须摇2~3次后，颜色变化才完全消逝时，表示离终点已经很近。微微转动活塞使溶液悬在出口管嘴上形成半滴，但未落下，用锥形瓶内壁将其沾下。用表格少量蒸馏水吹洗入瓶中，再摇匀溶液。如此重复直至溶液出现明显的颜色，一般30s内不再变色即到达滴定终点。滴入半滴溶液时，也可采用倾斜锥形瓶的方法，将附于壁上的溶液涮至瓶中。这样可避免吹洗次数太多，造成被滴物过度稀释。

③ 滴定管读数　滴定开始前和滴定终了都要读取数值。读取初读数前，若滴定管尖悬挂液滴时，应该用锥形瓶外壁将液滴沾去。在读取终读数前，如果出口管尖悬有溶液或滴定管尖嘴内有气泡，此次读数不能取用。一般读数应遵守下列原则。

a. 读数时应将滴定管从滴定管架上取下，用右手大拇指和食指捏住滴定管上部无刻度处，其他手指从旁辅助，使滴定管保持垂直，然后再读数。滴定管夹在滴定管架上读数的方法，一般不宜采用，因为它很难确保滴定管的垂直和准确读数。

b. 由于水的附着力和内聚力的作用，滴定管内的液面呈弯月形，无色和浅色溶液的弯月面比较清晰，读数时，应读弯月面下缘实心线的最低点，为此，读数时，视线应与弯月面下缘实心线的最低点相切，即视线应与弯月面下缘实心线的最低点在同一水平面上。如图2-20(a)所示。视线高于液面，读数将偏低；反之，读数偏高。对于深色溶液（如$KMnO_4$、I_2等），弯月面很难看清楚，此时可读取液面两侧的最高点，即视线与该点成水平。如图2-20(b)所示。

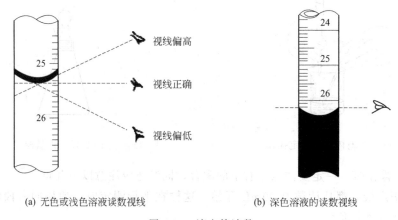

(a) 无色或浅色溶液读数视线　　　　　　(b) 深色溶液的读数视线

图 2-20　滴定管读数

c. 必须注意，初读数与终读数应采用同一读数方法。刚刚添加完溶液或刚刚滴定完毕，不要立即调整零点或读数，而应等0.5~1min，以使管壁附着的溶液流下来，使读数准确可靠。

d. 滴定管读数要读至小数点后第二位，即要求估计到0.01mL。正确掌握估计0.01mL读数的方法很重要。滴定管上两个小刻度之间为0.1mL，将每两个小刻度之间再分成10份进行估读。

e. 为了便于读数，可在滴定管后衬一读数卡。读数卡可用黑纸或涂有黑色长方形（约3cm×1.5cm）的白纸制版成。读数时，手持读数卡放在滴定管背后，此时即可看到弯月面的反射层全部成为黑色，如图 2-21 所示。然后，读此黑色弯月面下缘的最低点。然而，对深色溶液须读其两侧最高点时，须用白色卡片作为背景。

f. 在使用带有蓝色衬背的滴定管时，液面呈现三角交叉点，应读取交叉点与刻度相交之点的读数。如图 2-22 所示。

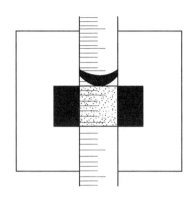
图 2-21　读数卡

图 2-22　蓝带滴定管

2.15.2　容量瓶

容量瓶是一种细颈梨形的平底玻璃瓶，带有玻璃磨口玻璃塞或塑料塞，可用橡皮筋将塞子系在容量瓶的颈上。颈上有标线，表示在所指温度下（一般为 20℃），当液体充满到标线时瓶内液体体积。容量瓶的精度级别分为 A 级和 B 级。规格通常有 25mL、50mL、100mL、250mL、500mL、1000mL 等。

容量瓶主要用于配制标准溶液或试样溶液，也可用于将溶液定量稀释。故常和分析天平、移液管配合使用。

（1）容量瓶的准备

容量瓶在使用前应先检查瓶塞是否漏水，其方法是加自来水至标线附近，塞紧瓶塞，用滤纸擦干瓶口。用左手食指按住塞子，其余手指拿住瓶颈标线以上部分，右手用三个指尖托住瓶底边缘，如图 2-23 所示。将瓶倒立 2min 以后不应有水渗出（可用干滤纸片检查），如不漏水，将瓶直立，旋转瓶塞 180°后，再倒立 2min 检查，如仍不漏水，方可使用。

使用容量瓶时，保持瓶塞与瓶子的配套，可用橡皮筋或细绳将瓶塞系在瓶颈上，如图 2-24(a) 所示。不要将其玻璃磨口塞随便取下放在桌面上，以免玷污或与其他瓶塞弄混。当使用平顶的塑料塞子时，操作时也可将塞子倒置在桌面上放置。

图 2-23　容量瓶试漏

检验合格的容量瓶应洗涤干净。洗净的容量瓶要求倒出水后，内壁不挂水珠，否则必须用洗涤液洗。可用合成洗涤剂浸泡或用洗液浸洗。用铬酸洗液洗时，先尽量倒出容量瓶中的水，倒入 10～20mL 洗液，转动容量瓶使洗液布满全部内壁，然后放置数分钟，将洗液倒回原瓶。再依次用自来水、纯水洗净。

（2）容量瓶的操作

用容量瓶配制标准溶液或试样溶液时，准确称取一定量的固体物质，置于小烧杯中，加水或其他溶剂使其全部溶解（若难溶，可盖上表面皿，加热溶解，但须放冷后才能转移）。

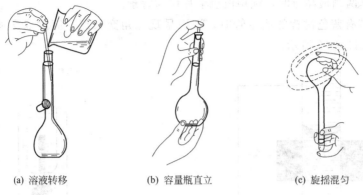

(a) 溶液转移   (b) 容量瓶直立   (c) 旋摇混匀

图 2-24 容量瓶的操作

定量转移入容量瓶中。定量转移溶液时，右手将玻璃棒悬空伸入容量瓶口中 $1\sim2cm$，使下端靠在瓶颈内壁，但上端不能碰容量瓶的瓶口。左手拿烧杯，使烧杯嘴紧靠玻璃棒（烧杯离容量瓶口 1cm 左右），使溶液沿玻璃棒和内壁流入容量瓶中，如图 2-24(a) 所示。烧杯中溶液流完后，将烧杯沿玻璃棒稍微向上提起，同时使烧杯直立，待竖直后移开。将玻璃棒放回烧杯中，不可放于烧杯尖嘴处，也不能让玻璃棒在烧杯滚动，可用左手食指将其按住。然后，用洗瓶吹洗玻璃棒和烧杯内壁，再将洗涤液也转移至容量瓶中。如此吹洗、转移的操作，一般应重复 5 次以上，以保证定量转移。然后加入水至容量瓶的 3/4 左右容积时，用右手食指和中指夹住瓶塞的扁头，将容量瓶拿起，按同一方向摇动几周（勿倒转！），使溶液初步混匀（这一操作称为"平摇"）。继续加水至距离标度刻线约 1cm 处后，等 $1\sim2min$ 使附在瓶颈内壁的溶液流下后，再用洗瓶加水至弯月面下缘与标度刻线相切。无论溶液有无颜色，其加水位置均为使水至弯月面下缘与标度刻线相切为标准。当加水至容量瓶的标度刻线时，盖上干的瓶塞，用左手食指按住塞子，其余手指拿住瓶颈标线以上部分，而用右手的三个指尖托住瓶底边缘（注意不能用手掌握住瓶身，以免体温造成液体膨胀，影响容积的准确性），如图 2-24(b) 所示，然后将容量瓶倒转，使气泡上升到顶，旋摇容量瓶混匀溶液，如图 2-24(c) 所示。再将容量瓶直立过来，又再将容量瓶倒转，使气泡上升到顶部，旋摇容量瓶混匀溶液。如此反复 14 次左右，使溶液充分混匀。注意，每摇几次后应将瓶塞微微提起并旋转 $180°$，然后塞上再摇。

稀释溶液时，用移液管移取一定体积的溶液于容量瓶中，加水至 3/4 左右容积时初步混匀，再加水至标度刻线。按前述方法混匀溶液。

热溶液应冷至室温后，才能注入容量瓶中，否则可造成体积误差。容量瓶不能长期保存试剂溶液，尤其是碱性溶液，会侵蚀玻璃使瓶塞粘住，无法打开。配好的溶液如需保存，应转移到试剂瓶中。容量瓶用毕，应立即用水冲洗干净。如长期不用，将磨口处洗净擦干，垫上纸片。容量瓶也不能加热，更不得在烘箱中烘烤。如需使用干燥的容量瓶时，可将容量瓶洗净后，用乙醇等有机溶剂荡洗后晾干或用电吹风的冷风吹干。

2.15.3 移液管和吸量管

移液管是用于准确移取一定体积溶液的量出式玻璃量器，它的中间有一膨大部分，如图

2-25(a) 所示。管颈上部刻一圈标线，在标明的温度下，使溶液的弯月面与移液管标线相切，让溶液按一定的方法自由流出，则流出的体积与管上标明的体积相同。移液管按其容量精度分为 A 级和 B 级。常见规格有 5mL、10mL、25mL、50mL 等。

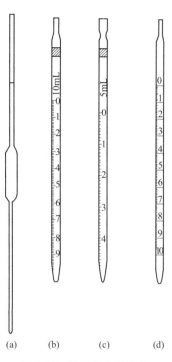

吸量管是具有分刻度的移液管，如图 2-25(b)、(c)、(d) 所示。它一般只用于量取小体积的溶液，如在仪器分析中配制系列溶液时使用较多。常用的吸量管有 1mL、2mL、5mL、10mL 等规格，与移液管相比，吸量管管径较大，因此吸取溶液的准确度不如移液管。应该注意，有些吸量管其分刻度不是刻到管尖，而是离管尖尚差 1～2cm，如图 2-25(d) 所示。

以下简述移液管和吸量管的正确使用方法。

（1）移液管的洗涤

洗涤前要检查移液管的上口和排液嘴，必须完整无损。

移液管一般先用自来水冲洗，然后用铬酸洗液洗涤。左手持洗耳球，右手持移液管，吸取洗液至球部的 1/4～1/3 处，立即用右手食指按住管口，将移液管横过来，用两手的拇指及食指分别拿住移液管的两端，转动移液管并使洗液布

图 2-25　移液管和吸量管

满全管内壁，停放 1～2min，将洗液从上口倒出。用洗液洗涤后，沥尽洗液，用自来水充分冲洗，再用蒸馏水洗 3 次。洗好的移液管必须达到内壁与外壁的下部完全不挂水珠，将其放在干净的吸管架上。吸量管的洗涤方法与此类似。

（2）移液管和吸量管的润洗

图 2-26　吸取溶液的操作

移取溶液前，先将管尖残留的水吹至滤纸上，再用滤纸将管尖内外的水擦去，然后用欲移取的溶液润洗 3 次，以确保所移取操作溶液浓度不变。注意在润洗过程中不要使溶液回流，以免稀释及沾污溶液。方法是：先从试剂瓶中倒出少许溶液至一个洁净干燥的小烧杯中然后用左手持洗耳球，将食指或拇指放在洗耳球的上方，其余手指自然地握住洗耳球，用右手的拇指和中指拿住移液管或吸量管标线以上的部分，无名指和小指辅助拿住移液管，如图 2-26 所示，将管尖伸入小烧杯的溶液或洗液中吸取，待吸液吸至球部的 1/4～1/3 处（注意，勿使溶液流回，即溶液只能上升不能下降，以免稀释溶液）时，立即用右手食指按住管口并移出。将移液管横过来，用两手的拇指及食指分别拿住移液管的两端，边转动边使移液管中的溶液浸润内壁，当溶液流至标度刻线以上且距上口 2～3cm 时，将移液管直立，使溶液由尖嘴放出、弃去。如此反复润洗 3 次。润洗这一步骤很重要，它是保证使移液管的内壁及有关部位与待吸溶液处于同一浓度。吸量管的润洗操作与此相同。

（3）移取溶液

移取溶液时，将移液管管尖插入待吸液液面下约 1～2cm 处。管尖不应伸入太浅，

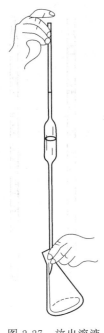

图 2-27　放出溶液
的操作

以免液面下降后造成吸空；也不应伸入太深，以免移液管外部沾附过多的溶液。吸液时，应注意容器中液面和管尖的位置，当慢慢放松洗耳球时，管内液面借洗耳球的吸力而慢慢上升，管尖应随着容器中液面的下降而下降。当液面上升至标线以上 5mm（不可过高、过低）时，迅速移去洗耳球。与此同时，用右手食指堵住管口，并将移液管往上提起，使之离开小烧杯，用滤纸擦拭管的下端原伸入溶液的部分，以除去管壁上的溶液。左手改拿一干净的小烧杯，然后使烧杯倾斜成 30°，其内壁与移液管尖紧贴，保持管身垂直，停留 30s 后稍松右手食指，用右手拇指及中指轻轻捻转管身，使液面缓慢而平稳地下降，直到视线平视时弯月面与标线相切，这时立即将食指按紧管口。移开小烧杯，左手改拿接收溶液的容器，并将接收容器倾斜，使内壁紧贴移液管尖，成 30°左右，保持管身垂直。然后放松右手食指，使溶液自然地顺壁流下，如图 2-27 所示。待液面下降到管尖后，等 15s 左右，移出移液管。这时，尚可见管尖部位仍留有少量溶液，对此，除特别注明"吹"字的以外，一般此管尖部位留存的溶液是不能吹入接收容器中的，因为在工厂生产检定移液管时是没有把这部分体积算进去的。但必须指出，由于一些管口尖部做得不很圆滑，因此可能会由于随靠接收容器内壁的管尖部位不同而留存在管尖部位的体积有大小的变化，为此，可在等 15s 后，将管身往左右旋动一下，这样管尖部分每次留存的体积将会基本相同，不会导致平行测定时的过大误差。

用吸量管吸取溶液时，大体与上述操作相同。但吸量管上常标有"吹"字，特别是 1mL 以下的吸量管尤其是如此，对此，要特别注意。同时，吸量管中，如图 2-25（d）的形式，它的分度刻到离管尖尚差 1～2cm，放出溶液时也应注意。实验中，要尽量使用同一支吸量管，以免带来误差。

移液管用完后应立即用自来水冲洗，再用蒸馏水冲洗干净，放在移液管架上。

2.16　滴定分析仪器的校准

2.16.1　玻璃量器的容量允差

滴定分析用的玻璃量器是按一定规格生产的，玻璃量器上所标出的刻度和容量数值，叫做标准温度（20℃）时的标称容量。按照量器上标称容量准确度的高低，分为 A 级（较高级）和 B 级（较低级）两种。凡分级的量器，上面都有相应的等级标志。无任何标志，则属于 B 级。另外还有一种 A$_2$ 级，准确度介于 A、B 级之间。不同等级的量器，其容量允差也不同，价格上也有较大差异，应根据需要选购。容量允差是指量器实际容量与标称容量之间允许存在的差值。

由于制造工艺的限制、温度的变化或试剂的侵蚀等原因，量器实际容积与标称容积（标示的容积）之间客观存在或多或少的差值，此值必须符合容量允差。下面是一些容量仪器的国家规定的容量允差。

（1）滴定管的容量允差

国家规定的滴定管容量允差列于表 2-20（摘自国家标准 GB 12805—2011）。

表 2-20 常用滴定管的容量允差

标称容量/mL		2	5	10	25	50	100
分度值/mL		0.02	0.02	0.05	0.1	0.1	0.2
容量允差/mL（±）	A	0.010	0.015	0.025	0.050	0.05	0.10
	B	0.020	0.030	0.050	0.10	0.10	0.20

（2）容量瓶的容量允差

国家规定的容量瓶容量允差列于表 2-21（摘自国家标准 GB 12806—2011）。

表 2-21 常用容量瓶的容量允差

标称容量/mL		5	10	25	50	100	200	250	500	1000	2000
容量允许/mL（±）	A	0.02	0.02	0.03	0.05	0.10	0.15	0.15	0.25	0.40	0.60
	B	0.04	0.04	0.06	0.10	0.20	0.30	0.30	0.50	0.80	1.20

（3）移液管的容量允差

国家规定的移液管容量允差见表 2-22（摘自国家标准 GB 12808—1991）。

表 2-22 常用移液管的容量允差

标称容量/mL		2	5	10	20	25	50	100
容量允差/mL（±）	A	0.010	0.015	0.020	0.030	0.030	0.050	0.080
	B	0.020	0.030	0.040	0.060	0.060	0.100	0.160

在工业分析中，A 级品玻璃量器常用于准确度要求较高的分析，如原材料分析、成品分析及标准溶液的制备等；B 级品一般用于生产过程控制分析。对准确度要求较高的分析工作、仲裁分析、科学研究以及长期使用的仪器，必须对使用的量器进行校准。

2.16.2 容量仪器的校准

在实际工作中容量仪器的校准通常采用绝对校准和相对校准两种方法。

（1）绝对校准法（称量法）

① 原理 称量量入式或量出式玻璃量器中水的表观质量，并根据该温度下水的密度，计算出该玻璃量器在 20℃时的容量。

注：量入式玻璃量器——量器上标示的体积表示容量仪器容纳的体积，包括器壁上所挂液体的体积，用符号"E"表示。

量出式玻璃量器——量器上标示的体积表示从容量仪器中放出的液体的体积，不包括器壁上所挂液体的体积，用符号"A"表示。

绝对校准法是指称取滴定分析仪器某一刻度内放出或容纳纯水的质量，根据该温度下纯水的密度，将水的质量换算成体积的方法，其换算公式为：

$$V_t = \frac{m_t}{\rho_{水}}$$

式中 V_t——t℃时水的体积，mL；

m_t——t℃时在空气中称得水的质量，g；

$\rho_水$——t℃时在空气中水的密度，g/mL。

测量体积基本单位是"升"（L），1L 是指在真空中质量为 1kg 的纯水，在 3.98℃ 时所占的体积。滴定分析中常以"升"的千分之一"毫升"作为基本单位，即在 3.98℃时，1mL 纯水在真空中的质量为 1.000g。如果校准工作也是在 3.98℃和真空中 进行，则称出纯水的质量（g）就等于纯水体积（mL）。但实际工作中不可能在真空中 称量，也不可能在 3.98℃时进行分析测定，而是在空气中称量，在室温下进行分析测 定。国产的滴定分析仪器，其体积都是以 20℃为标准温度进行标定的，例如，一个标 有 20℃，体积为 1L 的容量瓶，表示在 20℃时，它的体积 1L，即真空中 1kg 纯水在 3.98℃时所占的体积。

将称出的纯水质量换算成体积时，必须考虑下列三方面的因素。

a. 水的密度随温度的变化而改变，水在 3.98℃的真空中相对密度为 1，高于或低于此 温度，其相对密度均小于 1。

b. 温度对玻璃仪器热胀冷缩的影响，温度改变时，因玻璃的膨胀和收缩，量器的容积 也随之而改变。因此，在不同的温度校准时，必须以标准温度为基础加以校准。

c. 在空气中称量时，空气浮力对纯水质量的影响。校准时，在空气中称量，由于空气 浮力的影响，水在空气中称得的质量必小于在真空中称得的质量，这个减轻的质量应该加以 校准。

在一定的温度下，上述 3 个因素的校准值是一定的，所以可将其合并为 1 个总校准值。 此值表示玻璃仪器中容积（20℃）为 1mL 的纯水在不同温度下，于空气中用黄铜砝码称得 的质量，列于表 2-23 中。

利用此值可将不同温度下水的质量换算成 20℃时的体积，其换算公式为：

$$V_{20} = \frac{m_t}{\rho_t}$$

式中 m_t——t℃时在空气中用砝码称得玻璃仪器中放出或装入的纯水的质量，g；

ρ_t——1mL 的纯水在 t℃用黄铜砝码称得的质量，g；

V_{20}——将 m_tg 纯水换算成 20℃时的体积，mL。

表 2-23 玻璃容器中 1mL 纯水在空气中用黄铜砝码称得的质量

温度/℃	质量/g	温度/℃	质量/g	温度/℃	质量/g	温度/℃	质量/g
1	0.99824	11	0.99832	21	0.99700	31	0.99464
2	0.99832	12	0.99823	22	0.99680	32	0.99434
3	0.99839	13	0.99814	23	0.99660	33	0.99406
4	0.99844	14	0.99804	24	0.99638	34	0.99375
5	0.99848	15	0.99793	25	0.99617	35	0.99345
6	0.99851	16	0.99780	26	0.99593	36	0.99312
7	0.99850	17	0.99765	27	0.99569	37	0.99280
8	0.99848	18	0.99751	28	0.99544	38	0.99246
9	0.99844	19	0.99734	29	0.99518	39	0.99212
10	0.99839	20	0.99718	30	0.99491	40	0.99177

② 滴定管的校准　将滴定管洗净至内壁不挂水珠，加入纯水，驱除活塞下的气泡，取一磨口塞锥形瓶，擦干外壁、瓶口及瓶塞，在分析天平上称取其质量。将滴定管的水面调节到正好在 0.00 刻度处。按滴定时常用的速度（每秒 3 滴）将一定体积的水放入已称过质量的具塞锥形瓶中，注意勿将水沾在瓶口上。在分析天平上称量盛水的锥形瓶的质量，计算水的质量及真实体积，倒掉锥形瓶中的水，擦干瓶外壁、瓶口和瓶塞，再次称量瓶的质量。滴定管重新充水至 0.00 刻度，再放至另一体积的水至锥形瓶中，称量盛水的瓶的质量，测定当时水的温度，查出该温度下 1mL 的纯水用黄铜砝码称得的质量，计算出此段水的实际体积。如上继续检定至 0 到最大刻度的体积，计算真实体积。

重复检定一次，两次检定所得同一刻度的体积相差不应大于 0.01mL（注意，至少检定两次），算出各个体积处的校准值（两次平均），以读数为横坐标，校准值为纵坐标，画校准值曲线，以备使用滴定管时查取。

一般 50mL 滴定管每隔 10mL 测一个校准值，25mL 滴定管每隔 5mL 测一个校准值。

【例 2-21】　校准滴定管时，在 21℃时由滴定管中放出 0.00～10.03mL 水，称得其质量为 9.981g，计算该段滴定管在 20℃时的实际体积及校准值各是多少？

解　查表 2-23 得，21℃时 $\rho_{21} = 0.99700$

$$V_{20} = \frac{9.981}{0.99700} = 10.01(\text{mL})$$

该段滴定管在 20℃时的实际体积为 10.01mL。

体积校准值 $\Delta V = 10.01 - 10.03 = -0.02$（mL）

该段滴定管在 20℃时的校准值为 -0.02mL。

③ 容量瓶的校准　将洗涤合格，并倒置沥干的容量瓶放在天平上称量。取蒸馏水充入已称重的容量瓶中至刻度，称量并测水温（准确至 0.5℃）。根据该温度下的密度，计算真实体积。

【例 2-22】　15℃时，称得 250mL 容量瓶中至刻度线时容纳纯水的质量为 249.520g，计算该容量瓶在 20℃时的校准值是多少？

解　查表 2-23 得，15℃时 $\rho_{15} = 0.99793$

$$V_{20} = \frac{249.520}{0.99793} = 250.04(\text{mL})$$

体积校准值 $\Delta V = 250.04 - 250.00 = +0.04$（mL）

该容量瓶在 20℃时的校准值为 +0.04mL。

④ 移液管的校准

将移液管洗净至内壁不挂水珠，取具塞锥形瓶，擦干外壁、瓶口及瓶塞，称量。按移液管使用方法量取已测温的纯水，放入已称重的锥形瓶中，在分析天平上称量盛水的锥形瓶，计算在该温度下的真实体积。

【例 2-23】　24℃时，称得 25mL 移液管中至刻度线时放出水的质量为 24.902g，计算该移液管在 20℃时的真实体积及校准值各是多少？

解 查表 2-23 得，24℃时 $\rho_{24}=0.99638$

$$V_{20}=\frac{24.902}{0.99638}=24.99(mL)$$

该移液管在 20℃时的真实体积为 24.99mL。

体积校准值 $\Delta V=24.99-25.00=-0.01$（mL）

该移液管在 20℃时的校准值为 -0.01mL。

（2）相对校准法

相对校准法是相对比较两容器所盛液体体积的比例关系。在实际的分析工作中，容量瓶与移液管常常配套使用，如经常将一定量的物质溶解后在容量瓶中定容，用移液管取出一部分进行定量分析。因此，重要的不是要知道所用容量瓶和移液管的绝对体积，而是容量瓶与移液管的容积比是否正确，如用 25mL 移液管从 250mL 容量瓶中移出溶液的体积是否是容量瓶体积的 1/10。一般只需要作容量瓶和移液管的相对校准。校准的方法如下：用洗净的 25mL 移液管吸取蒸馏水，放入洗净沥干的 250mL 容量瓶中，平行移取 10 次，观察容量瓶中水的弯月面下缘是否与标线相切，若正好相切，说明移液管与容量瓶体积的比例为 1:10。若不相切，表示有误差，记下弯月面下缘的位置。待容量瓶沥干后再校准一次。连续两次实验相符后，用一平直的窄纸条贴在与弯月面相切之处，并在纸条上刷蜡或贴一块透明胶布以此保护此标记。以后使用的容量瓶与移液管即可按所贴标记配套使用。

在分析工作中，滴定管一般采用绝对校准法，对于配套使用的移液管和容量瓶，可采用相对校准法，用作取样的移液管，则必须采用绝对校准法。绝对校准法准确，但操作比较麻烦。相对校准法操作简单，但必须配套使用。

2.16.3　溶液体积的校准

滴定分析仪器都是以 20℃为标准温度来标定和校准的，但是使用时则往往不是在 20℃，温度变化会引起仪器容积和溶液体积的改变，如果在某一温度下配制溶液，并在同一温度下使用，就不必校准，因为这时所引起的误差在计算时可以抵消。如果在不同的温度下使用，则需要校准。当温度变化不大时，玻璃仪器容积变化的数值很小，可忽略不计，但溶液体积的变化则不能忽略。溶液体积的改变是由于溶液密度的改变所致，稀溶液密度的变化和水相近。表 2-24 列出了在不同温度下 1000mL 水或稀溶液换算到 20℃时，其体积应增减的毫升数。

【例 2-24】 标定 0.5mol/L NaOH 时，体积消耗 $V=30.00$mL，滴定管校正值查表为 $+0.01$mL，室温 23℃，查表得 23℃时对应的补正值是 -0.8mL/L，此时温度的补正值计算公式为：

$$\frac{(30.00+0.01)\times(-0.8)}{1000}=-0.024008\approx-0.02(mL)$$

上述滴定所消耗的实际体积为：

$$V=30.00+0.01-0.02=29.99(mL)$$

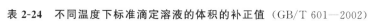

表 2-24 不同温度下标准滴定溶液的体积的补正值（GB/T 601—2002）

[1000mL 溶液由 t℃换算为 20℃时的补正值/（mL/L）]

温度/℃	水和 0.05mol/L 以下的各种水溶液	0.1mol/L 和 0.2mol/L 各种水溶液	盐酸溶液 $c(HCl)=$ 0.5mol/L	盐酸溶液 $c(HCl)=$ 1mol/L	硫酸溶液 $c(\frac{1}{2}H_2SO_4)=$ 0.5mol/L 氢氧化钠溶液 $c(NaOH)=$ 0.5mol/L	硫酸溶液 $c(\frac{1}{2}H_2SO_4)=$ 1mol/L 氢氧化钠溶液 $c(NaOH)=$ 1mol/L	碳酸钠溶液 $c(\frac{1}{2}Na_2CO_3)$ $=1mol/L$	氢氧化钾-乙醇溶液 $c(KOH)=$ 0.1mol/L
5	+1.38	+1.7	+1.9	+2.3	+2.4	+3.6	+3.3	
6	+1.38	+1.7	+1.9	+2.2	+2.3	+3.4	+3.2	
7	+1.36	+1.6	+1.8	+2.2	+2.2	+3.2	+3.0	
8	+1.33	+1.6	+1.8	+2.1	+2.2	+3.0	+2.8	
9	+1.29	+1.5	+1.7	+2.0	+2.1	+2.7	+2.6	
10	+1.23	+1.5	+1.6	+1.9	+2.0	+2.5	+2.4	+10.8
11	+1.17	+1.4	+1.5	+1.8	+1.8	+2.3	+2.2	+9.6
12	+1.10	+1.3	+1.4	+1.6	+1.7	+2.0	+2.0	+8.5
13	+0.99	+1.1	+1.2	+1.4	+1.5	+1.8	+1.8	+7.4
14	+0.88	+1.0	+1.1	+1.2	+1.3	+1.6	+1.5	+6.5
15	+0.77	+0.9	+0.9	+1.0	+1.1	+1.3	+1.3	+5.2
16	+0.64	+0.7	+0.8	+0.8	+0.9	+1.1	+1.1	+4.2
17	+0.50	+0.6	+0.6	+0.6	+0.7	+0.8	+0.8	+3.1
18	+0.34	+0.4	+0.4	+0.4	+0.5	+0.6	+0.6	+2.1
19	+0.18	+0.2	+0.2	+0.2	+0.2	+0.3	+0.3	+1.0
20	0.00	0.00	0.00	0.0	0.0	0.0	0.0	0.0
21	−0.18	−0.2	−0.2	−0.2	−0.2	−0.3	−0.3	−1.1
22	−0.38	−0.4	−0.4	−0.5	−0.5	−0.6	−0.6	−2.2
23	−0.58	−0.6	−0.7	−0.7	−0.8	−0.9	−0.9	−3.3
24	−0.80	−0.9	−0.9	−1.0	−1.0	−1.2	−1.2	−4.2
25	−1.03	−1.1	−1.1	−1.2	−1.3	−1.5	−1.5	−5.3
26	−1.26	−1.4	−1.4	−1.4	−1.5	−1.8	−1.8	−6.4
27	−1.51	−1.7	−1.7	−1.7	−1.8	−2.1	−2.1	−7.5
28	−1.76	−2.0	−2.0	−2.0	−2.1	−2.4	−2.4	−8.5
29	−2.01	−2.3	−2.3	−2.3	−2.4	−2.8	−2.8	−9.6
30	−2.30	−2.5	−2.5	−2.6	−2.8	−3.2	−3.1	−10.6
31	−2.58	−2.7	−2.7	−2.9	−3.1	−3.5		−11.6
32	−2.86	−3.0	−3.0	−3.2	−3.4	−3.9		−12.6
33	−3.04	−3.2	−3.3	−3.5	−4.2			−13.7
34	−3.47	−3.7	−3.6	−3.8	−4.1	−4.6		−14.8
35	−3.78	−4.0	−4.0	−4.1	−4.4	−5.0		−16.0
36	−4.10	−4.3	−4.3	−4.4	−4.7	−5.3		−17.0

注：1. 本表数值是以 20℃为标准温度以实测法测出。

2. 表中带有"＋"、"－"号的数值是以 20℃为分界。室温低于 20℃的补正值为"＋"，高于 20℃的补正值为"－"。

3. 本表的用法。

如 1L 硫酸溶液 $[c(\frac{1}{2}H_2SO_4)=1mol/L]$ 由 25℃换算为 20℃时，其体积补正值为−1.5mL，故 40.00mL 换算为 20℃时的体积为：$40.00-\dfrac{1.5}{1000}\times 40.00=39.94$（mL）

习题 --

一、填空

1. 滴定管和移液管是按"_____"计量溶液体积；容量瓶是按"_____"计量溶液

体积。

2. 酸式滴定管的准备包括：洗涤→涂油→_____→装溶液→_____ →_____。

3. 普通滴定管读数时，眼睛平视，和_____水平面平齐；使用带有蓝色衬背的滴定管时，眼睛应对准_____的刻度，平视读数。当颜色太深看不清凹液面的溶液，可读取的最高点。

二、选择

1. 要配制 0.1000mol/L $K_2Cr_2O_7$ 溶液，适用的玻璃量器是（   ）。

A. 容量瓶　　　　　B. 量筒　　　　　C. 刻度烧杯　　　　　D. 酸式滴定管

2. 滴定管在记录读数（mL）时，小数点后应保留（   ）位有效数字。

A. 1　　　　　　　B. 2　　　　　　　C. 3　　　　　　　D. 4

3. 欲配制 0.2mol/L 的 H_2SO_4 溶液和 0.2mol/L 的 HCl 溶液，应选用（   ）量取浓酸。

A. 量筒　　　　　B. 容量瓶　　　　　C. 酸式滴定管　　　　　D. 移液管

4. （   ）只能量取一定体积的溶液。

A. 吸量管　　　　　B. 移液管　　　　　C. 量筒　　　　　D. 量杯

5. 下面不宜加热的仪器是（   ）。

A. 试管　　　　　B. 坩埚　　　　　C. 蒸发皿　　　　　D. 移液管

6. 当滴定管中有油污时，可用（   ）洗涤后，依次用自来水冲洗、蒸馏水洗涤 3 遍备用。

A. 去污粉　　　　　B. 铬酸洗液　　　　　C. 强碱溶液　　　　　D. 都不对

7. 实验室中常用的铬酸洗液是由（   ）两种物质配制的。

A. K_2CrO_4 和浓 H_2SO_4　　　　　　　B. K_2CrO_4 和浓 HCl

C. $K_2Cr_2O_7$ 和浓 HCl　　　　　　　　D. $K_2Cr_2O_7$ 和浓 H_2SO_4

8. 下列滴定分析操作中，规范的操作是（   ）。

A. 滴定之前，用待装标准溶液润洗滴定管 3 次

B. 滴定时始终保持匀速

C. 在滴定前，锥形瓶应用待测液淋洗 3 次

D. 滴定管加溶液距零刻度 1cm 时，用滴管加溶液到溶液弯月面最下端与"0"刻度相切

三、判断

1. 将 20.000g Na_2CO_3 准确配制成 1L 溶液，其物质的量浓度为 0.1886mol/L。[$M(Na_2CO_3)=106g/mol$]（   ）

2. 对于准确度要求较高时，容量瓶在使用前应进行体积校正。（   ）

3. 使用移液管时，决不能用未经洗净的同一支移液管插入不同试剂瓶中移取试剂。（   ）

4. 滴定管、容量瓶、移液管在使用之前都需要用试剂溶液进行润洗。（   ）

5. 用移液管移取溶液经过转移后，残留于移液管管尖处的溶液应该用洗耳球吹入容器中。（   ）

6. 滴定管内壁不能用去污粉清洗，以免划伤内壁，影响体积准确测量。（   ）

四、计算

1. 配制下列各溶液需多少克溶质？

(1) 1.00L 0.2000mol/L 的 $Ba(OH)_2$；

(2) 50.0mL 0.2500mol/L 的 KI；

(3) 250mL 0.5000mol/L 的 $Cu(NO_3)_2$；

(4) 100mL 0.0485mol/L 的 $(NH_4)_2SO_4$；

(5) 500mL 0.500mol/L 的 Na_2SO_4，用 $Na_2SO_4 \cdot 10H_2O$ 配制

2. 12.5mL 溶液冲稀到 500mL，测其物质的量浓度是 0.125mol/L，问原溶液的物质的量浓度。

3. 准确称量基准物 $K_2Cr_2O_7$ 2.4530g，溶解后在容量瓶中配成 500mL 溶液，计算此溶液的物质的量浓度 $c\left(\dfrac{1}{6}K_2Cr_2O_7\right)$。

4. 多少毫升 0.50mol/L H_2SO_4 溶液加到 65mL 0.20mol/L H_2SO_4 溶液中，可得到一个 0.35mol/L 的 H_2SO_4 溶液？（假设体积是可以加和的）

5. 有 0.150mol/L HCl 溶液，计算每毫升该溶液分别对 CaO、$Ca(OH)_2$、Na_2O 和 NaOH 的滴定度，以 g/mL 表示。

6. 每升含 5.442g $K_2Cr_2O_7$ 的标准溶液，问该溶液用 Fe_3O_4 的质量（mg）表示的滴定度是多少？

7. 以 BaO mg/mL 表达 0.100mol/L EDTA 溶液对 BaO 的滴定度。

8. 以 Fe_2O_3 mg/mL 表达 0.0500mol/L $KMnO_4$ 溶液对 Fe_2O_3 的滴定度。

9. 用无水 Na_2CO_3 标定某一 HCl 溶液时，要使近似浓度为 0.1mol/L HCl 溶液消耗的体积约为 30mL，应称取无水 Na_2CO_3 约多少克？

10. 配制 250mL $c(Ag^+)=0.050$ mol/L 的 $AgNO_3$ 溶液，需称取含 3.95% 杂质的银多少克？

11. 不纯的 $BaCl_2 \cdot 2H_2O$ 样品 0.372g，用 0.100mol/L $AgNO_3$ 溶液滴定时用去 27.2mL，计算样品中氯和 $BaCl_2 \cdot 2H_2O$ 的质量分数。

12. 称取工业硫酸 1.740g，以水定容于 250.0mL 容量瓶中，摇匀。移取 25.00mL，用 $c(NaOH)=0.1044$mol/L 的氢氧化钠溶液滴定，消耗 32.41mL，求试样中 H_2SO_4 的质量分数。

13. 称取已在 250～270℃ 灼烧至恒重的工业碳酸钠试样 1.7524g，加 50mL 水溶解，加 10 滴溴甲酚绿-甲基红混合指示剂，用 1.0246mol/L 的 HCl 滴定剂滴至溶液由绿色变为暗红色，煮沸 2min，冷却后继续滴定至暗红色，消耗 HCl 31.44mL，求试样中 Na_2CO_3 的质量分数？

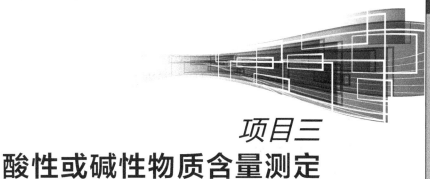

项目三
酸性或碱性物质含量测定

知识目标

1. 理解酸碱质子理论。
2. 掌握各类酸碱溶液的 pH 计算。
3. 掌握缓冲溶液的类别及使用。
4. 理解酸碱指示剂的作用原理及变色范围。
5. 理解酸碱滴定过程基本原理。
6. 掌握常用酸碱标准溶液的制备。
7. 掌握直接滴定法、返滴定法、间接滴定法测定酸性或碱性物质。
8. 了解非水溶剂中的酸碱滴定。

能力目标

1. 能够根据工作任务查阅所需分析资料。
2. 盐酸标准滴定溶液的配制与标定。
3. 氢氧化钠标准滴定溶液的配制与标定。
4. 混合碱的测定。
5. 食用醋酸含量的测定。
6. 工业硫酸中硫酸含量的测定。
7. 能够进行交流，有团队合作精神与职业道德，可独立或合作学习与工作。

任务一 混合碱的测定

技能训练一 盐酸标准溶液的配制与标定

一、项目要求

1. 掌握 HCl 标准溶液的配制方法。

2. 掌握用无水 Na_2CO_3 为基准物标定 HCl 溶液的基本原理、操作方法和计算。

3. 熟练进行滴定操作、减量法称量操作和使用甲基橙指示剂、溴甲酚绿-甲基红混合指示剂滴定终点的判断。

二、实施依据

市售盐酸（分析纯）密度为 1.19g/mL，HCl 的质量分数约为 37%，物质的量浓度约为 12mol/L。浓盐酸易挥发，不能直接配制成准确浓度的盐酸溶液。因此需用间接法配制，先取一定体积浓 HCl 稀释成近似浓度，然后用基准物质标定，以获得准确浓度。

因浓盐酸具有挥发性，配制时所取浓盐酸的量应适当多于计算量。例如配制 $c(HCl)=$ 0.1mol/L 的 HCl 溶液 500mL，计算需浓盐酸 4.2mL，实际可量取 4.5mL，用水稀释至 500mL。

用无水 Na_2CO_3 为基准物标定 HCl 溶液的浓度时，由于 Na_2CO_3 易吸收空气中的水分，因此使用前应在 270～300℃条件下干燥至恒重，密封保存在干燥器中。称量时的操作应迅速，防止再吸水而产生误差。标定反应式为：

$$2HCl + Na_2CO_3 \longrightarrow 2NaCl + CO_2 \uparrow + H_2O$$

滴定时，以甲基橙为指示剂，滴定至溶液由黄色变为橙色为滴定终点。

三、试剂

1. 盐酸，相对密度 1.19g/mL。

2. 基准物质无水 Na_2CO_3，于 270～300℃灼烧至恒重。

3. 甲基橙指示剂，$\rho=1g/L$ 水溶液。

4. 溴甲酚绿-甲基红混合指示剂：$\rho=1g/L$ 溴甲酚绿乙醇溶液与 $\rho=2g/L$ 甲基红乙醇溶液按 3+1 的体积混合。

5. 酚酞指示剂，$\rho=1g/L$ 乙醇溶液。

四、工作程序

1. 配制 $c(HCl)=0.1mol/L$ 的 HCl 溶液 500mL

用 10mL 洁净小量筒量取 4.5mL 浓盐酸（约 12mol/L），小心倒入已加有 300mL 蒸馏水的 500mL 烧杯中，摇匀，再稀释至 500mL。转入试剂瓶中，盖好瓶塞，摇匀并贴上标签，待标定。

2. $c(HCl)＝0.1mol/L$ HCl 溶液的标定

（1）用甲基橙指示剂指示终点

用差减法准确称取已烘干的基准物质无水碳酸钠 $0.15～0.2g$，放入 250mL 锥形瓶中，加入 25mL 蒸馏水使其溶解，加甲基橙指示剂 1 滴，用 HCl 溶液滴至溶液由黄色变为橙色即为终点（临近终点时，可将溶液煮沸除去 CO_2，冷却后继续滴定），同时记录消耗 HCl 溶液的体积。平行测定 4 次❶，同时做空白试验。

（2）用溴甲酚绿-甲基红混合指示剂指示终点

准确称取已烘干的基准物质无水碳酸钠 $0.15～0.2g$，放入 250mL 锥形瓶中，加入 50mL 蒸馏水溶解，加 10 滴溴甲酚绿-甲基红混合指示剂，用欲标定的 0.1mol/L HCl 溶液滴定至溶液由绿色变成暗红色，煮沸 2min，冷却后继续滴定至溶液呈暗红色，记录消耗 HCl 溶液的体积，同时做空白试验。

五、数据记录与计算

$$c(HCl)=\frac{m(Na_2CO_3)}{(V-V_0)\times10^{-3}\times M\left(\frac{1}{2}Na_2CO_3\right)}$$

式中　$c(HCl)$——HCl 标准溶液的浓度，mol/L；

　　　　V——滴定时消耗 HCl 标准溶液的体积（校正后❷），mL❸；

　　　　V_0——空白试验时消耗 HCl 标准溶液的体积，mL；

$m(Na_2CO_3)$——Na_2CO_3 基准物的质量，g；

$M\left(\frac{1}{2}Na_2CO_3\right)$——以 $\frac{1}{2}Na_2CO_3$ 为基本单元的 Na_2CO_3 的摩尔质量，g/mol。

表 3-1 为数据记录参考格式❹。

表 3-1　0.1mol/L HCl 标准滴定溶液的标定数据记录

项目	I	II	III	IV
称量瓶＋碳酸钠质量(倾样前)/g				
称量瓶＋碳酸钠质量(倾样后)/g				
碳酸钠质量/g				
盐酸溶液终读数/mL				
盐酸溶液初读数/mL				
盐酸溶液体积/mL				

---

❶　以下技能训练项目如无特别说明，均要求平行测定 4 份。

❷　在以下滴定分析法的技能训练中，如无特别说明，计算公式中消耗标准溶液的体积均指校正后体积。

❸　按照法定计量单位制的一贯性原则，溶液体积的计量单位应该用升（L）。滴定分析读取滴定剂体积一般为毫升（mL），则体积后面应乘以 10^{-3}。以后计算相同。

❹　以下涉及标准溶液标定的训练项目可参考这种数据记录格式。

续表

项目	I	II	III	IV
温度校正/mL				
体积校正/mL				
校正后体积/mL				
空白试验消耗盐酸体积/mL				
$c(HCl)/(mol/L)$				
平均浓度 $\bar{c}(HCl)/(mol/L)$				
相对极差/%				

六、注意事项

1. 标定时，一般采用小份标定❶，在标准溶液浓度较稀（如 0.01mol/L），基准物质摩尔质量较小时，若采用小份称样误差较大，可采用大份标定，即稀释法标定。

2. 无水碳酸钠标定 HCl 溶液，在接近滴定终点时，应剧烈摇动锥形瓶加速 H_2CO_3 分解或将溶液加热至沸，以赶除 CO_2，冷却后再滴定至终点。

七、思考与质疑

1. HCl 标准溶液能否采用直接法配制？为什么？

2. 配制 $c(HCl)=0.1mol/L$ 的 HCl 溶液 500mL，计算量取浓盐酸的体积。

3. 标定盐酸溶液时，基准物质无水 Na_2CO_3 的质量是如何计算的？若用稀释法标定，需称取 Na_2CO_3 质量又如何计算？

4. HCl 溶液应装在哪种滴定管中？

5. 无水 Na_2CO_3 作为基准物质标定盐酸溶液时，能否用酚酞作指示剂？为什么？

6. 除用基准物质 Na_2CO_3 标定盐酸溶液外，还可用什么作基准物？比较两者的优缺点。

7. Na_2CO_3 基准物为什么要放在称量瓶中称量？称量瓶是否要预先称准？称量时盖子是否要盖好？

8. 无水 Na_2CO_3 保存不当，吸水 1%，用此基准物质标定盐酸溶液的浓度，对其结果有何影响？为什么移液管必须用所移取溶液润洗，而锥形瓶则不用所装溶液润洗？

9. 甲基橙、甲基红及溴甲酚绿-甲基红混合指示剂的变色范围各为多少？混合指示剂的优点有哪些？

技能训练二　混合碱含量的测定（双指示剂法）

一、项目要求

1. 掌握双指示剂法测定混合碱中各组分含量的原理和方法。

---

❶ "小份标定"又称"称小样"：准确称取一定量基准物质溶解后进行标定。"大份标定"又称"称大样"或稀释法：准确称取一定量基准物质溶解后定量转移到一定体积容量瓶中配制，从中移取一定量进行标定（如配成 250mL，移取 25mL）。

2. 掌握双指示剂法判断混合碱的组成。

3. 熟练滴定分析操作技术。

二、实施依据

双指示剂法是利用两种指示剂进行连续测定，根据两个终点所消耗酸标准溶液的体积，判断混合碱的组成，计算各组分的含量。

在混合碱试液中，先以酚酞为指示剂，用 HCl 标准滴定溶液滴定至近于无色，这是第一化学计量点（pH＝8.31），消耗 HCl 标准滴定溶液 V_1。此时，溶液中 Na_2CO_3 被中和至 $NaHCO_3$。

再以甲基橙为指示剂，继续用 HCl 标准溶液滴定至溶液由黄色变为橙色，这是第二化学计量点（pH＝3.89），消耗 HCl 标准滴定溶液 V_2，此时，溶液中 $NaHCO_3$ 被完全中和。

三、试剂

1. 混合碱试样。

2. $c(HCl)＝0.1mol/L$ HCl 标准滴定溶液。

3. 酚酞指示剂，10g/L 乙醇溶液。

4. 甲基橙指示剂，1g/L 水溶液。

5. 甲酚红-百里酚蓝混合指示液：0.1g 甲酚红溶于 100mL 50％乙醇中；0.1g 百里酚蓝指示剂溶于 100mL 20％乙醇中。甲酚红＋百里酚蓝（1＋3）。

四、工作程序

1. 双指示剂法

在分析天平上准确称取混合碱试样 1.5～2.0g 于 200mL 烧杯中，加水使之溶解后，定量转入 250mL 容量瓶中，用水稀释至刻度，充分摇匀。移取试液 25.00mL 于 250ml 锥形瓶中，各加入 2 滴酚酞指示液，用 $c(HCl)＝0.1mol/L$ 盐酸标准滴定溶液滴定，边滴加边充分摇动（避免局部 Na_2CO_3 直接被滴至 H_2CO_3）滴定至溶液由红色恰好褪至近乎无色为止，此时即为终点，记录消耗 HCl 标准滴定溶液体积 V_1。然后再加 1 滴甲基橙指示液，继续用上述盐酸标准滴定溶液滴定至溶液由黄色恰好变为橙色，即为终点，记录消耗 HCl 标准滴定溶液的体积 V_2。计算试样中各组分的含量。

2. 混合指示剂法

移取上述试液 25.00mL 于 250mL 锥形瓶中，加入 5 滴甲酚红-百里酚蓝混合指示剂，用 $c(HCl)＝0.1mol/L$ 盐酸标准溶液滴定，溶液由蓝色变为粉红色即为终点，记录消耗 HCl 标准溶液的体积 V_1；再加 1～2 滴甲基橙指示剂，继续用上述盐酸标准溶液滴定，溶液由黄色变为橙色（也可利用溴甲酚绿-甲基红混合指示剂，由绿色滴至暗红色为终点），记录又消耗 HCl 标准溶液的体积 V_2。

五、数据记录与计算

若 $V_1＞V_2＞0$，则判断混合碱由 NaOH 和 Na_2CO_3 组成，含量计算：

$$w(\text{NaOH}) = \frac{c(\text{HCl})(V_1 - V_2) \times 10^{-3} \times M(\text{NaOH})}{m \times \dfrac{25}{250}} \times 100\%$$

$$w(\text{Na}_2\text{CO}_3) = \frac{c(\text{HCl}) \times 2V_2 \times 10^{-3} \times M\left(\dfrac{1}{2}\text{Na}_2\text{CO}_3\right)}{m \times \dfrac{25}{250}} \times 100\%$$

式中 $w(\text{NaOH})$，$w(\text{Na}_2\text{CO}_3)$——NaOH 和 Na_2CO_3 的质量分数，%；

$c(\text{HCl})$——HCl 标准滴定溶液的浓度，mol/L；

V_1——酚酞终点消耗 HCl 标准滴定溶液的体积（校正后），mL；

V_2——甲基橙终点又消耗 HCl 标准滴定溶液的体积（校正后），mL；

$M(\text{NaOH})$——NaOH 的摩尔质量，g/mol；

$M\left(\dfrac{1}{2}\text{Na}_2\text{CO}_3\right)$—— 以 $\dfrac{1}{2}\text{Na}_2\text{CO}_3$ 为基本单元的 Na_2CO_3 的摩尔质量，g/mol；

m——混合碱试样的质量，g。

表 3-2 为数据记录参考格式❶。

表 3-2 混合碱含量的测定数据记录

项目	Ⅰ	Ⅱ	Ⅲ	Ⅳ
混合碱试样质量/g				
V_1/mL				
温度校正/mL				
体积校正/mL				
校正后 V_1/mL				
V_2/mL				
温度校正/mL				
体积校正/mL				
校正后 V_2/mL				
w（NaOH）/%				
平均 $\bar{w}$(NaOH)/%				
相对平均偏差/%				
$w(\text{Na}_2\text{CO}_3)$/%				
平均 $\bar{w}(\text{Na}_2\text{CO}_3)$/%				
相对平均偏差/%				

六、注意事项

1. 混合碱具有腐蚀性，使用时注意安全。

---

❶ 以下涉及组分含量测定训练项目可参考这种数据记录格式。

2. 滴定接近第一终点时，要充分摇动锥形瓶，滴定速度不能太快，防止滴定剂 HCl 局部过浓，否则 Na_2CO_3 会直接被滴定成 CO_2。

七、思考与质疑

1. 欲测定混合碱的总碱度，应选用何种指示剂？

2. 采用双指示剂法测定混合碱，在同一份溶液中滴定，结果如下，试判断各混合碱的组成。

(1) $V_1 = 0$，$V_2 > 0$　　(2) $V_2 = 0$，$V_1 > 0$　　(3) $V_1 = V_2 > 0$　　(4) $V_1 > V_2 > 0$　　(5) $V_2 > V_1 > 0$

3. 如何称取混合碱试样？如果样品是 Na_2CO_3 和 $NaHCO_3$ 的混合物，应如何测定其含量？总结计算公式。

4. 现有含 HCl 和 CH_3COOH 的试液，欲测定其中 HCl 及 CH_3COOH 的含量，试拟定分析方案。

相关链接　混合碱分析还可以采用氯化钡法：先准确称取试样 $m(g)$ 制成溶液后，以甲基橙为指示剂，用 0.1mol/L HCl 标准滴定溶液滴定至橙色，设消耗 HCl 溶液的体积为 V_1；再另取等质量的试样 $m(g)$，制成溶液后，加入过量 $BaCl_2$ 溶液。待 $BaCO_3$ 沉淀析出后，以酚酞作指示剂，用 0.1mol/L HCl 标准滴定溶液滴定至红色刚好退色为终点。设消耗 HCl 溶液的体积为 V_2。根据 V_1 和 V_2 可以计算 NaOH、Na_2CO_3 的含量。

任务二　食用醋酸总酸量的测定

技能训练三　氢氧化钠标准溶液的配制与标定

一、项目要求

1. 掌握氢氧化钠溶液的配制方法。

2. 掌握用邻苯二甲酸氢钾标定氢氧化钠溶液基本原理、操作方法和计算。

3. 熟练进行滴定操作、减量法称量操作和使用酚酞指示剂滴定终点的判断。

二、实施依据

根据需配制的 NaOH 溶液浓度和体积计算需要 NaOH 的质量，粗称 NaOH 以适当的方法配成溶液。

准称适量邻苯二甲酸氢钾（$KHC_8H_4O_4$），溶解后用 NaOH 溶液直接滴定，以酚酞为指示剂，滴定至溶液由无色变为微红色，30s 不退即为滴定终点。标定反应式为：

$$\text{（邻苯二甲酸氢钾结构：）}\begin{array}{c}\text{COOK}\\\text{COOH}\end{array} + \text{NaOH} \longrightarrow \begin{array}{c}\text{COOK}\\\text{COONa}\end{array} + \text{H}_2\text{O}$$

由反应可知，反应物基本单元为 $KHC_8H_4O_4$ 和 $NaOH$。1mol $KHC_8H_4O_4$ 与 1mol $NaOH$ 完全反应，到化学计量点时，溶液呈碱性，pH 约为 9，可选用酚酞作指示剂，滴定至溶液由无色变为浅粉色，30s 不退即为滴定终点。

三、试剂

1. 氢氧化钠固体。

2. 酚酞指示剂，$\rho = 10g/L$ 乙醇溶液。

3. 基准物质邻苯二甲酸氢钾，于 $105 \sim 110℃$ 干燥 2h。

4. 甲基橙指示剂，$\rho = 1g/L$ 水溶液。

5. $c(HCl) = 0.1mol/L$ HCl 标准溶液。

四、工作程序

1. 配制 $c(NaOH) = 0.1mol/L$ NaOH 溶液 500mL

在托盘天平上用表面皿迅速称取 $2.2 \sim 2.5g$ NaOH 固体于小烧杯中，用少量蒸馏水洗去表面可能含有 Na_2CO_3，再加蒸馏水溶解，倾入 500mL 试剂瓶中，加水稀释到 500mL，用胶塞盖紧，摇匀 [或加入 0.1g $BaCl_2$ 或 $Ba(OH)_2$ 以除去溶液中可能含有的 Na_2CO_3]，贴上标签，待标定。

2. 用基准物质邻苯二甲酸氢钾标定 NaOH 溶液

准确称取基准物质邻苯二甲酸氢钾 $0.4 \sim 0.6g$ 于 250mL 锥形瓶中，加 25mL 煮沸并冷却的蒸馏水使之溶解（如没有完全溶解，可稍微加热）。滴加 2 滴酚酞指示剂，用 NaOH 溶液滴定至溶液由无色变为微红色 30s 不消失即为终点，记录消耗 NaOH 溶液的体积，同时做空白试验。

3. 用 HCl 标准溶液比较，确定 NaOH 溶液的浓度

（1）甲基橙作指示剂 从碱式滴定管中以每秒 $3 \sim 4$ 滴的速度放出 20mL $c(NaOH) = 0.1mol/L$ NaOH 溶液于锥形瓶中，加 1 滴甲基橙指示剂，用 $c(HCl) = 0.1mol/L$ HCl 标准溶液滴定到终点，记录体积读数。计算酸碱溶液体积比 $V(HCl)/V(NaOH)$，根据体积比和 HCl 溶液的准确浓度计算 NaOH 溶液的准确浓度。

（2）酚酞作指示剂 从酸式滴定管中以每秒 $3 \sim 4$ 滴的速度放出 20mL $c(HCl) = 0.1mol/L$ HCl 标准溶液于锥形瓶中，加 $1 \sim 2$ 滴酚酞指示剂，用 $c(NaOH) = 0.1mol/L$ NaOH 溶液滴定到终点，记录体积读数。计算酸碱溶液体积比 $V(NaOH)/V(HCl)$，根据体积比和 HCl 溶液的准确浓度计算 NaOH 溶液的准确浓度。

五、数据记录与计算

1. 用邻苯二甲酸氢钾标定

$$c(NaOH) = \frac{m(KHC_8H_4O_4)}{[V(NaOH) - V_0] \times 10^{-3} \times M(KHC_8H_4O_4)}$$

式中 $c(NaOH)$——NaOH 标准溶液的浓度，mol/L；

$m(KHC_8H_4O_4)$——邻苯二甲酸氢钾的质量，g；

$M(KHC_8H_4O_4)$——邻苯二甲酸氢钾的摩尔质量，g/mol；

$V(NaOH)$——滴定时消耗 NaOH 标准溶液的体积（校正后），mL；

V_0——空白试验时消耗 NaOH 标准溶液的体积，mL。

2. 用 HCl 标准溶液标定

$$c(NaOH) = c(HCl) \times \frac{V(HCl)}{V(NaOH)}$$

式中　$c(NaOH)$——NaOH 标准溶液的浓度，mol/L；

　　　$c(HCl)$——HCl 标准溶液的浓度，mol/L；

　　　$V(HCl)$——HCl 标准溶液的体积，mL；

　　　$V(NaOH)$—— NaOH 溶液的体积，mL。

六、注意事项

配制 NaOH 溶液，以少量蒸馏水洗去固体 NaOH 表面可能含有的碳酸钠时，不能用玻璃棒搅拌，操作要迅速，以免氢氧化钠溶解过多而减小溶液浓度。

七、思考与质疑

1. 配制不含 Na_2CO_3 的 NaOH 溶液有几种方法？

2. 怎样得到不含 CO_2 的蒸馏水？

3. NaOH 溶液应装在哪种滴定管中？贮存 NaOH 溶液的试剂瓶能否用磨口瓶？为什么？

4. 称取氢氧化钠固体时，为什么要迅速？

5. 标定 NaOH 溶液时，可用基准物邻苯二甲酸氢钾，也可用盐酸标准溶液作比较。试比较两种方法的优缺点。

6. 邻苯二甲酸氢钾 $KHC_8H_4O_4$ 标定 NaOH 溶液的称取量如何计算？

7. 用 $KHC_8H_4O_4$ 标定 NaOH 为什么用酚酞而不用甲基橙作指示剂？

8. 如果 NaOH 标准溶液在保存过程中吸收了空气中的 CO_2，以甲基橙为指示剂，用该标准溶液标定 HCl，对标定结果会产生什么影响？为什么？

9. 烘干邻苯二甲酸氢钾时，温度超过 125℃会有部分变成酸酐，如仍使用此基准物质标定 NaOH 溶液时，对标定结果会产生什么影响？

技能训练四　食醋中总酸量的测定

 想一想

食醋的主要成分是什么？含量如何测定？结果如何表示？

一、项目要求

1. 掌握强碱滴定弱酸的基本原理和指示剂选择。
2. 加深理解酸碱滴定法在生产、生活实际中的应用。
3. 学会液体试样分析结果的表示。

二、实施依据

食醋的主要成分是醋酸，醋酸的离解常数为 1.8×10^{-5}，可以满足酸碱滴定法直接准确滴定的条件。用氢氧化钠标准溶液滴定醋酸的反应式为：

$$CH_3COOH + NaOH =\!=\!= CH_3COONa + H_2O$$

选择碱性范围内变色的指示剂酚酞来指示终点。

三、试剂

1. 氢氧化钠标准滴定溶液，$c(NaOH) = 0.1 mol/L$。
2. 酚酞指示液，$10 g/L$ 乙醇溶液。
3. 无 CO_2 的蒸馏水。

四、工作程序

用移液管准确吸取 10.00mL 食醋试样，放于 250mL 容量瓶中（该瓶中已预先装有约 150mL 无 CO_2 的蒸馏水），用无 CO_2 的水稀释至刻度，摇匀。

用移液管移取上述试样稀释液 25.00mL，放入 250mL 锥形瓶中，加 2 滴酚酞指示液，用 0.1mol/L NaOH 标准滴定溶液滴定至浅粉红色 30s 不退为终点。

五、数据记录与计算

$$\rho(HAc) = \frac{c(NaOH)V_1 \times 60.06}{V \times \dfrac{25.00}{250.0}}$$

式中　$\rho(HAc)$——试样中乙酸的质量浓度，g/L；

　　$c(NaOH)$——氢氧化钠标准滴定溶液的准确浓度，mol/L；

　　　　V_1——滴定消耗氢氧化钠溶液的体积（校正后），mL；

　　　　V——量取食醋试样的体积，mL；

　　60.06——CH_3COOH 的摩尔质量，g/mol。

六、注意事项

1. 食醋的主要组分是醋酸，此外还含有少量其他有机弱酸如乳酸等。以酚酞作指示剂，用 NaOH 标准溶液滴定，测出的是食醋中的总酸量，以醋酸（g/L 或 g/100mL）来表示。

2. 食醋中醋酸的含量一般为 3%～5%，浓度较大时，如醋精或工业醋酸，滴定前要在容量瓶中适当稀释，准确移取再滴定。稀释会使食醋本身颜色变浅，便于观察终点颜色变化。也可以选择白醋作试样。

3. CO_2 存在时溶于水形成 H_2CO_3，干扰测定。因此，本实验使用的蒸馏水应经过煮沸。

七、思考与质疑

1. 用移液管吸取试样之前，应如何处理移液管？为什么？

2. 测定乙酸含量为什么要用酚酞作指示剂？如果用甲基橙或甲基红，结果会怎样？

3. 欲测定工业冰乙酸中 HAc 的质量分数，试拟定其实验步骤。

任务三　工业硫酸中硫酸含量的测定

技能训练五　工业硫酸纯度的测定

怎样避免腐蚀性化学试剂的灼伤？

一、项目要求

1. 掌握硫酸试样的称量方法。

2. 掌握酸碱滴定法测定硫酸含量的基本原理、操作方法和计算。

3. 掌握甲基红-亚甲基蓝混合指示剂的使用和滴定终点判断。

二、实施依据

硫酸是强酸，可以用碱标准溶液直接滴定。准称适量硫酸试样，稀释后用 NaOH 标准溶液滴定。以甲基红-亚甲基蓝混合指示剂指示终点，反应式为：

$$H_2SO_4 + 2NaOH \longrightarrow Na_2SO_4 + 2H_2O$$

由反应式可知，硫酸的基本单元为 $\frac{1}{2}H_2SO_4$。

三、试剂

1. 工业 H_2SO_4 试样。

2. $c(NaOH) = 0.1 mol/L$ 的 NaOH 标准溶液。

3. 甲基红-亚甲基蓝混合指示剂：甲基红（$\rho = 1g/L$ 乙醇溶液）与亚甲基蓝（$\rho = 1g/L$ 乙醇溶液）按 $1+2$ 体积混合。

四、工作程序

将约 10mL H_2SO_4 试样装于一洁净的胶帽滴瓶中，用减量法准确称取 1.5～2.0g（25～30 滴），注入盛有 50mL 水的烧杯中，盖上表面皿，冷却至室温。定量转移到 250mL 容量瓶中，稀释到刻度，摇匀。准确移取 25.00mL 试液于 250mL 锥形瓶中，加 25mL 水摇匀，加 2～3 滴甲基红-亚甲基蓝混合指示剂，用 $c(NaOH)=0.1mol/L$ 的 NaOH 标准溶液滴定至溶液由红紫变为灰绿色为终点。记录消耗 NaOH 溶液体积。

五、数据记录与计算

$$w(H_2SO_4) = \frac{c(NaOH)V(NaOH) \times 10^{-3} \times M\left(\frac{1}{2}H_2SO_4\right)}{m \times \frac{25.00}{250.0}} \times 100\%$$

式中　$c(NaOH)$——NaOH 标准溶液的浓度，mol/L；

$V(NaOH)$——滴定消耗 NaOH 标准溶液的体积（校正后），mL；

$M\left(\frac{1}{2}H_2SO_4\right)$——$\frac{1}{2}H_2SO_4$ 的摩尔质量，g/mol；

m——H_2SO_4 试样质量，g。

六、注意事项

浓硫酸具有强腐蚀性，操作时注意安全。

七、思考与质疑

1. 具有腐蚀性试液如何称取？
2. 称取 H_2SO_4 试样时，为什么要先在烧杯中放一些水，再注入 H_2SO_4 试样？
3. 称取 H_2SO_4 试样的质量应如何计算？
4. 用 NaOH 标准溶液滴定 H_2SO_4，除甲基红-亚甲基蓝混合指示剂外，还可选用哪些酸碱指示剂？终点颜色如何变化？

技能训练六　硼酸纯度的测定

一、项目要求

1. 掌握强化法测定硼酸的原理和方法。
2. 熟悉硼酸试样的干燥方法。
3. 熟练滴定分析操作技术。

二、实施依据

硼酸是一种极弱的酸（$K_a = 5.7 \times 10^{-10}$），因此，不能直接用 NaOH 标准溶液滴定。但硼酸能与一些多元醇如甘油（丙三醇）、甘露醇等配位而生成较强的配位酸，这种配位酸

的离解常数为 10^{-6} 左右，因此就可以用碱标准滴定溶液滴定。

甘油和硼酸反应如下：

滴定反应为：

化学计量点时 pH 为 9 左右，可用酚酞或百里酚酞作指示剂。

三、试剂

1. NaOH 标准滴定溶液 $c(\mathrm{NaOH})=0.1\mathrm{mol/L}$。

2. 酚酞指示液（10g/L 乙醇溶液）。

3. 中性甘油：甘油与水按 1＋1 体积比混合，用胶帽滴管吸取几滴保留。在混合液中加 2 滴酚酞指示液，用 NaOH 标准滴定溶液滴至淡粉红色，再用甘油混合液滴至恰好无色，备用。

4. 硼酸试样。

四、工作程序

准确称取硼酸试样 0.2g（预先置硫酸干燥器中干燥），加入中性甘油 20mL，微热使其溶解，迅速放冷至室温，加酚酞指示液 2 滴，用 $c(\mathrm{NaOH})=0.1\mathrm{mol/L}$ NaOH 标准滴定溶液滴至溶液显浅粉红色，再加 3mL 中性甘油，粉红色不消失即为终点（国标方法是用 NaOH 标准滴定溶液电位滴定至 pH 为 9.0）。

五、数据记录与计算

$$w(\mathrm{H_3BO_3})=\frac{c(\mathrm{NaOH})V(\mathrm{NaOH})\times 10^{-3}\times M(\mathrm{H_3BO_3})}{m}\times 100\%$$

式中　$c(\mathrm{NaOH})$——　NaOH 标准滴定溶液浓度，mol/L；

　　$V(\mathrm{NaOH})$——滴定消耗 NaOH 标准滴定溶液体积（校正后），mL；

　　$M(\mathrm{H_3BO_3})$——$\mathrm{H_3BO_3}$ 摩尔质量，g/mol；

　　　　m——试样质量，g。

六、注意事项

加入 3mL 中性甘油后，如浅粉红色消失，需继续滴定。再加甘油混合液，反复操作至溶液浅粉红色不再消失为止，通常加 2 次甘油即可。

七、思考与质疑

1. H_3BO_3 能否直接用 NaOH 标准滴定溶液滴定？本实验为什么叫强化法？

2. 除甘油外，还有哪些物质能使 H_3BO_3 强化？

3. 使 H_3BO_3 强化为什么需使用中性甘油？怎样制得中性甘油？

4. 本实验中用 NaOH 标准溶液滴至溶液显淡粉色后，为什么还要再加 5mL 中性甘油，以浅粉红色不消失为终点？

5. 比较下列两种操作方法，说明哪种操作分析结果是正确的？为什么？

（1）以酚酞作指示剂，用 NaOH 标准滴定溶液滴定 0.1mol/L 的 H_3BO_3 溶液 10.00mL。

（2）移取 0.1mol/L 的 H_3BO_3 溶液 10.00mL，加 10mL 水、10mL 中性甘油、加热、放冷，加 3 滴酚酞指示液，用 NaOH 标准滴定溶液滴至微红色不再消失。

3.1 酸碱质子理论与酸碱水溶液中 $[H^+]$ 的计算

有人说，水既可以作为一种酸，又可以作为一种碱，你同意吗？

酸碱滴定法是以酸碱之间质子传递反应为基础的滴定分析方法，又称中和滴定法。其反应实质是 H^+ 与 OH^- 中和生成难以电离的水。

$$H^+ + OH^- \longrightarrow H_2O$$

酸碱反应速度快，瞬时即可完成；反应过程简单；副反应较少；有多种可以选择的指示剂。这些特点很好地满足滴定分析对化学反应的要求。一般的酸、碱以及能与酸、碱直接或间接发生反应的物质，几乎都能用酸碱滴定法进行测定。因此，许多化工产品检验包括生产中间控制分析，都广泛使用酸碱滴定法。

3.1.1 酸碱质子理论

（1）酸碱质子理论

酸碱质子理论含义：凡是能给出质子（H^+，proton）的物质就是酸；凡是能接受质子的物质就是碱。当酸给出一个质子后形成的碱称为该酸的共轭碱，而碱接受一个质子后形成的酸称为该碱的共轭酸。由得失一个质子而发生共轭关系的一对酸碱称为共轭酸碱对（conjugate acid-base pair），也可直接称为酸碱对，即：

$$酸 \Longrightarrow 质子 + 碱$$

例如：

$$HAc \Longrightarrow H^+ + Ac^-$$

HAc 是 Ac^- 的共轭酸，Ac^- 是 HAc 的共轭碱。类似的例子还有：

$$酸 \qquad 碱$$

$$H_2CO_3 \Longrightarrow HCO_3^- + H^+$$

$$HCO_3^- \Longrightarrow CO_3^{2-} + H^+$$

$$NH_4^+ \Longrightarrow NH_3 + H^+$$

$$H_6Y^{2+} \Longrightarrow H_5Y^+ + H^+$$

由此可见，酸碱可以是阳离子、阴离子，也可以是中性分子。对于同一种物质，在不同的共轭酸碱对中，有时表现为酸，有时表现为碱，这类物质称为两性物质，同时与本身和溶剂的性质也有关。

酸碱质子理论不仅适用于以水为溶剂的体系，而且也适用于非水溶剂体系。

上述各个共轭酸碱对的质子得失反应，称为酸碱半反应，而酸碱半反应是不可能单独进行的，酸在给出质子同时必定有另一种碱来接受质子。酸（如 HAc）在水中存在如下平衡：

$$HAc(酸_1) + H_2O(碱_2) \Longrightarrow H_3O^+(酸_2) + Ac^-(碱_1) \qquad (3-1)$$

碱（如 NH_3）在水中存在如下平衡：

$$NH_3(碱_1) + H_2O(酸_2) \Longrightarrow NH_4^+(酸_1) + OH^-(碱_2) \qquad (3-2)$$

所以，HAc 的水溶液之所以能表现出酸性，是由于 HAc 和水溶剂之间发生了质子转移反应的结果。NH_3 的水溶液之所以能表现出碱性，也是由于它与水溶剂之间发生了质子转移的反应。水在两个反应中表现为不同的酸碱性，因此水是两性物质，在水分子之间会不会发生质子传递作用呢？

（2）酸碱离解常数

① 水的质子自递作用 一个水分子可以从另一个水分子中夺取质子而形成 H_3O^+ 和 OH^-，即：

$$H_2O(碱_1) + H_2O(酸_2) \Longrightarrow H_3O^+(酸_1) + OH^-(碱_2)$$

即水分子之间存在质子的传递作用，称为水的质子自递作用。这个作用的平衡常数称为水的质子自递常数（autoprolysis constant），用 K_w 表示，即：

$$K_w = [H_3O^+][OH^-] \qquad (3-3)$$

水合质子 H_3O^+ 也常常简写作 H^+，因此水的质子自递常数常简写为：

$$K_w = [H^+][OH^-] \qquad (3-4)$$

这个常数就是水的离子积，在 25℃时约等于 10^{-14}。于是有：

$$K_w = 10^{-14}, \quad pK_w = 14$$

② 酸碱离解常数 酸碱反应进行的程度可以用反应的平衡常数（K_t）来衡量。对于酸 HA 而言，其在水溶液中的离解反应与平衡常数是：

$$HA + H_2O \Longrightarrow H_3O^+ + A^-$$

$$K_a = \frac{[H^+][A^-]}{[HA]} \qquad (3-5)$$

在稀溶液中，溶剂 H_2O 的活度取为 1。平衡常数 K_a 称为酸的离解常数（acidity constant），它是衡量酸强弱的参数。K_a 越大，则表明该酸的酸性越强。在一定温度下 K_a 是一个常数，它仅随温度的变化而变化。

问题：查附表，弱酸在水中的离解常数，比较甲酸和乙酸的酸性强弱。

与此类似，对于碱 A^- 而言，它在水溶液中的离解反应与平衡常数是：

$$A^- + H_2O \rightleftharpoons HA + OH^-$$

$$K_b = \frac{[HA][OH^-]}{[A^-]} \tag{3-6}$$

K_b 是衡量碱强弱的尺度，称为碱的离解常数。

根据式(3-5) 和式(3-6)，共轭酸碱对 HA 和 A^- 的 K_a、K_b 值之间满足：

$$K_a K_b = \frac{[H_3O^+][A^-]}{[HA]} \times \frac{[HA][OH^-]}{[A^-]} = [H_3O^+][OH^-] = K_w \tag{3-7}$$

或 $$pK_a + pK_b = pK_w \tag{3-8}$$

因此，对于共轭酸碱对来说，如果酸的酸性越强（即 pK_a 越大），则其对应共轭碱的碱性则越弱（即 pK_b 越小）；反之，酸的酸性越弱（即 pK_a 越小），则其对应共轭碱的碱性则越强（即 pK_b 越大）。

③ 酸碱反应实质　酸碱反应是酸、碱离解反应或水的质子自递反应的逆反应，其反应的平衡常数称为酸碱反应常数，用 K_t 表示。对于强酸与强碱的反应来说，其反应实质为：

$$H^+ + OH^- \Longrightarrow H_2O$$

$$K_t = \frac{1}{[H^+][OH^-]} = \frac{1}{K_w} = 10^{14}$$

强碱与弱酸的反应实质为：

$$HA + OH^- \Longrightarrow A^- + H_2O$$

$$K_t = \frac{[A^-]}{[HA][OH^-]} = \frac{1}{K_{b(A^-)}} = \frac{K_{a(HA)}}{K_w}$$

强酸与弱碱的反应实质为：

$$A^- + H^+ \Longrightarrow HA$$

$$K_t = \frac{[HA]}{[H^+][A^-]} = \frac{1}{K_{a(HA)}} = \frac{K_{b(A^-)}}{K_w}$$

因此，在水溶液中，强酸与强碱之间反应的平衡常数 K_t 最大，反应最完全；而其他类型的酸碱反应，其平衡常数 K_t 值则取决于相应的 K_a 与 K_b 值。

（3）浓度（concentration）、活度（activity）与离子强度（ionic strength）

实验证明，许多化学反应，如果以有关物质的浓度代入各种平衡常数公式进行计算，所得的结果与实验结果往往有一定的偏差，而对于浓度较高的强电解质溶液而言，这种偏差更为明显。这是为什么呢？

这是由于在进行平衡公式的推导过程中，我们总是假定溶液处于理想状态，即假定溶液中各种离子都是孤立的，离子与离子之间，离子与溶剂之间，均不存在相互的作用力。而实际上这种理想的状态是不存在的，在溶液中不同电荷的离子之间存在着相互吸引的作用力，相同电荷的离子间则存在相互排斥的作用力，甚至离子与溶剂分子之间也可能存在相互吸引或相互排斥的作用力。因此，在电解质溶液中，由于离子之间以及离子与溶剂之间的相互作用，使得离子在化学反应中表现出的有效浓度与其真实的浓度之间存在一定差别。离子在化学反应中起作用的有效浓度称为离子的活度，以 a 表示，它与离子浓度 c 的关系为：

$$a = c\gamma \tag{3-9}$$

式中 γ 称为离子的活度系数（activty coefficient），其大小代表了离子间力对离子化学作用能力影响的大小，也是衡量实际溶液与理想溶液之间差别的尺度。对于浓度极低的电解质溶液，由于离子的总浓度很低，离子间相距甚远，因此可忽略离子间的相互作用，将其视为理想溶液，即 $\gamma \approx 1$，$a \approx c$。而对于浓度较高的电解质溶液，由于离子的总浓度较高，离子间的距离减小，离子作用变大，因此 $\gamma < 1$，$a < c$。所以，严格意义上讲，各种离子平衡常数的计算不能用离子浓度，而应当使用离子活度。

显然，要想利用离子活度代替离子浓度进行各类平衡常数的计算，就必须了解离子活度系数 γ 的影响因素。由于活度系数代表的是离子间力的影响因素，因此活度系数的大小不仅与溶液中各种离子的总浓度有关，也与离子所带的电荷数有关。离子强度就是综合考虑溶液中各种离子的浓度与其电荷数的物理量，用 I 表示。其计算式为：

$$I = \frac{1}{2}(c_1 z_1^2 + c_2 z_2^2 + \cdots + c_n z_n^2) \tag{3-10}$$

式中，c_1，c_2，$\cdots$，c_n 是溶液中各种离子的浓度，z_1，z_2，$\cdots$，z_n 是溶液中各种离子所带的电荷数。显然，电解质溶液的离子强度 I 越大，离子的活度系数就越小，所以离子的活度也越小，与离子浓度的差别也就越大，因此用浓度代替活度所产生的偏差也就越大。

（4）分析浓度、平衡浓度、酸的浓度和酸度

分析浓度：溶液中所含溶质的物质的量浓度，以 c 表示，单位 mol/L。

平衡浓度：指在平衡状态时，溶液中存在的各种型体的物质的量浓度，以 [ ] 表示，单位 mol/L。

如某 HAc 溶液的分析浓度 $c(HAc)$，在该溶液中各种型体的平衡浓度 [HAc]、[Ac$^-$]、[H$^+$] 等。

酸的浓度：指酸的分析浓度，它包括溶液中已离解的和未离解酸的总浓度。

酸度：溶液中已离解的酸的浓度，即 [H$^+$]（严格讲应是 aH$^+$），其大小与酸的性质和浓度有关。酸度较小时，常用 pH 表示。

同样，碱的浓度和碱度也是完全不同的概念，碱度常用 pH 表示，有时也用 pOH 表示。

3.1.2 酸碱水溶液中 [H$^+$] 的计算

（1）分布系数与分布曲线

溶液中某一存在型体的平衡浓度占总浓度的分数称为该分布型体的分布系数，用 δ 表示。当溶液的 pH 发生变化时，平衡随之移动，因此溶液中各种存在形式的分布情况也发生变化，所以分布系数也随之发生相应的变化。分布系数随溶液 pH 发生变化的曲线称为分布曲线。

如一元酸 HA，在水溶液中以 HA 与 A$^-$ 两种形式存在。设 HA 在水溶液中的总浓度为 c，则 $c = [HA] + [A^-]$。若设 HA 在溶液中所占的分数为 δ_1，A$^-$ 所占的分数为 δ_0，则有：

$$\delta_1 = \frac{[HA]}{c} = \frac{[HA]}{[HA] + [A^-]} = \frac{1}{1 + \dfrac{[A^-]}{[HA]}} = \frac{1}{1 + \dfrac{K_a}{[H^+]}} = \frac{[H^+]}{[H^+] + K_a}$$

同理 $$\delta_0 = \frac{[A^-]}{c} = \frac{K_a}{[H^+] + K_a}$$

显然 $$\delta_1 + \delta_0 = 1$$

二元酸 H_2A，在水溶液中有 H_2A、HA^-、A^{2-} 三种存在形式。平衡时，用 δ_2、δ_1 与 δ_0 分别代表它们的分布系数，则有：

$$\delta_2 = \frac{[H_2A]}{c} = \frac{[H^+]^2}{[H^+]^2 + K_{a_1}[H^+] + K_{a_1}K_{a_2}}$$

$$\delta_1 = \frac{[HA^-]}{c} = \frac{K_{a_1}[H^+]}{[H^+]^2 + K_{a_1}[H^+] + K_{a_1}K_{a_2}}$$

$$\delta_0 = \frac{[A^{2-}]}{c} = \frac{K_{a_1}K_{a_2}}{[H^+]^2 + K_{a_1}[H^+] + K_{a_1}K_{a_2}}$$

$$\delta_2 + \delta_1 + \delta_0 = 1$$

（2）酸碱水溶液中 $[H^+]$ 的计算公式及使用条件

表 3-3 列出了各类酸的水溶液 $[H^+]$ 的计算式及其在允许有 5% 误差范围内的使用条件，推导过程略。

表 3-3 常见酸溶液计算 $[H^+]$ 的简化公式及使用条件

项目	计算公式	使用条件（允许误差5%）
强酸	近似式：$[H^+] = c_a$	$c_a \geqslant 10^{-6}\,mol/L$
	$[H^+] = \sqrt{K_w}$	$c_a < 10^{-8}\,mol/L$
	精确式：$[H^+] = \frac{1}{2}(c + \sqrt{c^2 + 4K_w})$	$10^{-6}\,mol/L \geqslant c_a \geqslant 10^{-8}\,mol/L$
一元弱酸	近似式：$[H^+] = \frac{1}{2}(-K_a + \sqrt{K_a^2 + 4c_aK_a})$	$c_aK_a \geqslant 20K_w$
	最简式：$[H^+] = \sqrt{cK_a}$	$c_aK_a \geqslant 20K_w$，且 $c_a/K_a \geqslant 500$
二元弱酸	近似式：$[H^+] = \frac{1}{2}(-K_{a_1} + \sqrt{K_{a_1}^2 + 4c_aK_{a_1}})$	$c_aK_{a_1} \geqslant 20K_w$，且 $2K_{a_2}/\sqrt{c_aK_{a_1}} \ll 1$
	最简式：$[H^+] = \sqrt{c_aK_{a_1}}$	$c_aK_{a_1} \geqslant 20K_w$，$c/K_{a_1} \geqslant 500$，且 $2K_{a_2}/\sqrt{c_aK_{a_1}} \ll 1$
两性物质	酸式盐 近似式：$[H^+] = \sqrt{cK_{a_1}K_{a_2}/(K_{a_1}+c)}$	$cK_{a_2} \geqslant 20K_w$
	最简式：$[H^+] = \sqrt{K_{a_1}K_{a_2}}$	$cK_{a_2} \geqslant 20K_w$ 且 $c \geqslant 20K_{a_1}$
	弱酸弱碱盐 近似式：$[H^+] = \sqrt{K_aK_a'c/(K_a+c)}$	$cK_a' \geqslant 20K_w$
	最简式：$[H^+] = \sqrt{K_aK_a'}$ 上式中 K_a' 为弱碱的共轭酸的离解常数；K_a 为弱酸的离解常数。	$cK_a' \geqslant 20K_w$ 且 $c \geqslant 20K_a$
缓冲溶液	最简式：$[H^+] = \frac{c_a}{c_b} \times K_a$ （c_a、c_b 分别为 HA 及其共轭碱 A^- 的浓度。）	c_a、c_b 较大（即 $c_a \gg [OH]-[H^+]$，$c_b \gg [H^+]-[OH]$）

若需要计算强碱、一元弱碱以及二元弱碱等碱性物质的 pH 时，只需将计算式及使用条件中的 $[H^+]$ 和 K_a 相应地换成 $[OH^-]$ 和 K_b 即可。

【例 3-1】 分别计算 $c(HAc) = 0.083\,mol/L$、$c(HAc) = 3.4 \times 10^{-4}\,mol/L$ 的 HAc 溶液的 pH。[$pK_{a(HAc)} = 4.76$]

解 (1) $c(HAc)=0.083mol/L$ 时

因为 $$\frac{c}{K_a}=\frac{0.083}{10^{-4.76}}=4.8\times10^3>500,$$

且 $$cK_a=0.083\times10^{-4.76}=1.4\times10^{-6}>20K_w$$

因此可以使用最简式计算

即 $$[H^+]=\sqrt{cK_a}$$

所以 $$[H^+]=\sqrt{0.083\times10^{-4.76}}mol/L=1.2\times10^{-3}mol/L$$
$$pH=-lg(1.2\times10^{-3})=2.92$$

答：$c(HAc)=0.083mol/L$ 的 HAc 溶液的 pH 为 2.92。

(2) $c(HAc)=3.4\times10^{-4}mol/L$ 时

因为 $$\frac{c}{K_a}=\frac{3.4\times10^{-4}}{10^{-4.76}}=20<500,$$

且 $$cK_a=3.4\times10^{-4}\times10^{-4.76}=5.9\times10^{-9}>20K_w$$

因此应该使用近似计算式

即 $$[H^+]=\frac{1}{2}(-K_a+\sqrt{K_a^2+4cK_a})$$

所以 $$[H^+]=\frac{1}{2}[-10^{-4.76}+\sqrt{(10^{-4.76})^2+4\times3.4\times10^{-4}\times10^{-4.76}}]mol/L$$
$$=6.9\times10^{-5}mol/L$$
$$pH=-lg6.9\times10^{-5}=4.16$$

答：$c(HAc)=3.4\times10^{-4}mol/L$ 的 HAc 溶液的 pH 为 4.16。

【例 3-2】 试计算 $c(Na_2CO_3)=0.31mol/L$ 的 Na_2CO_3 水溶液的 pH。

解 CO_3^{2-} 在水溶液中是一种二元弱碱，其对应的共轭酸 H_2CO_3 的离解常数为：
$$pK_{a_1}=6.38,pK_{a_2}=10.25,$$

则由式(3-8)得弱碱 CO_3^{2-} 的离解常数
$$pK_{b_1}=14-pK_{a_2}=14-10.25=3.75$$
$$pK_{b_2}=14-pK_{a_1}=14-6.38=7.62$$

因为 $$cK_{b_1}=0.20\times10^{-3.75}\gg20K_w$$

且 $$\frac{c}{K_{b_1}}=\frac{0.31}{10^{-3.75}}=1.7\times10^3\gg500$$

因此可以使用最简式： $$[OH^-]=\sqrt{K_{b_1}c(CO_3^{2-})}$$

所以 $$[OH^-]=\sqrt{0.31\times10^{-3.75}}mol/L=7.4\times10^{-3}mol/L$$
$$pOH=-lg7.4\times10^{-3}=2.13$$
$$pH=14-2.13=11.87$$

答：$c(Na_2CO_3)=0.31mol/L$ 的 Na_2CO_3 水溶液的 pH 为 11.87。

3.1.3 酸碱缓冲溶液（buffer solution）

(1) 酸碱缓冲溶液及其作用原理

酸碱缓冲溶液是一种能对溶液酸度起稳定作用的溶液。由于许多化学反应要求在一定的酸度下进行，因此缓冲溶液应用得非常广泛。

缓冲溶液通常是具有较高浓度的共轭酸碱对溶液，如 HAc～NaAc、NH$_3$·H$_2$O～NH$_4$Cl、H$_2$PO$_4^-$～HPO$_4^{2-}$ 等；一些较浓的强酸或强碱，也可作为缓冲溶液，如 0.1mol/L 的 HCl 溶液、0.1mol/L 的 NaOH 溶液等。在实际工作中，前者最常用。现以 HAc 和 NaAc 所组成的缓冲体系为例，说明缓冲溶液的作用原理。在这种溶液中，NaAc 完全电离成 Na$^+$ 和 Ac$^-$；HAc 则部分地电离为 H$^+$ 和 Ac$^-$。

$$NaAc \longrightarrow Na^+ + Ac^-$$
$$HAc \Longleftrightarrow H^+ + Ac^-$$

如果在这种溶液中加入少量强酸 HCl，HCl 全部电离，加入的 H$^+$ 就与溶液中的 Ac$^-$ 结合成难以电离的 HAc，上述 HAc 的电离平衡向左移动，使溶液中的 [H$^+$] 增加不多，pH 变化很小。如果加入少量强碱 NaOH，则加入的 OH$^-$ 与溶液中 H$^+$ 结合成 H$_2$O 分子，引起 HAc 分子继续电离，即平衡向右移动，使溶液中 [H$^+$] 的降低也不多，pH 变化仍很小。如果加水稀释，虽然 HAc 的浓度降低了，但它的电离度却相应地增大，也使溶液中 [H$^+$] 基本不变。因此缓冲溶液具有调节控制溶液酸度的能力。

（2）缓冲容量与缓冲范围

① 缓冲容量　在缓冲溶液中加入少量强酸或强碱，或者将其稍加稀释时，溶液的 pH 几乎不变。而当加入的强酸浓度接近于缓冲体系共轭碱的浓度，或加入的强碱浓度接近于缓冲体系中共轭酸的浓度时，缓冲溶液的缓冲能力即将消失。这说明，缓冲溶液的缓冲能力是有一定大小的。这种缓冲能力的大小以缓冲容量来衡量。具体表示为：使 1L 溶液的 pH 增加 dpH 单位时，所需强碱（OH$^-$）的物质的量 db；或使 pH 值降低 dpH 单位时，所需加入强酸（H$^+$）的物质的量 db。

缓冲容量的大小取决于溶液的性质、浓度和 pH。

由共轭酸碱对组成的缓冲溶液其缓冲容量的主要影响因素：缓冲物质的总浓度和浓度比。

缓冲溶液中缓冲组分的总浓度（即弱酸和它的共轭碱的浓度之和或弱碱和它的共轭酸的浓度之和）越大，缓冲容量就越大。

同一种缓冲溶液，缓冲组分的总浓度相同时，弱酸与共轭碱或弱碱与共轭酸的浓度比越接近于 1∶1，缓冲容量越大。

② 缓冲范围　缓冲溶液所能控制的 pH 值范围称为缓冲溶液的缓冲范围。缓冲溶液的缓冲作用都有一定的有效范围，这个范围一般在 pK_a 两侧各一个 pH 单位。对酸式缓冲溶液，则 pH＝pK_a±1；对碱式缓冲溶液，则 pH＝pK_w－(pK_b±1)。

【例 3-3】　由 0.1mol/L HAc 和 0.1mol/L NaAc 所组成缓冲溶液的 pH 是多少？若 $\dfrac{c_a}{c_b}$＝ $\dfrac{1}{10}$ 或 10 时，其溶液的 pH 将是多少？

解　（1）已知　$c_a = c_b = 0.1$mol/L　　　$K_a = 1.75 \times 10^{-5}$

则　　　　　　　　　　　　pH＝pK_a＝－lg(1.75×10^{-5})

　　　　　　　　　　　　　pH＝4.76

（2）若 $\dfrac{c_a}{c_b}=\dfrac{1}{10}$ 　　$pH=pK_a-\lg\dfrac{1}{10}=4.76+1.00=5.76$

（3）若 $\dfrac{c_a}{c_b}=10$ 　　$pH=pK_a-\lg10=4.76-1.00=3.76$

可见，由 0.1mol/L HAc 和 0.1mol/L NaAc 所组成缓冲溶液的缓冲范围是 $pH\approx pK_a\pm1=4.76\pm1$。

思考：由 0.1mol/L $NH_3\cdot H_2O$ 和 0.1mol/L NH_4Cl 所组成缓冲溶液的 pH 是多少？其缓冲范围是多少？

【例 3-4】　要配制 pH＝6 的 HAc-NaAc 缓冲溶液 1000mL，已称取 NaAc 100g，问需要加浓度为 15mol/L 的 HAc 多少毫升？$K_a=1.8\times10^{-5}$　　$M(NaAc)=82.03g/mol$

解　由 $[H^+]=K_a\dfrac{c(HA)}{c(A^-)}$　　$c(NaAc)=\dfrac{100}{82.03}=1.22(mol/L)$

得　　　$c(HAc)=\dfrac{[H^+]c(NaAc)}{K_a}=\dfrac{1.0\times10^{-6}\times1.22}{1.8\times10^{-5}}=0.068(mol/L)$

HAc 的体积为 $\dfrac{0.068\times1000}{15}=4.5mL$

（3）缓冲溶液的选择

在分析工作中，要根据分析任务和缓冲溶液的性质选择缓冲溶液，其原则如下。

① 缓冲溶液对测量过程应没有干扰。

② 缓冲溶液的 pH 在所需控制的酸度范围内。如果缓冲溶液是由弱酸及其共轭碱组成的，则所选的弱酸的 pK_a 值应尽量与所需控制的 pH 值一致。

例如需要 pH＝5.0 左右的缓冲溶液，则可选择 HAc-NaAc 体系。同理，若需要 pH 为 9.5 左右的缓冲溶液，可选择 NH_3-NH_4Cl 体系。若分析反应要求溶液的酸度在 pH 为 0～2 或 pH 为 12～14 的范围内，则可用强酸或强碱控制溶液的酸度。

③ 缓冲溶液应有足够大的缓冲容量。为此，在配制缓冲溶液时，应尽量控制弱酸与共轭碱的浓度比接近于 1∶1，所用缓冲溶液的总浓度尽量大一些（一般可控制在 0.01～1mol/L 之间）。

④ 组成缓冲溶液的物质应廉价易得，避免污染环境。

3.2　酸碱指示剂

酸碱滴定分析中，确定滴定终点的方法有仪器法与指示剂法两类。

仪器法确定滴定终点主要是利用滴定体系或滴定产物的电化学性质的改变，用仪器（比如 pH 计）检测终点的到来，常见的方法有电位滴定法、电导滴定法等。这部分内容仪器分析检验技术学习领域中介绍。

指示剂法是借助加入的酸碱指示剂在化学计量点附近的颜色的变化来确定滴定终点。这种方法简单、方便，是确定滴定终点的基本方法。这里仅介绍酸碱指示剂法。

3.2.1　酸碱指示剂的作用原理

酸碱指示剂（acid-base indicator）一般是结构复杂的有机弱酸或弱碱，其酸式与共轭碱式具有不同的颜色。当溶液 pH 改变时，它们通过给出或接受质子形成其共轭碱或共轭酸，同时，自身结构也发生改变，由于自身结构的改变使颜色发生变化，因而可通过酸碱指示剂颜色的变化来确定酸碱滴定的终点。

例如，甲基橙（methyl Orange，缩写 MO）是一种有机弱碱，也是一种双色指示剂（酸式和碱式均有颜色），在溶液中存在以下离解平衡：

$$(CH_3)_2N \!-\!\!\!\! \longrightarrow \!\!\!\! -N\!=\!N\!-\!\!\!\! \longrightarrow \!\!\!\! -SO_3^- \underset{OH^-}{\overset{H^+}{\rightleftharpoons}} (CH_3)_2\overset{+}{N}\!=\!\!\!\! \longrightarrow \!\!\!\! =N\!-\!\overset{H}{\underset{}{N}}\!-\!\!\!\! \longrightarrow \!\!\!\! -SO_3^-$$

黄色（偶氮式）　　　　　　　　　　　　　红色（醌式）

达到平衡时，两种结构共存于溶液，但两者比例随溶液中 $[H^+]$ 而变化。当溶液中 $[H^+]$ 增大时，反应向右进行，此时甲基橙主要以醌式存在，溶液呈红色；当溶液中 $[H^+]$ 降低，而 $[OH^-]$ 增大时，反应向左进行，甲基橙主要以偶氮式存在，溶液呈黄色。

又如，酚酞是一种有机弱酸，是一种单色指示剂。它在溶液中的离解平衡如下：

无色（羟式）　　　　　　　　　　　　　红色（醌式）

在酸性溶液中，平衡向左移动，酚酞主要以羟式存在，溶液呈无色；在碱性溶液中，平衡向右移动，酚酞则主要以醌式存在，因此溶液呈红色。

由此可见，当溶液的 pH 发生变化时，由于指示剂结构的变化，颜色也随之发生变化，因而可通过酸碱指示剂颜色的变化来确定酸碱滴定的终点。

3.2.2 变色范围（transition interval）和变色点（color transition point）

若以 HIn 代表酸碱指示剂的酸式（其颜色称为指示剂的酸式色），其离解产物 In^- 就代表酸碱指示剂的碱式（其颜色称为指示剂的碱式色），则离解平衡可表示为：

$$HIn \rightleftharpoons H^+ + In^-$$

当离解达到平衡时：

$$K_{HIn} = \frac{[H^+][In^-]}{[HIn]}$$

则

$$\frac{[In^-]}{[HIn]} = \frac{K_{HIn}}{[H^+]} \tag{3-11}$$

或

$$pH = pK_{HIn} + \lg\frac{[In^-]}{[HIn]} \tag{3-12}$$

溶液的颜色决定于指示剂碱式与酸式的浓度比值，即 $\dfrac{[In^-]}{[HIn]}$ 值。对一定的指示剂而言，在指定条件下 K_{HIn} 是常数。因此，由式（3-11）可以看出，$\dfrac{[In^-]}{[HIn]}$ 值只决定于 $[H^+]$，$[H^+]$ 不同时，$\dfrac{[In^-]}{[HIn]}$ 数值就不同，溶液将呈现不同的色调。

一般说来，当一种形式的浓度大于另一种形式浓度 10 倍时，人眼则通常只看到较浓形式物质的颜色。即 $\dfrac{[In^-]}{[HIn]}\leqslant\dfrac{1}{10}$，看到的是 HIn 的颜色（即酸式色）。此时，由式(3-12)得：

$$pH\leqslant pK_{HIn}+\lg\frac{1}{10}=pK_{HIn}-1$$

若 $\dfrac{[In^-]}{[HIn]}\geqslant\dfrac{10}{1}$，看到的是 In^- 的颜色（即碱式色）。此时，由式(3-12) 得：

$$pH\geqslant pK_{HIn}+\lg\frac{10}{1}=pK_{HIn}+1$$

若 $\dfrac{[In^-]}{[HIn]}$ 在 $\dfrac{1}{10}\sim\dfrac{10}{1}$ 时，看到的是酸式色与碱式色复合后的颜色。

因此，当溶液的 pH 由 $pK_{HIn}-1$ 向 $pK_{HIn}+1$ 逐渐改变时，理论上人眼可以看到指示剂由酸式色逐渐过渡到碱式色。这种理论上可以看到的引起指示剂颜色变化的 pH 间隔，即 $pH=pK_{HIn}\pm1$，称为指示剂的理论变色范围（transition interval of indicator）。

当指示剂中酸式的浓度与碱式的浓度相同时（即$[HIn]=[In^-]$），溶液便显示指示剂酸式与碱式的混合色。由式(3-12) 可知，此时溶液的 $pH=pK_{HIn}$，这一点，称为指示剂的理论变色点。例如，甲基红 $pK_{HIn}=5.0$，所以甲基红的理论变色范围为 $pH=4.0\sim6.0$。

理论上说，指示剂的变色范围都是 2 个 pH 单位，但指示剂的实际变色范围（指从一种色调改变至另一种色调）不是根据 pK_{HIn} 计算出来的，而是由人眼观察而确定的。由于人眼对各种颜色的敏感程度不同，加上两种颜色之间的相互影响，因此实际观察到的各种指示剂的变色范围（见表3-4）并不都是 2 个 pH 单位，而是略有上下。比如甲基红指示剂，它的酸式色为红色，碱式色为黄色。由于人眼对红色比黄色更为敏感，所以甲基红指示剂的实际变色范围是 $pH=4.4\sim6.2$，而非理论上 $pH=4.0\sim6.0$ 的。表 3-4 列出几种常用酸碱指示剂在室温下水溶液中的变色范围，供使用时参考。

表 3-4　几种常用酸碱指示剂在室温下水溶液中的变色范围

指示剂	变色范围 （pH）	颜色 变化	pK_{HIn}	质 量 浓 度 /(g/L)	用量 /(滴/10mL 试液)
百里酚蓝(第一变色点)	1.2～2.8	红色-黄色	1.7	1g/L 的 20%乙醇溶液	1～2
甲基黄	2.9～4.0	红色-黄色	3.3	1g/L 的 90%乙醇溶液	1
甲基橙	3.1～4.4	红色-黄色	3.4	0.5g/L 的水溶液	1
溴酚蓝	3.0～4.6	黄色-紫色	4.1	1g/L 的 20%乙醇溶液或其钠盐水溶液	1
溴甲酚绿	4.0～5.6	黄色-蓝色	4.9	1g/L 的 20%乙醇溶液或其钠盐水溶液	1～3
甲基红	4.4～6.2	红色-黄色	5.0	1g/L 的 60%乙醇溶液或其钠盐水溶液	1
溴百里酚蓝	6.2～7.6	黄色-蓝色	7.3	1g/L 的 20%乙醇溶液或其钠盐水溶液	1
中性红	6.8～8.0	红色-黄橙色	7.4	1g/L 的 60%乙醇溶液	1
苯酚红	6.8～8.4	黄色-红色	8.0	1g/L 的 60%乙醇溶液或其钠盐水溶液	1
酚酞	8.0～10.0	无色-红色	9.1	5g/L 的 90%乙醇溶液	1～3
百里酚蓝(第二变色点)	8.0～9.6	黄色-蓝色	8.9	1g/L 的 20%乙醇溶液	1～4
百里酚酞	9.4～10.6	无色-蓝色	10.0	1g/L 的 90%乙醇溶液	1～2

3.2.3　影响指示剂变色范围的因素

实际应用中，指示剂的变色范围窄，将有利于提高指示剂终点变色敏锐程度，减小滴定误差。影响指示剂变色范围的因素主要如下。

（1）温度

指示剂的变色范围和指示剂的离解常数 K_{HIn} 有关，而 K_{HIn} 与温度有关，因此当温度改变时，指示剂的变色范围也随之改变。表 3-5 列出了几种常见指示剂在 18℃ 与 100℃ 时的变色范围。

表 3-5　温度对指示剂变色范围的影响

指示剂	变色范围(pH)		指示剂	变色范围(pH)	
	18℃	100℃		18℃	100℃
百里酚蓝	1.2~2.8	1.2~2.6	甲基红	4.4~6.2	4.0~6.0
甲基橙	3.1~4.4	2.5~3.7	酚红	6.4~8.0	6.6~8.2
溴酚蓝	3.0~4.6	3.0~4.5	酚酞	8.0~10.0	8.0~9.2

由表 3-5 可以看出，温度上升对各种指示剂的影响是不一样的。因此，为了确保滴定结果的准确性，滴定分析宜在室温下进行，如果必须在加热时进行，也应当将标准溶液在同样条件下进行标定。

（2）指示剂用量

指示剂的用量影响指示剂的颜色变化，滴定时必须严格控制指示剂的用量。

双色指示剂如甲基红，在溶液中有如下离解平衡：

$$HIn \rightleftharpoons H^+ + In^-$$

如果溶液中指示剂的浓度较小，则在单位体积溶液中 HIn 的量也少，加入少量标准溶液即可使之完全变为 In^-，因此指示剂颜色变化灵敏；反之，若指示剂浓度较大时，则发生同样的颜色变化所需标准溶液的量也较多，从而导致滴定终点时颜色变化不敏锐。所以，双色指示剂的用量以小为宜。

同理，对于单色指示剂如酚酞，也是指示剂的用量偏少时，滴定终点变色敏锐。但如用单色指示剂滴定至一定 pH，则必须严格控制指示剂的浓度。因为单色指示剂的颜色深度仅取决于有色离子的浓度（对酚酞来说就是碱式 $[In^-]$ ），即：

$$[In^-] = \frac{K_{HIn}}{[H^+]}[HIn]$$

如果 $[H^+]$ 维持不变，在指示剂变色范围内，溶液颜色的深浅便随指示剂 HIn 浓度的增加而加深。因此，使用单色指示剂时必须严格控制指示剂的用量，使其在终点时的浓度等于对照溶液中的浓度。

此外，指示剂本身是弱酸或弱碱，也要消耗一定量的标准溶液。因此，指示剂用量以少为宜，但却不能太少，否则，由于人眼辨色能力的限制，无法观察到溶液颜色的变化。实际滴定过程中，通常都是使用指示剂浓度为 1g/L 的溶液，用量比例为每 10mL 试液滴加 1 滴左右的指示剂溶液。

（3）离子强度

指示剂的 pK_{HIn} 值随溶液离子强度的不同而有少许变化，因而指示剂的变色范围也随之有稍许偏移。实验证明，溶液离子强度增加，对酸型指示剂而言其 pK_{HIn} 值减小；对碱型指示剂而言其 pK_{HIn} 值增大。表 3-6 列出了一些常用指示剂的 pK_{HIn} 值随溶液离子强度变化而变化的关系。

由于在离子强度较低（＜0.5）时，酸碱指示剂的 pK_{HIn} 值随溶液离子强度的不同而变化不大，因而实际滴定过程中一般可以忽略不计。

表 3-6　常用指示剂在不同离子强度时的 pK_{HIn} 值

指示剂	指示剂酸碱性	pK_{HIn}(20℃,水溶液)		
		离　子　强　度		
		0	0.1	0.5
甲基黄	碱性	3.25(18℃)	3.24	3.40
甲基橙	碱性	3.46	3.46	3.46
甲基红	酸性	5.00	5.00	5.00
溴甲酚绿	酸性	4.90	4.66	4.50
溴甲酚紫	酸性	6.40	6.12	5.90
溴酚蓝	酸性	4.10(15℃)	3.85	3.75
溴百里酚蓝	酸性	7.30(15～30℃)	7.10	6.90
氯酚红	酸性	6.25	6.00	5.90
甲酚红	酸性	8.46(30℃)	8.25	—
酚红	酸性	8.00	7.81	7.60

（4）滴定程序

由于深色较浅色明显，所以当溶液由浅色变为深色时，人眼容易辨别。比如，以甲基橙作指示剂，用碱标液滴定酸时，终点颜色的变化是由橙红变黄，它就不及用酸标液滴定碱时终点颜色由黄变橙红来得明显。所以用酸标准溶液滴定碱时可用甲基橙作指示剂；而用碱标准溶液滴定酸时，一般采用酚酞作指示剂，因为终点从无色变为红色比较敏锐。

（5）溶剂

溶剂不同介电常数和酸碱性不同，影响指示剂的解离常数和变色范围。例如，甲基橙在水溶液中 $pK_{HIn}＝3.4$，而在甲醇中则为3.8。

3.2.4　混合指示剂

有些酸碱滴定时需要将滴定终点限制在很窄的 pH 范围，使用单一指示剂确定终点无法达到所需要的准确度，这种情况可采用混合指示剂。

混合指示剂主要是利用颜色之间的互补作用，使终点变色敏锐，变色范围变窄。混合指示剂有两种类型。一种是由两种或两种以上的指示剂混合而成，例如溴甲酚绿和甲基红，前者当 pH＜3.8 时为黄色（酸式色），pH＞5.4 时为蓝色（碱式色）；后者当 pH＜4.4 时为红色（酸式色），pH＞6.2 时为浅黄色（碱式色）。当它们按一定配比混合后，两种颜色叠加在一起，酸式色为酒红色（红稍带黄），碱式色为绿色。当 pH＝5.1 时，接近两种指示剂的中间颜色，这时甲基红呈橙红色和溴甲酚绿呈绿色，两者互为补色而呈浅灰色，这时颜色发生突变。在国家标准中，用无水碳酸钠标定盐酸溶液时，采用这种混合指示剂，比用单一的甲基橙指示剂终点敏锐得多。

另一种类型的混合指示剂是在某种指示剂中加入一种惰性染料。例如，中性红与染料亚甲基蓝混合配成的混合指示剂，在 pH＝7.0 时为紫蓝色，变色范围只有 0.2 个 pH 单位左右，比单独的中性红的变色范围要窄得多。

常用的混合指示剂列于表 3-7 中。

表 3-7　几种常见的混合指示剂

指示剂溶液的组成	变色时 pH	颜色		备　注
		酸式色	碱式色	
一份 0.1%甲基黄乙醇溶液 一份 0.1%亚甲基蓝乙醇溶液	3.25	蓝紫色	绿色	pH=3.2,蓝紫色; pH=3.4,绿色
一份 0.1%甲基橙水溶液 一份 0.25%靛蓝二磺酸水溶液	4.1	紫色	黄绿色	
一份 0.1%溴甲酚绿钠盐水溶液 一份 0.2%甲基橙水溶液	4.3	橙色	蓝绿色	pH=3.5,黄色; pH=4.05,绿色; pH=4.3,浅绿色
三份 0.1%溴甲酚绿乙醇溶液 一份 0.2%甲基红乙醇溶液	5.1	酒红色	绿色	
一份 0.1%溴甲酚绿钠盐水溶液 一份 0.1%氯酚红钠盐水溶液	6.1	黄绿色	蓝绿色	pH=5.4,蓝绿色; pH=5.8,蓝色;pH=6.0,蓝带 紫色;pH=6.2,蓝紫色
一份 0.1%中性红乙醇溶液 一份 0.1%亚甲基蓝乙醇溶液	7.0	紫蓝色	绿色	pH=7.0,紫蓝色
一份 0.1%甲基红钠盐水溶液 三份 0.1%百里酚蓝钠盐水溶液	8.3	黄色	紫色	pH=8.2,玫瑰红色; pH=8.4,清晰的紫色
一份 0.1%百里酚蓝 50%乙醇溶液 三份 0.1%酚酞 50%乙醇溶液	9.0	黄色	紫色	从黄色到绿色,再到紫色
一份 0.1%酚酞乙醇溶液 一份 0.1%百里酚酞乙醇溶液	9.9	无色	紫色	pH=9.6,玫瑰红色; pH=10,紫色
二份 0.1%百里酚酞乙醇溶液 一份 0.1%茜素黄 R 乙醇溶液	10.2	黄色	紫色	

3.3　滴定曲线及指示剂的选择

在酸碱滴定中,随着滴定剂酸或碱的加入,溶液的 pH 不断发生变化。由于酸、碱有强弱,滴定过程溶液 pH 的变化情况也不同。只有了解不同类型酸碱滴定过程中溶液酸度的变化规律,才能选择合适的指示剂,以正确指示滴定终点。在酸碱滴定过程中用来描述加入不同量标准滴定溶液(或滴定百分数)时溶液 pH 变化的曲线称为酸碱滴定曲线(titration curve)。

3.3.1　一元酸碱的滴定

(1) 强碱(酸)滴定强酸(碱)

① 滴定过程中溶液 pH 的变化　强酸(碱)滴定强碱(酸)的过程相当于

$$H^+ + OH^- \Longrightarrow H_2O \qquad K_t = \frac{1}{K_w} = 10^{14.00}$$

这种类型的酸碱滴定,其反应程度是最高的,也最容易得到准确的滴定结果。现以 0.1000mol/L NaOH 溶液滴定 20.00mL 0.1000mol/L HCl 为例来说明强碱滴定强酸过程中 pH 的变化与滴定曲线的形状。该滴定过程可分为 4 个阶段。

a. 滴定开始前　由于 HCl 是强酸,溶液 pH 取决于 HCl 的分析浓度,

$$[\text{H}^+]=c(\text{HCl})=0.1000\text{mol/L}$$

$$\text{pH}=1.00$$

b. 滴定开始至化学计量点前　溶液的 pH 由剩余 HCl 溶液的酸度决定。

例如，当滴入 NaOH 溶液 18.00mL 时，溶液中剩余 HCl 溶液 2.00mL，则

$$[\text{H}^+]=\frac{0.1000\times2.00}{20.00+18.00}\text{mol/L}=5.26\times10^{-3}\text{mol/L}$$

$$\text{pH}=2.28$$

当滴入 NaOH 溶液 19.80mL 时，溶液中剩余 HCl 溶液 0.20mL，则：

$$[\text{H}^+]=\frac{0.1000\times0.20}{20.00+19.80}\text{mol/L}=5.03\times10^{-4}\text{mol/L}$$

$$\text{pH}=3.30$$

当滴入 NaOH 溶液 19.98mL 时，溶液中剩余 HCl 0.02mL（尚有 0.1% HCl 未反应），则

$$[\text{H}^+]=\frac{0.1000\times0.02}{20.00+19.98}\text{mol/L}=5.00\times10^{-5}\text{mol/L}$$

$$\text{pH}=4.30$$

c. 化学计量点时　溶液的 pH 由体系产物的离解决定。此时溶液中的 HCl 全部被 NaOH 中和，其产物为 NaCl 与 H_2O，因此溶液呈中性，H^+ 来自于水的离解，即

$$[\text{H}^+]=[\text{OH}^-]=1.00\times10^{-7}\text{mol/L}$$

$$\text{pH}=7.00$$

d. 化学计量点后　溶液的 pH 由过量的 NaOH 浓度决定。

例如加入 NaOH 20.02mL 时，NaOH 过量 0.02mL，此时溶液中 $[\text{OH}^-]$ 为：

$$[\text{OH}^-]=\frac{0.1000\times0.02}{20.00+20.02}\text{mol/L}=5.00\times10^{-5}\text{mol/L}$$

$$\text{pOH}=4.30;\quad \text{pH}=9.70$$

依此可计算出整个滴定过程中各点的 pH，其结果如表 3-8 所示。

表 3-8　用 0.1000mol/L NaOH 溶液滴定 20.00mL 0.1000mol/L HCl 时 pH 的变化

加入 NaOH /mL	HCl 被滴定百分数 /%	剩余 HCl /mL	过量 NaOH /mL	$[\text{H}^+]$/(mol/L)	pH
0.00	0.00	20.00		1.00×10^{-1}	1.00
18.00	90.00	2.00		5.26×10^{-3}	2.28
19.80	99.00	0.20		5.02×10^{-4}	3.30
19.98	99.90	0.02		5.00×10^{-5}	4.30 ⎫
20.00	100.00	0.00		1.00×10^{-7}	7.00 ⎬ 突跃范围
20.02	100.1		0.02	2.00×10^{-10}	9.70 ⎭
20.20	101.0		0.20	2.01×10^{-11}	10.70
22.00	110.0		2.00	2.10×10^{-12}	11.68
40.00	200.0		20.00	5.00×10^{-13}	12.52

② 滴定曲线的形状和滴定突跃　以 NaOH 的加入量（或滴定百分数）为横坐标，以对应的溶液的 pH 为纵坐标，可绘制出强碱滴定强酸的滴定曲线，如图 3-1 所示。

由表 3-8 与图 3-1 可以看出，从滴定开始到加入 19.98mL NaOH 滴定溶液，溶液的 pH

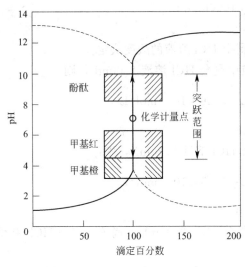

图 3-1 0.1000mol/L NaOH 与
0.1000mol/L HCl 的滴定曲线

值仅改变了 3.30 个 pH 单位，曲线比较平坦。而在化学计量点前后，NaOH 溶液由不足 0.02mL 到过量 0.02mL，总共不过 0.04mL（约为一滴），其 pH 就由 4.30 急增至 9.70，增幅达 5.4 个 pH 单位，相当于 $[H^+]$ 降低为 25 万分之一，溶液也由酸性突变到碱性，溶液的性质由量变引起了质变。从图 3-1 也可看到，在化学计量点前后 0.1%，此时曲线呈现近似垂直的一段，表明溶液的 pH 有一个突然的改变，这种 pH 的突然改变称为滴定突跃，而突跃所在的 pH 范围则称为滴定突跃范围。此后，再继续滴加 NaOH 溶液，由于溶液已呈碱性，溶液 pH 的变化越来越小，曲线又趋平坦。

如果用 0.1000mol/L HCl 标准滴定溶液滴定 20.00mL 0.1000mol/L NaOH，其滴定曲线如图 3-1 中的虚线所示。显然滴定曲线形状与 NaOH 溶液滴定 HCl 溶液相似，只是 pH 不是随着滴定溶液的加入而逐渐增大，而是逐渐减小。

值得注意的是：从滴定过程 pH 的计算中我们可以知道，滴定的突跃大小还必然与被滴定物质及标准溶液的浓度有关。改变溶液的浓度，当到达化学计量点时，溶液的 pH 依然是 7.00，但 pH 突跃的范围却不相同。一般说来，酸碱浓度增大 10 倍，则滴定突跃范围就增加 2 个 pH 单位；反之，若酸碱浓度减小 10 倍，则滴定突跃范围就减少 2 个 pH 单位。如用 1.000mol/L NaOH 滴定 1.000mol/L HCl 时，其滴定突跃范围就增大为 3.30～10.70；若用 0.01000mol/L NaOH 滴定 0.01000mol/L HCl 时，其滴定突跃范围就减小为 5.30～8.70。但溶液的浓度不可过大，否则会增大滴定误差。在酸碱滴定中，常用标准溶液的浓度一般为 0.1～1.0mol/L。

③ 指示剂的选择 根据化学计量点附近的滴定突跃，选择合适的指示剂。选择指示剂的原则：一是指示剂的变色范围全部或部分地落入滴定突跃范围内；二是指示剂的变色点尽量靠近化学计量点。

例如用 0.1000mol/L NaOH 滴定 0.1000mol/L HCl，其突跃范围为 4.30～9.70，则可选择甲基红、甲基橙与酚酞作指示剂。如果选择甲基橙作指示剂，当溶液颜色由橙色变为黄色时，溶液的 pH 为 4.4，滴定误差小于 0.1%。在实际工作中，指示剂的选择还应考虑到人的视觉对颜色的敏感性。用强碱滴定强酸时，习惯选用酚酞做指示剂，因为酚酞由无色变为浅粉红色易于辨别。

如果用 0.1000mol/L HCl 标准滴定溶液滴定 0.1000mol/L NaOH 溶液，则可选择酚酞或甲基红作为指示剂。倘若仍然选择甲基橙作指示剂，则当溶液颜色由黄色转变成橙色时，其 pH 为 4.0，滴定误差将有 +0.2%。在实际工作中，为了进一步提高滴定终点的准确性，以及更好地判断终点（如用甲基红时终点颜色由黄变橙，人眼不易把握，若用酚酞时则由红色退至无色，人眼也不易判断），通常选用混合指示剂溴甲酚绿-甲基红，终点时颜色由绿经浅灰变为暗红，容易观察。

（2）强碱（酸）滴定弱酸（碱）

① 滴定过程中溶液 pH 的变化　强碱（酸）滴定一元弱酸（碱）的滴定反应相当于

$$HA+OH^- \longrightarrow H_2O+A^- \qquad K_t = \frac{[A^-]}{[HA][OH^-]} = \frac{K_a}{K_w}$$

或

$$BOH+H^+ \longrightarrow H_2O+B^+ \qquad K_t = \frac{[B^+]}{[BOH][H^+]} = \frac{K_b}{K_w}$$

可见，这类滴定反应的完全程度较强酸强碱类差。下面以 0.1000mol/L NaOH 溶液滴定 20.00mL 0.1000mol/L HAc 为例，强碱滴定弱酸过程中溶液 pH 的变化与滴定曲线。滴定过程也分四个阶段：

a. 滴定开始前　此时溶液的 pH 由 0.1000mol/L 的 HAc 溶液的酸度决定。根据弱酸 pH 计算的最简式

$$[H^+] = \sqrt{cK_a}$$

因此

$$[H^+] = \sqrt{0.1000 \times 1.76 \times 10^{-5}} \text{mol/L} = 1.33 \times 10^{-3} \text{mol/L}$$

$$pH = 2.88$$

b. 滴定开始至化学计量点前　这一阶段未反应的 HAc 与反应产物 NaAc 同时存在，组成一个缓冲体系，溶液 pH 变化缓慢。pH 由 HAc-NaAc 缓冲体系来决定，即：

$$[H^+] = K_{a(HAc)} \frac{[HAc]}{[Ac^-]}$$

比如，当滴入 NaOH 19.98mL（剩余 HAc 0.02mL，尚有 0.1% HAc 未反应）时，有：

$$[HAc] = \frac{0.1000 \times 0.02}{20.00+19.98} \text{mol/L} = 5.0 \times 10^{-5} \text{mol/L}$$

$$[Ac^-] = \frac{0.1000 \times 19.98}{20.00+19.98} \text{mol/L} = 5.0 \times 10^{-2} \text{mol/L}$$

因此

$$[H^+] = 1.76 \times 10^{-5} \times \frac{5.0 \times 10^{-5}}{5.0 \times 10^{-2}} \text{mol/L} = 1.76 \times 10^{-8} \text{mol/L}$$

$$pH = 7.75$$

c. 化学计量点时　HAc 全部被中和生成 NaAc，体系产物是 NaAc 与 H_2O，Ac^- 是一种弱碱，按 Ac^- 的离解计算溶液的 pH。

$$[OH] = \sqrt{cK_{b(Ac^-)}}$$

由于

$$K_{b(Ac^-)} = \frac{K_w}{K_{a(HAc)}} = \frac{1.0 \times 10^{-14}}{1.76 \times 10^{-5}} = 5.68 \times 10^{-10}$$

$$[Ac^-] = \frac{20.00}{20.00+20.00} \times 0.1000 \text{mol/L} = 5.0 \times 10^{-2} \text{mol/L}$$

所以

$$[OH^-] = \sqrt{5.0 \times 10^{-2} \times 5.68 \times 10^{-10}} \text{mol/L} = 5.33 \times 10^{-6} \text{mol/L}$$

$$pOH = 5.27; \quad pH = 8.73$$

d. 化学计量点后　此时溶液的组成是过量 NaOH 和滴定产物 NaAc。由于过量 NaOH 的存在，抑制了 Ac^- 的水解。因此，溶液的 pH 仅由过量 NaOH 的浓度来决定。比如，滴入 20.02mL NaOH 溶液（过量的 NaOH 为 0.02mL），则

$$[OH^-] = \frac{0.02 \times 0.1000}{20.00+20.02} \text{mol/L} = 5.0 \times 10^{-5} \text{mol/L}$$

$$pOH=4.30; \quad pH=9.70$$

依此可计算出整个滴定过程中各点的 pH，其结果如表 3-9 所示。

表 3-9　用 0.1000mol/L NaOH 滴定 20.00mL 0.1000mol/L HAc 的 pH 变化

加入 NaOH/mL	HAc 被滴定百分数/%	计算式	pH	
0.00	0.00	$[H^+]=\sqrt{[HAc]K_{a(HAc)}}$	2.88	
10.00	50.0		4.76	
18.00	90.0	$[H^+]=K_a\dfrac{[HAc]}{[Ac^-]}$	5.71	
19.80	99.0		6.76	
19.96	99.8	$[OH^-]=\sqrt{\dfrac{K_w}{K_{a(HAc)}}[Ac^-]}$	7.46	
19.98	99.9	$[OH^-]=[NaOH]_{过量}$	7.76	滴定
20.00	100.0		8.73	突跃
20.02	100.1		9.70	
20.04	100.2		10.00	
20.20	101.0		10.70	
22.00	110.0		11.70	

同样可以计算出强酸滴定弱碱时溶液 pH 的变化情况。表 3-10 列出了用 0.1000mol/L HCl 滴定 20.00mL 0.1000mol/L NH_3 时溶液 pH 的变化情况，同时也列出了在不同滴定阶段溶液 pH 的计算式。

表 3-10　用 0.1000mol/L HCl 滴定 20.00mL 0.1000mol/L NH₃ 的 pH 变化

加入 NaOH/mL	HAc 被滴定百分数/%	计算式	pH	
0.00	0.00	$[OH^-]=\sqrt{[NH_3]K_{b(NH_3)}}$	11.12	
10.00	50.0		9.25	
18.00	90.0	$[OH^-]=K_b\dfrac{NH_3}{[NH_4^+]}$	8.30	
19.80	99.0		7.25	
19.98	99.9	$[H^+]=\sqrt{\dfrac{K_w}{K_{b(NH_3)}}[NH_4^+]}$	6.25	滴定
20.00	100.0	$[H^+]=[HCl]_{过量}$	5.28	突跃
20.02	100.1		4.30	
20.20	101.0		3.30	
22.00	110.0		2.32	

②　滴定曲线的形状和滴定突跃　根据滴定过程各点的 pH 同样可以绘出强碱（酸）滴定一元弱酸（碱）的滴定曲线（如图 3-2 与图 3-3）。

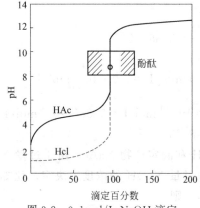

图 3-2　0.1mol/L NaOH 滴定
0.1mol/L HAc 的滴定曲线

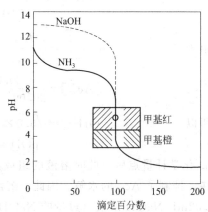

图 3-3　0.1mol/L HCl 滴定
0.1mol/L NH₃ 的滴定曲线

由图可见，用 NaOH 溶液滴定 HAc 溶液的滴定突跃范围较小（pH 为 7.76～9.70），且处在碱性范围内，在化学计量点时，溶液已呈弱碱性（pH＞7）。

同样道理，在相同浓度的前提下，强酸滴定弱碱的突跃范围比强酸滴定强碱的突跃范围也要小得多，且主要处在弱酸性范围内，在化学计量点时，溶液已呈弱酸性。

③ 指示剂的选择　在强碱（酸）滴定一元弱酸（碱）中，由于滴定突跃范围变小，因此指示剂的选择便受到一定的限制，但其选择原则还是与强碱（酸）滴定强酸（碱）时一样。对于用 0.1000mol/L NaOH 滴定 0.1000mol/L HAc 而言，其突跃范围为 7.76～9.70（化学计量点时 pH＝8.73），因此，在酸性区域变色的指示剂如甲基红、甲基橙等均不能使用，而只能选择酚酞、百里酚蓝等在碱性区域变色的指示剂。在这个滴定分析中，由于酚酞指示剂的理论变色点（pH＝9.0）正好落在滴定突跃范围之内，滴定误差为＋0.01%，所以选择酚酞作为指示剂将获得比较准确的结果。

若用 0.1000mol/L HCl 标准溶液滴定 0.1000mol/L NH_3 溶液，由于其突跃范围在 6.25～4.30（化学计量点时 pH＝5.28），因此必须选择在酸性区域变色的指示剂，如甲基红或溴甲酚绿等。若选择甲基橙作指示剂，当滴定到溶液由黄色变至橙色（pH＝4.0）时，滴定误差达＋0.20%。

④ 滴定可行性判断　由以上讨论可知强碱（酸）滴定一元弱酸（碱）突跃范围与弱酸（碱）的浓度及其离解常数有关。酸的离解常数越小（即酸的酸性越弱），酸的浓度越低，则滴定突跃范围也就越小。考虑到借助指示剂观察终点有 0.3pH 单位的不确定性，如果要求滴定误差≤±0.2%，那么滴定突跃就必须保证在 0.6pH 单位以上。因此只有当酸的浓度 c_0 与其离解常数 K_a 的乘积 $c_0K_a \geq 10^{-8}$ 时，该酸溶液才可被强碱直接准确滴定。比如若弱酸 HA 的浓度为 0.1mol/L，则其被强碱（如 NaOH）准确滴定的条件是它的离解常数 $K_a \geq (10^{-8}/0.1) = 10^{-7}$。

那么，这是不是表明只需弱酸的 $c_0K_a \geq 10^{-8}$，就可以保证它一定能被强碱直接准确滴定呢？其实不然。通过计算我们发现，当酸的浓度 $c_0 = 10^{-4}$mol/L，就算其离解常数 $K_a = 10^{-3}$（$c_0K_a = 10^{-4} \times 10^{-3} \geq 10^{-8}$，满足条件），但其滴定突跃范围却为 6.81～7.21，仅有 0.40 个 pH 单位，因此此时也无法直接准确滴定。

综上所述，用指示剂法直接准确滴定一元弱酸的条件是：

$$c_0K_a \geq 10^{-8} \text{ 且 } c_0 \geq 10^{-3}\text{mol/L} \tag{3-13}$$

在这种条件下，可保证滴定误差≤±0.2%，滴定突跃约＞0.6pH 单位。

同理，能够用指示剂法直接准确滴定一元弱碱的条件是：

$$c_0K_b \geq 10^{-8} \text{ 且 } c_0 \geq 10^{-3}\text{mol/L} \tag{3-14}$$

式中的 c_0 表示一元弱碱的浓度。在这样的条件下，同样可保证滴定误差≤±0.2%，滴定突跃约＞0.6pH 单位。

显然，如果允许的误差较大，或检测终点的方法改进了（如使用仪器法），那么上述滴定条件还可适当放宽。

【例 3-5】试判断 1.0mol/L 的下列物质能否用酸碱滴定法直接滴定。（1）甲酸；（2）氨水；（3）氢氰酸。

解　由附表查出给定弱酸或弱碱的电离常数，按照式(3-13)或式(3-14)即可判断。

（1）甲酸（HCOOH）　　　　　　　$K_a = 1.77 \times 10^{-4}$

$c_a K_a = 1.0 \times 1.77 \times 10^{-4} > 10^{-8}$　且 $c_a > 10^{-3}$ mol/L　可以直接滴定。

（2）氨水（$NH_3 \cdot H_2O$）　　　　$K_b = 1.8 \times 10^{-5}$

$c_b K_b = 1.0 \times 1.8 \times 10^{-5} > 10^{-8}$　且 $c_a > 10^{-3}$ mol/L　可以直接滴定。

（3）氢氰酸（HCN）　　　　　$K_a = 6.2 \times 10^{-10}$

$c_a K_a = 1.0 \times 6.2 \times 10^{-10} < 10^{-8}$　　　不能直接滴定。

【例 3-6】 用 0.1000mol/L HCl 溶液滴定 0.1000mol/L 氨水溶液的化学计量点 pH 是多少？应选择哪种指示剂？

解　此项滴定属于强酸滴定弱碱，化学计量点全部生成 NH_4Cl，应按弱酸 NH_4^+ 离解计算其 pH。

已知 $K_b = 1.8 \times 10^{-5}$　　$K_w = 1.0 \times 10^{-14}$　　化学计量点时 $c(NH_4^+) = 0.0500$ mol/L

$$[H^+] = \sqrt{\frac{1.0 \times 10^{-14}}{1.8 \times 10^{-5}} \times 0.0500} = 5.3 \times 10^{-6} \, (mol/L)$$

$$pH = 5.28$$

查阅相关表格，选甲基红（变色范围 pH 为 4.4～6.2）作指示剂最合适。

⑤ 酸碱滴定反应的强化措施

对于一些极弱的酸（碱），有时可利用化学反应使其转变为较强的酸（碱）再进行滴定，一般称为强化法。常用的强化措施如下。

a. 利用生成配合物　利用生成稳定的配合物的方法，可以使弱酸强化，从而可以较准确进行滴定。例如在硼酸中加入甘油或甘露醇，由于它们能与硼酸形成稳定的配合物，故大大增强了硼酸在水溶液中的酸式离解，从而可以酚酞为指示剂，用 NaOH 标准溶液进行滴定。

b. 利用生成沉淀　利用沉淀反应，有时也可以使弱酸强化。例如 H_3PO_4，由于 K_{a_3} 很小（$K_{a_3} = 4.4 \times 10^{-13}$），通常只能按二元酸被滴定。但如加入钙盐，由于生成 $Ca_3(PO_4)_2$ 沉淀，故可继续滴定 HPO_4^{2-}。

c. 利用氧化还原反应　利用氧化还原反应使弱酸转变成为强酸再进行滴定。例如，用碘、过氧化氢或溴水，可将 H_2SO_3 氧化为 H_2SO_4，然后再用标准碱溶液滴定，这样可提高滴定的准确度。

d. 使用离子交换剂　利用离子交换剂与溶液中离子的交换作用，可以强化一些极弱的酸或碱，然后用酸碱滴定法进行测定。例如测定 NH_4Cl、KNO_3、柠檬酸盐时，在溶液中加入离子交换剂，则发生如下反应：

$$NH_4Cl + R-SO_3H^+ \longrightarrow R-SO_3^- -NH_4^+ + HCl$$

置换出的 HCl 用标准碱溶液滴定。

⑥ 在非水介质滴定　在某些酸性比水更弱的非水介质中进行滴定。

3.3.2　多元酸、混合酸和多元碱的滴定

多元酸或多元碱分级离解，滴定过程比一元酸碱的滴定复杂。必须考虑两大问题：一是能否滴定酸或碱的总量；二是能否分级滴定（对多元酸碱而言）、分别滴定（对混合酸碱而言）。

（1）强碱滴定多元酸

① 滴定可行性判断和滴定突跃

a. 当 $c_a K_{a_1} \geqslant 10^{-8}$，$c_a K_{a_2} \geqslant 10^{-8}$ 且 $K_{a_1} / K_{a_2} \geqslant 10^5$ 时可分步滴定。产生两个滴定突跃，得到两个滴定终点。

b. 当 $c_a K_{a_1} \geqslant 10^{-8}$，$c_a K_{a_2} < 10^{-8}$ 且 $K_{b_1} / K_{b_2} \geqslant 10^5$ 时，不能分步滴定。第一级离解的 H^+ 可被滴定，第二级离解的 H^+ 不能被滴定，产生一个滴定突跃，得到一个滴定终点。

c. 当 $c_a K_{a_1} \geqslant 10^{-8}$，$c_a K_{a_2} \geqslant 10^{-8}$ 且 $K_{b_1} / K_{b_2} < 10^5$ 时，第一、第二个 H^+ 均被滴定，滴定时两个滴定突跃将混在一起，产生一个滴定突跃，得到一个滴定终点。如滴定草酸或酒石酸等二元酸时，滴定曲线上只有一个 pH 突跃，即一次滴定到正盐。

② H_3PO_4 的滴定 H_3PO_4 是弱酸，在水溶液中分步离解：

$$H_3PO_4 \Longrightarrow H^+ + H_2PO_4^- \qquad pK_{a_1} = 2.16$$

$$H_2PO_4^- \Longrightarrow H^+ + HPO_4^{2-} \qquad pK_{a_2} = 7.21$$

$$HPO_4^{2-} \Longrightarrow H^+ + PO_4^{3-} \qquad pK_{a_3} = 12.32$$

如果用 NaOH 滴定 H_3PO_4，那么 H_3PO_4 首先被滴定成 $H_2PO_4^-$，即

$$H_3PO_4 + NaOH \longrightarrow NaH_2PO_4 + H_2O$$

但当反应进行到大约 99.4％ 的 H_3PO_4 被中和之时（pH＝4.7），已经有大约 0.3％ 的 $H_2PO_4^-$ 被进一步中和成 HPO_4^{2-} 了，即

$$NaH_2PO_4 + NaOH \longrightarrow Na_2HPO_4 + H_2O$$

这表明前面两步中和反应并不是分步进行的，而是稍有交叉地进行的，所以，严格说来，对 H_3PO_4 而言，实际上并不真正存在两个化学计量点。由于对多元酸的滴定准确度要求不太高（通常分步滴定允许误差为±0.5％），因此，在满足一般分析的要求下，我们认为 H_3PO_4 还是能够进行分步滴定的，其第一化学计量点时溶液的 pH＝4.68；第二化学计量点时溶液的 pH＝9.76。其第三化学计量点因 $pK_{a_3} =$ 12.32，说明 HPO_4^{2-} 已太弱，故无法用 NaOH 直接滴定，如果此时在溶液中加入 $CaCl_2$ 溶液，则会发生如下反应：

$$2HPO_4^{2-} + 3Ca^{2+} \longrightarrow Ca_3(PO_4)_2 \downarrow + 2H^+$$

通过生成沉淀使弱酸强化，就可以用 NaOH 直接滴定了。

NaOH 滴定 H_3PO_4 的滴定曲线一般采用仪器法（电位滴定法）来绘制。图 3-4 所示的是 0.1000mol/L NaOH 标准溶液滴定 20.00mL 0.1000mol/L H_3PO_4 溶液的滴定曲线。从图 3-4 可以看出，由于中和反应交叉进行，使化学计量点附近曲线倾斜，滴定突跃较

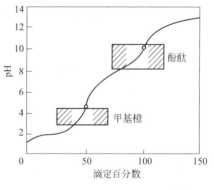

图 3-4 0.1000mol/L NaOH 滴定
0.1000mol/L H_3PO_4 的滴定曲线

短，且第二化学计量点附近突跃较第一化学计量点附近的突跃还短。正因为突跃短小，使得终点变色不够明显，因而导致终点准确度也欠佳。

如图 3-4 所示，第一化学计量点时，NaH_2PO_4 的浓度为 0.050mol/L，根据 H^+ 浓度计算的最简式：

$$[H^+]_1 = \sqrt{K_{a_1}K_{a_2}} = \sqrt{10^{-2.16} \times 10^{-7.21}} = 10^{-4.68}(mol/L)$$
$$pH_1 = 4.68$$

此时若选用甲基橙（pH=4.0）为指示剂，采用同浓度 Na_2HPO_4 溶液为参比时，其终点误差不大于0.5%。

第二化学计量点时，Na_2HPO_4 的浓度为 $3.33 \times 10^{-2} mol/L$（此时溶液的体积已增加了两倍），同样根据 H^+ 浓度计算的最简式：

$$[H^+]_2 = \sqrt{K_{a_2}K_{a_3}} = \sqrt{10^{-7.21} \times 10^{-12.32}} = 10^{-9.76}(mol/L)$$
$$pH_2 = 9.76$$

此时若选择酚酞（pH=9.0）为指示剂，则终点将出现过早；若选用百里酚酞（pH=10.0）作指示剂，当溶液由无色变为浅蓝色时，其终点误差为+0.5%。

(2) 强酸滴定多元碱

① 滴定可行性判断和滴定突跃

a. 当 $c_b K_{b_1} \geq 10^{-8}$，$c_b K_{b_2} \geq 10^{-8}$ 且 $K_{b_1}/K_{b_2} \geq 10^5$ 时可分步滴定。产生两个滴定突跃，得到两个滴定终点。

b. 当 $c_b K_{b_1} \geq 10^{-8}$，$c_b K_{b_2} < 10^{-8}$ 且 $K_{b_1}/K_{b_2} \geq 10^5$ 时，不能分步滴定。第一级离解的 OH^- 可被滴定，第二级离解的 OH^- 不能被滴定，产生一个滴定突跃，得到一个滴定终点。

c. 当 $c_b K_{b_1} \geq 10^{-8}$，$c_b K_{ab} \geq 10^{-8}$ 且 $K_{b_1}/K_{b_2} < 10^5$ 时，第一、第二个 OH^- 均被滴定，滴定时两个滴定突跃将混在一起，产生一个滴定突跃，得到一个滴定终点。

② Na_2CO_3 的滴定　Na_2CO_3 是二元碱，在水溶液中存在如下离解平衡：

$$CO_3^{2-} + H_2O \rightleftharpoons HCO_3^- + OH^- \qquad pK_{b_1} = 3.75$$
$$HCO_3^- + H_2O \rightleftharpoons H_2CO_3 + OH^- \qquad pK_{b_2} = 7.62$$

在满足一般分析的要求下，Na_2CO_3 还是能够进行分步滴定的，只是滴定突跃较小。如果用 HCl 滴定，则第一步生成 $NaHCO_3$，反应式为

$$HCl + Na_2CO_3 \longrightarrow NaHCO_3 + NaCl$$

继续用 HCl 滴定，则生成的 $NaHCO_3$ 被进一步反应生成碱性更弱的 H_2CO_3。H_2CO_3 本身不稳定，很容易分解生成 CO_2 与 H_2O，反应式为

$$HCl + NaHCO_3 \longrightarrow H_2CO_3 + NaCl$$
$$\qquad\qquad\qquad\quad \llcorner\!\!\rightarrow CO_2 + H_2O$$

HCl 滴定 Na_2CO_3 的滴定曲线一般也采用仪器法（电位滴定法）来绘制。图3-5所示的是 0.1000mol/L HCl 标准溶液滴定 20.00mL 0.1000mol/L Na_2CO_3 溶液的滴定曲线。第一化学计量点时，HCl 与 Na_2CO_3 反应生成 $NaHCO_3$。$NaHCO_3$ 为两性物质，其浓度为 0.050mol/L，按两性物质计算 $[H^+]$，$[H^+]_1 = \sqrt{K_{a_1}K_{a_2}} = \sqrt{10^{-6.38} \times 10^{-10.25}} mol/L = 10^{-8.32} mol/L$

$$pH_1 = 8.32$$
$$(H_2CO_3 \text{ 的 } pK_{a_1} = 6.38, pK_{a_2} = 10.25)$$

此时选用酚酞（pH=9.0）为指示剂，终点误差较大，滴定准确度不高。若采用酚红与

百里酚蓝混合指示剂，并用同浓度 $NaHCO_3$ 溶液作参比时，终点误差约为 0.5%。

第二化学计量点时，HCl 进一步与 $NaHCO_3$ 反应，生成 H_2CO_3（H_2O+CO_2），其在水溶液中的饱和浓度约为 $0.040mol/L$，因此，按二元弱酸 $[H^+]$ 的最简公式计算，则有：

$$[H^+]_2=\sqrt{cK_{a_1}}=\sqrt{0.040\times10^{-6.38}}=1.3\times10^{-4}(mol/L)$$
$$pH_2=3.89$$

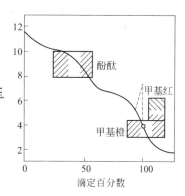

图 3-5　0.1000mol/L HCl 滴定
0.050mol/L Na_2CO_3 的滴定曲线

若选择甲基橙（pH=4.0）为指示剂，在室温下滴定时，终点变化不敏锐。为提高滴定准确度，可采用甲基红（pH=5.0）为指示剂，滴定时需加热除去 CO_2。当滴到溶液变红（pH＜4.4），暂时停止滴定，加热除去 CO_2，则溶液又变回黄色（pH＞6.2），继续滴定到红色，重复此操作 2～3 次，至加热驱赶 CO_2 并将溶液冷至室温后，溶液颜色不发生变化为止。此种方式滴定终点敏锐，准确度高。

如采用溴甲酚绿-甲基红混合指示剂，代替甲基橙指示第二化学计量点，效果更好。

（3）混合酸（碱）的滴定

混合酸（碱）的滴定主要包括两种情况：一是强酸（碱）-弱酸（碱）混合液的滴定；二是两种弱酸（碱）混合液的滴定。下面主要讨论混合酸的滴定。

① 强酸-弱酸（HCl+HA）混合液的滴定　这种情况比较典型的实例是 HCl 与另一弱酸 HA 混合液的测定。当 HCl 与 HA 的浓度均为 $0.1mol/L$ 时，不同离解常数下的弱酸 HA 用 0.1000mol/L NaOH 滴定的滴定曲线如图 3-6 所示。

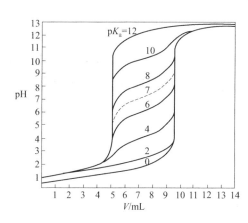

图 3-6　0.1000mol/L NaOH 滴定 10.00mL
含 0.1000mol/L HCl 与 0.1000mol/L HAc
溶液的滴定曲线

由图 3-6 可以得出如下结论。

a. 若 $K_{a(HA)}<10^{-7}$，HA 不影响 HCl 的滴定，能准确滴定 HCl 的分量，但无法准确滴定混合酸的总量。

b. 若 $K_{a(HA)}>10^{-5}$，滴定 HCl 时，HA 同时被滴定，能准确滴定混合酸的总量，但无法准确滴定 HCl 的分量。

c. 若 $10^{-7}<K_{a(HA)}<10^{-5}$，则既能滴定 HCl，也能滴定 HA，即可分别滴定 HCl 和 HA 的分量。

总之，弱酸的 pK_a 值越大则越有利于强酸的滴定，但却越不利于混合酸总量的测定。一般当弱酸的 $c_0K_a\leqslant10^{-8}$ 时，就无法测得混合酸的总量；而弱酸（HA）的 $pK_a\leqslant5$ 时，也就不能直接准确滴定混合液中的强酸了。

当然，在实际分析过程中，若强酸的浓度增大，则分别滴定强酸与弱酸的可能性也就增大，反之就变小。所以对混合酸的直接准确滴定进行判断时，除了要考虑弱酸（HA）酸的强度之外，还须比较强酸（HCl）与弱酸（HA）浓度比值的大小。

② 两种弱酸混合液（HA＋HB）的滴定　两种弱酸的混合液，类似于一种二元酸的测定，但也并不完全一致，能直接滴定的条件为：

$$\begin{cases} K_{a(HB)} \leqslant K_{a(HA)} ; c_{HB} < c_{HA} \\ c_{HB}K_{a(HB)} \geqslant 10^{-8} \text{ 且 } c_{HB} \geqslant 10^{-3} \text{mol/L} \end{cases}$$

两种弱酸能够分别滴定的条件为：

$$\begin{cases} \dfrac{c_{HA}K_{a(HA)}}{c_{HB}K_{a(HB)}} \geqslant 10^5 \\ c_{HB}K_{a(HB)} \geqslant 10^{-8} \text{ 且 } c_{HB} \geqslant 10^{-3} \text{mol/L} \end{cases}$$

3.4 酸碱标准溶液的配制和标定

酸碱标准溶液分别用强酸和强碱配制。酸标准溶液主要有 HCl 和 H_2SO_4 标准溶液，其中 HCl 标液最常用。H_2SO_4 的第二级离解常数较小 $K_{a_2}=1.2\times10^{-2}$，滴定突跃范围相应小一些，终点时指示剂变色敏锐性稍差，并能与某些阳离子生成沉淀，但完全可以满足直接准确滴定的条件，因而也较常使用，尤其在需要加热或温度较高的情况下宜用 H_2SO_4 溶液。而 HNO_3 具有氧化性，本身稳定性较差，一般不用。$HClO_4$ 是很好的酸标液，因其价格高昂，一般不使用，但在非水滴定中常使用 $HClO_4$ 标准滴定溶液。

碱标准溶液常用 NaOH 标准溶液，有时用 KOH 标液（KOH 价格高，比 NaOH 更强烈地吸附 CO_2）。

酸碱标准溶液浓度一般为：0.1mol/L（最常用）、1mol/L、0.01mol/L、0.05mol/L。浓度太低，滴定突跃小，不利于终点判断；浓度太高，消耗太多试剂，会造成不必要的浪费，且终点时过量一滴溶液产生滴定误差较大。实际工作中根据需要配制合适浓度的标准溶液。

3.4.1 HCl 标准滴定溶液的配制和标定

（1）配制

恒沸点 HCl 是在一定压力下蒸馏盐酸至达恒沸点后的馏出液，其组成一定，例 1.013×10^5Pa 时恒沸点盐酸组成 20.211％，可用来直接配制所需准确浓度的标液。

但市售盐酸均为非恒沸点盐酸，要用间接法（标定法）配制。即先配制成近似浓度的溶液，再用基准物质标定。

如市售分析纯盐酸密度 1.19g/mL，$w(HCl)=37\%$，$c(HCl)=12$mol/L。

例如，若配制 0.1mol/L HCl 溶液 500mL，应取浓盐酸多少毫升？

$$\frac{V\times1.19\times37\%}{M(HCl)}=0.1\times500\times10^{-3}$$

$V=4.2$mL 因浓盐酸具有挥发性，实际取 4.3～4.5mL。

 **想一想**

密度 1.19g/mL，$w(HCl)=37\%$ 浓盐酸的物质的量浓度如何计算？若需要配制 $c\left(\dfrac{1}{2}H_2SO_4\right)=0.1mol/L$ 的 H_2SO_4 溶液 500mL，应取浓硫酸多少毫升？$\left[\text{浓硫酸}\; c\left(\dfrac{1}{2}H_2SO_4\right)=36mol/L\right]$

（2）标定

标定 HCl（或 H_2SO_4）溶液，可用无水碳酸钠（Na_2CO_3）或硼砂（$Na_2B_4O_7\cdot10H_2O$）作基准物质。基准物质在使用前一般都要进行预处理。

① 无水碳酸钠（Na_2CO_3）　Na_2CO_3 容易吸收空气中的水分，使用前必须于 270～300℃高温炉中灼烧至恒重，然后密封于称量瓶中，保存在干燥器中备用。称量时动作要迅速，以免吸收空气中的水分产生测定误差。

$$2HCl+Na_2CO_3\longrightarrow H_2CO_3+2NaCl$$

反应物基本单元 HCl、$\dfrac{1}{2}Na_2CO_3$。

$pH_1=8.32$，$pH_2=3.89$，可选择甲基橙为指示剂，但由于溶液中 H_2CO_3 的影响，甲基橙由黄色变为橙色不易观察。为减小滴定终点误差，用 HCl 滴定 Na_2CO_3，当滴定至溶液刚变为黄色时（约化学计量点前 1%），暂停滴定，将溶液煮沸赶除 CO_2，溶液又呈黄色，冷却至室温，再继续用 HCl 滴至橙色为终点。

GB/T 601—2002 中用溴甲酚绿-甲基红混合指示剂指示终点，变色点 $pH=5.1$。终点时由绿色变为暗红色，近终点时要煮沸溶液，赶除 CO_2 后继续滴定到暗红色，以免由于溶液中 CO_2 过饱和而使终点提前到达。

思考 1　标定 0.1mol/L HCl 时要求每次消耗 HCl 溶液 30～40mL，每份需称基准物 Na_2CO_3 多少克？$[M(Na_2CO_3)=105.99g/mol]$

② 硼砂（$Na_2B_4O_7\cdot10H_2O$）　硼砂为基准物标定 HCl 优点较多，如容易精制提纯，且不易吸水，由于其摩尔质量大（$M=381.4g/mol$），因此直接称取单份基准物作标定时，称量误差相当小。但硼砂在空气中相对湿度小于 39% 时容易风化失去部分结晶水，因此应把它保存在相对湿度为 60% 的恒湿器❶中。用硼砂标定 HCl 溶液的标定反应为：

$$Na_2B_4O_7+2HCl+5H_2O\longrightarrow 2NaCl+4H_3BO_3$$

反应物基本单元 HCl、$\dfrac{1}{2}Na_2B_4O_7\cdot10H_2O$。

反应产物为 H_3BO_3，可选择甲基红为指示剂，终点由黄色到红色，变色较为明显。

思考 2　总结用硼砂标定 HCl 时 HCl 浓度的计算式。

思考 3　标定 0.1mol/L HCl 时要求每次消耗 HCl 溶液 30～40mL，每份需称基准物 $Na_2B_4O_7\cdot10H_2O$ 多少克？

---

❶　装有食盐和蔗糖饱和溶液的干燥器中，其上部空气的相对湿度即为 60%。

3.4.2 NaOH 标准溶液的配制和标定

（1）配制

固体 NaOH 具有强烈的吸湿性，并且容易吸收空气中的 CO_2 形成 Na_2CO_3，Na_2CO_3 的存在对指示剂影响很大，CO_3^{2-} 的存在使在滴定弱酸时产生较大的误差。因此 NaOH 标准滴定溶液也不能用直接法配制。

由于 Na_2CO_3 在浓的 NaOH 溶液中溶解度很小，因此配制无 CO_3^{2-} 的 NaOH 标准滴定溶液最常用的方法是：先配制 NaOH 饱和溶液（取分析纯 NaOH 约 110g，溶于 100mL 无 CO_2 的蒸馏水中），密闭静置数日，待其中的 Na_2CO_3 沉降后，取上层清液作贮备液，浓度约为 20mol/L。配制时，移取一定体积的 NaOH 饱和溶液，再用无 CO_2 的蒸馏水稀释至所需体积。

配制成的 NaOH 标准滴定溶液应保存在装有虹吸管和碱石灰干燥管的试剂瓶中，防止吸收空气中的 CO_2。放置过久的 NaOH 溶液浓度会发生变化，使用时重新标定。

（2）标定

标定 NaOH 的基准物质有邻苯二甲酸氢钾和草酸等。

① 邻苯二甲酸氢钾（$KHC_8H_4O_4$，缩写为 KHP）　KHP 作为基准物有很多优点，如容易用重结晶法制得纯品，不含结晶水，在空气中不吸水，容易保存，摩尔质量大（$M = 204.2g/mol$），单份标定时称量误差小。预处理方法为在 $100 \sim 125℃$ 干燥后备用。

$$\text{COOK} \diagdown \diagup \text{COOH} + NaOH \longrightarrow \text{COOK} \diagdown \diagup \text{COONa} + NaCl$$

反应物基本单元：$KHC_8H_4O_4$、NaOH，滴定产物邻苯二甲酸钾钠呈弱碱性（$pH \approx 9$），以酚酞为指示剂，终点由无色到浅红色。

思考 4　标定 0.1mol/L NaOH 时要求每次消耗 NaOH 溶液 $30 \sim 40mL$，每份需称基准物 KHP 多少克？

② 草酸（$H_2C_2O_4 \cdot 2H_2O$）　草酸为二元酸，$pK_{a_1} = 1.25$，$pK_{a_2} = 4.29$，$K_{a_1}/K_{a_2} < 10^5$，用 NaOH 溶液滴定时只产生一个滴定突跃。

$$H_2C_2O_4 + 2NaOH \longrightarrow Na_2C_2O_4 + 2H_2O$$

反应物基本单元：$\frac{1}{2}H_2C_2O_4 \cdot 2H_2O$、NaOH。由于草酸摩尔质量较小（$M = 126.07g/mol$），为减小称量误差，宜采用"称大样法"标定。以酚酞为指示剂，终点变色敏锐。

草酸固体比较稳定，但 $H_2C_2O_4$ 溶液不稳定，能自行分解，见光也容易分解，溶解后应立即用 NaOH 溶液滴定。溶液在长期保存后，其浓度逐渐降低。

思考 5　标定 0.1mol/L NaOH 时要求每次消耗 NaOH 溶液 $30 \sim 40mL$，每份需称基准物 $H_2C_2O_4 \cdot 2H_2O$ 多少克？

3.4.3 酸碱滴定中 CO_2 的影响

在酸碱滴定中，CO_2 的影响有时是不能忽略的。CO_2 的来源很多，例如，蒸馏水中溶有一定量的 CO_2，标准碱溶液和配制标准溶液的 NaOH 本身吸收 CO_2（成为碳酸盐），在滴定过程中溶液不断地吸收 CO_2 等。

在酸碱滴定中，CO_2 的影响是多方面的。当用碱溶液滴定酸溶液时，溶液中的 CO_2 会被碱溶液滴定，至于滴定多少则要取决于终点时溶液的 pH。在不同的 pH 结束滴定，CO_2 带来的误差不同（可由 H_2CO_3 的分布系数得知）。同样，当含有 CO_3^{2-} 的碱标准溶液用于滴定酸时，由于终点 pH 的不同，碱标准溶液中的 CO_3^{2-} 被酸中和的情况也不一样。显然，终点时溶液的 pH 越低，CO_2 的影响越小。一般地说，如果终点时溶液的 pH<5，则 CO_2 的影响是可以忽略的。

例如浓度同为 0.1mol/L 的酸碱进行相互滴定，在使用酚酞为指示剂时，滴定终点 pH=9.0，此时溶液中的 CO_2 所形成 H_2CO_3，基本上以 HCO_3^- 形式存在，H_2CO_3 作为一元酸被滴定。与此同时，碱标准溶液吸收 CO_2 所产生的 CO_3^{2-} 也被滴定生成 HCO_3^-。在这种情况下由于 CO_2 的影响所造成的误差约为 ±2%，是不可忽视的。

若以甲基橙为指示剂，滴定终点时 pH=4.0，此时以各种方式溶于水中的 CO_2 主要以 CO_2 气体分子（室温下 CO_2 饱和溶液的浓度约为 0.04mol/L）或 H_2CO_3 形式存在，只有约 4% 作为一元酸参与滴定，因此所造成的误差可以忽略。在这种情况下，即使碱标准溶液吸收 CO_2 产生了 CO_3^{2-}，也基本上被中和为 CO_2 逸出，对滴定结果不产生影响。所以，滴定分析时，在保证终点误差在允许范围之内的前提下，应当尽量选用在酸性范围内变色的指示剂。

当强酸强碱的浓度变得更稀时，滴定突跃变小，若再用甲基橙作指示剂，也将产生较大的终点误差（若改用终点时 pH>5 的指示剂，只会增大溶液中 H_2CO_3 参加反应的比率，增大滴定误差）。此时，为了消除 CO_2 对酸碱滴定的影响，必要时可采用加热至沸的办法，除去 CO_2 后再进行滴定。

由于 CO_2 在水中的溶解速度相当快，所以 CO_2 的存在也影响到一些指示剂终点颜色的稳定性。如以酚酞作指示剂时，当滴至终点时，溶液已呈浅红色，但稍放置 0.5~1min 后，由于 CO_2 的进入，消耗了部分过量的 OH^-，溶液 pH 降低，溶液又退至无色。因此，当使用酚酞、溴百里酚蓝、酚红等指示剂时，滴定至溶液变色后，若 30s 内溶液颜色不退表明此时已达终点。

此外，在滴定分析过程，为进一步减少 CO_2 的进入，还应做到以下几点：
① 使用加热煮沸后冷却至室温的蒸馏水；
② 使用不含 CO_3^{2-} 的标准碱溶液；
③ 滴定时不要剧烈振荡锥形瓶。

3.5　酸碱滴定方式和应用实例

酸碱滴定法广泛应用于多种化工产品主成分含量的测定，还广泛应用于钢铁及某些原材料中 C、S、P、Si 与 N 等元素的测定，以及有机合成工业与医药工业中的原料、中间产品和成品等的分析测定。

3.5.1　直接滴定法
酸碱直接滴定法可测定强酸或强碱以及满足直接准确滴定条件的弱酸或弱碱。
（1）工业醋酸的测定
工业醋酸（CH_3COOH）是一种有机化工产品，也是重要的基本有机化工原料，主要用于有机合成生产醋酸纤维、合成树脂、染料、有机溶剂、合成药物等工业。

醋酸为无色液体，有强烈的刺激性酸味，与水以任意比互溶。当浓度达 99% 以上时，在 14.8℃ 便可成为结晶，故称为冰醋酸。对皮肤有腐蚀作用。

醋酸的 $K_a=1.8\times10^{-5}$，可以用 NaOH 标准溶液直接滴定，选酚酞为指示剂，溶液由无色变为粉红色且半分钟不褪为终点。反应式为：

$$HAc+NaOH\longrightarrow NaAc+H_2O$$

结果以 HAc 质量浓度（如 g/L、g/100mL）表示。

（2）混合碱的分析

无机混合碱的组成主要有 NaOH、Na_2CO_3、$NaHCO_3$，由于 NaOH 和 $NaHCO_3$ 不可能共存（$OH^-+HCO_3^-\longrightarrow CO_3^{2-}+H_2O$），因此混合碱的组成有 5 种组合形式：3 种组分中任一种单独存在，或者是 NaOH 和 Na_2CO_3 或 Na_2CO_3 和 $NaHCO_3$ 的混合物。如是单一组分化合物，可用 HCl 标准溶液直接滴定；若是 2 种组分的混合物，测定其中各组分含量可用双指示剂法和氯化钡法。

如烧碱中 NaOH 和 Na_2CO_3 含量的测定。氢氧化钠俗称烧碱，在生产和存放过程中易吸收空气中的 CO_2，因而常含少量杂质 Na_2CO_3。其测定常采用双指示剂法。

双指示剂法是用两种不同的指示剂分别确定第一、第二化学计量点，混合碱测定中使用的双指示剂为酚酞和甲基橙。

测定原理：准确称取一定量试样，用适量水溶解。先以酚酞为指示剂，以 HCl 标准溶液滴定至溶液红色消失（略带粉红色，近于无色）为第一化学计量点（pH＝8.3），消耗 HCl 溶液 V_1(mL)。此时，NaOH 完全被中和，Na_2CO_3 则被中和为 $NaHCO_3$。

再加入甲基橙指示剂，继续用 HCl 标准溶液滴定至溶液由黄色变为橙色为第二化学计量点（pH＝3.89），又消耗 HCl 溶液 V_2(mL)。显然，V_2 是滴定溶液中 $NaHCO_3$ 所消耗 HCl 的体积。

将 Na_2CO_3 滴定到 $NaHCO_3$ 和将 $NaHCO_3$ 滴定到 H_2CO_3 消耗 HCl 溶液的体积相等，因此，Na_2CO_3 完全被中和消耗的 HCl 溶液体积为 $2V_2$(mL)；NaOH 被中和消耗的 HCl 溶液体积为 (V_1-V_2)(mL)。据此计算 NaOH 和 Na_2CO_3 的含量。

双指示剂法中，若将第一化学计量点的酚酞改用甲酚红-百里酚蓝混合指示剂，用 HCl 滴定由红紫色变为樱桃色指示终点，可以获得较为准确的结果。而将第二化学计量点的甲基橙改用溴甲酚绿-甲基红混合指示剂，用 HCl 滴定由绿色变为酒红色指示终点，则更为灵敏。

其他组成的混合碱均可用双指示剂法测定。根据 V_1、V_2 的大小，判断混合碱的组成，然后计算出所含组分的含量。滴定时有五种情况，如表 3-11 所示。

表 3-11 双指示剂法测定混合碱五种滴定结果

滴定结果	存在的离子	各存在形式的物质的量/mmol		
		OH^-	$\frac{1}{2}CO_3^{2-}$	HCO_3^-
$V_1>0,V_2=0$	OH^-	cV_1	0	0
$V_1=V_2>0$	CO_3^{2-}	0	$2cV_1$ 或 $2cV_2$	0
$V_1=0,V_2>0$	HCO_3^-	0	0	cV_2
$V_1>V_2>0$	OH^-、CO_3^{2-}	$c(V_1-V_2)$	$2cV_2$	0
$V_2>V_1>0$	CO_3^{2-}、HCO_3^-	0	$2cV_1$	$c(V_2-V_1)$

表中，c 为 HCl 标准溶液的浓度，mol/L；V_1、V_2 分别为酚酞终点和从酚酞终点到甲基橙终点消耗 HCl 的体积，mL。

测定 NaOH 和 Na_2CO_3 混合物，更为准确的方法是"氯化钡法"。准确称取一定量试样，溶解后稀释至一定体积，准确移取两份相同体积的试液分别测定如下。

一份溶液中加入甲基橙（或溴甲酚绿-甲基红）为指示剂，用 HCl 标准溶液滴定，测出总碱量，设消耗 HCl 标准溶液 V_1（mL），溶液中 NaOH 和 Na_2CO_3 完全被中和。反应式为：

$$NaOH + HCl \longrightarrow NaCl + H_2O$$
$$Na_2CO_3 + 2HCl \longrightarrow 2NaCl + H_2O + CO_2 \uparrow$$

另一份溶液中加入过量的 $BaCl_2$ 溶液，使 Na_2CO_3 完全转化成 $BaCO_3$ 沉淀，在沉淀存在下，以酚酞为指示剂，用 HCl 标准溶液滴定至红色刚退，消耗 HCl 标准溶液 V_2 mL，溶液中 NaOH 完全被中和（注意此时不能用甲基橙为指示剂，否则 $BaCO_3$ 部分溶解）。反应式为：

$$Na_2CO_3 + BaCl_2 \longrightarrow 2NaCl + BaCO_3 \downarrow$$
$$NaOH + HCl \longrightarrow NaCl + H_2O$$

显然 NaOH 消耗 HCl 的体积为 V_2 mL，Na_2CO_3 消耗 HCl 的体积为 $(V_1 - V_2)$ mL。因此

$$w(NaOH) = \frac{c(HCl)V_2 M(NaOH)}{m_s \times 1000} \times 100\%$$

$$w(Na_2CO_3) = \frac{c(HCl)(V_1 - V_2)M\left(\frac{1}{2}Na_2CO_3\right)}{m_s \times 1000} \times 100\%$$

两式中，m_s 为称取试样的质量，g；$w(NaOH)$、$w(Na_2CO_3)$ 分别为 NaOH 和 Na_2CO_3 的质量分数。

此法较准确，但比较费时，所以在工业分析中多采用双指示剂法。

（3）工业硫酸纯度的测定

硫酸是重要的化学工业产品，广泛应用于化工、轻工、制药、国防、科研等部门中。因此，硫酸又是基本工业原料，在国民经济中占有重要地位。纯 H_2SO_4 是一种无色透明的油状黏稠液体，比水几乎重一倍。硫酸的纯度用硫酸的质量分数 $w(H_2SO_4)$ 表示。

测定原理：

硫酸是强酸，可以用 NaOH 标准溶液直接滴定，化学计量点时 pH＝7，可选用甲基橙、甲基红或甲基红-亚甲基蓝（pH＝5.2 红紫色，pH＝5.6 绿色）等指示滴定终点。GB 11198.1—89 中规定使用甲基红-亚甲基蓝混合指示剂指示终点。

注意事项如下。

① 硫酸具有腐蚀性，而且能够灼伤皮肤，使用和称量时严禁溅出。

② 用正确的方法稀释硫酸，将硫酸注入适量水中，严禁将水倒入浓硫酸中。稀释时放出大量的热，应冷却后再滴定或冷却后转入容量瓶中。

③ 称取工业硫酸试样量可根据测出的密度，查出大概的质量分数，再按碱标准溶液的浓度计算。

3.5.2　返滴定法

（1）氨水中氨含量的测定

氨水（$NH_3 \cdot H_2O$）是弱碱，其主要用途是氮肥或化工生产的原料，实验室用的氨水是试剂氨水不含有害杂质。氨水为无色液体，有刺激臭味。

氨水容易挥发，如果直接滴定可能导致结果偏低，因此常用返滴定法。先加入一定量过量的 HCl 标准溶液，使 $NH_3 \cdot H_2O$ 与 HCl 反应，再用 NaOH 标准溶液回滴剩余的 HCl。化学计量点时，由于存在 NH_4Cl，pH 为 5.3 左右，故应选用甲基红作指示剂。

注意：由于氨易挥发，称样时需用安瓿球吸取试样再进行称量。

（2）酯类的分析

酯类与过量的 KOH 在加热回流的条件下反应，生成相应有机酸的碱金属盐和醇。例如，

$$CH_3COOC_2H_5 + KOH \longrightarrow CH_3COOK + C_2H_5OH$$

这个反应称为"皂化"反应，反应完全后，多余的碱以标准酸溶液滴定，用酚酞或百里酚酞作指示剂。由于多数酯类难溶于水，因此常用 KOH 的乙醇溶液进行皂化。

工业上常用"皂化值"表示分析结果。在规定条件下，中和并皂化 1g 试样所消耗的以毫克计的氢氧化钾的质量叫做皂化值。它是试样中酯类和游离酸含量的一个量度。

3.5.3　间接滴定

（1）硼酸的测定

硼酸是极弱的酸，$K_a = 5.8 \times 10^{-10}$，不能用强碱直接进行滴定，可用置换滴定法。硼酸与某些多元醇（如甘露醇或甘油）反应后生成配合酸，这种配位酸的离解常数为 10^{-6} 左右，以酚酞作指示剂，再用 NaOH 标准滴定溶液滴定。

（2）铵盐的测定

常见的铵盐有硫酸铵、氯化铵、硝酸铵及碳酸氢铵等，其中 NH_4HCO_3 可以用酸标准溶液直接进行滴定，其他铵盐中的 NH_4^+ 虽具有酸性，但 $cK_a < 10^{-8}$，酸性太弱而不能直接用 NaOH 滴定，常用蒸馏法和甲醛法进行测定。这两种方法也可用于测定肥料、土壤和有机化合物中氮的含量。

① 蒸馏法　准确称取一定量铵盐试样，置于蒸馏瓶中，加入过量的浓 NaOH 溶液，加热使氨蒸馏出来。蒸出的氨用 H_3BO_3 溶液吸收，然后用酸标准溶液滴定 H_3BO_3 吸收液。反应式为：

$$NH_4^+ + OH^- \longrightarrow NH_3\uparrow + H_2O$$
$$NH_3 + H_3BO_3 + H_2O \longrightarrow NH_4^+ + H_2BO_3^-$$
$$NH_4^+ + H_2BO_3^- + HCl \longrightarrow H_3BO_3 + NH_4Cl$$

用溴甲酚绿-甲基红混合指示剂，用 HCl 滴定由绿色经蓝灰色变为粉红色。

蒸馏出来的氨还可以用过量的酸标准溶液吸收，用碱标准溶液回滴剩余的酸，以甲基橙或甲基红为指示剂。

该法测有机物中氮时，试样在 $CuSO_4$ 的催化下用浓 H_2SO_4 消化分解使其转化为 NH_4^+，然后再用蒸馏法测定。对于含氧化态氮的化合物，如用硝基或偶氮基化合物，在煮沸消化之前还须用还原剂 Fe^{2+} 或 $S_2O_3^{2-}$ 等处理，才能使其中的氮完全转化成 NH_4^+。这种方法称为凯氏（Kjeldahl）定氮法，该方法准确，在有机化合物分析中有着广泛的应用。

② 甲醛法　甲醛与铵盐反应，生成质子化的六亚甲基四胺 $(CH_2)_6N_4H^+$（$pK_a=5.15$）和 H^+，然后用 $NaOH$ 标准溶液滴定，$4mol$ 的 NH_4^+ 将消耗 $4mol$ 的 $NaOH$，反应式为：

$$4NH_4^+ + 6HCHO \longrightarrow (CH_2)_6N_4H^+ + 3H^+ + 6H_2O$$
$$(CH_2)_6N_4H^+ + 3H^+ + 4OH^- \longrightarrow (CH_2)_6N_4 + 4H_2O$$

滴定产物六亚甲基四胺 $(CH_2)_6N_4$ 是一种很弱的碱（$K_b=1.4\times10^{-9}$），化学计量点时，溶液的 pH 约为 8.7，故通常采用酚酞作指示剂。应注意市售 40% 甲醛溶液中常含有微量游离酸，必须预先以酚酞为指示剂，用碱中和至浅红色，再用它与铵盐试样作用。

甲醛法准确度稍差，其优点是简单快速，故在生产上应用较多。此法适用于单纯含 NH_4^+ 样品（化肥）氮含量的测定。但样品中不能有钙镁或其他重金属离子存在。

习题

一、选择

1. 10℃时，滴定用去 26.00mL 0.1mol/L 标准溶液，该温度下 1L 0.1mol/L 标准溶液的补正值为 +1.5mL，则 20℃时该溶液的体积为（　　）mL。
A. 26　　　　　　B. 26.04　　　　　　C. 27.5　　　　　　D. 24.5

2. 在 24℃时（水的密度为 0.99638g/mL）称得 25mL 移液管中至刻度线时放出的纯水的质量为 24.902g，则其在 20℃时的真实体积为（　　）mL。
A. 25　　　　　　B. 24.99　　　　　　C. 25.01　　　　　　D. 24.97

3. $K_b=1.8\times10^{-5}$，计算 0.1mol/L NH_3 溶液的 pH（　　）。
A. 2.87　　　　　　B. 2.22　　　　　　C. 11.13　　　　　　D. 11.78

4. 用 HCl 滴定 $NaOH+Na_2CO_3$ 混合碱到达第一化学计量点时溶液 pH 约为（　　）。
A. >7　　　　　　B. <7　　　　　　C. =7　　　　　　D. <5

5. 用 $c(HCl)=0.1\ mol/L$ HCl 溶液滴定 $c(NH_3)=0.1\ mol/L$ 氨水溶液化学计量点时溶液的 pH 为（　　）。
A. 小于 7.0;　　　B. 等于 8.0　　　C. 大于 7.0　　　D. 等于 7.0

6. 欲配制 0.5000mol/L 的盐酸溶液，现有 0.4920mol/L 的盐酸 1000mL。问需要加入 1.0210mol/L 的盐酸（　　）毫升。
A. 1.526　　　　　B. 15.26　　　　　　C. 152.6　　　　　　D. 15.36

7. 0.5mol/L HAc 溶液与 0.1mol/L NaOH 溶液等体积混合，混合溶液的 pH 为（　　）。（pK_a，HAc=4.76）
A. 2.5　　　　　　B. 13　　　　　　C. 7.8　　　　　　D. 4.1

8. 若弱酸 HA 的 $K_a=1.0\times10^{-5}$，则其 0.10mol/L 溶液的 pH 为（　　）。

A. 2.00　　　　B. 3.00　　　　C. 5.00　　　　D. 6.00

9. NH_4^+ 的 $K_a=1\times10^{-9.26}$，则 0.10mol/L NH_3 水溶液的 pH 为（　　）。

A. 9.26　　　　B. 11.13　　　　C. 4.74　　　　D. 2.87

10. $H_2C_2O_4$ 的 $K_{a_1}=5.9\times10^{-2}$，$K_{a_2}=6.4\times10^{-5}$，则其 0.10mol/L 溶液的 pH 为（　　）。

A. 2.71　　　　B. 1.11　　　　C. 12.89　　　　D. 11.29

11. 有一碱液，可能为 NaOH、$NaHCO_3$ 或 Na_2CO_3 或它们的混合物，用 HCl 标准滴定溶液滴定至酚酞终点时耗去 HCl 的体积为 V_1，继续以甲基橙为指示剂又耗去 HCl 的体积为 V_2，且 $V_1<V_2$，则此碱液为（　　）。

A. Na_2CO_3　　　　　　　　　B. $Na_2CO_3+NaHCO_3$
C. $NaHCO_3$　　　　　　　　　D. $NaOH+Na_2CO_3$

12. 已知 0.1 mol/L 一元弱酸 HR 溶液的 pH＝5.0，则 0.1 mol/L NaR 溶液的 pH 为（　　）。

A. 9　　　　B. 10　　　　C. 11　　　　D. 12

二、判断

1. 指示剂属于一般试剂。（　　）

2. 凡是优级纯的物质都可用于直接法配制标准溶液。（　　）

3. 酸式滴定管用来盛放酸性溶液或氧化性溶液的容器。（　　）

4. 使用移液管吸取溶液时，应将其下口插入液面 0.5～1cm 处。（　　）

5. 滴定管、容量瓶、移液管在使用之前都需要用试剂溶液进行润洗。（　　）

6. 使用滴定管时，每次滴定应从"0"分度开始。（　　）

7. 在滴定时，$KMnO_4$ 溶液要放在碱式滴定管中。（　　）

8. 滴定管读数时必须读取弯液面的最低点。（　　）

9. 滴定管内壁不能用去污粉清洗，以免划伤内壁，影响体积准确测量。（　　）

10. 用电光分析天平称量时，若微缩标尺的投影向左偏移，天平指针也是向左偏移。（　　）

11. 天平的零点是指天平空载时的平衡点，每次称量之前都要先测定天平的零点。（　　）

12. 电光分析天平利用的是杠杆原理。（　　）

13. 天平的灵敏度越高越好。（　　）

14. 天平室要经常敞开通风，以防室内过于潮湿。（　　）

15. 天平和砝码应定时检定，按照规定最长检定周期不超过一年。（　　）

16. 差减法适于称量多份不易潮解的样品。（　　）

17. 电子天平每次使用前必须校准。（　　）

18. 标准规定"称取 1.5g 样品，精确至 0.0001g"，其含义是必须用至少分度值 0.1mg 的天平准确称 1.4～1.6g 试样。（　　）

19. 在利用分析天平称量样品时，应先开启天平，然后再取放物品。（　　）

20. 已知 25mL 移液管在 20℃的体积校准值为 -0.01mL，则 20℃该移液管的真实体积是 25.01mL。（　　）

21. 移液管的体积校正：一支 10.00mL（20℃下）的移液管，放出的水在 20℃时称量为 9.9814g，已知该温度时 1mL 的水质量为 0.99718g，则此移液管在校准后的体积为 10.01mL。（ ）

22. 当需要准确计算时，容量瓶和移液管均需要进行校正。（ ）

23. 在分析天平上称出一份样品，称前调整零点为 0。称得样品质量为 12.2446g，称后检查零点为 +0.2mg，该样品质量实际为 12.2448g。（ ）

24. 多元酸能否分步滴定，可从其二级离解常数 K_{a_1} 与 K_{a_2} 的比值判断，当 K_{a_1}/K_{a_2} $\geqslant 10^5$ 时，可基本断定能分步滴定。（ ）

25. 强酸滴定弱碱时，只有当 $cK_a \geqslant 10^{-8}$，此弱碱才能用标准酸溶液直接目视滴定。（ ）

26. $H_2C_2O_4$ 的两步离解常数为 $K_{a_1}=5.6\times 10^{-2}$，$K_{a_2}=5.1\times 10^{-5}$，因此不能分步滴定。（ ）

27. 用标准溶液 HCl 滴定 $CaCO_3$ 时，在化学计量点时，$n(CaCO_3)=2n(HCl)$。（ ）

28. 双指示剂法测定混合碱含量，已知试样消耗标准滴定溶液盐酸的体积 $V_1 > V_2$，则混合碱的组成为 $Na_2CO_3 + NaOH$。（ ）

29. 酸碱溶液浓度越小，滴定曲线化学计量点附近的滴定突跃越大，可供选择的指示剂越多。（ ）

30. 在酸碱质子理论中，NH_3 的共轭酸是 NH_4^+。（ ）

31. 根据酸碱质子理论，只要能给出质子的物质就是酸，只要能接受质子的物质就是碱。（ ）

32. 酸碱质子理论中接受质子的是酸。（ ）

33. 酸碱质子理论认为，H_2O 既是一种酸，又是一种碱。（ ）

34. 在水溶液中无法区别盐酸和硝酸的强弱。（ ）

35. 氢氧化钠标准溶液配制时可以直接进行分析天平称量配制（ ）

三、简答

1. HCl 标准溶液能否采用直接法配制？为什么？

2. 配制 0.1mol/L 的 HCl 溶液 500mL，计算量取浓盐酸的体积。

3. 标定盐酸溶液时，基准物质无水 Na_2CO_3 的质量是如何计算的？若用稀释法标定，需称取 Na_2CO_3 质量又如何计算？

4. HCl 溶液应装在哪种滴定管中？

5. 无水 Na_2CO_3 作为基准物质标定盐酸溶液时，能否用酚酞作指示剂？为什么？

6. 除用基准物质 Na_2CO_3 标定盐酸溶液外，还可用什么作基准物？比较两者的优缺点。

7. Na_2CO_3 基准物为什么要放在称量瓶中称量？称量瓶是否要预先称准？称量时盖子是否要盖好？

8. 无水 Na_2CO_3 保存不当，吸水 1%，用此基准物质标定盐酸溶液的浓度，对结果有何影响？锥形瓶是否需要用所装溶液润洗？

9. 甲基橙、甲基红及溴甲酚绿-甲基红混合指示剂的变色范围各为多少？混合指示剂的优点有哪些？

10. 配制 HCl 溶液时，量取浓盐酸的体积是如何计算的？

11. 标定盐酸溶液时，基准物质无水碳酸钠的质量是如何计算的？若用稀释法标定，需称取碳酸钠质量又如何计算？

12. 碳酸钠作为基准物质标定盐酸溶液时，为什么不用酚酞作指示剂？

13. 为什么要用不含 CO_2 的去离子水溶解试样？

14. 有一碱性溶液，可能是 NaOH、$NaHCO_3$ 或 Na_2CO_3，或其中两者的混合物，用双指示剂法进行测定。开始用酚酞为指示剂，消耗 HCl 体积为 V_1，再用甲基橙为指示剂，又消耗 HCl 体积为 V_2，V_1 与 V_2 关系如下，试判断上述溶液的组成。

(1) $V_1 > V_2$，$V_2 \neq 0$；

(2) $V_1 < V_2$，$V_1 \neq 0$；

(3) $V_1 = V_1 \neq 0$；

(4) $V_1 > V_2$，$V_2 = 0$；

(5) $V_1 < V_2$，$V_1 = 0$

15. 酸碱指示剂的变色原理和变色域如何？举例说明常用的酸碱指示剂。

16. $KHC_8H_4O_4$ 标定 NaOH 溶液的称取量如何计算？为什么要确定 0.4～0.6g 的称量范围？

17. 邻苯二甲酸氢钾在温度 >125℃ 时，会有部分变成酸酐。问：如使用此基准物质标定 NaOH 溶液时，该 NaOH 溶液的浓度将怎样变化？

四、计算

1. 有一碳酸氢铵试样 1.506g，溶于水后，以甲基橙为指示剂，用 1.034mol/L HCl 溶液直接滴定，耗去 HCl 溶液 17.55mL。计算试样中含氮量、含氨量（%）以及纯度（NH_4HCO_3 %）。

2. 计算下列各溶液的 pH 值：

(1) 0.2mol/L H_2SO_4；

(2) 0.01mol/L KOH；

(3) 0.12mol/L $CH_3NH_2 \cdot H_2O$；

(4) 0.05mol/L C_6H_5COOH；

(5) 0.1mol/L NH_4NO_3；

(6) 0.0001mol/L NaCN。

3. 称取混合碱试样 0.6839g，以酚酞作指示剂，用 0.2000mol/L HCl 标准溶液滴定至终点，用去酸溶液 23.10mL。再加甲基橙指示剂，滴定至终点，又耗用酸溶液 26.81mL。求试样中各组分的百分含量。

4. 下列各种弱酸、弱碱，能否用酸碱滴定法直接滴定？如果可以，应选哪种指示剂？为什么？

(1) 一氯乙酸（$CH_2ClCOOH$）；（2）苯酚；（3）吡啶；（4）苯甲酸；（5）羟氨。

5. 下列各种盐能否用酸碱滴定法直接滴定？如果可以，应选用什么指示剂？

(1) NaF；（2）苯甲酸钠；（3）NaAc；（4）酚钠（C_6H_5ONa）；（5）盐酸羟胺（$NH_2OH \cdot HCl$）。

6. 称取混合碱（Na_2CO_3 和 NaOH 或 Na_2CO_3 和 $NaHCO_3$ 的混合物）试样 1.200g，溶于水。用 0.5000mol/L HCl 溶液滴定至酚酞退色，用去 30.00mL；然后加入甲基橙，继续滴定至橙色，又用去 5.00mL。问试样中含有何种成分？其质量分数各为多少？

7. 称取混合碱样品 0.2550g，溶解后加酚酞指示剂，用 $c(HCl)=0.1000mol/L$ 的 HCl 标准溶液滴定，消耗 5.62mL；再加入甲基橙指示剂继续滴定，又消耗 27.50mL。判断此混合碱的组成并计算各组分含量。

8. 在 1.000g 不纯的 $CaCO_3$ 中加入 0.5100mol/L HCl 溶液 50.00mL，再用 0.4900mol/L NaOH 溶液回滴过量的 HCl，消耗 NaOH 溶液 25.00mL。求 $CaCO_3$ 的纯度。

9. 计算并绘制用 0.016mol/L HCl 滴定 20mL 0.024mol/L NH_3 的滴定曲线。

10. 用 0.1000mol/L NaOH 溶液滴定 20.00mL 0.1000mol/L 甲酸溶液时，化学计量点 pH 是多少？

11. 溶解氧化锌试样 0.1000g 于 50.00mL $c\left(\dfrac{1}{2}H_2SO_4\right)=0.1101mol/L$ 硫酸溶液中。用 $c(NaOH)=0.1200mol/L$ 氢氧化钠溶液滴定过量的硫酸，用去 25.50mL。求试样中氧化锌的质量分数？

12. 有工业硼砂 1.000g，用 0.2000mol/L HCl 25.00mL 恰中和至化学计量点。试计算样品中 $Na_2B_4O_7 \cdot 10H_2O$ 的百分含量？含 $Na_2B_4O_7$ 若干？

13. 在 1.000g 不纯的 $CaCO_3$ 中加入 0.5100mol/L HCl 溶液 50.00mL，再用 0.4900mol/L NaOH 溶液回滴过量的 HCl，消耗 NaOH 溶液 25.00mL。求 $CaCO_3$ 的纯度。

14. 用移液管准确量取甲醛溶液样品 3.00mL，加入酚酞指示剂，以 0.1000mol/L NaOH 标准溶液滴定至淡红色，耗碱 0.35mL。然后加入中性的 1mol/L Na_2SO_3 溶液 30mL，用 1.0000mol/L HCl 标准溶液滴定至无色，耗酸 24.78mL。若样品密度为 1.065g/mL，求其中 HCHO 和游离酸（以 HCOOH 计）的质量分数？

15. 用甲醛法测定硝酸铵试样的含氮量，称取样品 0.5200g，加入甲醛后，用 0.2500mol/L NaOH 标准滴定溶液滴定生成的酸，用去 21.10mL。求试样中氮的质量分数？

16. 在锥形瓶中准确加入 $c\left(\dfrac{1}{2}H_2SO_4\right)=0.1005mol/L$ 的硫酸标准滴定溶液 50.00mL，用安瓿瓶称取氨水 0.1960g 放入其中，摇碎安瓿吸收氨水，再用 $c(NaOH)=0.1010mol/L$ 的标准滴定溶液返滴定至终点，消耗 21.55mL。求氨水中氨的百分含量？

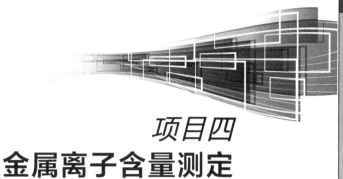

项目四
金属离子含量测定

 **知识目标**

1. EDTA 及 EDTA-M 配合物的特点。
2. EDTA-M 配合物的稳定性及其影响因素。
3. 金属指示剂的性质及常用金属指示剂的适用范围。
4. 单一离子和混合离子滴定的条件。
5. 四类配位滴定方式的适用范围及结果计算方法。

能力目标

1. 能够根据工作任务查阅所需分析资料。
2. EDTA 标准滴定溶液的配制与标定。
3. 自来水硬度的测定。
4. Fe^{3+}、Al^{3+} 的连续滴定。
5. 能够进行交流，有团队合作精神与职业道德，可独立或合作学习与工作。

任务一 自来水硬度的测定

技能训练一 EDTA 标准滴定溶液的配制与标定

一、项目要求

1. 掌握间接法配制 EDTA 标准滴定溶液的原理、操作技能和计算。

2. 熟悉铬黑 T（EBT）、二甲酚橙指示剂溶液和钙指示剂的配制方法、应用条件和滴定终点判断。

二、实施依据

以适当方法溶解纯金属锌或 ZnO 基准物，得到 Zn^{2+} 标准溶液，在 pH＝10 的 NH_3-NH_4Cl 缓冲溶液中，以铬黑 T（EBT）为指示剂，用 EDTA 滴定至由红色变为纯蓝色为终点。

$$Zn^{2+} + HIn^{2-} \rightleftharpoons ZnIn^- + H^+$$
$$（蓝色）\qquad （红色）$$
$$Zn^{2+} + H_2Y^{2-} \rightleftharpoons ZnY^{2-} + 2H^+$$
$$ZnIn^- + H_2Y^{2-} \rightleftharpoons ZnY^{2-} + HIn^{2-} + 2H^+$$
$$（红色）\qquad\qquad （蓝色）$$

或在 pH 为 5～10 的六亚甲基四胺缓冲溶液中，以二甲酚橙（XO）作指示剂，用 EDTA 滴定至由紫红色变为亮黄色为终点。

用 $CaCO_3$ 基准物标定时，溶液酸度应控制在 pH≥10，用钙指示剂，终点由红色变为蓝色。

三、试剂

1. EDTA 二钠盐（$Na_2H_2Y \cdot 2H_2O$）。

2. 基准试剂 ①纯锌片 锌纯度为 99.99％；②氧化锌（ZnO）于 800～900℃灼烧至恒重；③$CaCO_3$ 于 105～110℃烘箱中干燥 2h，稍冷后置于干燥器中冷却至室温。

3. HCl 溶液（1＋1）、（1＋2）。

4. KOH 溶液（100g/L）。

5. 氨水（1＋1）。

6. 六亚甲基四胺溶液（300g/L）。

7. NH_3-NH_4Cl 缓冲溶液（pH＝10） 称取固体 NH_4Cl 5.4g，加水 20mL，加浓氨水 35mL，溶解后，以水稀释成 100mL，摇匀。

8. 铬黑 T 称取 0.25g 固体铬黑 T，2.5g 盐酸羟胺，以 50mL 无水乙醇溶解。

9. 二甲酚橙（2g/L 水溶液）。

10. 钙指示剂 与固体 NaCl 以 1＋100 混合研细。临用前配制。

四、工作程序

1. 配制 $c(EDTA)$ = 0.02mol/L EDTA 溶液 500mL

称取分析纯 $Na_2H_2Y \cdot 2H_2O$ 3.7g，溶于 300mL 蒸馏水中，加热溶解，冷却后转移至试剂瓶中，稀释至 500mL，充分摇匀，待标定。

2. 标定 EDTA 溶液

(1) 用 Zn^{2+} 标准溶液标定 EDTA

$c(Zn^{2+})$ = 0.02mol/L Zn^{2+} 标准溶液的配制如下。

金属锌配制 Zn^{2+} 标准溶液：准确称取基准物质锌 0.33g，置于小烧杯中，加入约 5～6mL HCl 溶液（1+2），待锌完全溶解后，以少量蒸馏水冲洗杯壁，定量转入 250mL 容量瓶中，稀释至刻度，摇匀。

$$c(Zn^{2+}) = \frac{m(Zn)}{M(Zn) \times 250 \times 10^{-3}}$$

式中　$c(Zn^{2+})$——Zn^{2+} 标准溶液的浓度，mol/L；

$m(Zn)$——基准物质 Zn 的质量，g；

$M(Zn)$——基准物质 Zn 的摩尔质量，g/mol。

ZnO 配制 Zn^{2+} 标准溶液：准确称取基准物质 ZnO 0.4g，置于小烧杯中，加 1～2 滴水润湿，加 3～5mL HCl 溶液（1+1），摇动使之溶解（一定完全溶解，必要时可稍加热），加入 25mL 水，摇匀。定量转入 250mL 容量瓶中，稀释至刻度，摇匀。

$$c(Zn^{2+}) = \frac{m(ZnO)}{M(ZnO) \times 250 \times 10^{-3}}$$

式中　$c(Zn^{2+})$——Zn^{2+} 标准溶液的浓度，mol/L；

$m(ZnO)$——基准物质 ZnO 的质量，g；

$M(ZnO)$——基准物质 ZnO 的摩尔质量，g/mol。

铬黑 T 作指示剂标定 EDTA：用移液管移取 25.00mL Zn^{2+} 标准溶液于 250mL 锥型瓶中，加 20mL 水，滴加氨水（1+1）至刚出现浑浊，此时 pH 约为 8，然后加入 10mL NH_3-NH_4Cl 缓冲溶液（pH=10），滴加 4 滴铬黑 T 指示剂，用 EDTA 溶液滴定至溶液由酒红色变为纯蓝色即为终点。记录消耗 EDTA 溶液的体积。

二甲酚橙作指示剂标定 EDTA：用移液管移取 25.00mL Zn^{2+} 标准溶液于 250mL 锥形瓶中，加 20mL 水，二甲酚橙指示剂 2～3 滴，加六亚甲基四胺至溶液呈稳定的紫红色（30s 内不退色），用 EDTA 溶液滴定至溶液恰好从紫红色转变为亮黄色即为终点。记录消耗 EDTA 溶液的体积。

(2) 以 $CaCO_3$ 为基准物质标定 EDTA

$c(Ca^{2+})$ = 0.02mol/L Ca^{2+} 标准溶液的配制：准确称取基准物质 $CaCO_3$ 0.5g 于 250mL 烧杯中，加入少量水润湿，盖上表面皿，沿杯口滴加 HCl（1+2）（控制速度防止飞溅）使 $CaCO_3$ 全部溶解。以少量水冲洗表面皿，定量转入 250mL 容量瓶中，稀释至刻度，摇匀。

$$c(Ca^{2+}) = \frac{m(CaCO_3)}{M(CaCO_3) \times 250 \times 10^{-3}}$$

式中　$c(Ca^{2+})$——Ca^{2+} 标准溶液的浓度，mol/L；

$m(CaCO_3)$——基准物质 $CaCO_3$ 的质量，g；

$M(CaCO_3)$——基准物质 $CaCO_3$ 的摩尔质量，g/mol。

标定 EDTA：用移液管移取 25.00mL Ca^{2+} 标准溶液于 250mL 锥形瓶中，约加 20mL 蒸馏水，加入少量钙指示剂，滴加 KOH 溶液（大约 20 滴）至溶液呈现稳定的紫红色，然后用 EDTA 溶液滴定至溶液由红色变成蓝色即为终点。记录消耗 EDTA 溶液的体积。

五、数据记录与计算

$$c(EDTA) = \frac{c(Zn^{2+})V(Zn^{2+})}{V(EDTA)}$$

式中　$c(EDTA)$——EDTA 标准溶液的浓度，mol/L；

　　　$c(Zn^{2+})$——Zn^{2+} 标准溶液的浓度，mol/L；

　　　$V(Zn^{2+})$——Zn^{2+} 标准溶液，mL；

　　　$V(EDTA)$——滴定时消耗 EDTA 标准溶液的体积，mL。

六、注意事项

1. 滴加（1+1）氨水调整溶液酸度时要逐滴加入，每加一滴都要摇匀，溶液静止下来后再加下一滴，防止滴加过量，以出现浑浊为限。滴加过快时，可能会使浑浊立即消失，误以为还没有出现浑浊。

2. 加入 NH_3-NH_4Cl 缓冲溶液后应尽快滴定，不宜放置过久。

七、思考与质疑

1. 配制 EDTA 标准溶液通常使用乙二胺四乙酸二钠，而不使用乙二胺四乙酸，为什么？

2. 用 Zn^{2+} 标定 EDTA 时，为什么先用氨水调节溶液 pH 为 7～8 以后，再加入 NH_3-NH_4Cl 缓冲溶液？

3. 用 Zn^{2+} 标定 EDTA，用氨水调节溶液 pH 时，先出现白色沉淀，后又溶解，解释现象，并写出反应方程式。

4. 以 HCl 溶液溶解 $CaCO_3$ 基准物时，操作中应注意些什么？为什么？

5. 用 Ca^{2+} 标准溶液标定 EDTA，写出 EDTA 物质的量浓度和 EDTA 对 Ca^{2+} 滴定度的计算式。

技能训练二　自来水硬度的测定

 想一想

饮用水硬度的大小对我们身体有哪些影响？

一、项目要求

1. 掌握用配位滴定法测定水中硬度的原理、操作技能和计算。

2.掌握水中硬度的表示方法。

3.掌握铬黑 T、钙指示剂的应用条件和终点颜色判断。

二、实施依据

总硬度测定，用 NH_3-NH_4Cl 缓冲溶液控制 pH＝10，以铬黑 T 为指示剂，用三乙醇胺掩蔽 Fe^{2+}、Al^{3+} 等可能共存离子，用 Na_2S 消除 Cu^{2+}、Pb^{2+} 等可能共存离子的影响，用 EDTA 标准溶液直接滴定 Ca^{2+} 和 Mg^{2+}，终点时溶液由红色变为纯蓝色。

$$Mg^{2+}+HIn^{2-} \longrightarrow MgIn^- +H^+$$
$$（红色）$$
$$Ca^{2+}+ H_2Y^{2-} \rightleftharpoons CaY^{2-}+2H^+$$
$$Mg^{2+}+H_2Y^{2-} \rightleftharpoons MgY^{2-}+2H^+$$
$$MgIn^- + H_2Y^{2-} \longrightarrow MgY^{2-}+HIn^{2-}+H^+$$
$$（红色） \qquad （纯蓝色）$$

钙硬度测定，用 NaOH 调节水样使 pH＝12，Mg^{2+} 形成 $Mg(OH)_2$ 沉淀，以钙指示剂指示终点，用 EDTA 标准溶液滴定，终点时溶液由红色变为蓝色。

$$Ca^{2+}+ HIn^{2-} \longrightarrow CaIn^- +H^+$$
$$Ca^{2+}+ H_2Y^{2-} \longrightarrow CaY^{2-}+2H^+$$
$$CaIn^- + H_2Y^{2-} \longrightarrow CaY^{2-}+HIn^{2-}+H^+$$
$$（红色） \qquad （纯蓝色）$$

三、试剂

1.水试样（自来水或天然水如大井水）。

2.EDTA 标准溶液（0.02mol/L）。

3.NH_3-NH_4Cl 缓冲溶液（pH＝10）。

4.铬黑 T。

5.刚果红试纸。

6.钙指示剂。

7.NaOH 溶液（4mol/L）。

8.HCl 溶液（1＋1）。

9.三乙醇胺（200g/L）。

10.Na_2S 溶液（20g/L）。

四、工作程序

1.总硬度的测定

用 50mL 移液管移取水试样 50.00mL 于 250mL 锥形瓶中，加 1～2 滴 HCl 酸化（用刚果红试纸检验变蓝紫色），煮沸 2～3min 赶除 CO_2。冷却，加入 3mL 三乙醇胺溶液，5mL NH_3-NH_4Cl 缓冲溶液，1mL Na_2S 溶液。加 3 滴铬黑 T 指示剂，立即用 c（EDTA）＝0.02mol/L 的 EDTA 标准溶液滴定至溶液由酒红色变为纯蓝色即为终点。记录消耗 EDTA

溶液的体积 V_1。

2.钙硬度的测定

用移液管移取水试样 100.00mL 于 250mL 锥形瓶中，加入刚果红试纸（pH 为 3～5，颜色由蓝色变红色）一小块。加入 1～2 滴 HCl 酸化，至试纸变蓝紫色为止。煮沸 2～3min，冷却至 40～50℃，加入 $c(NaOH)$ ＝4mol/L NaOH 溶液 4mL，再加少量钙指示剂，以 $c(EDTA)$ ＝0.02mol/L 的 EDTA 标准溶液滴定至溶液由红色变为蓝色即为终点。记录消耗 EDTA 溶液的体积 V_2。

五、数据记录与计算

1.总硬度

$$\rho_{总}(CaCO_3) = \frac{c(EDTA)V_1 M(CaCO_3)}{V} \times 10^3$$

$$度(°) = \frac{c(EDTA)V_1 M(CaO)}{V \times 10} \times 10^3$$

2.钙硬度

$$\rho_{钙}(CaCO_3) = \frac{c(EDTA)V_2 M(CaCO_3)}{V} \times 10^3$$

式中　　$\rho_{总}(CaCO_3)$ ——水样的总硬度，mg/L；

$\rho_{钙}(CaCO_3)$ ——水样的钙硬度，mg/L；

$c(EDTA)$ ——EDTA 标准溶液的浓度，mol/L；

V_1 ——测定总硬度时消耗 EDTA 标准溶液的体积，mL；

V_2 ——测定钙硬度时消耗 EDTA 标准溶液的体积，mL；

V ——水样的体积，mL；

$M(CaCO_3)$ ——$CaCO_3$ 摩尔质量，g/mol；

$M(CaO)$ ——CaO 摩尔质量，g/mol。

六、注意事项

1.滴定速度不能过快，接近终点时要慢，以免滴定过量。

2.数据记录中，以总硬度平均值减去钙硬度平均值计算镁硬度。

七、思考与质疑

1.本实验使用的 EDTA 标准溶液，最好使用哪种指示剂标定？恰当的基准物是什么？为什么？

2.测定钙硬度时为什么加盐酸？加盐酸时应注意什么？

3.以测定 Ca^{2+} 为例，写出终点前后的各反应式。说明指示剂颜色变化的原因。

4.单独测定 Ca^{2+} 时能否用铬黑 T 作指示剂？Mg^{2+} 的存在是否干扰测定？若在铬黑 T 指示剂中加入一定量的 MgY 对滴定终点有何影响？说明反应原理。

5.参考表 4-1，评价本实验水试样的水质。

表 4-1　水质分类

总硬度	0°～4°	4°～8°	8°～16°	16°～25°	25°～40°	40°～60°	60°以上
水质	很软水	软水	中硬水	硬水	高硬水	超硬水	特硬水

任务二　Pb^{2+}、Bi^{3+} 的连续滴定

技能训练三　铅铋混合液中铅、铋含量的连续测定

一、项目要求

1. 掌握利用控制酸度用 EDTA 连续滴定金属离子的基本原理和操作方法。

2. 掌握 EDTA 连续滴定 Bi^{3+} 和 Pb^{2+} 的原理、操作和计算。

二、实施依据

在 Bi^{3+}、Pb^{2+} 混合溶液中，首先调节溶液的 pH＝1，以二甲酚橙为指示剂，Bi^{3+} 与指示剂形成紫红色配合物（Pb^{2+} 在此条件下不会与二甲酚橙形成有色配合物），用 EDTA 标准溶液滴定 Bi^{3+}，当溶液由紫红色恰变为黄色，即为滴定 Bi^{3+} 的终点。

在滴定 Bi^{3+} 后的溶液中，加入六亚甲基四胺溶液，调节溶液 pH 为 5～6，此时 Pb^{2+} 与二甲酚橙形成紫红色配合物，溶液再次呈现紫红色，然后用 EDTA 标准溶液继续滴定，溶液由紫红色恰变为黄色，即为滴定 Pb^{2+} 的终点。

$$Bi^{3+} + H_2Y^{2-} \longrightarrow BiY^- + 2H^+$$
$$Pb^{2+} + H_2Y^{2-} \longrightarrow PbY^{2-} + 2H^+$$

三、试剂

1. EDTA 标准溶液，$c(\text{EDTA})＝0.02\text{mol/L}$。

2. 二甲酚橙指示剂，$\rho＝2\text{g/L}$ 水溶液。

3. 六亚甲基四胺缓冲溶液，$\rho＝200\text{g/L}$。

4. 硝酸溶液，$c(\text{HNO}_3)＝2\text{mol/L}$ 和 $c(\text{HNO}_3)＝0.1\text{mol/L}$。

5. NaOH 溶液，$c(\text{NaOH})＝2\text{mol/L}$。

6. 精密 pH 试纸。

7. Bi^{3+}、Pb^{2+} 混合液（各约 0.02mol/L）　称取 $Pb(NO_3)_2$ 6.6g、$Bi(NO_3)_3$ 9.7g，放入已盛有 30mL HNO_3 的烧杯中，在电炉上微热溶解后，稀释至 1000mL。

四、工作程序

1. Bi^{3+} 的测定

用移液管移取 25.00mL Bi^{3+}、Pb^{2+} 混合液于 250mL 锥形瓶中，用 $c(NaOH) =$ 2mol/L NaOH 溶液或 $c(HNO_3) =$ 2mol/L HNO_3 溶液调节试液的酸度至 pH＝1，然后加入 10mL $c(HNO_3) =$ 0.1mol/L 的 HNO_3 溶液，加 1～2 滴二甲酚橙指示剂，这时溶液呈紫红色，用 EDTA 标准溶液滴定至溶液由紫红色恰变为黄色。记录消耗 EDTA 溶液的体积 V_1。

2. Pb^{2+} 的测定

在滴定 Bi^{3+} 后的溶液中，滴加六亚甲基四胺溶液，至呈现稳定的紫红色后，再过量 5mL，此时溶液的 pH 为 5～6。用 EDTA 标准溶液滴定至溶液由紫红色恰变为黄色。记录消耗 EDTA 溶液的体积 V_2。

五、数据记录与计算

$$\rho(Bi^{3+}) = \frac{c(EDTA)V_1 M(Bi)}{V}$$

$$\rho(Pb^{2+}) = \frac{c(EDTA)V_2 M(Pb)}{V}$$

式中　$\rho(Bi^{3+})$ ——混合液中 Bi^{3+} 的含量，g/L；

$\rho(Pb^{2+})$ ——混合液中 Pb^{2+} 的含量，g/L；

$c(EDTA)$ ——EDTA 标准溶液的浓度，mol/L；

V_1 ——滴定 Bi^{3+} 时消耗 EDTA 标准溶液的体积，mL；

V_2 ——滴定 Pb^{2+} 时消耗 EDTA 标准溶液的体积，mL；

V ——所取试液的体积，mL；

$M(Bi)$ ——Bi 的摩尔质量，g/mol；

$M(Pb)$ ——Pb 的摩尔质量，g/mol。

六、注意事项

1. 调节试液的酸度至 pH＝1 时，可用精密 pH 试纸检验，但是，为了避免检验时试液被带出而引起损失，可先用一份试液做调节试验，再按加入的 NaOH 量或 HNO_3 量调节溶液的 pH，进行滴定。

2. 滴定速度不宜过快，终点控制要恰当。

七、思考题

1. 利用控制酸度，用 EDTA 连续滴定多种金属离子的条件是什么？

2. EDTA 测定 Bi^{3+}、Pb^{2+} 混合液时，为什么要在 pH＝1 时滴定 Bi^{3+}？酸度过高或过低对滴定结果有何影响？

3. 二甲酚橙指示剂使用的 pH 范围是多少？本实验如何控制溶液的 pH？

4. 说明连续滴定 Bi^{3+}、Pb^{2+} 过程中，二甲酚橙指示剂颜色变化以及颜色变化原理。

5. 判断能否利用控制酸度，用配位滴定法连续测定铁、铝含量？试拟定实验方案。

相关知识

4.1 配位滴定法及特点

配位滴定法是以生成配位化合物的反应（配位反应）为基础的滴定分析方法。配位滴定中最常用的配位剂是 EDTA，所以配位滴定法常指以 EDTA 为标准滴定溶液的 EDTA 配位滴定法。

思考：滴定分析方法的分类？用于滴定分析的化学反应必须具备哪些条件？

用于配位滴定的配位反应必须具备一定的条件：

① 反应按化学计量关系定量进行，即金属离子与配位剂的比例（即配位比）要恒定；

② 配位反应必须完全，即生成配合物的稳定常数（stability constant）足够大；

③ 反应速度快；

④ 有适当的方法确定终点。

4.1.1 配位剂种类

配位剂分为无机配位剂和有机配位剂。多数的无机配位剂只有一个配位原子（通常称此类配位剂为单基配位体，如 F^-、Cl^-、CN^-、NH_3 等），与金属离子形成配合物的稳定性较差，常形成 ML_n 型的简单配合物，且逐级配位，使化学计量关系难以确定，无法准确计算。因此，除个别反应（例如 Ag^+ 与 CN^-、Hg^{2+} 与 Cl^- 等反应）外，无机配位剂大多数不能用于配位滴定，在分析工作中一般多用作掩蔽剂、辅助配位剂和显色剂。

目前应用最广泛的是有机配位剂，特别是含有二乙酸氨基 $\left[-N(CH_2COOH)_2 \right]$ 的氨羧配位剂应用最广泛。氨羧配位剂是一种多基配位体，分子中含有 2 个氨氮和 4 个羧氧 $-\overset{..}{C}-\overset{..}{O}-$ 配位原子，前者易与 Cu^{2+}、Ni^{2+}、Zn^{2+}、Co^{2+}、Hg^{2+} 等金属离子配位，后者则几乎与所有高价金属离子配位。因此氨羧配位剂兼有两者配位的能力，几乎能与所有金属离子配位。有机配位剂的优点是由于含有多个配位原子，因而减少甚至消除了分级配位现象，可与金属离子形成很稳定而且组成固定的配合物，大多是具有环状结构的可溶性螯合物。表 4-2 中比较了 Cu^{2+} 与氨、乙二胺、三亚乙基四胺所形成的配合物的稳定性。

表 4-2 Cu^{2+} 与氨、乙二胺、三亚乙基四胺所形成的配合物的比较

配合物	配位比	螯环数	$\lg K_稳$
$_3HN \diagdown_{Cu}\diagup^{NH_3}_{}$ $_3HN \diagup \diagdown NH_3$	1∶4	0	12.6

配合物	配位比	螯环数	$\lg K_{稳}$
	$1:2$	2	19.6
	$1:1$	3	20.6

常见的氨羧配位剂有：EDTA（乙二胺四乙酸）；CyDTA（或 DCTA，环己烷二胺基四乙酸）；EDTP（乙二胺四丙酸）；TTHA（三乙基四胺六乙酸）。常用氨羧配位剂与金属离子形成的配合物稳定性参见附录四。其中 EDTA 是目前应用最广泛的一种。

乙二胺四乙酸及其螯合物如下。

乙二胺四乙酸是一种四元酸，习惯用 H_4Y 表示。其结构式如下：

$$\text{HOOCCH}_2 \diagdown \qquad \diagup \text{CH}_2\text{COOH}$$
$$\text{N—CH}_2\text{—CH}_2\text{—N}$$
$$\text{HOOCCH}_2 \diagup \qquad \diagdown \text{CH}_2\text{COOH}$$

乙二胺四乙酸是一种无毒、无臭、具有酸味的白色无水结晶粉末，微溶于水，22℃时溶解度仅为 0.02g/100mL H_2O，难溶于酸和有机溶剂，易溶于氨水、NaOH 等碱性溶液形成相应的盐。由于乙二胺四乙酸溶解度小，因而不适用作滴定剂，而常用其二钠盐作滴定剂。

乙二胺四乙酸二钠用 $Na_2H_2Y \cdot 2H_2O$ 表示，也简称为 EDTA，相对分子质量为 372.26，白色结晶粉末，室温下可吸附水分 0.3%，80℃时可烘干除去。在 100～140℃时将失去结晶水而成为无水的 EDTA 二钠盐（相对分子质量为 336.24）。EDTA 二钠盐易溶于水（22℃时溶解度为 11.1g/100mL H_2O，浓度约 0.3mol/L，pH≈4.4），在配位滴定中，通常配制成 0.01～0.1 mol/L 的标准溶液使用。

乙二胺四乙酸在水溶液中，具有双偶极离子结构：

$$\text{HOOCH}_2\text{C} \diagdown \overset{H}{\underset{+}{N}}\text{—CH}_2\text{—CH}_2\text{—}\overset{H}{\underset{}{N}} \diagup \text{CH}_2\text{COO}^-$$
$$^-\text{OOCH}_2\text{C} \diagup \qquad \diagdown \text{CH}_2\text{COOH}$$

因此，当 EDTA 溶解于酸度很高的溶液中时，它的两个羧酸根可再接受两个 H^+ 形成 H_6Y^{2+}，这样，它就相当于一个六元酸，有六级离解常数，即：EDTA 在水溶液中总是以 H_6Y^{2+}、H_5Y^+、H_4Y、H_3Y^-、H_2Y^{2-}、HY^{3-} 和 Y^{4-} 等七种型体存在。它们的分布系数 δ 与溶液 pH 的关系如图 4-1 所示。

EDTA 与金属离子配合物的特点如下。

① EDTA 具有广泛的配位性能，几乎能与所有金属离子形成配合物，因而配位滴定应用很广泛，但如何提高滴定的选择性便成为配位滴定中的一个重要问题。

② 配位比简单，多数形成 1:1 配合物。个别离子如 Mo（V）与 EDTA 配合物 $[(MoO_2)_2Y^{2-}]$ 的配位比为 2:1。

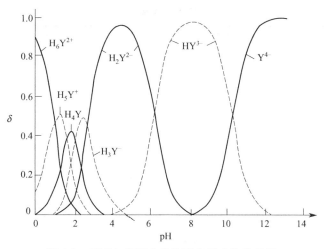

图 4-1　EDTA 溶液中各种存在形式的分布图

③ EDTA 配合物的稳定性高，形成具有 5 个五元环的螯合物。

EDTA 分子中有 6 个配位原子，此 6 个配位原子恰能满足它们的配位数，在空间位置上均能与同一金属离子形成环状化合物，即螯合物。图 4-2 所示的是 EDTA 与 Ca^{2+} 形成的螯合物的立方构型。

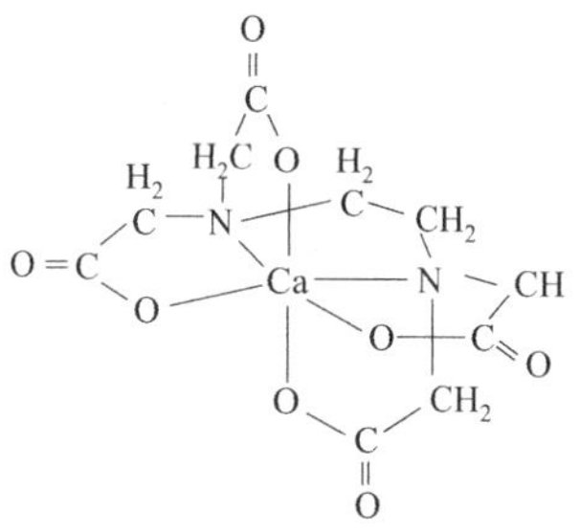

④ EDTA 配合物易溶于水，使配位反应较迅速。

⑤ 大多数金属-EDTA 配合物无色，这有利于指示剂确定终点。但 EDTA 与有色金属离子配位生成的螯合物颜色则加深。例如：

图 4-2　EDTA 与 Ca^{2+}
形成的螯合物

| CuY^{2-} | NiY^{2-} | CoY^{2-} | MnY^{2-} | CrY^- | FeY^- |
| 深蓝色 | 蓝色 | 紫红色 | 紫红色 | 深紫色 | 黄色 |

4.1.2　稳定常数

（1）配合物的绝对稳定常数

对于 1：1 型的配合物 ML，配位反应式为（为简便起见，略去电荷，以下同）：

$$M + L \rightleftharpoons ML \qquad K_{ML} = \frac{[ML]}{[M][L]} \tag{4-1}$$

同样，$M + Y \rightleftharpoons MY \; K_{MY} = \dfrac{[MY]}{[M][Y]}$，$K_{MY}$ 即为金属-EDTA 配合物的绝对稳定常数（或称形成常数），也可用 $K_{稳}$ 表示。对于具有相同配位数的配合物或配位离子，此值越大，配合物越稳定。它的倒数即为配合物的不稳定常数（或离解常数）。

$$K_{稳} = \frac{1}{K_{不稳}} \text{或} \lg K_{稳} = pK_{不稳} \tag{4-2}$$

常见金属离子与 EDTA 形成的配合物 MY 的绝对稳定常数 K_{MY} 见表 4-3（也可由相关的手册查到）。需要指出的是：绝对稳定常数是指无副反应情况下的数据，它不能反映实际滴定过程中真实配合物的稳定状况。

表 4-3　部分金属-EDTA 配位化合物的 $lgK_稳$

阳离子	lgK_{MY}	阳离子	lgK_{MY}	阳离子	lgK_{MY}
Na^+	1.66	Ce^{4+}	15.98	Cu^{2+}	18.80
Li^+	2.79	Al^{3+}	16.3	Ga^{2+}	20.3
Ag^+	7.32	Co^{2+}	16.31	Ti^{3+}	21.3
Ba^{2+}	7.86	Pt^{2+}	16.31	Hg^{2+}	21.8
Mg^{2+}	8.69	Cd^{2+}	16.49	Sn^{2+}	22.1
Sr^{2+}	8.73	Zn^{2+}	16.50	Th^{4+}	23.2
Be^{2+}	9.20	Pb^{2+}	18.04	Cr^{3+}	23.4
Ca^{2+}	10.69	Y^{3+}	18.09	Fe^{3+}	25.1
Mn^{2+}	13.87	VO^+	18.1	U^{4+}	25.8
Fe^{2+}	14.33	Ni^{2+}	18.60	Bi^{3+}	27.94
La^{3+}	15.50	VO^{2+}	18.8	Co^{3+}	36.0

（2）配合物的逐级稳定常数（stepwise stability constant）和累积稳定常数（cumulative stability constant）

对于配位比为 $1:n$ 的配合物，由于 ML_n 的形成是逐级进行的，其逐级形成反应与相应的逐级稳定常数（$K_{稳n}$）为：

$$M + L \rightarrow ML \qquad\qquad K_{稳1} = \frac{[ML]}{[M][L]}$$

$$ML + L \rightarrow ML_2 \qquad\qquad K_{稳2} = \frac{[ML_2]}{[ML][L]}$$

$$\vdots \qquad\qquad\qquad\qquad \vdots$$

$$ML_{(n-1)} + L \rightarrow ML_n \qquad\qquad K_{稳n} = \frac{[ML_n]}{[ML_{n-1}][L]} \qquad (4\text{-}3)$$

若将逐级稳定常数渐次相乘，应得到各级累积常数（β_n）。

第一级累积稳定常数 $\beta_1 = K_{稳1} = \dfrac{[ML]}{[M][L]}$

第二级累积稳定常数 $\beta_2 = K_{稳1}K_{稳2} = \dfrac{[ML_2]}{[M][L]^2}$

第 n 级累积稳定常数 $\beta_n = K_{稳1}K_{稳2}\cdots K_{稳n} = \dfrac{[ML_n]}{[M][L]^n} \qquad (4\text{-}4)$

β_n 即为各级配位化合物的总的稳定常数。

根据配位化合物的各级累积稳定常数，可以计算各级配合物的浓度，即：

$$[ML] = \beta_1[M][L]$$

$$[ML_2] = \beta_2[M][L]^2$$

$$\vdots \qquad\qquad \vdots$$

$$[ML_n] = \beta_n[M][L]^n \qquad (4\text{-}5)$$

可见，各级累积稳定常数将各级配位化合物的浓度（$[ML]$，$[ML_2]$，$\cdots$，$[ML_n]$）直接与游离金属、游离配位剂的浓度（$[M]$，$[L]$）联系了起来。在配位平衡计算中，常涉及各级配合物的浓度，这些关系式都是很重要的。

【例 4-1】　在 pH=12 的 5.0×10^{-3} mol/L CaY 溶液中，Ca^{2+} 浓度和 pCa 为多少？

解　已知 pH=12 时 $c(CaY) = 5.0\times10^{-3}$ mol/L

查表 4-3 得 $K_{CaY} = 10^{10.69}$，

$$K_{CaY} = \frac{[CaY^{2-}]}{[Ca^{2+}][Y]}, \qquad \text{由于} \quad [Ca] = [Y], \qquad [CaY^{2-}] \approx c(CaY),$$

$$\text{故} \quad [Ca]^2 = \frac{c(CaY)}{K_{CaY}},$$

$$[Ca] = \left[\frac{c(CaY)}{K_{CaY}}\right]^{\frac{1}{2}} = \left(\frac{10^{-2.30}}{10^{10.69}}\right)^{\frac{1}{2}} = 10^{-6.5} \qquad \text{即} \quad [Ca] = 3 \times 10^{-7} mol/L$$

$$pCa = \frac{1}{2}(\lg K_{CaY} - \lg[CaY^{2-}]) = \frac{1}{2}(10.7 + 2.3) = 6.5$$

因此，溶液中，Ca^{2+} 的浓度为 $3 \times 10^{-7} mol/L$。pCa 为 6.5。

（3）溶液中各级配合物的分布

在酸碱平衡中要考虑酸度对酸碱各种存在形式分布的影响；同样，在配位平衡中也应考虑配位剂浓度对配合物各级存在形式分布的影响。

若金属离子的分析浓度为 c_M，按金属离子的物料平衡关系：

$$c_M = [M] + [ML] + [ML_2] + \cdots + [ML_n] = [M](1 + \sum_{i=1}^{n}\beta_i[L]^i) \tag{4-6}$$

而各级配位化合物的浓度则可由 $\beta_n = \frac{[ML_n]}{[M][L]^n}$ 式表示，因此各级配位化合物分布系数为：

$$\delta_M = \frac{[M]}{c_M} = \frac{1}{1 + \sum_{i=1}^{n}\beta_i[L]^i} \tag{4-7}$$

$$\delta_{ML} = \frac{[ML]}{c_M} = \frac{\beta_1[L]}{1 + \sum_{i=1}^{n}\beta_i[L]^i} \tag{4-8}$$

$$\delta_{MLn} = \frac{[ML_n]}{c_M} = \frac{\beta_n[L]^n}{1 + \sum_{i=1}^{n}\beta_i[L]^i} \tag{4-9}$$

利用式(4-9)，可以由分配系数分别求出各级配合物的浓度。

4.1.3 副反应系数和条件稳定常数

在滴定过程中，一般将 EDTA（Y）与被测金属离子 M 的反应称为主反应，而溶液中存在的其他反应都称为副反应（side reaction），如下式。

主反应：$M + Y \Longrightarrow MY$

副反应：

M(OH)	MA	HY	NY	MHY	M(OH)Y
⋮	⋮	⋮			
M(OH)$_n$	MA$_n$	H$_6$Y			
羟基配位效应	配位效应	酸效应	共存离子效应	混合配位效应	

式中，A 为辅助配位剂；N 为共存离子。副反应影响主反应的现象称为"效应"。

显然，反应物(M、Y)发生副反应不利于主反应的进行，而生成物(MY)的各种副反应则有利于主反应的进行，但所生成的这些混合配合物大多数不稳定，可以忽略不计。以下主要讨论反应物发生的副反应。

(1)副反应系数

配位反应涉及的平衡比较复杂。为了定量处理各种因素对配位平衡的影响，引入副反应系数的概念。副反应系数是描述副反应对主反应影响大小程度的量度，以 α 表示。

① Y 与 H 的副反应——酸效应(acidic effect)与酸效应系数　因 H^+ 的存在使配位体参加主反应能力降低的现象称为酸效应。酸效应的程度用酸效应系数来衡量，EDTA 的酸效应系数用符号 $\alpha_{Y(H)}$ 表示。所谓酸效应系数是指在一定酸度下，未与 M 配位的 EDTA 各级质子化型体的总浓度 $[Y']$ [1]与游离 EDTA 酸根离子浓度 $[Y]$ 的比值，即

$$\alpha_{Y(H)} = \frac{[Y']}{[Y]} \tag{4-10}$$

不同酸度下的 $\alpha_{Y(H)}$ 值，可按式(4-11)计算：

$$\alpha_{Y(H)} = 1 + \frac{[H]}{K_6} + \frac{[H]^2}{K_6 K_5} + \frac{[H]^3}{K_6 K_5 K_4} + \cdots + \frac{[H]^6}{K_6 K_5 \cdots K_1} \tag{4-11}$$

式中，K_6、K_5、$\cdots$、K_1 为 $H_6 Y^{2+}$ 的各级离解常数。

由式(4-11)可知 $\alpha_{Y(H)}$ 随 pH 的增大而减少。$\alpha_{Y(H)}$ 越小则 $[Y]$ 越大，即 EDTA 有效浓度 $[Y]$ 越大，因而酸度对配合物的影响越小。

在 EDTA 滴定中，$\alpha_{Y(H)}$ 是最常用的副反应系数。为应用方便，通常用其对数值 $\lg\alpha_{Y(H)}$。表 4-4 列出不同 pH 的溶液中 EDTA 酸效应系数 $\lg\alpha_{Y(H)}$ 值。

表 4-4　不同 pH 时的 $\lg\alpha_{Y(H)}$ 表

pH	$\lg\alpha_{Y(H)}$	pH	$\lg\alpha_{Y(H)}$	pH	$\lg\alpha_{Y(H)}$
0.0	23.64	3.8	8.85	7.4	2.88
0.4	21.32	4.0	8.44	7.8	2.47
0.8	19.08	4.4	7.64	8.0	2.27
1.0	18.01	4.8	6.84	8.4	1.87
1.4	16.02	5.0	6.45	8.8	1.48
1.8	14.27	5.4	5.69	9.0	1.28
2.0	13.51	5.8	4.98	9.5	0.83
2.4	12.19	6.0	4.65	10.0	0.45

也可将 pH 与 $\lg\alpha_{Y(H)}$ 的对应值绘成如图 4-3 所示的 $\lg\alpha_{Y(H)}$ -pH 曲线。由图 4-3 可看出，仅当 pH≥12 时，$\alpha_{Y(H)}$ =1，即此时 Y 才不与 H^+ 发生副反应。

② Y 与 N 的副反应—共存离子效应和共存离子效应系数　如果溶液中除了被滴定的金属离子 M 之外，还有其他金属离子 N 存在，且 N 亦能与 Y 形成稳定的配合物时，又当如何呢？

当溶液中，共存金属离子 N 的浓度较大，Y 与 N 的副反应就会影响 Y 与 M 的配位能

---

❶　如果将 EDTA 的分析浓度 c_Y 近似看作是 $[Y']$，则 $\alpha_{Y(H)} = c_Y/[Y]$

力，此时共存离子的影响不能忽略。这种由于共存离子 N 与 EDTA 反应，因而降低了 Y 的平衡浓度的副反应称为共存离子效应。副反应进行的程度用副反应系数 $\alpha_{Y(N)}$ 表示，称为共存离子效应系数，其数值等于：

$$\alpha_{Y(N)} = \frac{[Y']}{[Y]} = \frac{[NY] + [Y]}{[Y]} = 1 + K_{NY}[N]$$

（4-12）

式中，[N] 为游离共存金属离子 N 的平衡浓度。由式（4-12）可知，$\alpha_{Y(N)}$ 的大小只与 K_{NY} 以及 N 的浓度有关。

若有几种共存离子存在时，一般只取其中影响最大的，其他可忽略不计。实际上，Y 的副反应系数 α_Y 应同时包括共存离子和酸效应两部分，因此有：

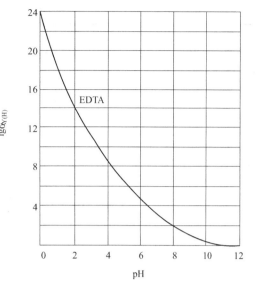

图 4-3 EDTA 的 $\lg\alpha_{Y(H)}$ 与 pH 的关系

$$\alpha_Y \approx \alpha_{Y(H)} + \alpha_{Y(N)} - 1 \quad (4-13)$$

实际工作中，当 $\alpha_{Y(H)} \gg \alpha_{Y(N)}$ 时，酸效应是主要的；当 $\alpha_{Y(N)} \gg \alpha_{Y(H)}$ 时，共存离子效应是主要的。一般情况下，在滴定剂 Y 的副反应中，酸效应的影响大，因此 $\alpha_{Y(H)}$ 是重要的副反应系数。

【例 4-2】 pH = 6.0 时，含 Zn^{2+} 和 Ca^{2+} 的浓度均为 0.010mol/L 的 EDTA 溶液中，$\alpha_{Y(Ca)}$ 及 α_Y 应当是多少？

解 欲求 $\alpha_{Y(Ca)}$ 及 α_Y 值，应将 Zn^{2+} 与 Y 的反应看作主反应，Ca^{2+} 作为共存离子。Ca^{2+} 与 Y 的副反应系数为 $\alpha_{Y(Ca)}$，酸效应系数为 $\alpha_{Y(H)}$，α_Y 值为总副反应系数。

查表得 $K_{CaY^{2-}} = 10^{10.69}$；pH = 6.0 时，$\alpha_{Y(H)} = 10^{4.65}$。代入式（4-12）

得 $\qquad \alpha_{Y(Ca)} = 1 + K_{CaY}[Ca^{2+}]$

因此 $\qquad \alpha_{Y(Ca)} = 1 + 10^{10.69} \times 0.010 \approx 10^{8.7}$

因为 $\qquad \alpha_Y = \alpha_{Y(H)} + \alpha_{Y(Ca)} - 1$

所以 $\qquad \alpha_Y = 10^{4.65} + 10^{8.7} - 1 \approx 10^{8.7}$

③ 金属离子 M 的副反应及副反应系数

a. 配位效应与配位效应系数 在 EDTA 滴定中，由于其它配位剂的存在使金属离子参加主反应的能力降低的现象称为配位效应。这种由于配位剂 L 引起副反应的副反应系数称为配位效应系数，用 $\alpha_{M(L)}$ 表示。$\alpha_{M(L)}$ 定义为：没有参加主反应的金属离子总浓度 [M'] 与游离金属离子浓度 [M] 的比值，即

$$\alpha_{M(L)} = [M']/[M] = 1 + \beta_1[L] + \beta_2[L]^2 + \cdots + \beta_n[L]^n \quad (4-14)$$

$\alpha_{M(L)}$ 越大，表示副反应越严重。

配位剂 L 一般是滴定时所加入的缓冲剂或为防止金属离子水解所加的辅助配位剂，也可能是为消除干扰而加的掩蔽剂。

在酸度较低溶液中滴定 M 时，金属离子会生成羟基配合物 $[M(OH)_n]$，此时 L 就代表 OH^-，其副反应系数用 $\alpha_{M(OH)}$ 表示。常见金属离子的 $\lg\alpha_{M(OH)}$ 值可查表 4-5。

表 4-5　金属离子的 $\lg\alpha_{M(OH)}$ 值

金属离子	离子强度	$\lg\alpha_{M(OH)}$													
		pH=1	pH=2	pH=3	pH=4	pH=5	pH=6	pH=7	pH=8	pH=9	pH=10	pH=11	pH=12	pH=13	pH=14
Al^{3+}	2					0.4	1.3	5.3	9.3	13.3	17.3	21.3	25.3	29.3	33.3
Bi^{3+}	3	0.1	0.5	1.4	2.4	3.4	4.4	5.4							
Ca^{2+}	0.1													0.3	1.0
Cd^{2+}	3									0.1	0.5	2.0	4.5	8.1	12.0
Co^{2+}	0.1								0.1	0.4	1.1	2.2	4.2	7.2	10.2
Cu^{2+}	0.1								0.2	0.8	1.7	2.7	3.7	4.7	5.7
Fe^{2+}	1									0.1	0.6	1.5	2.5	3.5	4.5
Fe^{3+}	3			0.4	1.8	3.7	5.7	7.7	9.7	11.7	13.7	15.7	17.71	19.7	21.7
Hg^{2+}	0.1			0.5	1.9	3.9	5.9	7.9	9.9	11.9	13.9	15.9	7.9	19.9	21.9
La^{3+}	3										0.3	1.0	1.9	2.9	3.9
Mg^{2+}	0.1											0.1	0.5	1.3	2.3
Mn^{2+}	0.1										0.1	0.5	1.4	2.4	3.4
Ni^{2+}	0.1									0.1	0.7	1.6			
Pb^{2+}	0.1							0.1	0.5	1.4	2.7	4.7	7.4	10.4	13.4
Th^{4+}	1				0.2	0.8	1.7	2.7	3.7	4.7	5.7	6.7	7.7	8.7	9.7
Zn^{2+}	0.1									0.2	2.4	5.4	8.5	11.8	15.5

b. 金属离子的总副反应系数 α_M　若溶液中有两种配位剂 L 和 A 同时与金属离子 M 发生副反应，则其影响可用 M 的总副反应系数 α_M 表示。

$$\alpha_M = \alpha_{M(L)} + \alpha_{M(A)} - 1 \tag{4-15}$$

④ 配合物 MY 的副反应　这种副反应在酸度较高或较低下发生。酸度高时，生成酸式配合物（MHY），其副反应系数用 $\alpha_{MY(H)}$ 表示；酸度低时，生成碱式配合物（MOHY），其副反应系数用 $\alpha_{MY(OH)}$ 表示。酸式配合物和碱式配合物一般不太稳定，一般计算中可忽略不计。

【例 4-3】　在 0.010mol/L 锌氨溶液中，$c(NH_3) = 0.10mol/L$，pH＝10.0 和 pH＝11.0 时，计算 Zn^{2+} 的总副反应系数。

解　查附表得 $[Zn(NH_3)_4]^{2+}$ 的各级累积常数为：$\lg\beta_1 = 2.27$、$\lg\beta_2 = 4.61$、$\lg\beta_3 = 7.01$、$\lg\beta_4 = 9.06$

根据式（4-14）得：

$\alpha_{Zn(NH_3)} = 1 + \beta_1[NH_3] + \beta_2[NH_3]^2 + \beta_3[NH_3]^3 + \beta_4[NH_3]^4$

$= 1 + 10^{2.27} \times (0.10) + 10^{4.61} \times (0.10)^2 + 10^{7.01} \times (0.10)^3 + 10^{9.06} \times (0.10)^4$

$= 10^{5.01}$

（1）查表 4-5，pH＝10.0 时，$\lg\alpha_{Zn(OH)} = 2.4$，即 $\alpha_{Zn(OH)} = 10^{2.4}$。

根据式（4-15）得：

$$\alpha_{Zn^{2+}} = \alpha_{Zn(NH_3)} + \alpha_{Zn(OH)} - 1$$

因此　　　　　　　　　$\alpha_{Zn^{2+}} = 10^{5.01} + 10^{2.4} - 1 \approx 10^{5.01}$

（2）查表 4-5，pH＝11.0 时，$\lg\alpha_{Zn(OH)} = 5.4$，即 $\alpha_{Zn(OH)} = 10^{5.4}$。

根据式（4-15）得：

$$\alpha_{Zn^{2+}} = \alpha_{Zn(NH_3)} + \alpha_{Zn(OH)} - 1$$

因此
$$\alpha_{Zn^{2+}} = 10^{5.4} + 10^{5.01} - 1 \approx 10^{5.5}$$

（2）条件稳定常数

考虑各种副反应对主反应的影响，由此推导的稳定常数称为条件稳定常数或表观稳定常数，用 K'_{MY} 表示。它表示在一定条件下，MY 的实际稳定常数。K'_{MY} 与 α_Y、α_M、α_{MY} 的关系如下：

$$K'_{MY} = K_{MY} \frac{\alpha_{MY}}{\alpha_M \alpha_Y} \tag{4-16}$$

当条件恒定时 α_M、α_Y、α_{MY} 均为定值，故 K'_{MY} 在一定条件下为常数，称为条件稳定常数。当副反应系数为 1 时（无副反应），$K'_{MY} = K_{MY}$。

若将式（4-16）取对数得：

$$\lg K'_{MY} = \lg K_{MY} + \lg \alpha_{MY} - \lg \alpha_M - \lg \alpha_Y \tag{4-17}$$

多数情况下（溶液的酸碱性不是太强时），不形成酸式或碱式配合物，故 $\lg \alpha_{MY}$ 忽略不计，式（4-17）可简化成：

$$\lg K'_{MY} = \lg K_{MY} - \lg \alpha_M - \lg \alpha_Y \tag{4-18}$$

如果只有酸效应，式（4-18）又简化成：

$$\lg K'_{MY} = \lg K_{MY} - \lg \alpha_{Y(H)} \tag{4-19}$$

条件稳定常数是利用副反应系数进行校正后的实际稳定常数，应用它，可以判断滴定金属离子的可行性和混合金属离子分别滴定的可行性以及滴定终点时金属离子的浓度计算等。

【例 4-4】 计算 pH = 5.00，当 AlF_6^{3-} 的浓度为 0.10mol/L，溶液中游离 F^- 的浓度为 0.010mol/L 时，EDTA 与 Al^{3+} 的配合物的条件稳定常数 K'_{AlY}。

解 在金属离子 Al^{3+} 发生副反应（配合效应）和 Y 也发生副反应（酸效应）时，K'_{AlY} 的条件稳定常数的对数值为：

$$\lg K'_{AlY} = \lg K'_{AlY} - \lg \alpha_{Al(F)} - \lg \alpha_{Y(H)}$$

查表 4-4 得 pH = 5.00 时，$\lg \alpha_{Y(H)} = 6.45$；查表 4-3 得 $\lg K_{AlY} = 16.3$

查附录得累积常数 $\beta_1 = 10^{6.1}$、$\beta_2 = 10^{11.15}$、$\beta_3 = 10^{15.0}$、$\beta_4 = 10^{17.7}$、$\beta_5 = 10^{19.4}$、$\beta_6 = 10^{19.7}$，则：

$$\begin{aligned}
\alpha_{Al(F)} &= 1 + \beta_1 [F^-] + \beta_2 [F^-]^2 + \beta_3 [F^-]^3 + \beta_4 [F^-]^4 + \beta_5 [F^-]^5 + \beta_6 [F^-]^6 \\
&= 1 + 10^{6.1} \times 0.01 + 10^{11.15} \times (0.01)^2 + 10^{15.0} \times (0.01)^3 + 10^{17.7} \times (0.01)^4 + \\
&\quad 10^{19.4} \times (0.01)^5 + 10^{19.7} \times (0.01)^6 = 10^{9.93}
\end{aligned}$$

故 $\lg K'_{AlY} = 16.3 - 6.45 - 9.93 = -0.08$

可见，此时条件稳定常数很小，说明 AlY^- 已被 F^- 破坏，用 EDTA 滴定 Al^{3+} 已不可能。

【例 4-5】 计算 pH = 2.00、pH = 5.00 时的 $\lg K'_{ZnY}$。

解 查表 4-3 得 $\lg K_{ZnY} = 16.5$；查表 4-4 得 pH = 2.00 时，$\lg \alpha_{Y(H)} = 13.51$；按题意，溶液中只存在酸效应，根据式（4-19），有：

$$\lg K'_{ZnY} = \lg K_{ZnY} - \lg \alpha_{Y(H)}$$

因此
$$\lg K'_{ZnY} = 16.5 - 13.51 = 2.99$$

同样，查表 4-4 得 pH = 5.00 时，$\lg \alpha_{R(H)} = 6.45$，因此有：

$$\lg K'_{ZnY} = 16.5 - 6.45 = 10.05$$

答：pH＝2.00 时 $\lg K'_{ZnY}$ 为 2.99；pH＝5.00 时，$\lg K'_{ZnY}$ 为 10.05

由上例可看出，尽管 $\lg K_{ZnY} = 16.5$，但 pH＝2.00 时，$\lg K'_{ZnY}$ 仅为 2.99，此时 ZnY^{2-} 极不稳定，在此条件下 Zn^{2+} 不能被准确滴定；而在 pH＝5.00 时，$\lg K'_{ZnY}$ 则为 10.05，ZnY^{2-} 已稳定，配位滴定可以进行。

可见酸度对配位滴定的影响是十分重要的。本例中，在什么酸度条件下 Zn^{2+} 可以被准确滴定呢？

（3）酸效应曲线

以 EDTA 滴定金属离子，若允许误差 E_t 为 0.1%，有

$$\lg c_M K'_{MY} \geqslant 6 \tag{4-20}$$

式（4-20）为单一金属离子准确滴定可行性条件。

在金属离子的原始浓度 c_M 为 0.010mol/L 的特定条件下，则

$$\lg K'_{MY} \geqslant 8 \tag{4-21}$$

只有酸效应时，$\lg K'_{MY} = \lg K_{MY} - \lg \alpha_{Y(H)} \geqslant 8$，

则 $\lg \alpha_{Y(H)} \leqslant \lg K_{MY} - 8$，此式中 $\lg \alpha_{Y(H)}$ 对应的 pH 为准确滴定金属离子 M 的最低 pH，即最高酸度。

与酸碱滴定相似，若降低分析准确度的要求，或改变检测终点的准确度，则滴定要求的 $\lg c_M K'_{MY}$ 也会改变，例如有：

$E_t = \pm 0.5\%$，　$\Delta pM = \pm 0.2$❶，$\lg c_M K'_{MY} = 5$ 时也可以滴定；

$E_t = \pm 0.3\%$，　$\Delta pM = \pm 0.2$，　$\lg c_M K'_{MY} = 6$ 时也可以滴定。

【例 4-6】 在 pH＝2.00 和 5.00 的介质中（$\alpha_{Zn} = 1$），能否用 0.010mol/L EDTA 准确滴定 0.010mol/L Zn^{2+}？

解 查表 4-3 得 $\lg K_{ZnY} = 16.50$；

查表 4-4 得：pH＝2.00 时，$\lg \alpha_{Y(H)} = 13.51$

按题意　　　　　　 $\lg K'_{MY} = 16.50 - 13.51 = 2.99 < 8$

查表 4-4 得：pH＝5.00 时 $\lg \alpha_{Y(H)} = 6.45$，

则　　　　　　　　 $\lg K'_{MY} = 16.50 - 6.45 = 10.05 > 8$

所以，当 pH＝2.00 时，Zn^{2+} 是不能被准确滴定的，而 pH＝5.00 时可以被准确滴定。

对于浓度为 0.01mol/L 的 Zn^{2+} 溶液的滴定，以 $\lg K_{ZnY} = 16.50$ 代入式（4-21）得：

$$\lg \alpha_{Y(H)} \leqslant 16.5 - 8 = 8.5$$

从表 4-4 可查得 pH ≥ 4.0，即滴定 Zn^{2+} 允许的最小 pH 为 4.0。将金属离子的 $\lg K_{MY}$ 值与最小 pH（或对应的 $\lg \alpha_{Y(H)}$ 与最小 pH）绘成曲线，称为酸效应曲线（或称 Ringbom 曲线），如图 4-4 所示。

 想一想

酸效应曲线有哪些作用呢？

---

❶ 配位滴定中，采用指示剂目测终点时，由于人眼对颜色判断的局限性，即使指示剂的变色点与化学计量点完全一致，在一般实验条件下乃有 0.2～0.5ΔpM 单位的不确定度，此处用最低值。

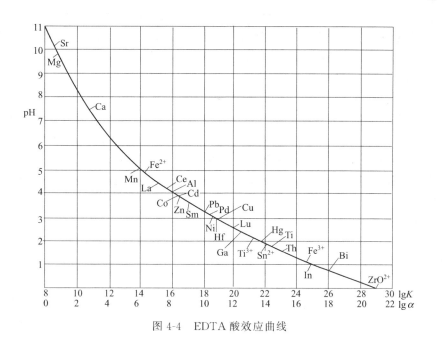

图 4-4 EDTA 酸效应曲线

① 选择滴定的酸度条件 在酸效应曲线上找出被测离子的位置，由此作水平线，所得 pH 就是单独滴定该金属离子的最低允许 pH。如果曲线上没有直接标明被测离子，可由被测离子的 $\lg K_{MY}$ 值处作垂线，与曲线的交点即为被测离子的位置，然后按上述方法便可找出滴定的最低允许 pH。

【例 4-7】 试求用 EDTA 分别滴定 0.01mol/L Fe^{3+}、Al^{3+}、Zn^{2+}、Ca^{2+} 和 Mn^{2+} 的最高允许酸度（最低允许 pH）？

解 在图 4-4 上找出指定金属离子的图形点，对应的纵坐标即为单独滴定该金属离子的最低允许 pH。结果为：

Fe^{3+}　　pH＝1.0　　　　　　　Ca^{2+}　　pH＝7.5

Al^{3+}　　pH＝4.0　　　　　　　Mn^{2+}　　pH＝9.7

Zn^{2+}　　pH＝3.8

② 判断干扰情况 在酸效应曲线上，位于被测离子下方的其他离子显然干扰被测离子的滴定，因为它们也符合被定量滴定的酸度条件。位于被测离子上方的其他离子是否干扰？这要看它们与 EDTA 形成配合物的稳定常数相差多少，以及所选的酸度是否适宜来确定。经验表明，在酸效应曲线上，一种离子由开始部分被配位到全部定量配位的过渡，大约相当于 5 个 $\lg K_{MY}$ 单位。当两种离子浓度相近，若其配合物的 $\lg K_{MY}$ 之差小于 5，位于上方的离子由于部分被配位而干扰被测离子的滴定。

【例 4-8】 在 pH＝4 的条件下，用 EDTA 滴定 Zn^{2+} 时，试液中共存的 Cu^{2+}、Mn^{2+}、Ca^{2+} 是否有干扰？

解 由图 4-4，Cu^{2+} 位于 Zn^{2+} 的下方，显然是干扰离子；Mn^{2+}、Ca^{2+} 位于 Zn^{2+} 的上方，则有：

$\lg K_{ZnY} - \lg K_{MnY} = 16.5 - 14.0 = 2.5 < 5$，$Mn^{2+}$ 有干扰；

$\lg K_{ZnY} - \lg K_{CaY} = 16.5 - 10.7 = 5.8 > 5$，$Ca^{2+}$ 不干扰。

③ 酸效应曲线还可当 $\lg\alpha_{Y(H)}$-pH 曲线使用　必须注意，使用酸效应曲线查单独滴定某种金属离子的最低 pH 的前提是：金属离子浓度为 0.01mol/L；允许测定的相对误差为 $\pm 0.1\%$；溶液中除 EDTA 酸效应外，金属离子未发生其他副反应。如果前提变化，曲线将发生变化，因此要求的 pH 也会有所不同。

此外，酸度对 EDTA 配位滴定的影响是多方面的，上面所述只是酸度影响的主要方面。酸度低些，固然 EDTA 的配位能力增强，但酸度太低某些金属离子会水解生成氢氧化物沉淀，如 Fe^{3+} 在 pH>3 生成 $Fe(OH)_3$ 沉淀；Mg^{2+} 在 pH>11 生成 $Mg(OH)_2$ 沉淀。另外，还应考虑金属指示剂的变色、掩蔽剂掩蔽干扰离子等也要求一定的酸度。因此，必须全面考虑酸度的影响，使指定金属离子的配位滴定控制在一定的酸度范围内进行。由于配位反应本身还会释放出 H^+，使溶液酸度增高，通常需要加入一定 pH 的酸碱缓冲溶液，以保持滴定过程中溶液酸度基本不变。

4.2　金属离子指示剂

配位滴定指示终点的方法较多，其中最常用的是使用金属离子指示剂（简称金属指示剂）来确定滴定终点。在酸碱滴定中，以酸碱指示剂指示溶液中 H^+ 浓度的变化确定终点，而金属指示剂则是以指示溶液中金属离子浓度的变化确定终点。

4.2.1　金属指示剂的作用原理

金属指示剂是一种能与金属离子配位的配合剂，一般为有机染料。由于它与金属离子配位前后的颜色不同，所以能作为指示剂来确定终点。现以金属指示剂铬黑 T 为例说明其作用原理。

铬黑 T（eriochrome black T），属偶氮染料，结构式为：

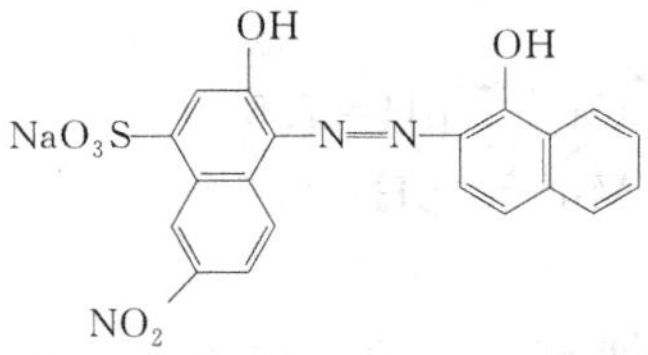

它溶于水后，结合在磺酸根上的 Na^+ 全部电离，其余部分以阴离子（H_2In^-）形式存在于溶液中，相当于二元弱酸，随着溶液 pH 的升高，分两级电离，呈现出 3 种不同的颜色。

$$H_2In^- \underset{+H^+}{\overset{-H^+}{\rightleftharpoons}} HIn^{2-} \underset{+H^+}{\overset{-H^+}{\rightleftharpoons}} In^{3-}$$

$$\text{pH<6.3} \qquad \text{pH=7~11} \qquad \text{pH>11.6}$$

紫红色　　　　蓝色　　　　橙色

由于铬黑 T 能与一些阳离子如 Mg^{2+}、Zn^{2+}、Pb^{2+} 等形成酒红色配合物，因而只有在 pH 为 7~11 范围内才能使用这种指示剂。超出此范围指示剂本身接近红色，不能明显地指示终点。

如果在 pH 为 10 的含 Mg^{2+} 溶液中，加入少量铬黑 T，它与 Mg^{2+} 生成酒红色的

$MgIn^-$ 配合物：

$$Mg^{2+} + HIn^{2-} \Longrightarrow MgIn^- + H^+$$
　　（蓝色）　　　　　　（酒红色）

滴定开始后，加入的 EDTA 先与游离 Mg^{2+} 配位，生成无色的 MgY^{2-} 配离子：

$$Mg^{2+} + HY^{3-} \Longrightarrow MgY^{2-} + H^+$$

化学计量点前溶液一直保持酒红色。化学计量点时，游离的 Mg^{2+} 完全被配位。由于配离子 $MgIn^-$ 不如 MgY^{2-} 稳定，稍微过量的 EDTA 会夺取 $MgIn^-$ 中的 Mg^{2+}，而游离出指示剂的阴离子 HIn^{2-}。溶液由酒红色变为蓝色即为滴定终点。

$$MgIn^- + HY^{3-} \Longrightarrow MgY^{2-} + HIn^{2-}$$
　　（酒红色）　　　　　　　　　（蓝色）

由以上讨论可知，金属指示剂必须具备以下条件。

① 在滴定的 pH 范围内，金属指示剂与金属离子生成配合物的颜色应与金属指示剂本身的颜色有显著的差别。这样在滴定终点时颜色变化明显，便于判断终点的到达。

② 金属指示剂与金属离子生成配合物 MIn 的稳定性要适当。一方面 MIn 要有足够大的稳定性，通常要求 $K_{MIn} \geqslant 10^4$。如果稳定性过低，则未到达化学计量点时 MIn 就会分解，变色不敏锐，影响滴定的准确度。另一方面 MIn 的稳定性要比 EDTA 与金属离子生成配合物的稳定性略小一些，通常要求 $K_{MY}/K_{MIn} \geqslant 10^2$。如果 MIn 稳定性过高（$K_{MIn}$ 太大），则在化学计量点附近，Y 不易与 MIn 中的 M 结合，终点推迟，甚至不变色，得不到终点。

③ 金属指示剂与金属离子之间的反应要迅速、变色可逆，这样才便于滴定。

④ 金属指示剂应易溶于水，不易变质，便于使用和保存。指示剂与金属离子形成的配合物也应易溶于水。

4.2.2　金属指示剂的理论变色点（pM_t）

如果金属指示剂与待测金属离子形成 1∶1 有色配合物，其配位反应为：

$$M + In \Longrightarrow MIn$$

考虑指示剂的酸效应，则：

$$K'_{MIn} = \frac{[MIn]}{[M][In']} \tag{4-22}$$

$$\lg K'_{MIn} = pM + \lg \frac{[MIn]}{[In']} \tag{4-23}$$

与酸碱指示剂类似，当 $[MIn] = [In']$[1] 时，溶液呈现 MIn 与 In 的混合色。此时 pM 即为金属指示剂的理论变色点 pM_t。

$$pM_t = \lg K'_{MIn} = \lg K_{MIn} - \lg \alpha_{In(H)} \tag{4-24}$$

金属指示剂是弱酸，存在酸效应[2]。式(4-24) 说明，指示剂与金属离子 M 形成配合物的条件稳定常数 K'_{MIn} 随 pH 变化而变化，它不可能像酸碱指示剂那样有一个确定的变色点。因此，在选择指示剂时应考虑体系的酸度，使变色点 pM_t 尽量靠近滴定的化学计量点

---

[1] $[In']$ 表示多种具有不同颜色的形态的浓度总和。

[2] 指示剂的 $\lg \alpha_{In(H)}$ 和相应的 pM_t 值可由《分析化学手册》中查到，本教材不再列出。

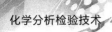

pM_{sp}。实际工作中，大多采用实验的方法来选择合适的指示剂，即先试验其终点颜色变化的敏锐程度，然后检查滴定结果是否准确，这样就可以确定指示剂是否符合要求。

4.2.3 常用金属指示剂

（1）铬黑 T（EBT）

铬黑 T 在溶液中有如下平衡：

$$pK_{a_2}=6.3 \qquad pK_{a_3}=11.6$$

$$H_2In^- \Longleftrightarrow HIn^{2-} \Longleftrightarrow In^{3-}$$

$$\text{紫红色} \qquad \text{蓝色} \qquad \text{橙色}$$

因此在 pH<6.3 时，EBT 在水溶液中呈紫红色；pH>11.6 时 EBT 呈橙色，而 EBT 与二价离子形成的配合物颜色为红色或紫红色，所以只有在 pH 为 7～11 范围内使用，指示剂才有明显的颜色，实验表明最适宜的酸度是 pH 为 9～10.5。

铬黑 T 固体相当稳定，但其水溶液仅能保存几天，这是由于聚合反应的缘故。聚合后的铬黑 T 不能再与金属离子显色。pH<6.5 的溶液中聚合更为严重，加入三乙醇胺可以防止聚合。

铬黑 T 是在弱碱性溶液中滴定 Mg^{2+}、Zn^{2+}、Pb^{2+} 等离子的常用指示剂。

（2）二甲酚橙（XO）

二甲酚橙为多元酸。在 pH 为 0～6.0 之间，二甲酚橙呈黄色，它与金属离子形成的配合物为红色，是酸性溶液中许多离子配位滴定所使用的极好指示剂。常用于锆、铪、钍、钪、铟、、钇、铋、铅、锌、镉、汞的直接滴定法中。

铝、镍、钴、铜、镓等离子会封闭二甲酚橙，可采用返滴定法。即在 pH 5.0～5.5（六亚甲基四胺缓冲溶液）时，加入过量 EDTA 标准溶液，再用锌或铅标准溶液返滴定。Fe^{3+} 在 pH 为 2～3 时，以硝酸铋返滴定法测定之。

（3）PAN

PAN 与 Cu^{2+} 的显色反应非常灵敏，但很多其他金属离子如 Ni^{2+}、Co^{2+}、Zn^{2+}、Pb^{2+}、Bi^{3+}、Ca^{2+} 等与 PAN 反应慢或显色灵敏度低。所以有时利用 Cu-PAN 作间接指示剂来测定这些金属离子。Cu-PAN 指示剂是 CuY^{2-} 和少量 PAN 的混合液。将此液加到含有被测金属离子 M 的试液中时，发生如下置换反应：

$$CuY+PAN+M \Longleftrightarrow MY+Cu\text{-}PAN$$

$$\text{（黄色）} \qquad\qquad \text{（紫红色）}$$

此时溶液呈现紫红色。当加入的 EDTA 定量与 M 反应后，在化学计量点附近 EDTA 将夺取 Cu-PAN 中的 Cu^{2+}，从而使 PAN 游离出来：

$$Cu\text{-}PAN+Y \Longleftrightarrow CuY+PAN$$

$$\text{（紫红色）} \qquad\qquad \text{（黄色）}$$

溶液由紫红色变为黄色，指示终点到达。因滴定前加入的 CuY 与最后生成的 CuY 是相等的，故加入的 CuY 并不影响测定结果。

在几种离子的连续滴定中，若分别使用几种指示剂，往往发生颜色干扰。由于 Cu-PAN 可在很宽的 pH 范围（pH 为 1.9～12.2）内使用，因而可以在同一溶液中连续指示终点。

类似 Cu-PAN 这样的间接指示剂，还有 Mg-EBT 等。

（4）其他指示剂

除前面所介绍的指示剂外，还有磺基水杨酸、钙指示剂（NN）等常用指示剂。磺基水杨酸（无色）在 pH＝2 时，与 Fe^{3+} 形成紫红色配合物，因此可用作滴定 Fe^{3+} 的指示剂。钙指示剂（蓝色）在 pH＝12.5 时，与 Ca^{2+} 形成紫红色配合物，因此可用作滴定钙的指示剂。

常用金属指示剂的使用 pH 条件、可直接滴定的金属离子和颜色变化及配制方法列于表 4-6 中。

表 4-6　常用的金属指示剂

指示剂	离解常数	滴定元素	颜色变化	配制方法	对指示剂封闭离子
酸性铬蓝 K	$pK_{a_1}=6.7$ $pK_{a_2}=10.2$ $pK_{a_3}=14.6$	Mg(pH=10) Ca(pH=12)	红色～蓝色	0.1%乙醇溶液	
钙指示剂	$pK_{a_2}=3.8$ $pK_{a_3}=9.4$ $pK_{a_4}=13\sim14$	Ca(pH=12～13)	酒红色～蓝色	与 NaCl 按 1∶100 的质量比混合	Co^{2+}、Ni^{2+}、Cu^{2+}、Fe^{3+}、Al^{3+}、Ti^{4+}
铬黑 T	$pK_{a_1}=3.9$ $pK_{a_2}=6.4$ $pK=11.5$	Ca(pH=10,加入 EDTA-Mg) Mg(pH=10) Pb(pH=10,加入酒石酸钾) Zn(pH=6.8～10)	红色～蓝色 红色～蓝色 红色～蓝色 红色～蓝色	与 NaCl 按 1∶100 的质量比混合	Co^{2+}、Ni^{2+}、Cu^{2+}、Fe^{3+}、Al^{3+}、Ti(Ⅳ)
紫脲酸胺	$pK_{a_1}=1.6$ $pK_{a_2}=8.7$ $pK_{a_3}=10.3$ $pK_{a_4}=13.5$ $pK_{a_5}=14$	Ca（pH＞10,φ=25%乙醇） Cu(pH=7～8) Ni（pH=8.5～11.5）	红色～紫色 黄色～紫色 黄色～紫红色	与 NaCl 按 1∶100 的质量比混合	
o-PAN	$pK_{a_1}=2.9$ $pK_{a_2}=11.2$	Cu(pH=6) Zn(pH=5～7)	红色～黄色 粉红色～黄色	1g/L 乙醇溶液	
磺基水杨酸	$pK_{a_1}=2.6$ $pK_{a_2}=11.7$	Fe(Ⅲ)(pH=1.5～3)。	红紫色～黄色	10～20g/L 水溶液	

4.2.4　使用金属指示剂中存在的问题

（1）指示剂的封闭现象（blocking of indicator）

有些金属指示剂与某些金属离子生成的配合物 MIn，其稳定性超过了相应的金属离子与 EDTA 生成的配合物 MY 的稳定性，即 $\lg K_{MIn}>\lg K_{MY}$。以至于到达化学计量点后，EDTA 不能夺取 MIn 中的 M，指示剂游离不出来，看不到颜色的变化，这种现象叫做指示剂的封闭现象。

消除方法：分两种情况。如果是自身离子产生的干扰，则需更换指示剂或改变滴定方式。例如 EBT 与 Al^{3+}、Fe^{3+}、Cu^{2+}、Ni^{2+}、Co^{2+} 等生成的配合物非常稳定，若用 EDTA 滴定这些离子，过量较多的 EDTA 也无法将 EBT 从 MIn 中置换出来，因此滴定这些离子不能用 EBT 作指示剂，需要更换合适的指示剂或改变滴定方式。如果是干扰离子产生的干扰，如滴定 Mg^{2+} 时有少量 Al^{3+}、Fe^{3+} 杂质存在，到化学计量点仍不能变色，则可加入掩蔽剂，使干扰离子生成更稳定的配合物，从而不再与指示剂作用。例如 Al^{3+}、Fe^{3+} 对铬黑 T 的封闭可加三乙醇胺予以消除；Cu^{2+}、Co^{2+}、Ni^{2+} 可用 KCN 掩蔽；Fe^{3+} 也可先用抗坏血酸还

原为 Fe^{2+}，再加 KCN 掩蔽。若干扰离子的量太大，则需预先分离除去。

（2）指示剂的僵化现象（ossification of indicator）

有些指示剂或金属指示剂配合物在水中的溶解度太小，形成胶体溶液或沉淀，滴定终点时 MIn 中指示剂被 EDTA 的置换作用缓慢，使终点拖长，这种现象称为指示剂的僵化。解决的办法是加入有机溶剂或加热，以增大其溶解度。例如用 PAN 作指示剂时，经常加入酒精或在加热下滴定。

（3）指示剂的氧化变质现象

金属指示剂大多为含双键的有色化合物，易被日光、氧化剂、空气所分解，在水溶液中多不稳定，日久会变质。若配成固体混合物则较稳定，保存时间较长。例如铬黑 T 和钙指示剂，常用固体 NaCl 或 KCl 作稀释剂来配制。

4.3 配位滴定曲线

在酸碱滴定中，随着滴定剂的加入，溶液中 H^+ 的浓度在不断发生变化，当到达化学计量点时，溶液 pH 发生突变。配位滴定的情况与酸碱滴定相似。在一定 pH 条件下，随着配位滴定剂的加入，金属离子不断与配位剂反应生成配合物，其浓度不断减少。当滴定到达化学计量点时，金属离子浓度（pM）发生突变。若将滴定过程各点 pM 与对应的配位剂的加入体积绘成曲线，即可得到配位滴定曲线。配位滴定曲线反映了滴定过程中，配位滴定剂的加入量与待测金属离子浓度之间的变化关系。

4.3.1 曲线绘制

配位滴定曲线可通过计算来绘制，也可用仪器测量来绘制。现以 pH＝12 时，用 0.01000mol/L 的 EDTA 溶液滴定 20.00mL 0.01000mol/L 的 Ca^{2+} 溶液为例，通过计算滴定过程中的 pM，说明配位滴定过程中配位滴定剂的加入量与待测金属离子浓度之间的变化关系。

由于 Ca^{2+} 既不易水解也不与其他配位剂反应，因此在处理此配位平衡时只需考虑 EDTA 的酸效应。即在 pH 为 12.00 条件下，CaY^{2-} 的条件稳定常数为：

$$\lg K'_{CaY} = \lg K_{CaY} - \lg \alpha_{Y(H)} = 10.69 - 0 = 10.69$$

（1）滴定前　溶液中只有 Ca^{2+}，$[Ca^{2+}]$＝0.01000mol/L，所以 pCa＝2.00。

（2）化学计量点前　溶液中有剩余的金属离子 Ca^{2+} 和滴定产物 CaY^{2-}。由于 $\lg K'_{CaY}$ 较大，剩余的 Ca^{2+} 对 CaY^{2-} 的离解又有一定的抑制作用，可忽略 CaY^{2-} 的离解，按剩余的金属离子 $[Ca^{2+}]$ 浓度计算 pCa 值。

当滴入的 EDTA 溶液体积为 18.00mL 时：

$$[Ca^{2+}] = \frac{2.00 \times 0.01000}{20.00 + 18.00} \text{mol/L} = 5.26 \times 10^{-3} \text{mol/L}$$

即　　　　　　　　　　$$pCa = -\lg[Ca^{2+}] = 2.28$$

当滴入的 EDTA 溶液体积为 19.98mL 时，有：

$$[Ca^{2+}] = \frac{0.01 \times 0.02}{20.00 + 19.98} \text{mol/L} = 5 \times 10^{-6} \text{mol/L}$$

即 $$pCa=-lg[Ca^{2+}]=5.3$$

当然在十分接近化学计量点时，剩余的金属离子极少，计算 pCa 时应该考虑 CaY^{2-} 的离解，有关内容这里就不讨论了。在一般要求的计算中，化学计量点之前的 pM 可按此方法计算。

（3）化学计量点时 Ca^{2+} 与 EDTA 几乎全部形成 CaY^{2-}，所以

$$[CaY^{2-}]=0.01\times\frac{20.00}{20.00+20.00}mol/L=5\times10^{-3}mol/L$$

因为 $pH\geqslant12$，$lg\alpha_{Y(H)}=0$，所以 $[Y^{4-}]=[Y]_{总}$；同时，$[Ca^{2+}]=[Y^{4-}]$

则 $$\frac{[CaY^{2-}]}{[Ca^{2+}]^2}=K'_{MY}$$

因此 $$\frac{5\times10^{-3}}{[Ca^{2+}]^2}=10^{10.69}$$

$$[Ca^{2+}]=3.2\times10^{-7}mol/L$$

即 $$pCa=6.5$$

（4）化学计量点后 当加入的 EDTA 溶液为 20.02mL 时，过量的 EDTA 溶液为 0.02mL。

此时 $$[Y]_{总}=\frac{0.01\times0.02}{20.00+20.02}mol/L=5\times10^{-6}mol/L$$

则 $$\frac{5\times10^{-3}}{[Ca^{2+}]\times5\times10^{-6}}=10^{10.69}$$

$$[Ca^{2+}]=10^{-7.69}mol/L$$

即 $$pCa=7.69$$

将所得数据列于表 4-7。

表 4-7 pH＝12 时用 0.01000mol/L EDTA 滴定 20.00mL 0.01000mol/L Ca^{2+} 溶液中 pCa 的变化

EDTA 加入量		Ca^{2+} 被滴定的分数	EDTA 过量的分数	pCa
mL	%	%	%	
0	0	—	—	2.0
10.8	90.0	90.0		3.3
19.80	99.0	99.0		4.3
19.98	99.9	99.9		5.3 ⎫
20.00	100.0	100.0		6.5 ⎬ 突跃范围
20.02	100.1		0.1	7.7 ⎭
20.20	101.0		1.0	8.7
40.00	200.0		100	10.7

根据表 4-7 所列数据，以 pCa 值为纵坐标，加入 EDTA 的体积为横坐标作图，得到如图 4-5 的滴定曲线。

从表 4-7 或图 4-5 可以看出，在 pH＝12 时，用 0.01000mol/L EDTA 滴定 0.01000mol/L Ca^{2+}，计量点时的 pCa 为 6.5，滴定突跃的 pCa 为 5.3～7.7。可见滴定突跃较大，可以准确滴定。

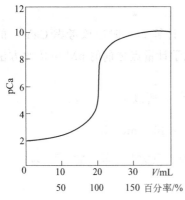

图 4-5 pH＝12 时 0.01000 mol/L
EDTA 滴定 0.01000mol/L
Ca^{2+} 的滴定曲线

4.3.2 滴定突跃范围

配位滴定中滴定突跃越大，就越容易准确地指示终点。上例计算结果表明，配合物的条件稳定常数和被滴定金属离子的浓度是影响突跃范围的主要因素。

（1）配合物的条件稳定常数对滴定突跃的影响

图 4-6 是金属离子浓度一定的情况下，不同 $\lg K'_{MY}$ 时的滴定曲线。由图可看出配合物的条件稳定常数 $\lg K'_{MY}$ 越大，滴定突跃（ΔpM）越大。决定配合物 $\lg K'_{MY}$ 大小的因素，首先是绝对稳定常数 $\lg K_{MY}$（内

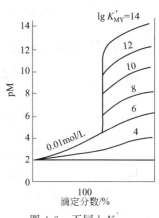

图 4-6 不同 $\lg K'_{MY}$
的滴定曲线

因），但对某一指定的金属离子来说绝对稳 $\lg K_{MY}$ 是一常数，此时溶液酸度、配位掩蔽剂及其他辅助配位剂的配位作用将起决定作用。

①酸度 酸度高时，$\lg \alpha_{Y(H)}$ 大，$\lg K'_{MY}$ 变小。因此滴定突跃就减小。

②其他配位剂的配位作用 滴定过程中加入掩蔽剂、缓冲溶液等辅助配位剂的作用会增大 $\lg \alpha_{M(L)}$ 值，使 $\lg K'_{MY}$ 变小，因而滴定突跃就减小。

（2）浓度对滴定突跃的影响

图 4-7 是用 EDTA 滴定不同浓度 M 时的滴定曲线。由图 4-7 可以看出金属离子 c_M 越大，滴定曲线起点越低，因此滴定突跃越大。反之则相反。

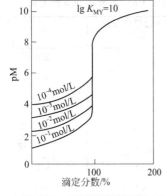

图 4-7 EDTA 滴定不同
浓度溶液的滴定曲线

4.4 单一离子和混合离子滴定条件的选择

4.4.1 单一离子的滴定

（1）单一离子准确滴定的判别式

滴定突跃的大小是准确滴定的重要依据之一。而影响滴定突跃大小的主要因素是 c_M 和 K'_{MY}，那么 c_M、K'_{MY} 值要多大才有可能准确滴定金属离子呢？

金属离子的准确滴定与允许误差和检测终点方法的准确度有关，还与被测金属离子的原始浓度有关。设金属离子的原始浓度为 c_M（对终点体积而言），用等浓度的 EDTA 滴定，滴定分析的允许误差为 E_t，在化学计量点时，有以下几点。

① 被测定的金属离子几乎全部发生配位反应，即 [MY]＝c_M。

② 被测定的金属离子的剩余量应符合准确滴定的要求，即 $c_{M(余)} \leqslant c_M M_t$。

③ 滴定时过量的 EDTA，也符合准确度的要求，即 $c_{EDTA(余)} \leqslant c(EDTA) E_t$。

将这些数值代入条件稳定常数的关系式得：

$$K'_{MY} = \frac{[MY]}{c_{M(\text{余})} c_{EDTA(\text{余})}}$$

$$K'_{MY} \geqslant \frac{c_M}{c_M E_t c(EDTA) E_t}$$

由于 $c_M = c(EDTA)$，不等式两边取对数，整理后得：

$$\lg c_M K'_{MY} \geqslant -2\lg E_t$$

若允许误差 E_t 为 0.1%，得

$$\lg c_M K'_{MY} \geqslant 6 \tag{4-25}$$

式（4-25）为单一金属离子准确滴定可行性条件。这一结论在前面讨论酸效应曲线时曾经用到过。

在金属离子的原始浓度 c_M 为 0.010mol/L 的特定条件下，则：

$$\lg K'_{MY} \geqslant 8 \tag{4-26}$$

式（4-26）是在上述条件下准确滴定 M 时，$\lg K'_{MY}$ 的允许低限。

与酸碱滴定相似，若降低分析准确度的要求，或改变检测终点的准确度，则滴定要求的 $\lg c_M K'_{MY}$ 也会改变，例如：

$E_t = \pm 0.5\%$，　$\Delta pM = \pm 0.2$[❶]，$\lg c_M K'_{MY} = 5$ 时也可以滴定；

$E_t = \pm 0.3\%$，　$\Delta pM = \pm 0.2$，　$\lg c_M K'_{MY} = 6$ 时也可以滴定；

（2）单一离子滴定的最低酸度（最高 pH）与最高酸度（最低 pH）

① 最高酸度（最低 pH）　如前讨论，若滴定反应中只有酸效应，没有其他副反应，则根据单一离子准确滴定的判别式，在被测金属离子的浓度为 0.01mol/L 时，$\lg K'_{MY} \geqslant 8$

因此　　　　　　　$\lg K'_{MY} = \lg K_{MY} - \lg \alpha_{Y(H)} \geqslant 8$

即　　　　　　　　$\lg \alpha_{Y(H)} \leqslant \lg K_{MY} - 8$

将各种金属离子的 $\lg K_{MY}$ 代入上式，即可求出对应的最大 $\lg \alpha_{Y(H)}$ 值，再从表中查得与它对应的最小 pH。或直接从酸效应曲线上查出最高允许酸度（最小 pH）。

② 最低酸度（最高 pH）　滴定时金属离子不发生水解的酸度为最低酸度（最高 pH）。

在没有其他配位剂存在下，金属离子不水解的最低酸度可由 $M(OH)_n$ 的溶度积求得。如前例中为防止开始时形成 $Zn(OH)_2$ 的沉淀必须满足下式：

$$[OH] = \sqrt{\frac{K_{sp[Zn(OH)_2]}}{[Zn^{2+}]}} = \sqrt{\frac{10^{-15.3}}{2 \times 10^{-2}}} = 10^{-6.8}$$

即　　　　　　　　　$pH = 7.2$

因此，EDTA 滴定浓度为 0.01mol/L Zn^{2+} 溶液应在 pH 为 $4.0 \sim 7.2$ 范围内，pH 越近高限，K'_{MY} 就越大，滴定突跃也越大。若加入辅助配位剂（如氨水、酒石酸等），则 pH 还会更高些。例如在氨性缓冲溶液存在下，可在 $pH = 10$ 时滴定 Zn^{2+}。

如若加入酒石酸或氨水，可防止金属离子生成沉淀。但由于辅助配位剂的加入会导致 K'_{MY} 降低，因此必须严格控制其用量，否则将因为 K'_{MY} 太小而无法准确滴定。

---

❶ 配位滴定中，采用指示剂目测终点时，由于人眼对颜色判断的局限性，即使指示剂的变色点与化学计量点完全一致，在一般实验条件下乃有 $0.2 \sim 0.5 \Delta pM$ 单位的不确定度，此处用最低值。

（3）用指示剂确定终点时滴定的最佳酸度

以上是从滴定主反应讨论滴定适宜的酸度范围，但实际工作中还需要用指示剂来指示滴定终点，而金属指示剂只能在一定的 pH 范围内使用，且由于酸效应，指示剂的变色点不是固定的，它随溶液的 pH 而改变，因此在选择指示剂时必须考虑体系的 pH。指示剂变色点与化学计量点最接近时的酸度即为指示剂确定终点时滴定的最佳酸度。当然，是否合适还需要通过实验来检验。

【例 4-9】 计算 0.020mol/L EDTA 滴定 0.020mol/L Cu^{2+} 的适宜酸度范围。

解 能准确滴定 Cu^{2+} 的条件是 $lgc_M K'_{MY} \geqslant 6$，考虑滴定至化学计量点时体积增加至 1 倍，故 $c_{Cu^{2+}} = 0.010mol/L$。

$$lgK_{CuY} - lg\alpha_{Y(H)} \geqslant 8$$

即

$$lg\alpha_{Y(H)} \leqslant 18.80 - 8.0 = 10.80$$

查图，当 $lg\alpha_{Y(H)} = 10.80$ 时，pH＝2.9，此为滴定允许的最高酸度。

滴定 Cu^{2+} 时，允许最低酸度为 Cu^{2+} 不产生水解时的 pH；

因为

$$[Cu^{2+}][OH^-]^2 = K_{sp}[Cu(OH)_2] = 10^{-19.66}$$

所以

$$[OH^-] = \sqrt{\frac{10^{-19.66}}{0.02}} = 10^{-8.98}$$

即

$$pH = 5.0$$

所以，用 0.020mol/L EDTA 滴定 0.020mol/L Cu^{2+} 的适宜酸度范围 pH 为 2.9～5.0。

必须指出，由于配合物的形成常数，特别是与金属指示剂有关的平衡常数目前还不齐全，有的可靠性还较差，理论处理结果必须由实验来检验。从原则上讲，在配位滴定的适宜酸度范围内滴定，均可获得较准确的结果。

（4）配位滴定剂中缓冲剂的作用

配位滴定过程中会不断释放出 H^+，即

$$M^{n+} + H_2Y^{2-} \Longrightarrow MY^{(4-n)} + 2H^+$$

使溶液酸度增高而降低 K'_{MY} 值，影响到反应的完全程度，同时还会减小 K'_{MIn} 值使指示剂灵敏度降低。因此配位滴定中常加入缓冲剂控制溶液的酸度。

在弱酸性溶液（pH 为 5～6）中滴定，常使用醋酸缓冲溶液或六亚甲基四胺缓冲溶液；在弱碱性溶液（pH 8～10）中滴定，常采用氨性缓冲溶液。在强酸中滴定（如 pH＝1 时滴定 Bi^{3+}）或强碱中滴定（如 pH＝13 时滴定时 Ca^{2+}），强酸或强碱本身就是缓冲溶液，具有一定的缓冲作用。在选择缓冲剂时，不仅要考虑缓冲剂所能缓冲的 pH 范围，还要考虑缓冲剂是否会引起金属离子的副反应而影响反应的完全程度。例如，在 pH＝5 时用 EDTA 滴定 Pb^{2+}，通常不用醋酸缓冲溶液，因为 Ac^- 会与 Pb^{2+} 配位，降低 PbY 的条件形成常数。此外，所选的缓冲溶液还必须有足够的缓冲容量才能控制溶液 pH 基本不变。

4.4.2 混合离子的选择性滴定

在实际工作中，常遇到多种离子共存的试样，而 EDTA 又是具有广泛配位性能的配位剂，因此必须设法提高配位滴定的选择性。可以通过控制溶液酸度或掩蔽的方法提高配位滴定的选择性，连续测出各组分含量。

（1）控制酸度分别滴定

若溶液中含有能与 EDTA 形成配合物的金属离子 M 和 N，且 $K_{MY} > K_{NY}$，则用 EDTA 滴定时，首先被滴定的是 M。如若 K_{MY} 与 K_{NY} 相差足够大，此时可准确滴定 M 离子（若有合适的指示剂），而 N 离子不干扰。滴定 M 离子后，若 N 离子满足单一离子准确滴定的条件，则又可继续滴定 N 离子，此时称 EDTA 可分别滴定 M 和 N。关键是 K_{MY} 与 K_{NY} 相差多大才能分步滴定？滴定应在何酸度范围内进行？

用 EDTA 滴定含有离子 M 和离子 N 的溶液，若 M 未发生副反应，溶液中的平衡关系如下：

$$M + \begin{matrix} H & Y & N \\ & \diagdown | \diagup & \\ HY & & NY \\ & \vdots & \\ & H_6Y & \end{matrix} \rightleftharpoons MY$$

当 $K_{MY} > K_{NY}$，且 $\alpha_{Y(N)} \gg \alpha_{Y(H)}$ 情况下，可推导出（省略推导）：

$$\lg(c_M K'_{MY}) = \lg K_{MY} - \lg K_{NY} + \lg \frac{c_M}{c_N} \tag{4-27}$$

或
$$\lg(c_M K'_{MY}) = \Delta \lg K + \lg(c_M/c_N) \tag{4-28}$$

上式说明，两种金属离子配合物的稳定常数相差越大，被测离子浓度（c_M）越大，干扰离子浓度（c_N）越小，则在 N 离子存在下滴定 M 离子的可能性越大。至于两种金属离子配合物的稳定常数要相差多大才能准确滴定 M 离子而 N 离子不干扰，这就决定于所要求的分析准确度和两种金属离子的浓度比 c_M/c_N 及终点和化学计量点 pM 差值（ΔpM）等因素。

① 分步滴定可能性的判别　由以上讨论可推出，若溶液中只有 M、N 两种离子，当 ΔpM$=\pm 0.2$（目测终点一般有 $\pm 0.2 \sim 0.5 \Delta$pM 的出入），$E_t \leqslant \pm 0.1\%$ 时，要准确滴定 M 离子，而 N 离子不干扰，必须使 $\lg(c_M K'_{MY}) \geqslant 6$，即

$$\Delta \lg K + \lg(c_M/c_N) \geqslant 6 \tag{4-29}$$

式（4-29）是判断能否用控制酸度办法准确滴定 M 离子，而 N 离子不干扰的判别式。滴定 M 离子后，若 $\lg c_N K'_{NY} \geqslant 6$，则可继续准确滴定 N 离子。

如果 ΔpM$=\pm 0.2$，$E_t \leqslant \pm 0.5\%$（混合离子滴定通常允许误差$\leqslant \pm 0.5\%$）时，则可用下式来判别控制酸度分别滴定的可能性。

$$\Delta \lg K + \lg(c_M/c_N) \geqslant 5 \tag{4-30}$$

② 分别滴定的酸度控制

a. 最高酸度（最低 pH）：选择滴定 M 离子的最高酸度与单一金属离子滴定最高酸度的求法相似。即当 $c_M = 0.01$ mol/L，$E_t \leqslant \pm 0.1\%$ 时

$$\lg \alpha_{Y(H)} \leqslant \lg K_{MY} - 8$$

根据 $\lg \alpha_{Y(H)}$ 查出对应的 pH 即为最高酸度。

b. 最低酸度（最高 pH）：根据式（7-30），N 离子不干扰 M 离子滴定的条件是：

$$\Delta \lg K + \lg(c_M/c_N) \geqslant 5$$

即
$$\lg c_M K'_{MY} - \lg c_N K'_{NY} \geqslant 5$$

由于准确滴定 M 时，$\lg c_M K'_{MY} \geqslant 6$，因此

$$\lg c_N K'_{NY} \leqslant 1 \tag{4-31}$$

当 $c_N = 0.01 \text{mol/L}$ 时，

$$\lg \alpha_{Y(H)} \geqslant \lg K_{NY} - 3$$

根据 $\lg \alpha_{Y(H)}$ 查出对应的 pH 即为最高 pH。

值得注意的是，易发生水解反应的金属离子若在所求的酸度范围内发生水解反应，则适宜酸度范围的最低酸度为形成 $M(OH)_n$ 沉淀时的酸度。

滴定 M 离子和 N 离子的酸度控制仍使用缓冲溶液，并选择合适的指示剂，以减少滴定误差。如果 $\Delta \lg K + \lg(c_M/c_N) \leqslant 5$，则不能用控制酸度的方法分步滴定。

M 离子滴定后，滴定 N 离子的最高酸度、最低酸度及适宜酸度范围，与单一离子滴定相同。

【例 4-10】 溶液中 Pb^{2+} 和 Ca^{2+} 浓度均为 $2.0 \times 10^{-2} \text{mol/L}$。如用相同浓度 EDTA 滴定，要求 $E_t \leqslant \pm 0.5\%$，问：(1) 能否用控制酸度分步滴定？(2) 求滴定 Pb^{2+} 的酸度范围。

解 (1) 由于两种金属离子浓度相同，且要求 $E_t \leqslant \pm 0.5\%$，此时判断能否用控制酸度分步滴定的判别式为：$\Delta \lg K \geqslant 5$。查表得 $\lg K_{PbY} = 18.0$，$\lg K_{CaY} = 10.7$，则

$$\Delta \lg K = 18.0 - 10.7 = 7.3 > 5,$$

所以可以用控制酸度分步滴定。

(2) 由于 $c_{Pb^{2+}} = 2.0 \times 10^{-2} \text{mol/L}$，则：

$$\lg \alpha_{Y(H)} \leqslant \lg K_{MY} - 8$$
$$\lg \alpha_{Y(H)} \leqslant 18.0 - 8 = 10.0$$

查酸效应曲线得：pH $\geqslant 3.7$

所以滴定 Pb^{2+} 的最高酸度 pH $= 3.7$

滴定 Pb^{2+} 的最低酸度应先考虑滴定 Pb^{2+} 时，Ca^{2+} 不干扰，即 $\lg c_{Ca^{2+}} K'_{CaY^{2-}} \leqslant 1$

由于 Ca^{2+} 浓度为 $2.0 \times 10^{-2} \text{mol/L}$，所以

$$\lg K'_{CaY^{2-}} \leqslant 3$$

即

$$\lg \alpha_{Y(H)} \geqslant \lg K_{NY} - 3$$

所以

$$\lg \alpha_{Y(H)} \geqslant 10.7 - 3 = 7.7$$

查表（或酸效应曲线）得 pH $\leqslant 8.0$；

因此，准确滴定 Pb^{2+} 而 Ca^{2+} 不干扰的酸度范围是 pH 为 $3.7 \sim 8.0$

考虑到 Pb^{2+} 的水解

$$[OH] \leqslant \sqrt{\frac{K_{sp}[Pb(OH)_2]}{[Pb^{2+}]}} ; \qquad 即 \qquad [OH] = \sqrt{\frac{10^{-15.7}}{2 \times 10^{-2}}} = 10^{-7}$$

pH $\leqslant 7.0$

所以，滴定 Pb^{2+} 适宜的酸度范围 pH 为 $3.7 \sim 7.0$

【例 4-11】 溶液中含 Ca^{2+}、Mg^{2+}，浓度均为 $1.0 \times 10^{-2} \text{mol/L}$，用相同浓度 EDTA 滴定 Ca^{2+} 使溶液 pH 调到 12，问：若要求 $E_t \leqslant \pm 0.1\%$，Mg^{2+} 对滴定有无干扰。

解 pH $= 12$ 时，

$$[Mg^{2+}] = \frac{K_{sp,Mg(OH)_2}}{[OH^-]^2} = \frac{1.8 \times 10^{-11}}{10^{-4}} \text{mol/L} = 1.8 \times 10^{-7} \text{mol/L}$$

查 $\lg K_{CaY} = 10.69$，$\lg K_{MgY} = 8.69$

$$\Delta\lg K +\lg \frac{c_M}{c_N}=10.69-8.69 +\lg \frac{10^{-2}}{1.8\times10^{-7}}=6.74>6$$

所以 Mg^{2+} 对 Ca^{2+} 的滴定无干扰。

（2）使用掩蔽剂的选择性滴定

当 $\lg K_{MY}-\lg K_{NY}<5$ 时，采用控制酸度分别滴定已不可能，这时可利用加入掩蔽剂来降低干扰离子的浓度以消除干扰。掩蔽方法按掩蔽反应类型的不同分为配位掩蔽法、氧化还原掩蔽法和沉淀掩蔽法等。

① 配位掩蔽法（masking） 配位掩蔽法在化学分析中应用最广泛，它是通过加入能与干扰离子形成更稳定配合物的配位剂（通称掩蔽剂）掩蔽干扰离子，从而能够更准确滴定待测离子。例如测定 Al^{3+} 和 Zn^{2+} 共存溶液中的 Zn^{2+} 时，可加入 NH_4F 与干扰离子 Al^{3+} 形成十分稳定的 AlF_6^{3-}，因而消除了 Al^{3+} 干扰。又如测定水中 Ca^{2+}、Mg^{2+} 总量（即水的硬度）时，Fe^{3+}、Al^{3+} 的存在干扰测定，在 $pH=10$ 时加入三乙醇胺，可以掩蔽 Fe^{3+} 和 Al^{3+}，消除其干扰。

采用配位掩蔽法，在选择掩蔽剂时应注意如下几个问题。

a. 掩蔽剂（L）与干扰离子形成的配合物应远比待测离子与 EDTA 形成的配合物稳定（即 $\lg K'_{NL}\gg\lg K'_{NY}$），而且所形成的配合物应为无色或浅色。

b. 掩蔽剂与待测离子不发生配位反应或形成的配合物稳定性要远小于待测离子与 ED-TA 配合物的稳定性。

c. 掩蔽作用与滴定反应的 pH 条件大致相同。例如，我们已经知道在 $pH=10$ 时测定 Ca^{2+}、Mg^{2+} 总量，少量 Fe^{3+}、Al^{3+} 的干扰可使用三乙醇胺来掩蔽，但若在 $pH=1$ 时测定 Bi^{3+} 就不能再使用三乙醇胺掩蔽。因为 $pH=1$ 时三乙醇胺不具有掩蔽作用。实际工作中常用的配位掩蔽剂见表 4-8。

表 4-8 部分常用的配位掩蔽剂

掩蔽剂	被掩蔽的金属离子	pH
三乙醇胺	Al^{3+}、Fe^{3+}、Sn^{4+}、TiO_2^{2+}	10
氟化物	Al^{3+}、Sn^{4+}、TiO_2^{2+}、Zr^{4+}	>4
乙酰丙酮	Al^{3+}、Fe^{2+}	5~6
邻二氮菲	Cu^{2+}、Co^{2+}、Ni^{2+}、Cd^{2+}、Hg^{2+}	5~6
氰化物	Cu^{2+}、Co^{2+}、Ni^{2+}、Cd^{2+}、Hg^{2+}、Fe^{2+}	10
2,3-二巯基丙醇	Zn^{2+}、Pb^{2+}、Bi^{3+}、Sb^{2+}、Sn^{4+}、Cd^{2+}、Cu^{2+}	
硫脲	Hg^{2+}、Cu^{2+}	
碘化物	Hg^{2+}	

② 氧化还原掩蔽法 加入一种氧化剂或还原剂，改变干扰离子价态，以消除干扰。例如，锆铁矿中锆的滴定，由于 Zr^{4+} 和 Fe^{3+} 与 EDTA 配合物的稳定常数相差不够大（$\Delta\lg K =29.9-25.1=4.8$），$Fe^{3+}$ 干扰 Zr^{4+} 的滴定。此时可加入抗坏血酸或盐酸羟氨使 Fe^{3+} 还原为 Fe^{2+}，由于 $\lg K_{FeY^{2-}}=14.3$，比 $\lg K_{FeY}$ 小得多，因而避免了干扰。又如前面提到，$pH=1$ 时测定 Bi^{3+} 不能使用三乙醇胺掩蔽 Fe^{3+}，此时同样可采用抗坏血酸或盐酸羟氨使 Fe^{3+} 还原为 Fe^{2+} 消除干扰。其他如滴定 Th^{4+}、In^{3+}、Hg^{2+} 时，也可用同样方法消除 Fe^{3+} 干扰。

③ 沉淀掩蔽法 沉淀掩蔽法是加入选择性沉淀剂与干扰离子形成沉淀，从而降低干扰

离子的浓度，以消除干扰的一种方法。例如在由 Ca^{2+}、Mg^{2+} 共存溶液中，加入 NaOH 使 pH>12，因而生成 $Mg(OH)_2$ 沉淀，这时 EDTA 就可直接滴定 Ca^{2+} 了。

沉淀掩蔽法要求所生成的沉淀溶解度要小，沉淀的颜色为无色或浅色，沉淀最好是晶形沉淀，吸附作用小。

由于某些沉淀反应进行得不够完全，造成掩蔽效率有时不太高，加上沉淀的吸附现象，既影响滴定准确度又影响终点观察。因此，沉淀掩蔽法不是一种理想的掩蔽方法，在实际工作中应用不多。配位滴定中常用的沉淀掩蔽剂见表 4-9。

表 4-9　部分常用的沉淀掩蔽剂

掩蔽剂	被掩蔽离子	被测离子	pH	指示剂
氢氧化物	Mg^{2+}	Ca^{2+}	12	钙指示剂
KI	Cu^{2+}	Zn^{2+}	5~6	PAN
氟化物	Ba^{2+}、Sr^{2+}、Ca^{2+}、Mg^{2+}	Zn^{2+}、Cd^{2+}、Mn^{2+}	10	EBT
硫酸盐	Ba^{2+}、Sr^{2+}	Ca^{2+}、Mg^{2+}	10	EBT
铜试剂	Bi^{3+}、Cu^{2+}、Cd^{2+}	Ca^{2+}、Mg^{2+}	10	EBT

（3）其他滴定剂的应用

氨羧配位剂的种类很多，除 EDTA 外，还有不少种类氨羧配位剂，它们与金属离子形成配位化合物的稳定性各具特点。选用不同的氨羧配位剂作为滴定剂，可以选择性地滴定某些离子。

① EGTA（乙二醇二乙醚二胺四乙酸）　EGTA 和 EDTA 与 Mg^{2+}、Ca^{2+}、Sr^{2+}、Ba^{2+} 所形成的配合物的 $\lg K$ 值比较如下：

项目	Mg^{2+}	Ca^{2+}	Sr^{2+}	Ba^{2+}
M-EGTA	5.2	11.0	8.5	8.4
M-EDTA	8.7	10.7	8.6	7.6

可见，如果在大量 Mg^{2+} 存在下滴定，采用 EDTA 为滴定剂进行滴定，则 Mg^{2+} 的干扰严重。若用 EGTA 为滴定剂滴定，Mg^{2+} 的干扰就很小。因为 Mg^{2+} 与 EGTA 配合物的稳定性差，而 Ca^{2+} 与 EGTA 配合物的稳定性却很高。因此，选用 EGTA 作滴定剂选择性高于 EDTA。

② EDTP（乙二胺四丙酸）　EDTP 与金属离子形成的配合物的稳定性普遍地比相应的 EDTA 配合物的差，但 Cu-EDTP 除外，其稳定性仍很高。EDTP 和 EDTA 与 Cu^{2+}、Zn^{2+}、Cd^{2+}、Mn^{2+}、Mg^{2+} 所形成的配合物的 $\lg K$ 值比较如下：

项目	Cu^{2+}	Zn^{2+}	Cd^{2+}	Mn^{2+}	Mg^{2+}
M-EDTP	15.4	7.8	6.0	4.7	1.8
M-EDTA	18.8	16.5	16.5	14.0	8.7

因此，在一定的 pH 下，用 EDTP 滴定 Cu^{2+}，则 Zn^{2+}、Cd^{2+}、Mn^{2+}、Mg^{2+} 不干扰。

若采用上述控制酸度、掩蔽干扰离子或选用其他滴定剂等方法仍不能消除干扰离子的影响，只有采用分离的方法除去干扰离子了。

4.5　EDTA 标准滴定溶液的配制与标定

配制 EDTA 标准滴定溶液常用乙二胺四乙酸二钠，它易溶于水，经提纯后可作基准物质，直接配制标准溶液，但提纯方法较复杂，同时配制溶液所用蒸馏水的质量不高也会引入杂质，因此一般采用间接法配制，配制和标定方法参考 GB/T 601—2016。

4.5.1　EDTA 标准溶液的配制

（1）配制方法

常用的 EDTA 标准溶液的浓度为 0.01～0.05mol/L。称取一定量（按所需浓度和体积计算）EDTA $[Na_2H_2Y \cdot 2H_2O, M(Na_2H_2Y \cdot 2H_2O) = 372.2g/mol]$，用适量蒸馏水溶解（必要时可加热），溶解后稀释至所需体积，并充分混匀，转移至试剂瓶中待标定。

EDTA 二钠盐溶液的 pH 正常值为 4.8，市售的试剂如果不纯，pH 常低于 2，有时 pH<4。当室温较低时易析出难溶于水的乙二胺四乙酸，使溶液变混浊，并且溶液的浓度也发生变化。因此配制溶液时，可用 pH 试纸检查，若溶液 pH 较低，可加几滴 0.1mol/L NaOH 溶液，使溶液的 pH 在 5～6.5 之间直至变清为止。

（2）蒸馏水质量

在配位滴定中，使用的蒸馏水质量是否符合要求（符合 GB 6682—2008 中分析实验室用水规格）十分重要。若配制溶液的蒸馏水中含有 Al^{3+}、Fe^{3+}、Cu^{2+} 等，会使指示剂封闭，影响终点观察。若蒸馏水中含有 Ca^{2+}、Mg^{2+}、Pb^{2+} 等，在滴定中会消耗一定量的 EDTA，对结果产生影响。因此在配位滴定中，所用蒸馏水一定要进行质量检查。为了保证水的质量常用二次蒸馏水或去离子水来配制溶液。

（3）EDTA 溶液的贮存

配制好的 EDTA 溶液应贮存在聚乙烯塑料瓶或硬质玻璃瓶中。若贮存在软质玻璃瓶中，EDTA 会不断地溶解玻璃中的 Ca^{2+}、Mg^{2+} 等离子，形成配合物，使其浓度不断降低。

4.5.2　EDTA 标准滴定溶液的标定

（1）标定 EDTA 常用的基准试剂

用于标定 EDTA 溶液的基准试剂很多，常用的基准试剂如表 4-10 所示。

表 4-10　标定 EDTA 的常用基准试剂

基准试剂	基准试剂处理	滴定条件		终点颜色变化
		pH	指示剂	
铜片	稀 HNO_3 溶解，除去氧化膜，用水或无水乙醇充分洗涤，在 105℃烘箱中，烘 3min，冷却后称量，以 1:1 HNO_3 溶解，再以 H_2SO_4 蒸发除去 NO_2	4.3 HAc-Ac 缓冲溶液	PAN	红色→黄色
铅	稀 HNO_3 溶解，除去氧化膜，用水或无水乙醇充分洗涤在 105℃烘箱中烘 3min，冷却后称量，以 1:2 HNO_3 溶解，加热除去 NO_2	10 NH_3-NH_4^+ 缓冲溶液	铬黑 T	红色→蓝色
		5～6 六亚甲基四胺	二甲酚橙	红色→黄色
锌片	用 1:5 HCl 溶解，除去氧化膜，用水或无水乙醇充分洗涤，在 105℃烘箱中，烘 3min，冷却后称量，以 1:1 HCl 溶解	10 NH_3-NH_4^+ 缓冲溶液	铬黑 T	红色→蓝色
		5～6 六亚甲基四胺	二甲酚橙	红色→黄色

基准试剂	基准试剂处理	滴定条件		终点颜色变化
		pH	指示剂	
CaCO$_3$	在105℃烘箱中,烘120min,冷却后称量,以1∶1 HCl溶解	12.5~12.9 KOH ≥12.5	甲基百里酚蓝 钙指示剂	蓝色→灰色 酒红色→蓝色
MgO	在1000℃灼烧后,以1∶1 HCl溶解	10 NH$_3$-NH$_4^+$ 缓冲溶液	铬黑 T K-B	红色→蓝色

表中所列的纯金属如:Bi、Cd、Cu、Zn、Mg、Ni、Pb 等,要求纯度在 99.99% 以上。金属表面如有一层氧化膜、应先用酸洗去,再用水或乙醇洗涤,并在 105℃烘干数分钟后再称量。金属氧化物或其盐类如:Bi$_2$O$_3$、CaCO$_3$、MgO、MgSO$_4$·7H$_2$O、ZnO、ZnSO$_4$ 等试剂,在使用前应预先处理。

实验室中常用金属锌或氧化锌为基准物,由于它们的摩尔质量不大,标定时通常采用"称大样"法,即先准确称取基准物,溶解后定量转移入一定体积的容量瓶中配制,然后再移取一定量溶液标定。

(2)标定条件

为了使测定结果具有较高的准确度,标定的条件与测定的条件应尽可能相同。在可能的情况下,最好选用被测元素的纯金属或化合物为基准物质。这是因为不同的金属离子与 ED-TA 反应完全的程度不同,允许的酸度不同,因而对结果的影响也不同。如 Al^{3+} 与 EDTA 的反应,在过量 EDTA 存在下,控制酸度并加热,配位率也只能达到 99% 左右,因此要准确测定 Al^{3+} 含量,最好采用纯铝或含铝标样标定 EDTA 溶液,使误差抵消。又如,由实验用水中引入的杂质(如 Ca^{2+}、Pb^2)在不同条件下有不同影响。在碱性中滴定时两者均会与 EDTA 配位;在酸性溶液中则只有 Pb^{2+} 与 EDTA 配位;在强酸溶液中滴定,则两者均不与 EDTA 配位。因此,若在相同酸度下标定和测定,这种影响就可以被抵消。

(3)标定方法

在 pH=4~12 Zn^{2+} 均能与 EDTA 定量配位,多采用的方法如下。

① 在 pH=10 的 NH$_3$-NH$_4$Cl 缓冲溶液中以铬黑 T 为指示剂,直接标定。

② 在 pH = 5 的六亚甲基四胺缓冲溶液中以二甲酚橙为指示剂,直接标定。

4.6 配位滴定方式及应用

配位滴定中采用的滴定方式较多,如直接滴定法、返滴定法、置换滴定法和间接滴定法,扩大了配位滴定法的应用范围。

4.6.1 直接滴定法及应用

当被测金属离子与 EDTA 的配位反应,完全符合配位滴定要求时,就可将试液调至所需酸度,加入必要的试剂(如掩蔽剂)和指示剂,用 EDTA 标准滴定溶液直接滴定。直接滴定法具有操作简便、快速、引入误差较小等优点。因此,只要条件允许,应尽量采用直接滴定法。

但有以下任何一种情况,都不宜直接滴定。

① 待测离子与 EDTA 不形成或形成的配合物不稳定。

② 待测离子与 EDTA 的配位反应很慢，例如 Al^{3+}、Cr^{3+}、Zr^{4+} 等的配合物虽稳定，但在常温下反应进行得很慢。

③ 没有适当的指示剂，或金属离子对指示剂有严重的封闭或僵化现象。

④ 在滴定条件下，待测金属离子水解或生成沉淀，滴定过程中沉淀不易溶解，也不能用加入辅助配位剂的方法防止这种现象的发生。

应用实例：水中钙镁含量的测定

水中钙镁含量俗称水的"硬度"，是水质分析的重要指标。无论生活用水还是生产用水，对钙镁含量都有一定要求，尤其是锅炉用水对这一指标要求十分严格。

测定钙、镁含量有多种方法，但以直接配位滴定法最为简便。方法是：先在 pH=10 的 NH_3-NH_4Cl 缓冲溶液中，以铬黑 T 为指示剂，用 EDTA 滴定。由于 CaY 比 MgY 稳定，故先滴定的是 Ca^{2+}。但它们与铬黑 T 配位化合物的稳定性则相反 [$lgK_{(CaIn)}=5.4$、$lgK_{(MgIn)}=7.0$]，因此当溶液由紫红变为蓝色时，表示 Mg^{2+} 已定量滴定。而此时 Ca^{2+} 早已定量反应，故由此测得的是 Ca^{2+}、Mg^{2+} 总量。另取同量试液，加入 NaOH 调节溶液酸度至 pH>12。此时镁以 $Mg(OH)_2$ 沉淀形式被掩蔽，选用钙指示剂为指示剂，用 EDTA 滴定 Ca^{2+}。由前后两次测定之差，即得到镁含量。

能够用 EDTA 标准滴定溶液直接滴定的一些金属离子及所用指示剂参见表 4-11。

表 4-11　EDTA 直接滴定法示例

金属离子	pH	指示剂	其他主要滴定条件	终点颜色变化
Bi^{3+}	1	二甲酚橙	HNO_3 介质	紫红色→黄色
Ca^{2+}	12～13	钙指示剂或紫脲酸铵		酒红色→蓝色
Cd^{2+}、Fe^{2+}、Pb^{2+}、Zn^{2+}	5～6	二甲酚橙	六亚甲基四胺	红紫色→黄色
Co^{2+}	5～6	二甲酚橙	六亚甲基四胺，加热至80℃	红紫色→黄色
Cd^{2+}、Mg^{2+}、Zn^{2+}	9～10	铬黑 T	氨性缓冲液	红色→蓝色
Cu^{2+}	2.5～10	PAN	加热或加乙醇	红色→黄绿色
Fe^{3+}	1.5～2.5	磺基水杨酸	加热	红紫色→黄色
Mn^{2+}	9～10	铬黑 T	氨性缓冲溶液，抗坏血酸或 $NH_2OH \cdot HCl$ 或酒石酸	红色→蓝色
Ni^{2+}	9～10	紫脲酸铵	加热至50～60℃	黄绿色→紫红色
Pb^{2+}	9～10	铬黑 T	氨性缓冲溶液，加酒石酸，并加热至于40～70℃	红蓝色
Th^{4+}	1.7～3.5	二甲酚橙		紫红色→黄色

4.6.2　返滴定法及应用

返滴定法是在适当酸度的试液中，加入已知过量的 EDTA 标准溶液，使其与被测金属离子反应完全，然后调节溶液的 pH，加入指示剂，再用另一种金属离子的标准溶液滴定剩余的 EDTA。根据两种标准溶液的浓度和用量，求出被测离子的含量。

返滴定法适用于以下情况：

① 被测离子与 EDTA 反应缓慢；

② 被测离子在滴定的 pH 下会发生水解，又找不到合适的辅助配位剂；

③ 被测离子对指示剂有封闭作用，又找不到合适的指示剂。

应用实例：Al^{3+} 的测定。

Al^{3+} 与 EDTA 配位反应速度缓慢，而且对二甲酚橙指示剂有封闭作用；酸度不高时，Al^{3+} 还易发生一系列水解反应，形成多种多核羟基配合物。因此 Al^{3+} 不能直接滴定。用返滴定法测定 Al^{3+} 时，先在试液中加入一定量并过量的 EDTA 标准溶液，调节 pH=3.5，煮沸以加速 Al^{3+} 与 EDTA 的反应（此时溶液的酸度较高，又有过量 EDTA 存在，Al^{3+} 不会形成羟基配合物）。冷却后，调节 pH 至 5～6，以保证 Al^{3+} 与 EDTA 定量配位，然后以二甲酚橙为指示剂（此时 Al^{3+} 已形成 AlY，不再封闭指示剂），用 Zn^{2+} 标准溶液滴定过量的 EDTA。

返滴定法中用作返滴定剂的金属离子 N 与 EDTA 的配合物 NY 应有足够的稳定性，以保证测定的准确度，但 NY 又不能比待测离子 M 与 EDTA 的配合物 MY 更稳定，否则将发生下式反应（略去电荷），使测定结果偏低。

$$N + MY \rightleftharpoons NY + M$$

上例中 ZnY^{2-} 虽比 AlY^{3-} 稍稳定（$lgK_{ZnY}=16.5$，$lgK_{AlY}=16.1$），但因 Al^{3+} 与 EDTA 配位缓慢，一旦形成，离解也慢。因此，在滴定条件下 Zn^{2+} 不会把 AlY 中的 Al^{3+} 置换出来。但是，如果返滴定时温度较高，AlY 活性增大，就有可能发生置换反应，使终点难于确定。表 4-12 列出了常用作返滴定剂的部分金属离子及其滴定条件。

表 4-12　常用作返滴定剂的金属离子和滴定条件

待测金属离子	pH	返滴定剂	指示剂	终点颜色变化
Al^{3+},Ni^{2+}	5～6	Zn^{2+}	二甲酚橙	黄色→紫红色
Al^{3+}	5～6	Cu^{2+}	PAN	黄色→蓝紫色(或紫红色)
Fe^{2+}	9	Zn^{2+}	铬黑 T	蓝色→红色
Hg^{2+}	10	Mg^{2},Zn^{2+}	铬黑 T	蓝色→红色
Sn^{4+}	2	Th^{4+}	二甲酚橙	黄色→红色

4.6.3　置换滴定法及应用

配位滴定中用到的置换滴定有下列两类。

（1）置换出金属离子

例如 Ag^+ 与 EDTA 配合物不够稳定（$lgK_{AgY}=7.3$）不能用 EDTA 直接滴定。若在 Ag^+ 试液中加入过量的 $[Ni(CN)_4]^{2-}$，则会发生如下置换反应：

$$2Ag^+ + [Ni(CN)_4]^{2-} \longrightarrow 2[Ag(CN)_2]^- + Ni^{2+}$$

此反应的平衡常数 $lgK_{AgY}=10.9$，反应进行较完全。在 pH=10 的氨性溶液中，以紫脲酸铵为指示剂，用 EDTA 滴定置换出 Ni^{2+}，即可求得 Ag^+ 含量。

要测定银币试样中的 Ag 与 Cu，通常做法是：先将试样溶于硝酸后，加入氨调溶液的 pH=8，以紫脲酸铵为指示剂，用 EDTA 滴定 Cu^{2+}，再用置换滴定法测 Ag^+。

紫脲酸铵是配位滴定 Ca^{2+}、Ni^{2+}、Co^{2+}、和 Cu^{2+} 的一个经典指示剂，强氨性溶液滴定 Ni^{2+} 时，溶液由配合物的紫色变为指示剂的黄色，变色敏锐。由于 Cu^{2+} 与指示剂的稳定性差，只能在弱氨性溶液中滴定。

（2）置换出 EDTA

用返滴定法测定可能含有 Cu、Pb、Zn、Fe、等杂质离子的某复杂试样中的 Al^{3+} 时，实际测得的是这些离子的合量。为了得到准确的 Al^{3+} 量，在返滴定至终点后，加入 NH_4F，F^- 与溶液中的 AlY^- 反应，生成更为稳定的 AlF_6^{3-}，置换出与 Al^{3+} 相当量的 EDTA。

$$AlY^- + 6F^- + 2H^{2+} \longrightarrow AlF_6^{3-} + H_2Y^{2-}$$

置换出的 EDTA，再用 Zn^{2+} 标准溶液滴定，由此可得 Al^{3+} 的准确含量。

锡的测定也常用此法。如测定锡-铅焊料中锡、铅含量，试样溶解后加入一定量并过量的 EDTA，煮沸，冷却后用六亚甲基四胺调节溶液 pH 至 5～6，以二甲酚橙作指示剂，用 Pb^{2+} 标准溶液滴定 Sn^{4+} 和 Pb^{2+} 的总量。然后再加入过量的 NH_4F，置换出 SnY 中的 EDTA，再用 Pb^{2+} 标准溶液滴定，即可求得 Sn^{4+} 的含量。

置换滴定法不仅能扩大配位滴定法的应用范围，还可以提高配位滴定法的选择性。

4.6.4　间接滴定法及应用

有些离子和 EDTA 生成的配合物不稳定，如 Na^+、K^+ 等；有些离子和 EDTA 不配位，如 SO_4^{2-}、PO_4^{3-}、CN^-、Cl^- 等阴离子。这些离子可采用间接滴定法测定。例如，测定 SO_4^{2-} 时，可在试液中加入已知量的 $BaCl_2$ 标准溶液，使其生成 $BaSO_4$ 沉淀，过量的 Ba^{2+} 再用 EDTA 滴定。加入 $BaCl_2$ 物质的量与滴定所用 EDTA 物质的量之差，即为试液中 SO_4^{2-} 物质的量。

表 4-13 列出常用的部分离子的间接滴定法以供参考。

表 4-13　常用的间接滴定法

待测离子	主 要 步 骤
K^+	沉淀为 $K_2Na[Co(NO_2)_6] \cdot 6H_2O$ 经过滤、洗涤、溶解后测出其中的 Co^{3+}
Na^+	沉淀为 $NaZn(UO_2)_3Ac_9 \cdot 9H_2O$
PO_4^{3-}	沉淀为 $MgNH_4PO_4 \cdot 6H_2O$，沉淀经过滤、洗涤、溶解，测定其中 Mg^{2+}，或测定滤液中过量的 Mg^{2+}
S^{2-}	沉淀为 CuS，测定滤液中过量的 Cu^{2+}
SO_4^{2-}	沉淀为 $BaSO_4$，测定滤液中过量的 Ba^{2+}，用 Mg-Y 铬黑 T 作指示剂
CN^-	加一定量并过量的 Ni^{2+}，使形成 $Ni(CN)_4^{2-}$，测定过量的 Ni^{2+}
Cl^-、Br^-、I^-	沉淀为卤化银、过滤、滤液中过量的 Ag^+ 与 $Ni(CN)_4^{2-}$ 置换，测定置换出的 Ni^{2+}

 习题

一、选择

1. EDTA 与金属离子多是以（　　）的关系配合。

A.1∶5　　　　　　　B.1∶4　　　　　　　C.1∶2　　　　　　　D.1∶1

2. 在配位滴定中，直接滴定法的条件包括（　　）。

A.$\lg cK'_{MW} \leqslant 8$　　　　　　　　B. 溶液中无干扰离子

C. 有变色敏锐无封闭作用的指示剂　　　D. 反应在酸性溶液中进行

3. 测定水中钙硬时，Mg^{2+} 的干扰用的是（ ）消除的。

A. 控制酸度法   B. 配位掩蔽法

C. 氧化还原掩蔽法   D. 沉淀掩蔽法

4. 配位滴定中加入缓冲溶液的原因是（ ）。

A. EDTA 配位能力与酸度有关

B. 金属指示剂有其使用的酸度范围

C. EDTA 与金属离子反应过程中会释放出 H^+

D. K'_{MY} 会随酸度改变而改变

5. 在直接配位滴定法中，终点时，一般情况下溶液显示的颜色为（ ）。

A. 被测金属离子与 EDTA 配合物的颜色

B. 被测金属离子与指示剂配合物的颜色

C. 游离指示剂的颜色

D. 金属离子与指示剂配合物和金属离子与 EDTA 配合物的混合色

6. 用 EDTA 测定 SO_4^{2-} 时，应采用的方法是（ ）。

A. 直接滴定   B. 间接滴定

C. 返滴定   D. 连续滴定

7. 配位滴定中，使用金属指示剂二甲酚橙，要求溶液的酸度条件是（ ）。

A. pH 为 6.3～11.6   B. pH＝6.0   C. pH＞6.0   D. pH＜6.0

8. 在 Fe^{3+}、Al^{3+}、Ca^{2+}、Mg^{2+} 混合溶液中，用 EDTA 测定 Fe^{3+}、Al^{3+} 的含量时，为了消除 Ca^{2+}、Mg^{2+} 的干扰，最简便的方法是（ ）。

A. 沉淀分离法   B. 控制酸度法   C. 配位掩蔽法   D. 溶剂萃取法

9. EDTA 滴定金属离子 M，MY 的绝对稳定常数为 K_{MY}，当金属离子 M 的浓度为 0.01mol/L 时，下列 $\lg\alpha_{Y(H)}$ 对应的 pH 值是滴定金属离子 M 的最高允许酸度的是（ ）。

A. $\lg\alpha_{Y(H)} \leqslant \lg K_{MY} - 8$ B. $\lg\alpha_{Y(H)} = \lg K_{MY} - 8$

C. $\lg\alpha_{Y(H)} \geqslant \lg K_{MY} - 6$ D. $\lg\alpha_{Y(H)} \leqslant \lg K_{MY} - 3$

二、简答

1. 什么叫酸效应？什么叫酸效应系数？酸效应对配位平衡有何影响？

2. 酸效应曲线的作用有哪些？

3. 为什么在配位滴定中必须控制好溶液的酸度？

4. 什么叫金属指示剂？金属指示剂的作用原理是什么？它应该具备哪些条件？试举例说明。

5. 为什么配位滴定的指示剂只能在一定的 pH 范围内使用？

6. 有时要使用两种指示剂分别标定 EDTA，为什么？

7. EDTA 与金属配位时，有什么特点？

8. 什么是配合物的条件稳定常数？有何作用？绝对稳定常数与条件稳定常数有何区别？

9. Cu^{2+}、Zn^{2+}、Cd^{2+}、Ni^{2+} 等离子均能与 NH_3 形成配合物，为什么不能以氨水为滴定剂用配位滴定法来测定这些离子？

10. 假设 Mg^{2+} 和 EDTA 的浓度皆为 10^{-2} mol/L，在 pH＝6 时，镁与 EDTA 配合物的条件稳定常数是多少（不考虑羟基配位等副反应）？

11. 什么是金属指示剂的僵化、封闭现象？

12. 铬蓝黑 R（EBR）指示剂的 H_2In^{2-} 是红色，HIn^{2-} 是蓝色，In^{3-} 是橙色。它的 $pK_{a_2}=7.3$，$pK_{a_3}=13.5$。它与金属离子形成的配合物 MIn 是红色。试问指示剂在不同的 pH 的范围各呈什么颜色？变化点的 pH 是多少？它在什么 pH 范围内能用作金属离子指示剂？

13. 两种金属离子 M 和离子 N 共存时，什么条件下才可用控制酸度的方法进行分别滴定？

14. 怎样判断某金属离子能否用 EDTA 滴定？怎样判断共存金属离子是否干扰滴定？

15. 浓度为 $2.0\times10^{-2}mol/L$ 的 Th^{4+}、La^{3+} 混合溶液，欲用 0.02000mol/L EDTA 分别滴定，试问：

（1）有无可能分步滴定？

（2）若在 pH＝3.0 时滴定 Th^{4+}，能否直接准确滴定？

（3）滴定 Th^{4+} 后，是否可能滴定 La^{3+}？讨论滴定 La^{3+} 适宜的酸度范围，已知 $La(OH)_3$ 的 $K_{sp}=10^{-18.8}$。

（4）滴定 La^{3+} 时选择何种指示剂较为适宜？为什么？已知 pH≤2.5 时，La^{3+} 不与二甲酚橙显色。

16. 配制和标定 EDTA 标准滴定溶液时，对所用试剂和水有何要求？

17. 能用于标定 EDTA 的基准试剂很多，具体实验中应怎样加以选择？

三、计算

1. 称取 0.5000g 煤试样，熔融并使其中硫完全氧化成 SO_4^{2-}。溶解并除去重金属离子后，加入 0.05000mol/L $BaCl_2$ 20.00mL，使生成 $BaSO_4$ 沉淀。过量的 Ba^{2+} 用 0.02500mol/L EDTA 滴定，用去 20.00mL。计算试样中硫的质量分数。

2. 称取 0.5000g 铜锌镁合金，溶解后配成 100.0mL 试液。移取 25.00mL 试液调至 pH＝6.0，用 PAN 作指示剂，用 37.30mL 0.05000mol/L EDTA 滴定 Cu^{2+} 和 Zn^{2+}。另取 25.00mL 试液调至 pH＝10.0，加 KCN 掩蔽 Cu^{2+} 和 Zn^{2+} 后，用 4.10mL 等浓度的 EDTA 溶液滴定 Mg^{2+}。然后再滴加甲醛解蔽 Zn^{2+}，又用上述 EDTA 13.40mL 滴定至终点。计算试样中铜、锌、镁的质量分数。

3. 称取含 Fe_2O_3 和 Al_2O_3 的试样 0.2000g，将其溶解，在 pH＝2.0 的热溶液中（50℃左右），以磺基水杨酸为指示剂，用 0.02000mol/L EDTA 标准溶液滴定试样中的 Fe^{3+}，用去 18.16mL 然后将试样调至 pH＝3.5，加入上述 EDTA 标准溶液 25.00mL，并加热煮沸。再调试液 pH＝4.5，以 PAN 为指示剂，趁热用 $CuSO_4$ 标准溶液（每毫升含 $CuSO_4\cdot5H_2O$ 0.005 000g）返滴定，用去 8.12mL。计算试样中 Fe_2O_3 和 Al_2O_3 的质量分数。

4. 称取不纯氯化钡试样 0.2000g，溶解后加入 40.00mL 浓度为 0.1000mol/L 的 EDTA 标准滴定溶液，待 Ba^{2+} 与 EDTA 配位后，再以 NH_3-NH_4Cl 缓冲溶液调节至 pH＝10，以铬黑 T 为指示剂，用 0.1000mol/L 的 $MgSO_4$ 标准滴定溶液滴定过量的 EDTA，用去 31.00mL。求试样中 $BaCl_2$ 的质量分数。

5. 测定某装置冷却用水中钙镁总量时，吸取水样 100mL，以铬黑 T 为指示剂，在 pH＝10，用 $c(EDTA)=0.0200mol/L$ 标准滴定溶液滴定，终点消耗了 5.26mL。求以 $CaCO_3mg/L$ 表示的钙镁总量？

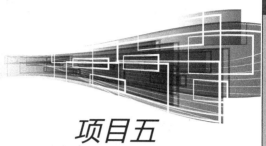

项目五
氧化性或还原性物质含量测定

知识目标

1. 理解电极电位与标准电极电位。

2. 理解氧化还原反应方向、程度和速率。

3. 了解氧化还原滴定前的预处理方法。

4. 掌握 $KMnO_4$ 法的原理及应用，$KMnO_4$ 标准滴定溶液的配制及保存方法、自身指示剂的特点。

5. 掌握 $K_2Cr_2O_7$ 法测定铁的原理及方法，$K_2Cr_2O_7$ 标准滴定溶液的配制方法。

6. 掌握碘量法原理与应用，专属指示剂的特点，I_2、$Na_2S_2O_3$ 标准滴定溶液的配制方法。

7. 理解氧化还原指示剂的作用原理、变色范围及选择原则。

8. 掌握氧化还原滴定曲线的特点。

9. 掌握氧化还原滴定结果的计算。

能力目标

1. 能够根据工作任务查阅所需分析资料。

2. 会进行 $KMnO_4$ 标准滴定溶液的配制与标定。

3. 会进行 $K_2Cr_2O_7$ 标准滴定溶液的配制与标定。

4. 会进行 I_2 标准滴定溶液的配制与标定。

5. 会进行 $Na_2S_2O_3$ 标准滴定溶液的配制与标定。

6. 会进行 H_2O_2 含量的测定。

7. 会进行 $K_2Cr_2O_7$ 法测定硫酸亚铁铵中亚铁含量。

8. 会进行抗坏血酸含量的测定。

9. 会进行胆矾中 $CuSO_4 \cdot 5H_2O$ 含量的测定。

10. 能够进行交流，有团队合作精神与职业道德，可独立或合作学习与工作。

任务一 高锰酸钾法测定工业 H_2O_2 含量

技能训练一 $KMnO_4$ 标准滴定溶液的配制与标定

一、项目要求

1. 掌握 $KMnO_4$ 标准滴定溶液的配制和贮存方法。
2. 掌握用 $Na_2C_2O_4$ 为基准物质标定 $KMnO_4$ 溶液浓度的原理和方法。
3. 掌握 $KMnO_4$ 标准滴定溶液的配制、标定和有关计算。

二、实施依据

固体 $KMnO_4$ 试剂常含少量杂质，主要有二氧化锰，其他杂质如氯化物、硫酸盐、硝酸盐、氯酸盐等。$KMnO_4$ 溶液不稳定，在放置过程中由于自身分解、见光分解、蒸馏水中微量还原性物质与 MnO_4^- 反应析出 $MnO(OH)_2$ 沉淀等作用致使溶液浓度发生改变。因此，不能用直接法制备 $KMnO_4$ 标准滴定溶液，而采用间接法（即标定法）。

在酸度为 $0.5\sim1mol/L$ 的 H_2SO_4 酸性溶液中，以 $Na_2C_2O_4$ 为基准物标定 $KMnO_4$ 溶液，反应式为：

$$5C_2O_4^{2-} + 2MnO_4^- + 16H^+ \longrightarrow 2Mn^{2+} + 10CO_2\uparrow + 8H_2O$$

以 $KMnO_4$ 自身为指示剂。

三、试剂

1. $KMnO_4$ 固体。
2. 基准试剂 $Na_2C_2O_4$，在 $105\sim110℃$ 烘至恒重。
3. H_2SO_4 溶液，$(8+92)$。

四、工作程序

1. $KMnO_4$ 溶液的配制

配制 $c\left(\dfrac{1}{5}KMnO_4\right) = 0.1mol/L$ 的 $KMnO_4$ 溶液 $500mL$。称取 $1.6g$ $KMnO_4$ 固体于 $500mL$ 烧杯中，加入 $520mL$ H_2O 使之溶解。盖上表面皿，在电炉上加热至沸，缓缓煮沸 $15min$，冷却后置于暗处静置数天（至少 $2\sim3$ 天）后，用 P16 号玻璃砂心漏斗（该漏斗预先以同样浓度 $KMnO_4$ 溶液缓缓煮沸 $5min$）或玻璃纤维过滤，除去 MnO_2 等杂质，滤液贮存于干燥具玻璃塞的棕色试剂瓶（试剂瓶用 $KMnO_4$ 溶液洗涤 $2\sim3$ 次），待标定。

或溶解 $KMnO_4$ 后，保持微沸状态 $1h$，冷却后过滤，滤液贮存于干燥棕色试剂瓶，待标定。

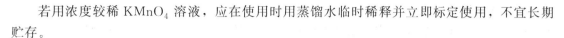

若用浓度较稀 KMnO₄ 溶液，应在使用时用蒸馏水临时稀释并立即标定使用，不宜长期贮存。

2. KMnO₄ 溶液的标定

准确称取 0.20～0.25g 基准物质 Na₂C₂O₄（准确至 0.0001g），置于 250mL 锥形瓶中，加入 100mL H₂SO₄ 溶液（8+92）摇动使之全部溶解，用待标定的 KMnO₄ 溶液滴定。近终点时加热至约 65℃，继续滴定至溶液呈粉红色，并保持 30s 不退即为终点。记录消耗 KMnO₄ 标准滴定溶液的体积。

同时做空白试验。

五、数据记录与计算

$$c\left(\frac{1}{5}KMnO_4\right) = \frac{m(Na_2C_2O_4)}{M\left(\frac{1}{2}Na_2C_2O_4\right)(V-V_0)\times 10^{-3}}$$

式中　$c\left(\dfrac{1}{5}KMnO_4\right)$——KMnO₄ 标准滴定溶液的浓度，mol/L；

V——滴定时消耗 KMnO₄ 标准滴定溶液的体积，mL；

V_0——空白试验时消耗 KMnO₄ 标准滴定溶液的体积，mL；

$m(Na_2C_2O_4)$——基准物 Na₂C₂O₄ 的质量，g；

$M\left(\dfrac{1}{2}Na_2C_2O_4\right)$——以 $\dfrac{1}{2}Na_2C_2O_4$ 为基本单元的 Na₂C₂O₄ 的摩尔质量，g/mol。

六、注意事项

1. 为使配制的高锰酸钾溶液浓度达到欲配制浓度，通常称取稍多于理论用量的固体 KMnO₄。例如配制 $c\left(\dfrac{1}{5}KMnO_4\right)=0.1mol/L$ 的高锰酸钾标准滴定溶液 500mL，理论上应称取固体 KMnO₄ 质量为 1.58g，实际称取 KMnO₄ 1.6～1.7g。

2. 标定好的 KMnO₄ 溶液在放置一段时间后，若发现有沉淀析出，应重新过滤并标定。

3. 当滴定到稍微过量的 KMnO₄ 在溶液中呈粉红色并保持 30s 不退色时即为终点。放置时间较长时，空气中还原性物质及尘埃可能落入溶液中使 KMnO₄ 缓慢分解，溶液颜色逐渐消失。KMnO₄ 可被觉察的最低浓度约为 $2\times 10^{-6}mol/L$〔相当于 100mL 溶液中加入 $c\left(\dfrac{1}{5}KMnO_4\right)=0.1mol/L$ 的 KMnO₄ 溶液 0.01mL〕。

七、思考与质疑

1. 配制 KMnO₄ 溶液时，为什么要将 KMnO₄ 溶液煮沸一定时间或放置数天？为什么要冷却放置后过滤，能否用滤纸过滤？

2. KMnO₄ 溶液应装于哪种滴定管中，为什么？说明读取滴定管中 KMnO₄ 溶液体积的正确方法。

3. 装 KMnO₄ 溶液的锥形瓶、烧杯或滴定管，放置久后壁上常有棕色沉淀物，它是什么？怎样才能洗净？

4. 用 $Na_2C_2O_4$ 基准物质标定 $KMnO_4$ 溶液的浓度，其标定条件有哪些？为什么用 H_2SO_4 调节酸度？可否用 HCl 或 HNO_3？酸度过高、过低或温度过高、过低对标定结果有何影响？

5. 在酸性条件下，以 $KMnO_4$ 溶液滴定 $Na_2C_2O_4$ 时，开始紫色退去较慢，后来退去较快，为什么？

6. $KMnO_4$ 滴定法中常用什么物质作指示剂，如何指示滴定终点？

7. 若用 $(NH_4)_2Fe(SO_4)_2 \cdot 6H_2O$ 为基准物质标定 $KMnO_4$ 溶液，试写出反应式和 $KMnO_4$ 溶液浓度的计算公式。

相关链接 高锰酸钾 potassium permanganate，暗紫色有光泽结晶，相对密度 2.703，在空气中稳定，在 240℃分解，易溶于碱液，溶于水，遇还原剂易退色，遇浓酸即分解放出游离氧，遇盐酸放出氯气。25℃，在水中溶解度 7.00（$KMnO_4$ 的质量浓度，g/100mL）。高锰酸钾用作分析试剂、氧化剂、杀菌剂，用于有机合成和漂白纤维等。高锰酸钾为强氧化剂，应避光密封保存。

标定 $KMnO_4$ 溶液的基准物质有很多，如 $Na_2C_2O_4$、$H_2C_2O_4 \cdot 2H_2O$、$(NH_4)_2C_2O_4$、$(NH_4)_2Fe(SO_4)_2 \cdot 6H_2O$、$FeSO_4 \cdot 7H_2O$、$As_2O_3$ 和纯铁丝等。其中，$Na_2C_2O_4$ 较常用，因为它容易提纯，性质稳定，不含结晶水，在 105~110℃烘干 2h 后冷却，即可以使用。

技能训练二　过氧化氢含量的测定

一、项目要求

1. 掌握过氧化氢试液的称取方法。
2. 掌握高锰酸钾直接滴定法测定过氧化氢含量的基本原理、方法和计算。

二、实施依据

在酸性溶液中 H_2O_2 是强氧化剂，但遇到强氧化剂 $KMnO_4$ 时，又表现为还原剂。因此，可以在酸性溶液中用 $KMnO_4$ 标准滴定溶液直接滴定测得 H_2O_2 的含量。反应式为：

$$5H_2O_2 + 2MnO_4^- + 6H^+ \longrightarrow 2Mn^{2+} + 8H_2O + 5O_2\uparrow$$

以 $KMnO_4$ 自身为指示剂。

三、试剂

1. $KMnO_4$ 标准滴定溶液，$c\left(\dfrac{1}{5}KMnO_4\right) = 0.1mol/L$。

2. H_2SO_4 溶液，$c(H_2SO_4) = 3mol/L$。

3. 双氧水试样。

四、工作程序

准确量取 2mL（或准确称取 2g）30%过氧化氢试样，注入装有 200mL 蒸馏水的 250mL

容量瓶中，平摇一次，稀释至刻度，充分摇匀。

用移液管准确移取上述试液 25.00mL，放于锥形瓶中，加 3mol/L H_2SO_4 溶液 20mL，用 $c\left(\dfrac{1}{5}KMnO_4\right)=0.1mol/L$ 的 $KMnO_4$ 标准滴定溶液滴定。（注意滴定速度！）至溶液微红色保持 30s 不退色即为终点。记录消耗 $KMnO_4$ 标准滴定溶液体积。

五、数据记录与计算

$$\rho(H_2O_2)=\frac{c\left(\dfrac{1}{5}KMnO_4\right)V(KMnO_4)\times10^{-3}\times M\left(\dfrac{1}{2}H_2O_2\right)}{V\times\dfrac{25}{250}}\times1000$$

式中　$\rho(H_2O_2)$——过氧化氢的质量浓度，g/L；

$c\left(\dfrac{1}{5}KMnO_4\right)$——$KMnO_4$ 标准滴定溶液的浓度，mol/L；

$V(KMnO_4)$——滴定时消耗 $KMnO_4$ 标准滴定溶液的体积，mL；

$M\left(\dfrac{1}{2}H_2O_2\right)$——$\dfrac{1}{2}H_2O_2$ 的摩尔质量，17.01g/mol；

V——测定时量取的过氧化氢试液体积，mL。

或

$$w(H_2O_2)=\frac{c\left(\dfrac{1}{5}KMnO_4\right)V(KMnO_4)\times10^{-3}\times M\left(\dfrac{1}{2}H_2O_2\right)}{m\times\dfrac{25}{250}}\times100$$

式中　$w(H_2O_2)$——过氧化氢的质量分数，%；

m——过氧化氢试样质量，g；

$c\left(\dfrac{1}{5}KMnO_4\right)$——$KMnO_4$ 标准滴定溶液的浓度，mol/L；

$V(KMnO_4)$——滴定时消耗 $KMnO_4$ 标准滴定溶液的体积，mL；

$M\left(\dfrac{1}{2}H_2O_2\right)$——$\dfrac{1}{2}H_2O_2$ 的摩尔质量，17.01g/mol。

六、注意事项

1. 滴定反应前可加入少量 $MnSO_4$ 催化 H_2O_2 与 $KMnO_4$ 的反应。

2. 若工业产品 H_2O_2 中含有稳定剂如乙酰苯胺，也消耗 $KMnO_4$ 使 H_2O_2 测定结果偏高。如遇此情况，应采用碘量法或使用铈量法进行测定。

七、思考与质疑

1. H_2O_2 与 $KMnO_4$ 反应较慢，能否通过加热溶液来加快反应速率？为什么？

2. 用 $KMnO_4$ 法测定 H_2O_2 时，能否用 HNO_3、HCl 或 HAc 调节溶液的酸度？为什么？

3. 若试样中 H_2O_2 的质量分数为 3%，应如何进行测定？

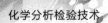

相关链接 过氧化氢（Hydrogen peroxide），纯品为无色透明稠厚液体，相对密度1.463，熔点−0.43℃，沸点152℃，能与水任意混溶，有氧化性。过氧化氢不稳定，遇微量杂质则迅速分解，保存中能自行分解：

$$2H_2O_2 \longrightarrow 2H_2O + O_2 \uparrow$$

工业产品又名双氧水，一般为30%或3%的水溶液，由于H_2O_2不稳定，常加入乙酰苯胺等作为稳定剂。H_2O_2为两性物质，既可作为氧化剂又可作为还原剂，H_2O_2还具有杀菌、消毒、漂白等作用，常用作分析试剂、氧化剂、漂白剂等。H_2O_2对皮肤有腐蚀性，有微量杂质存在易引起分解爆炸，应在塑料瓶中密封保存。

GB/T 6684—2002 中规定了化学试剂30%过氧化氢的分析方法，GB/T 1616—2014 中规定了工业过氧化氢的分析方法。

任务二　$K_2Cr_2O_7$ 法测定硫酸亚铁铵中亚铁含量

技能训练三　$K_2Cr_2O_7$ 标准滴定溶液的配制与标定

一、项目要求

1. 掌握直接法配制 $K_2Cr_2O_7$ 标准滴定溶液的原理、方法和计算。

2. 掌握间接法配制 $K_2Cr_2O_7$ 标准滴定溶液的方法、原理和计算。

二、实施依据

$K_2Cr_2O_7$ 标准滴定溶液可以用基准试剂 $K_2Cr_2O_7$ 直接配制。基准试剂 $K_2Cr_2O_7$ 经预处理后，用直接法配制标准滴定溶液。

当用非基准试剂 $K_2Cr_2O_7$ 时，必须用间接法配制。在一定量 $K_2Cr_2O_7$ 溶液中加入过量 KI 溶液及硫酸溶液，生成的 I_2 用 $Na_2S_2O_3$ 标准溶液滴定。反应式为：

$$Cr_2O_7{}^{2-} + 6I^- + 14H^+ \longrightarrow 2Cr^{3+} + 3I_2 + 7H_2O$$

$$I_2 + 2S_2O_3{}^{2-} \longrightarrow 2I^- + S_4O_6{}^{2-}$$

以淀粉指示剂确定终点。

三、试剂

1. 基准物质 $K_2Cr_2O_7$：于120℃烘干至恒重。

2. $K_2Cr_2O_7$ 固体。

3. KI 溶液。

4. H_2SO_4 溶液，20%。

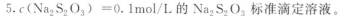

5. $c(Na_2S_2O_3) = 0.1mol/L$ 的 $Na_2S_2O_3$ 标准滴定溶液。

6. 淀粉指示液，5g/L。

四、工作程序

1. 直接法配制 $c\left(\dfrac{1}{6}K_2Cr_2O_7\right) = 0.1mol/L$ 的 $K_2Cr_2O_7$ 标准滴定溶液。

准确称取基准物质 $K_2Cr_2O_7$ 1.2～1.4g，放于小烧杯中，加入少量水，加热溶解，定量转入 250mL 容量瓶中，用水稀释至刻度，摇匀，计算其准确浓度。

2. 间接法配制 $c\left(\dfrac{1}{6}K_2Cr_2O_7\right) = 0.1mol/L$ 的 $K_2Cr_2O_7$ 标准滴定溶液。

（1）配制

称取 2.5g 重铬酸钾于烧杯中，加 200mL 水溶解，转入 500mL 试剂瓶。每次用少量水冲洗烧杯多次，转入试剂瓶，稀释至 500mL。

（2）标定

用滴定管准确量取 30.00～35.00mL 重铬酸钾溶液于碘量瓶中，加 2g KI 及 20mL H_2SO_4 溶液，立即盖好瓶塞，摇匀，用水封好瓶口，于暗处放置 10min。打开瓶塞，冲洗瓶塞及瓶颈，加 150mL 水，用 $c(Na_2S_2O_3) = 0.1mol/L$ 的 $Na_2S_2O_3$ 标准溶液滴定至浅黄色，加 3mL 淀粉指示液，继续滴定至溶液由蓝色变为亮绿色。记录消耗 $Na_2S_2O_3$ 标准滴定溶液的体积。

五、数据记录与处理

直接法配制 $K_2Cr_2O_7$ 溶液，浓度计算：

$$c\left(\frac{1}{6}K_2Cr_2O_7\right) = \frac{m(K_2Cr_2O_7)}{M\left(\frac{1}{6}K_2Cr_2O_7\right)V(K_2Cr_2O_7)\times10^{-3}}$$

式中　$c\left(\dfrac{1}{6}K_2Cr_2O_7\right)$——$K_2Cr_2O_7$ 标准滴定溶液的浓度，mol/L；

$m(K_2Cr_2O_7)$——称取基准试剂 $K_2Cr_2O_7$ 的质量，g；

$M\left(\dfrac{1}{6}K_2Cr_2O_7\right)$——$\dfrac{1}{6}K_2Cr_2O_7$ 的摩尔质量，g/mol；

$V(K_2Cr_2O_7)$——$K_2Cr_2O_7$ 标准滴定溶液的体积，mL。

间接法配制 $K_2Cr_2O_7$ 溶液，浓度计算：

$$c\left(\frac{1}{6}K_2Cr_2O_7\right) = \frac{c(Na_2S_2O_3)V(Na_2S_2O_3)}{V(K_2Cr_2O_7)}$$

式中　$c\left(\dfrac{1}{6}K_2Cr_2O_7\right)$——$K_2Cr_2O_7$ 标准滴定溶液的浓度，mol/L；

$c(Na_2S_2O_3)$——$Na_2S_2O_3$ 标准滴定溶液的浓度，mol/L；

$V(Na_2S_2O_3)$——滴定消耗 $Na_2S_2O_3$ 标准滴定溶液的体积，mL；

$V(K_2Cr_2O_7)$——$K_2Cr_2O_7$ 标准滴定溶液的体积，mL。

六、思考与质疑

1. 哪种规格的试剂可以用直接法配制 $K_2Cr_2O_7$ 标准溶液？如何配制 $c\left(\dfrac{1}{6}K_2Cr_2O_7\right)=$ 0.1000mol/L 的 $K_2Cr_2O_7$ 标准溶液 200mL？

2. 间接法配制 $K_2Cr_2O_7$ 标准滴定溶液，用水封碘量瓶口的目的是什么？于暗处放置 10min 的目的是什么？

3. 用间接碘量法标定 $K_2Cr_2O_7$ 溶液的原理是什么？标定时，淀粉指示剂何时加入？如果加入过早或过晚会产生哪些影响？

相关链接 重铬酸钾 potassium dichromate，易溶于水，水溶液呈酸性，不溶于乙醇，有强氧化性，应密封保存。20℃，在水中溶解度 10.7（g/100mL）。重铬酸钾用于鞣制皮革、绘画染料、搪瓷工业着色、制造火柴、媒染剂、有机合成。用作氧化剂。重铬酸钾为剧毒强氧化剂，其溶液或滴定废液不能随意排放。

$K_2Cr_2O_7$ 法实验产生的废液中均含有铬，其中主要以 Cr^{3+} 和 Cr^{6+} 形式存在，它们是有毒有害的离子，如果直接排放，会造成严重的环境污染。在铬的化合物中，以 $Cr(Ⅵ)$ 毒性最强，可在酸性条件下，在含铬废液中加入亚铁盐，使六价铬还原为三价铬后，再加入碱使其转化为难溶的氢氧化铬分离。反应式为：

$$Cr_2O_7^{2-}+6Fe^{2+}+14H^+ \longrightarrow 2Cr^{3+}+6Fe^{3+}+7H_2O$$

$$Cr^{3+}+3OH^- \longrightarrow Cr(OH)_3 \downarrow$$

技能训练四　$K_2Cr_2O_7$ 法测定硫酸亚铁铵中亚铁含量

一、项目要求

1. 掌握 $K_2Cr_2O_7$ 法测定亚铁盐中亚铁含量的基本原理、操作方法和计算。
2. 学会使用二苯胺磺酸钠指示剂。

二、实施依据

在硫酸酸性溶液中，$K_2Cr_2O_7$ 与 Fe^{2+} 反应的反应式为：

$$Cr_2O_7^{2-}+6Fe^{2+}+14H^+ \longrightarrow 2Cr^{3+}+6Fe^{3+}+7H_2O$$

用二苯胺磺酸钠作为指示剂，溶液由无色经绿色到蓝紫色即为终点。

若测定试样中的总铁含量，则需先将试样中的 Fe^{3+} 还原成 Fe^{2+}，再用 $K_2Cr_2O_7$ 标准溶液滴定 Fe^{2+}，方法见实验"铁矿石中铁含量的测定（无汞法）"。

三、试剂

1. 二苯胺磺酸钠指示剂，0.2%；配制：称取 0.5g 二苯胺磺酸钠，溶于 100mL 水中，加入二滴浓硫酸，混匀，存放于棕色试剂瓶中。

2. $c\left(\dfrac{1}{6}K_2Cr_2O_7\right)=0.1mol/L$ 的 $K_2Cr_2O_7$ 标准滴定溶液。

3. H_3PO_4 溶液，85%。

4. H_2SO_4 溶液，20%。

5. $(NH_4)_2SO_4 \cdot FeSO_4 \cdot 6H_2O$ 固体试样。

四、工作程序

准确称取 $1\sim1.5g$ $(NH_4)_2SO_4 \cdot FeSO_4 \cdot 6H_2O$ 样品，置于 250mL 烧杯中，加入 8mL 20% H_2SO_4 溶液防止水解，加入已去除氧的蒸馏水加热溶解，定量转入 250mL 容量瓶中，用无氧水稀释至刻度，充分摇匀。

准确移取 25.00mL 上述试液，置于锥形瓶中，加入 50mL 无氧水，10mL 20% H_2SO_4 溶液，再加入 $5\sim6$ 滴二苯胺磺酸钠指示剂，摇匀后用 $c\left(\dfrac{1}{6}K_2Cr_2O_7\right)=0.1mol/L$ 的 $K_2Cr_2O_7$ 标准滴定溶液滴定，至溶液出现深绿色时，加 5.0mL 85% H_3PO_4 溶液，继续滴至溶液呈紫色或蓝紫色。记录消耗 $K_2Cr_2O_7$ 标准滴定溶液的体积。

五、数据记录与处理

硫酸亚铁铵中亚铁含量计算

$$w(Fe^{2+}) = \frac{c\left(\dfrac{1}{6}K_2Cr_2O_7\right)V(K_2Cr_2O_7) \times 10^{-3} \times M(Fe^{2+})}{m \times \dfrac{25}{250}}$$

式中　$w(Fe^{2+})$——硫酸亚铁铵中亚铁的质量分数，g/g；

$c\left(\dfrac{1}{6}K_2Cr_2O_7\right)$——$K_2Cr_2O_7$ 标准滴定溶液的浓度，mol/L；

$V(K_2Cr_2O_7)$——滴定时消耗 $K_2Cr_2O_7$ 标准滴定溶液的体积，mL；

$M(Fe^{2+})$——Fe^{2+} 的摩尔质量，g/mol；

m——称取硫酸亚铁铵试样质量，g。

六、思考与质疑

1. 本实验中加入 H_3PO_4 的作用是什么？

2. 以二苯胺磺酸钠指示剂为例，说明氧化还原指示剂的变色原理。

3. 试样为什么要用无氧水溶解及稀释？

相关链接　硫酸亚铁铵（ammonium ferrous sulfate hexahydrate），测定硫酸亚铁铵中亚铁含量还可以用 $KMnO_4$ 法。

二苯胺磺酸钠变色点的电位位于滴定曲线的下端，指示剂变色时只能氧化 91% 左右的 Fe^{2+}。因此，为了减少误差，必须在滴定前加入 NaF 或 H_3PO_4，与反应中不断生成的 Fe^{3+} 形成无色配合物，以降低 Fe^{3+}/Fe^{2+} 电对的电位，使滴定突跃范围增大，$K_2Cr_2O_7$ 与 Fe^{2+} 之间的反应更完全，二苯胺磺酸钠指示剂较好地在突跃范围内显色，消除指示剂终点误差，并使 Fe^{3+} 的黄色被消除，有利于终点颜色的观察。

技能训练五　铁矿石中铁含量的测定（无汞法）

一、项目要求

1. 掌握铁矿石试样的分解方法。

2. 掌握 $SnCl_2$-$TiCl_3$-$K_2Cr_2O_7$ 测铁法即无汞测铁法测定铁矿石中铁含量的基本原理、操作方法和计算。

二、实施依据

试样用盐酸加热溶解，在热溶液中，用 $SnCl_2$ 还原大部分 Fe^{3+}，然后以钨酸钠为指示剂，用 $TiCl_3$ 溶液定量还原剩余部分 Fe^{3+}，当 Fe^{3+} 全部还原为 Fe^{2+} 后，过量一滴 $TiCl_3$ 溶液使钨酸钠还原为蓝色的五价钨的化合物（俗称"钨蓝"），使溶液呈蓝色，滴加 $K_2Cr_2O_7$ 溶液使钨蓝刚好退色。溶液中的 Fe^{2+}，在硫、磷混酸介质中，以二苯胺磺酸钠为指示剂，用 $K_2Cr_2O_7$ 标准溶液滴定至紫色为终点。主要反应如下：

1. 试样溶解

$$Fe_2O_3 + 6HCl \longrightarrow 2FeCl_3 + 3H_2O$$
$$FeCl_3 + Cl^- \longrightarrow [FeCl_4]^-$$
$$FeCl_3 + 3Cl^- \longrightarrow [FeCl_6]^{3-}$$

2. Fe^{3+} 离子的还原

$$2Fe^{3+} + Sn^{2+} \longrightarrow 2Fe^{2+} + Sn^{4+}$$
$$Fe^{3+} + Ti^{3+} \longrightarrow Fe^{2+} + Ti^{4+}$$

3. 滴定

$$6Fe^{2+} + Cr_2O_7^{2-} + 14H^+ \longrightarrow 6Fe^{3+} + 2Cr^{3+} + 7H_2O$$

三、试剂

1. 铁矿石试样。

2. 浓 HCl 溶液，1.19g/mL。

3. HCl 溶液，1+1 及 1+4。

4. $SnCl_2$ 溶液，10%（即 100g/L）。配制：取 10g $SnCl_2 \cdot 2H_2O$ 溶于 100mL(1+1) 盐酸中（临用前配制）。

5. $TiCl_3$ 溶液，15g/L。配制：取 10mL $TiCl_3$ 试剂溶液，用（1+4）盐酸稀释至 100mL，存放于棕色试剂瓶中（临用前配制）。

6. Na_2WO_4 溶液，10%（即 100g/L）。配制：取 10g Na_2WO_4 溶于 95mL 水中，加 5mL 磷酸，混匀，存放于棕色试剂瓶中。

7. 硫、磷混酸溶液。配制：在搅拌下将 100mL 浓硫酸缓缓加入到 250mL 水中，冷却后加入 150mL 磷酸，混匀。

8. 二苯胺磺酸钠指示液，2g/L。配制：称取 0.5g 二苯胺磺酸钠，溶于 100mL 水中，加入二滴浓硫酸，混匀，存放于棕色试剂瓶中。

9. $K_2Cr_2O_7$ 标准滴定溶液，$c\left(\frac{1}{6}K_2Cr_2O_7\right) = 0.1mol/L$。

四、工作程序

铁矿石试样预先在 120℃烘箱中烘 1～2h，取出在干燥器中冷却至室温。准确称取 0.2～0.3g 试样于 250mL 锥形瓶中，加几滴蒸馏水，摇动使试样润湿，加 10mL 浓 HCl，盖上表面皿，缓缓加热使试样溶解（残渣为白色或近于白色 SiO_2），此时溶液为橙黄色，用少量水冲洗表面皿，加热近沸。

趁热滴加 $SnCl_2$ 溶液至溶液呈浅黄色（$SnCl_2$ 不宜过量），冲洗瓶内壁，加 10mL 水、1mL Na_2WO_4 溶液，滴加 $TiCl_3$ 溶液至刚好出现钨蓝。再加水约 60mL，放置 10～20s，用 $K_2Cr_2O_7$ 标准溶液滴至恰呈无色（不计读数）。加入 10mL 硫、磷混酸溶液和 4～5 滴二苯胺磺酸钠指示液，立即用 $K_2Cr_2O_7$ 标准滴定溶液滴定至溶液呈稳定的紫色即为终点。记录消耗 $K_2Cr_2O_7$ 标准滴定溶液的体积。平行测定两次。

平行试样可以同时溶解，但溶解完全后，应每还原一份试样，立即滴定，以免 Fe^{2+} 被空气中的氧氧化。

五、数据记录与处理

铁矿石中总铁含量为：

$$w(Fe) = \frac{c\left(\frac{1}{6}K_2Cr_2O_7\right)V(K_2Cr_2O_7) \times 10^{-3} \times M(Fe)}{m} \times 100$$

式中　　　$w(Fe)$——铁矿石中铁的质量分数，%；

$c\left(\frac{1}{6}K_2Cr_2O_7\right)$——$K_2Cr_2O_7$ 标准滴定溶液的浓度，mol/L；

$V(K_2Cr_2O_7)$——滴定消耗 $K_2Cr_2O_7$ 标准滴定溶液的体积，mL；

$M(Fe)$——Fe 的摩尔质量，55.85g/mol；

m——铁矿石试样的质量，g。

六、注意事项

1. 加入 $SnCl_2$ 不能过量，否则使测定结果偏高。如不慎过量，可滴加 2% $KMnO_4$ 溶液使试液呈浅黄色。

2. Fe^{2+} 在磷酸介质中极易被氧化，必须在"钨蓝"退色后 1min 内立即滴定，否则测定结果偏低。

七、思考与质疑

1. 用 $SnCl_2$ 还原溶液中 Fe^{3+} 时，$SnCl_2$ 过量溶液呈什么颜色，对分析结果有何影响？

2. 为什么不能直接使用 $TiCl_3$ 还原 Fe^{3+}，而先用 $SnCl_2$ 还原溶液中大部分 Fe^{3+}，然后再用 $TiCl_3$ 还原？能否只用 $SnCl_2$ 还原而不用 $TiCl_3$？

3. 用 $K_2Cr_2O_7$ 标准滴定溶液滴定 Fe^{2+} 之前，为什么要加硫、磷混酸？

相关链接　GB/T 6730.70—2013 铁矿石全铁含量的测定氯化亚锡还原滴定法。GB/T 6730.5—2007 铁矿石全铁含量的测定二氯化钛还原法。

任务三 直接碘量法测定抗坏血酸含量

技能训练六 碘标准滴定溶液的配制与标定

一、项目要求

1. 掌握碘标准滴定溶液的配制和保存方法。

2. 掌握碘标准滴定溶液的标定方法、基本原理、反应条件、操作步骤和计算。

二、实施依据

碘可以通过升华法制得纯试剂，但因其升华及对天平有腐蚀性，故不宜用直接法配制 I_2 标准溶液而采用间接法。

可以用基准物质 As_2O_3 来标定 I_2 溶液。As_2O_3 难溶于水，可溶于碱溶液中，与 NaOH 反应生成亚砷酸钠，用 I_2 溶液进行滴定。反应式为：

$$As_2O_3 + 6NaOH \longrightarrow 2Na_3AsO_3 + 3H_2O$$
$$Na_3AsO_3 + I_2 + H_2O \longrightarrow Na_3AsO_4 + 2HI$$

该反应为可逆反应，在中性或微碱性溶液中（pH≈8），反应能定量地向右进行，可加固体 $NaHCO_3$ 以中和反应生成的 H^+，保持 pH 为 8 左右。在酸性溶液中，反应向左进行，即 AsO_4^{3-} 氧化 I^- 析出 I_2。

也可以用 $Na_2S_2O_3$ 标准溶液"比较"，用 I_2 溶液滴定一定体积的 $Na_2S_2O_3$ 标准溶液。反应为：

$$I_2 + 2S_2O_3^{2-} \longrightarrow 2I^- + S_4O_6^{2-}$$

以淀粉为指示剂，终点由无色到蓝色。

三、试剂

1. 固体试剂 I_2，分析纯。

2. 固体试剂 KI，分析纯。

3. 固体试剂 $NaHCO_3$，分析纯。

4. 固体试剂 As_2O_3，基准物质，在硫酸干燥器中干燥至恒重。

5. NaOH 溶液，$c(NaOH) = 1mol/L$。

6. H_2SO_4 溶液，$c\left(\dfrac{1}{2}H_2SO_4\right) = 1mol/L$。

7. 淀粉指示液，5g/L。

8. 酚酞指示液，10g/L。

9. 硫代硫酸钠标准溶液，$c(Na_2S_2O_3) = 0.1mol/L$。

四、工作程序

1. 碘溶液的配制

配制 $c\left(\dfrac{1}{2}I_2\right)=0.1mol/L$ 的碘溶液 500mL。称取 6.5g I_2 放于小烧杯中，再称取 17g KI，准备蒸馏水 500mL，将 KI 分 4～5 次放入装有 I_2 的小烧杯中，每次加水 5～10mL，用玻璃棒轻轻研磨，使碘逐渐溶解，溶解部分转入棕色试剂瓶中，如此反复直至碘片全部溶解为止。用水多次清洗烧杯并转入试剂瓶中，剩余的水全部加入试剂瓶中稀释，盖好瓶盖，摇匀，待标定。

以下两种标定方法可以任选其一。由于 As_2O_3 为剧毒物，实际工作中常用已知浓度的 $Na_2S_2O_3$ 标准溶液标定 I_2。

2. 用 As_2O_3 标定 I_2 溶液

准确称取约 0.15g 基准物质 As_2O_3（称准至 0.0001g）放于 250mL 碘量瓶中，加入 4mL NaOH 溶液溶解，加 50mL 水，2 滴酚酞指示液，用硫酸溶液中和至恰好无色。加 3g $NaHCO_3$ 及 3mL 淀粉指示液。用配好的碘溶液滴定至溶液呈蓝色。记录消耗 I_2 溶液的体积 V_1。同时做空白试验。

3. 用 $Na_2S_2O_3$ 标准溶液"比较"

用移液管移取已知浓度的 $Na_2S_2O_3$ 标准溶液 30～35mL 于碘量瓶中，加水 150mL，加 3mL 5g/L 淀粉溶液，以待标定的碘溶液滴定至溶液呈蓝色为终点。记录消耗 I_2 标准滴定溶液的体积 V_2。

五、数据记录与计算

用 As_2O_3 标定时，碘标准滴定溶液浓度计算：

$$c\left(\dfrac{1}{2}I_2\right)=\dfrac{m(As_2O_3)}{M\left(\dfrac{1}{4}As_2O_3\right)(V_1-V_0)\times10^{-3}}$$

式中　　$c\left(\dfrac{1}{2}I_2\right)$——$I_2$ 标准滴定溶液的浓度，mol/L；

$m(As_2O_3)$——称取基准物质 As_2O_3 的质量，g；

$M\left(\dfrac{1}{4}As_2O_3\right)$——以 $\dfrac{1}{4}As_2O_3$ 为基本单元的 As_2O_3 的摩尔质量，g/mol；

V_1——滴定消耗 I_2 标准滴定溶液的体积，mL；

V_0——空白试验消耗 I_2 标准滴定溶液的体积，mL。

用 $Na_2S_2O_3$ 标准溶液"比较"时，碘标准滴定溶液浓度计算：

$$c\left(\dfrac{1}{2}I_2\right)=\dfrac{c(Na_2S_2O_3)V(Na_2S_2O_3)}{V_2}$$

式中　$c(Na_2S_2O_3)$——硫代硫酸钠标准滴定溶液物质的量浓度，mol/L；

$V(Na_2S_2O_3)$——移取 $Na_2S_2O_3$ 标准溶液的体积，mL；

V_2——滴定消耗标 I_2 标准滴定溶液的体积，mL。

六、思考与质疑

1. I_2 溶液应装在何种滴定管中？为什么？

2. 配制 I_2 溶液时为什么要加 KI？

3. 配制 I_2 溶液时，为什么要在溶液非常浓的情况下将 I_2 与 KI 一起研磨，当 I_2 和 KI 溶解后才能用水稀释？如果过早地稀释会发生什么情况？

4. 以 As_2O_3 为基准物标定 I_2 溶液为什么加 NaOH？其后为什么用 H_2SO_4 中和？滴定前为什么加 $NaHCO_3$？

相关链接 在碘量法实验中，常产生大量的多种含碘废液。而碘和碘化钾两种试剂是碘量法的常用试剂，同时，碘化钾又是比较贵重的化学试剂。利用含碘废液来提取碘或制备碘化钾，既可以为实验室节省试剂，"变废为宝"，又能使学生在做实验的同时养成积极动脑思考的好习惯，使学生树立科学正确的思维方法，培养学生善于发现问题，灵活运用学过的知识解决问题的能力和动手操作能力。

含碘废液中碘常以 I_2、I^-、CuI 沉淀等形式存在。回收碘的方法通常是将含碘废液转化为 I^- 后，用沉淀法富集后再选择适当的氧化剂氧化，使碘以 I_2 形式析出，再用升华法提纯 I_2。

实验室中利用 Na_2SO_3 将废液中碘还原为 I^-，再加入 $CuSO_4$ 与 I^- 反应形成 CuI 沉淀。反应式为：

$$I_2 + SO_3^{2-} + H_2O \longrightarrow 2I^- + SO_4^{2-} + 2H^+$$

$$2I^- + 2Cu^{2+} + SO_3^{2-} + H_2O \longrightarrow 2CuI\downarrow + SO_4^{2-} + 2H^+$$

然后用浓 HNO_3 氧化 CuI，析出 I_2，反应式为：

$$2CuI + 8HNO_3 \longrightarrow 2Cu(NO_3)_2 + 4NO_2\uparrow + 4H_2O + I_2$$

制取 KI 时，可以将已制备的 I_2 与铁粉反应生成 Fe_3I_8，再与 K_2CO_3 反应，过滤除去 Fe_3O_4，将滤液蒸发、浓缩、结晶后即制得 KI 晶体。反应式为：

$$3Fe + 4I_2 \longrightarrow Fe_3I_8$$

$$Fe_3I_8 + 4K_2CO_3 \longrightarrow 8KI + 4CO_2\uparrow + Fe_3O_4\downarrow$$

技能训练七　维生素 C 片中抗坏血酸含量的测定

一、项目要求

1. 掌握直接碘量法测定维生素 C 的基本原理、方法和计算。

2. 掌握直接碘量法滴定终点的判断。

3. 熟练滴定分析操作技术。

二、实施依据

以煮沸过的冷蒸馏水溶解试样，用醋酸调节溶液酸度，用 I_2 标准滴定溶液直接滴定。

$$\begin{array}{c} \text{HO}-\text{C}-\text{C}-\text{OH} \\ | \quad\quad | \\ \text{H}_2\text{C}-\text{CH}-\text{CH}\quad \text{C}=\text{O} \\ | \quad | \quad \diagdown\!\diagup \\ \text{OH OH}\quad \text{O} \end{array} + I_2 \longrightarrow \begin{array}{c} \text{O}=\text{C}-\text{C}=\text{O} \\ | \quad\quad | \\ \text{H}_2\text{C}-\text{CH}-\text{CH}\quad \text{C}=\text{O} \\ | \quad | \quad \diagdown\!\diagup \\ \text{OH OH}\quad \text{O} \end{array} + 2HI$$

以淀粉指示剂确定终点。

三、试剂

1. 维生素 C 试样。

2. 醋酸溶液，$c(\text{HAc})=2\text{mol/L}$（配制：冰醋酸 60mL，用蒸馏水稀释至 500mL）。

3. I_2 标准溶液，$c\left(\dfrac{1}{2}\text{I}_2\right)=0.1\text{mol/L}$。

4. 淀粉指示液，5g/L。

四、工作程序

准确称取维生素 C（Vc）试样约 0.2g（若试样为粒状或片状各取 1 粒或 1 片），放于 250mL 锥形瓶中，加入新煮沸过的冷蒸馏水 100mL，醋酸溶液 10mL，轻摇使之溶解。加淀粉指示液 2mL，立即用 I_2 标准滴定溶液滴定至溶液恰呈蓝色不退为终点。记录消耗 I_2 标准滴定溶液的体积。

五、数据记录与计算

$$w(\text{Vc})=\frac{c\left(\dfrac{1}{2}\text{I}_2\right)V(\text{I}_2)\times 10^{-3}\times M\left(\dfrac{1}{2}\text{Vc}\right)}{m}\times 100$$

式中　$w(\text{Vc})$——试样中维生素 C 的质量分数，%；

$c\left(\dfrac{1}{2}\text{I}_2\right)$——$\text{I}_2$ 标准滴定溶液的浓度，mol/L；

$V(\text{I}_2)$——I_2 标准滴定溶液的体积，mL；

m——称取维生素 C 试样的质量，g；

$M\left(\dfrac{1}{2}\text{Vc}\right)$——以 $\dfrac{1}{2}$ Vc 为基本单元的维生素 C 的摩尔质量，g/mol。

平行测定的相对平均偏差≤0.5%。

六、思考与质疑

1. 测定维生素 C 含量时，溶解试样为什么要用新煮沸并冷却的蒸馏水？

2. 测定维生素 C 含量时，为什么要在醋酸酸性溶液中进行？

相关链接　维生素 C 又称丙种维生素，是一种己醛醛基酸，有预防和治疗坏血病促进身体健康的作用，所以又称抗坏血酸（ascorbic acid），分子式为 $C_6H_8O_6$，相对分子质量 176.13，其结构式为：

$$\text{H}_2\text{C}-\text{CH}-\text{CH}\begin{array}{c}\text{HO}-\text{C}=\text{C}-\text{OH}\\ \text{C}=\text{O}\\ \text{O}\end{array}$$

抗坏血酸主要有还原型（L-ascorbic acid）和脱氢型两种，广泛存在于植物组织中，在新鲜水果、蔬菜中含量较多，是氧化还原酶之一，本身易被氧化，但在有些条件下又是一种抗氧化剂。试剂维生素 C 在分析化学中常用作掩蔽剂和还原剂。维生素 C（还原型）为白色或略带黄色的无臭结晶或结晶性粉末（药用维生素 C 常带糖衣），在空气中极易被氧化变黄。味酸，易溶于水或醇，水溶液呈酸性反应，有显著的还原性，尤其在碱性溶液中更易被氧化，在弱酸（如 HAc）条件下较稳定。维生素 C 中的烯二醇基（—C=C—，OHOH）具有还原性，

能被 I_2 氧化为二酮基（—C—C—，O O），故可用直接碘量法测定其含量。

还原型抗坏血酸（L-抗坏血酸）　　脱氢型（氧化型）抗坏血酸

维生素 C 开始氧化为还原型抗坏血酸（有生理作用），如进一步水解则生成 2,3-二酮古乐糖酸，失去生理作用。

GB/T 15347—1994 中规定了化学试剂抗坏血酸的分析方法，GB 14754—2010 中规定了食品添加剂维生素 C（抗坏血酸）的分析方法。均采用直接碘量法。GB/T 12143—2008 中规定了饮料通用分析方法。

维生素 C 的测定方法较多，如分光光度法（2,6-二氯靛酚法、2,4-二硝基苯肼法等）、荧光分光光度法、碘量法等。

任务四　间接碘量法测定胆矾中 $CuSO_4 \cdot 5H_2O$ 含量

技能训练八　硫代硫酸钠标准滴定溶液的配制与标定

一、项目要求

1. 掌握硫代硫酸钠标准滴定溶液的配制、标定和保存方法。

2. 掌握以 $K_2Cr_2O_7$ 为基准物间接碘量法标定 $Na_2S_2O_3$ 的基本原理、反应条件、操作方法和计算。

二、实施依据

固体 $Na_2S_2O_3 \cdot 5H_2O$ 试剂一般都含有少量杂质，如 Na_2SO_3、Na_2SO_4、Na_2CO_3、

NaCl 和 S 等，并且放置过程易风化，因此不能用直接法配制标准滴定溶液。$Na_2S_2O_3$ 溶液由于受水中微生物的作用、空气中二氧化碳的作用、空气中 O_2 的氧化作用、光线及微量的 Cu^{2+}、Fe^{3+} 等作用不稳定，容易分解。

三、试剂

1. 硫代硫酸钠，固体试剂。

2. $K_2Cr_2O_7$ 固体，基准试剂，使用前在 140～150℃烘干。

3. $K_2Cr_2O_7$ 标准滴定溶液，$c\left(\dfrac{1}{6}K_2Cr_2O_7\right)=0.1mol/L$。

4. KI 固体，分析纯。

5. H_2SO_4 溶液，20%。

6. 淀粉指示液，5g/L；配制：称取 0.5g 可溶性淀粉放入小烧杯中，加水 10mL，使成糊状，在搅拌下倒入 90mL 沸水中，微沸 2min，冷却后转移至 100mL 试剂瓶中，贴好标签。

四、工作程序

1. $c(Na_2S_2O_3)=0.1mol/L$ 的硫代硫酸钠标准滴定溶液的配制

称取硫代硫酸钠 $Na_2S_2O_3 \cdot 5H_2O$ 13g（或 8g 无水硫代硫酸钠 $Na_2S_2O_3$），溶于 500mL 水中，缓缓煮沸 10min，冷却。放置两周后过滤、标定。

2. 硫代硫酸钠标准滴定溶液的标定

准确称取约 0.12g 基准物质 $K_2Cr_2O_7$（称准至 0.0001g）[或移取 $c\left(\dfrac{1}{6}K_2Cr_2O_7\right)=0.1mol/L$ 的 $K_2Cr_2O_7$ 标准溶液 25.00mL]，放于 250mL 碘量瓶中，加入 25mL 煮沸并冷却后的蒸馏水溶解，加入 2g 固体 KI 及 20mL 20% H_2SO_4 溶液，立即盖上碘量瓶塞，摇匀，瓶口加少许蒸馏水密封，以防止 I_2 的挥发。在暗处放置 5min，打开瓶塞，用蒸馏水冲洗磨口塞和瓶颈内壁，加 150mL 煮沸并冷却后的蒸馏水稀释，用待标定的 $Na_2S_2O_3$ 标准滴定溶液滴定，至溶液出现淡黄绿色时，加 3mL 5g/L 的淀粉溶液，继续滴定至溶液由蓝色变为亮绿色即为终点。记录消耗 $Na_2S_2O_3$ 标准滴定溶液的体积。同时做空白试验。

五、数据记录与计算

$$c(Na_2S_2O_3)=\frac{m(K_2Cr_2O_7)}{M\left(\dfrac{1}{6}K_2Cr_2O_7\right)\times(V-V_0)\times10^{-3}}$$

或

$$c(Na_2S_2O_3)=\frac{c\left(\dfrac{1}{6}K_2Cr_2O_7\right)V(K_2Cr_2O_7)}{V-V_0}$$

式中　$c(Na_2S_2O_3)$——硫代硫酸钠标准滴定溶液物质的量浓度，mol/L；

　　　$m(K_2Cr_2O_7)$——基准物质 $K_2Cr_2O_7$ 的质量，g；

　　　$M\left(\dfrac{1}{6}K_2Cr_2O_7\right)$——以 $\dfrac{1}{6}K_2Cr_2O_7$ 为基本单元的 $K_2Cr_2O_7$ 的摩尔质量，49.03g/mol；

$V(K_2Cr_2O_7)$——$K_2Cr_2O_7$ 标准滴定溶液的体积，mL；

　　　V——滴定消耗 $Na_2S_2O_3$ 标准滴定溶液的体积，mL；

　　　V_0——空白试验消耗 $Na_2S_2O_3$ 标准溶液的体积，mL。

六、注意事项

1. 配制 $Na_2S_2O_3$ 溶液时，需要用新煮沸（除去 CO_2 和杀死细菌）并冷却了的蒸馏水，或将 $Na_2S_2O_3$ 试剂溶于蒸馏水中，煮沸 10min 后冷却，加入少量 Na_2CO_3 使溶液呈碱性，以抑制细菌生长。

2. 配好的溶液贮存于棕色试剂瓶中，放置两周后进行标定。硫代硫酸钠标准溶液不宜长期贮存，使用一段时间后要重新标定，如果发现溶液变浑浊或析出硫，应过滤后重新标定，或弃去再重新配制溶液。

3. 用 $Na_2S_2O_3$ 滴定生成的 I_2 时应保持溶液呈中性或弱酸性。所以常在滴定前用蒸馏水稀释，降低酸度。通过稀释，还可以减少 Cr^{3+} 绿色对终点的影响。

4. 滴定至终点后，经过 5～10min，溶液又会出现蓝色，这是由于空气氧化 I^- 所引起的，属于正常现象。若滴定到终点后，很快又转变为 I_2-淀粉的蓝色，则可能是由于酸度不足或放置时间不够使 $K_2Cr_2O_7$ 与 KI 的反应未完全，此时应弃去重做。

七、思考与质疑

1. 配制 $c(Na_2S_2O_3)$ ＝0.1mol/L 的硫代硫酸钠溶液 500mL，应称取多少克 $Na_2S_2O_3$ · $5H_2O$ 或 $Na_2S_2O_3$？

2. 配制 $Na_2S_2O_3$ 溶液时，为什么需用新煮沸的蒸馏水？为什么将溶液煮沸 10min？为什么常加入少量 Na_2CO_3？为什么放置 2 周后标定？

3. 在碘量法中为什么使用碘量瓶而不使用普通锥形瓶？

4. 标定 $Na_2S_2O_3$ 溶液时，每份应称取基准物 $K_2Cr_2O_7$ 多少克？

5. 标定 $Na_2S_2O_3$ 溶液时，滴定到终点时，溶液放置一会儿又重新变蓝，为什么？

6. 标定 $Na_2S_2O_3$ 溶液时，为什么淀粉指示剂要在临近终点时才加入？指示剂加入过早对标定结果有何影响？

7. $Na_2S_2O_3$ 溶液受空气中 CO_2 作用发生什么变化？写出反应式。这种作用对该溶液浓度有何影响？

相关链接　标定 $Na_2S_2O_3$ 溶液的基准物质很多，如 $K_2Cr_2O_7$、KIO_3、$KBrO_3$ 及升华法制得的纯 I_2 等。除 I_2 外，其他物质都是在酸性溶液中与 KI 作用析出 I_2，用 $Na_2S_2O_3$ 溶液滴定，以淀粉为指示剂。其中 $K_2Cr_2O_7$ 是最常用的基准物。

技能训练九　胆矾中 $CuSO_4$ · $5H_2O$ 含量的测定

一、项目要求

1. 了解胆矾的组成和基本性质。

2. 掌握间接碘量法测定胆矾中 $CuSO_4$ · $5H_2O$ 含量的基本原理、方法和计算。

3. 熟练滴定分析操作技术。

二、实施依据

将胆矾试样溶解后，加入过量 KI，反应析出的 I_2 用 $Na_2S_2O_3$ 标准溶液滴定，反应为：

$$2Cu^{2+} + 4I^- \longrightarrow 2CuI\downarrow + I_2$$

$$S_2O_3^{2-} + I_2 \longrightarrow S_4O_6^{2-} + 2I^-$$

以淀粉指示剂确定终点。

三、试剂

1. $c(H_2SO_4) = 1mol/L$ 的 H_2SO_4 溶液。

2. KI 溶液，$\rho(KI) = 100g/L$（使用前配制）即 10％溶液。

3. KSCN 溶液，$\rho(KSCN) = 100g/L$ 即 10％溶液。

4. NH_4HF_2 溶液，$\rho(KSCN) = 100g/L$ 即 20％溶液。

5. $c(Na_2S_2O_3) = 0.1mol/L$ 的 $Na_2S_2O_3$ 标准滴定溶液。

6. 淀粉指示液，5g/L。

四、工作程序

准确称取胆矾试样 0.5～0.6g，置于碘量瓶中，加 1mol/L H_2SO_4 溶液 5mL，蒸馏水 100 mL 使其溶解，加 20％NH_4HF_2 溶液 10 mL，10％ KI 溶液 10 mL，迅速盖上瓶塞，摇匀。放置 3min。此时出现 CuI 白色沉淀。

打开碘量瓶塞，用少量水冲洗瓶塞及瓶内壁，立即用 $c(Na_2S_2O_3) = 0.1mol/L$ 的 $Na_2S_2O_3$ 标准滴定溶液滴定至呈浅黄色，加 3mL 淀粉指示液，继续滴定至浅蓝色，再加 10％KSCN 溶液 10mL，继续用 $Na_2S_2O_3$ 标准滴定溶液滴定至蓝色刚好消失为终点。此时溶液为米色的 CuSCN 悬浮液。记录消耗 $Na_2S_2O_3$ 标准滴定溶液的体积。平行测定 2 次。

五、数据记录与计算

$$w(CuSO_4 \cdot 5H_2O) = \frac{c(Na_2S_2O_3)V(Na_2S_2O_3) \times 10^{-3} \times M(CuSO_4 \cdot 5H_2O)}{m} \times 100$$

式中　$w(CuSO_4 \cdot 5H_2O)$——试样中 $CuSO_4 \cdot 5H_2O$ 的质量分数，％；

　　　　$c(Na_2S_2O_3)$——$Na_2S_2O_3$ 标准滴定溶液的浓度，mol/L；

　　　　$V(Na_2S_2O_3)$——滴定消耗 $Na_2S_2O_3$ 标准滴定溶液的体积，mL；

　　　　m——称取胆矾试样的质量，g。

六、注意事项

1. 加 KI 必须过量，使生成 CuI 沉淀的反应更为完全，并使 I_2 形成 I_3^- 增大 I_2 的溶解性，提高滴定的准确度。

2. 由于 CuI 沉淀表面吸附 I_3^-，使结果偏低。为了减少 CuI 对 I_3^- 的吸附，可在临近终点时加入 KSCN，使 CuI 沉淀转化为溶解度更小的 CuSCN 沉淀。

$$CuI + KSCN \longrightarrow CuSCN\downarrow + KI$$

使吸附的释放出来，以防结果偏低。SCN^- 只能在临近终点时加入，否则 SCN^- 有可能直接将 Cu^{2+} 还原成 Cu^+，使结果偏低。

$$6Cu^{2+} + 7\,SCN^- \longrightarrow 6CuSCN\downarrow + SO_4^{2-} + CN^- + 8H^+$$

3. 为防止铜盐水解，试液需加 H_2SO_4（不能加 HCl，避免形成 $[CuCl_3]^-$、$[CuCl_4]^{2-}$ 配合物）。控制 pH 在 $3.0\sim4.0$ 之间，酸度过高，则 I^- 易被空气中的氧氧化为 I_2（Cu^{2+} 催化此反应），使结果偏高。

4. Fe^{3+} 对测定有干扰，因 Fe^{3+} 能将 I^- 氧化成 I_2，使结果偏高。

$$2\,Fe^{3+} + 2\,I^- \longrightarrow 2\,Fe^{2+} + I_2$$

可加入 NH_4HF_2 与 Fe^{3+} 形成稳定的 $[FeF_6]^{3-}$ 配离子，消除 Fe^{3+} 的干扰

5. 用碘量法测定铜时，最好用纯铜标定 $Na_2S_2O_3$ 溶液，以抵消方法的系统误差。

七、思考与质疑

1. 已知 $\varphi^{\ominus}_{Cu^{2+}/Cu^+} = 0.159V$，$\varphi^{\ominus}_{I_3^-/I^-} = 0.545V$，为何本实验中 Cu^{2+} 却能氧化 I^- 成为 I_2？

2. 测定铜含量时，加入 KI 为何要过量？

3. 本实验中加入 KSCN 的作用是什么？应在何时加入？为什么？

4. 本实验中加入 NH_4HF_2 的作用是什么？

5. 间接碘量法一般选择中性或弱酸性条件。而本实验测定铜含量时，要加入 H_2SO_4，为什么？能否加 HCl？为什么？酸度过高对分析结果有何影响？

6. 间接碘量法误差的主要来源有哪些？应如何避免？

7. 利用 K_{sp} 值说明 CuI $\rightarrow$ CuSCN 沉淀的转化原理。

相关链接 硫酸铜（cupric sulfate），俗称胆矾（salzburg vitriol）；蓝矾（blue vitriol）；孔雀石（blue stone）；结晶硫酸铜（copper sulfate crystal）。为蓝色透明结晶，相对密度 2.29，在空气中微风化。易溶于水，水溶液呈酸性；溶于甲醇、甘油；微溶于乙醇。加热时失水，依次成为三水盐（30℃时），一水盐（110℃时），258℃时失去全部结晶水成为白色粉末状无水硫酸铜。

硫酸铜常用作分析试剂、无机农药。有毒，应密封保存。

相关知识

5.1 电极电位

氧化还原滴定法是基于溶液中氧化剂与还原剂之间电子的转移来进行反应的一种分析方法。根据滴定剂的不同，氧化还原滴定法又可分为高锰酸钾法、重铬酸钾法、碘量法、溴酸

钾法等。利用这些分析方法，不仅可测定本身具有氧化还原性物质的含量，而且也可用于测定那些本身虽无氧化还原性质，但却能与具有氧化还原性的物质发生定量反应的物质的含量。

如果以 Ox 表示一个电子接受体，即氧化剂，以 Red 表示一个电子给予体，即还原剂，以 ne^- 表示电子转移数。则一个氧化还原半反应式为：

$$Ox + ne^- \Longrightarrow Red$$

氧化还原滴定法的特点决定于氧化还原反应的特点。与其他滴定分析法相比特点如下：

① 氧化还原反应的机理较复杂，副反应多，因此与化学计量有关的问题更复杂。

② 氧化还原反应比其他所有类型的反应速率都慢。

对反应速度相对快些且化学计量关系是已知的反应而言，如若没有其他复杂的因素存在，一般认为一个化学计量的反应可由两个可逆的半反应得来：

$$\underset{\text{试样}}{Ox_1 + n_1e^- \Longrightarrow Red_1}$$

$$\underset{\text{滴定剂}}{Ox_2 + n_2e^- \Longrightarrow Red_2}$$

将两式合并：

$$n_2 Red_1 + n_1 Ox_2 \Longrightarrow n_2 Ox_1 + n_1 Red_2$$

滴定中的任何一点，即每加入一定量的滴定剂，当反应达到平衡时，两个体系的电极电位相等。

③ 氧化还原滴定可以用氧化剂作滴定剂，也可用还原剂作滴定剂。因此有多种方法。

④ 氧化还原滴定法主要用来测定氧化剂或还原剂，也可以用来测定不具有氧化性或还原性的金属离子或阴离子，所以应用范围较广。

5.1.1　标准电极电位

各种不同的氧化剂的氧化能力和还原剂的还原能力是不相同的，其氧化还原能力的大小，可以用电极电位来衡量。

对于任何一个可逆氧化还原电对

$$Ox(氧化态) + ne^- \Longrightarrow Red(还原态)$$

当达到平衡时，其电极电位与氧化态、还原态之间的关系遵循能斯特方程。

$$\varphi_{Ox/Red} = \varphi_{Ox/Red}^{\ominus} + \frac{RT}{nF} \ln \frac{a_{Ox}}{a_{Red}} \qquad (5\text{-}1)$$

式中，$\varphi_{Ox/Red}^{\ominus}$ 为电对 Ox/Red 的标准电极电位；a_{Ox} 和 a_{Red} 分别为电对氧化态和还原态的活度；R 为气体常数[$8.314J/(K \cdot mol)$]；T 为绝对温度，K；F 为法拉第常数，96485C/mol；n 为电极反应中转移的电子数。将以上常数代入式(5-1)，并取常用对数，于25℃时得：

$$\varphi_{Ox/Red} = \varphi_{Ox/Red}^{\ominus} + \frac{0.059}{n} \lg \frac{a_{Ox}}{a_{Red}} \qquad (5\text{-}2)$$

可见，在一定温度下，电对的电极电位与氧化态和还原态的浓度有关。

当 $a_{Ox} = a_{Red} = 1mol/L$ 时，$\varphi_{Ox/Red} = \varphi_{Ox/Red}^{\ominus}$

因此，标准电极电位是指在一定的温度下（通常为 25℃），当 $a_{Ox}=a_{Red}=1mol/L$ 时（若反应物有气体参加，则其分压等于 100kPa）的电极电位。

电对的电位值越高，其氧化态的氧化能力越强；电对的电位值越低，其还原态的还原能力越强。各电对的标准电极电位见附录五。

5.1.2 条件电极电位（standard potential）

实际应用中，通常知道的是物质在溶液中的浓度，而不是其活度。为简化起见，常常忽略溶液中离子强度的影响，用浓度值代替活度值进行计算。但是只有在浓度极稀时，这种处理方法才是正确的，当浓度较大，尤其是高价离子参与电极反应时，或有其他强电解质存在下，计算结果就会与实际测定值发生较大偏差。因此，若以浓度代替活度，应引入相应的活度系数 γ_{Ox} 及 γ_{Red}

即：$\quad a_{Ox}=\gamma_{Ox}[Ox]\qquad a_{Red}=\gamma_{Red}[Red]$

此外，当溶液中的介质不同时，氧化态、还原态还会发生某些副反应。如酸效应、沉淀反应、配位效应等而影响电极电位，所以必须考虑这些副反应的发生，引入相应的副反应系数 α_{Ox} 和 α_{Red}。

则 $\qquad a_{Ox}=\gamma_{Ox}[Ox]=\gamma_{Ox}\dfrac{c_{Ox}}{\alpha_{Ox}}$; $\quad a_{Red}=\gamma_{Red}[R]=\gamma_{Red}\dfrac{c_{Red}}{\alpha_{Red}}$

将上述关系代入能斯特方程式得：

$$\varphi_{Ox/Red}=\varphi_{Ox/Red}^{\ominus}+\frac{0.059}{n}\lg\frac{\gamma_{Ox}\alpha_{Red}c_{Ox}}{\gamma_{Red}\alpha_{Ox}c_{Red}}$$

当 $c(Ox)=c(Red)=1mol/L$ 时得：

$$\varphi_{Ox/Red}^{\ominus'}=\varphi_{Ox/Red}^{\ominus}+\frac{0.059}{n}\lg\frac{\gamma_{Ox}\alpha_{Red}}{\gamma_{Red}\alpha_{Ox}} \tag{5-3}$$

$\varphi_{Ox/Red}^{\ominus'}$ 称为条件电极电位，它是在一定的介质条件下，氧化态和还原态的总浓度均为 1mol/L 时的电极电位。

条件电极电位反映了离子强度和各种副反应影响的总结果，是氧化还原电对在客观条件下的实际氧化还原能力。它在一定条件下为一常数。在进行氧化还原平衡计算时，应采用与给定介质条件相同的条件电极电位。若缺乏相同条件的 $\varphi_{Ox/Red}^{\ominus'}$ 数值，可采用介质条件相近的条件电极电位数据。对于没有相应条件电极电位的氧化还原电对，则采用标准电极电位。附录六列出了部分常用条件电极电位值供查阅（若需更多资料，可查《分析化学手册》）。

【例 5-1】 已知 $\varphi_{Fe^{3+}/Fe^{2+}}^{\ominus}=0.77V$，当 $[Fe^{3+}]=1.0mol/L$，$[Fe^{2+}]=0.0001mol/L$ 时，计算该电对的电极电位。

解 根据能斯特方程式得：

$$\varphi_{Fe^{3+}/Fe^{2+}}=\varphi_{Fe^{3+}/Fe^{2+}}^{\ominus}+\frac{0.059}{1}\lg\frac{[Fe^{3+}]}{[Fe^{2+}]}$$

则 $\varphi_{Fe^{3+}/Fe^{2+}}=\left(0.77+0.059\lg\dfrac{1.0}{0.0001}\right)V=1.0V$

【例 5-2】 计算 1.0mol/L HCl 溶液中，若 $c(Ce^{4+})=0.01mol/L$，$c(Ce^{3+})=0.001mol/L$ 时，电对 Ce^{4+}/Ce^{3+} 的电极电位值。

解 已知 $c(Ce^{4+})=0.01mol/L$，$c(Ce^{3+})=0.001mol/L$

查附录六，在 1.0mol/L HCl 溶液中：$\varphi^{\ominus}_{Ce^{4+}/Ce^{3+}}=1.28V$

因为

$$\varphi_{Ce^{4+}/Ce^{3+}}=\varphi^{\ominus\prime}_{Ce^{4+}/Ce^{3+}}+\frac{0.059}{1}\lg\frac{[Ce^{4+}]}{[Ce^{3+}]}$$

所以

$$\varphi_{Ce^{4+}/Ce^{3+}}=\left(1.28+0.059\lg\frac{0.01}{0.001}\right)V=1.34V$$

如若不考虑介质的影响，用标准电极电位计算，则有：

$$\varphi_{Ce^{4+}/Ce^{3+}}=\varphi^{\ominus}_{Ce^{4+}/Ce^{3+}}+\frac{0.059}{1}\lg\frac{[Ce^{4+}]}{[Ce^{3+}]}$$

所以

$$\varphi_{Ce^{4+}/Ce^{3+}}=\left(1.61+0.059\lg\frac{0.01}{0.001}\right)V=1.67V$$

由结果看出，差异是明显的。

5.1.3 影响条件电位的因素

影响电对条件电位的主要因素是：离子强度和各种副反应（包括在溶液中可能发生的配位、沉淀、酸效应等各种副反应）。

(1) 离子强度的影响

在氧化还原反应中，溶液的离子强度一般较大，氧化态和还原态的价态通常较高，因而活度系数小于 1。这样，用理论计算出的电位值与实际测量值就有差异。但由于各种副反应对电位的影响远比离子强度的影响大，同时离子强度的影响又难以校正，因此一般都忽略离子强度的影响。

(2) 生成沉淀的影响

在氧化还原反应中，当加入一种可与氧化态或还原态生成沉淀的沉淀剂时，就会改变电对的电位。氧化态生成沉淀使电对的电位降低；反之，还原态生成沉淀则使电对电位增高。

例如用碘量法测定 Cu^{2+} 的含量是基于如下反应：

$$2Cu^{2+}+4I^{-}\longrightarrow 2CuI\downarrow+I_2$$
$$I_2+2S_2O_3^{2-}\longrightarrow 2I^{-}+S_4O_6^{2-}$$

$\varphi^{\ominus}Cu^{2+}/Cu^{+}=+0.17V$，$\varphi^{\ominus}I_2/2I^{-}=+0.54V$。从 $\varphi^{\ominus}$ 看 Cu^{2+} 不能氧化 I^{-}，但实际上怎样？

【例 5-3】 计算 KI 浓度 1mol/L 时 Cu^{2+}/Cu^{+} 电对的条件电极电位（忽略离子强度的影响）。

解 已知：$\varphi^{\ominus}_{Cu^{2+}/Cu^{+}}=+0.17V$；$K_{sp,CuI}=1.1\times10^{-12}$

根据式(8-2) 得：

$$\begin{aligned}\varphi_{Cu^{2+}/Cu^{+}}&=\varphi^{\ominus}_{Cu^{2+}/Cu^{+}}+0.059\lg\frac{[Cu^{2+}]}{[Cu^{+}]}\\&=\varphi^{\ominus}_{Cu^{2+}/Cu^{+}}+0.059\lg\frac{[Cu^{2+}]}{K_{sp,CuI}/[I^{-}]}\\&=\varphi^{\ominus}_{Cu^{2+}/Cu^{+}}+0.059\lg\frac{[I^{-}]\cdot[Cu^{2+}]}{K_{sp,CuI}}\\&=\varphi^{\ominus}_{Cu^{2+}/Cu^{+}}-0.059\lg K_{sp}+0.059\lg[Cu^{2+}]\cdot[I^{-}]\end{aligned}$$

因此，当 $[Cu^{2+}]=[I^-]=1mol/L$ 时

$$\varphi_{Cu^{2+}/Cu^+}=[0.17-0.059lg(1.1\times10^{-12})]V=0.88V$$

从上例可知，由于生成了溶解度很小的 CuI 沉淀，使溶液中 Cu^+ 浓度大为降低，Cu^{2+}/Cu^+ 电对的电极电位由 $+0.17V$ 增高至 $+0.88V$，比 $+0.54V$ 大得多，所以 Cu^{2+} 可以氧化 I^-，而且反应进行得很完全。

（3）形成配合物的影响

我们知道，溶液中常有多种阴离子存在，它们常能与氧化态或还原态形成不同稳定性的配合物，从而引起电极电位的改变。氧化态形成的配合物越稳定，电位降得越低（或氧化态和还原态均形成稳定的配合物，但氧化态的配合物较还原态配合物更稳定）。相反，还原态形成的配合物越稳定，电位值升高（或氧化态和还原态均形成稳定的配合物，但还原态的配合物较氧化态配合物更稳定）。例如，用碘量法测定 Cu^{2+} 的含量时，如果试样中含有 Fe^{3+}，它将与 Cu^{2+} 一起氧化 I^-，从而干扰 Cu^{2+} 的测定。如果在试液中加入 F^-，F^- 与氧化态 Fe^{3+} 形成稳定的铁氟配合物，干扰就被消除了。

【例 5-4】 计算溶液中 $c(Fe^{3+})=0.1mol/L$，$c(Fe^{2+})=1.0\times10^{-5}mol/L$，游离的 F^- 浓度为 $1mol/L$ 的 $\varphi_{Fe^{3+}/Fe^{2+}}^{\ominus}$ 的电极电位值（忽略离子强度的影响）。$\varphi_{Fe^{3+}/Fe^{2+}}^{\ominus}=+0.77V$，$\varphi_{I_2/I^-}^{\ominus}=+0.54V$，由于 $\varphi_{Fe^{3+}/Fe^{2+}}^{\ominus}>\varphi_{I_2/I^-}^{\ominus}$，所以 Fe^{3+} 能氧化 I^-。

解 查表得知铁氟配合物的累积稳定常数分别为：

$$\beta_1=1.9\times10^5,\beta_2=2.0\times10^9,\beta_3=1.2\times10^{12}$$

由于
$$\alpha_{Fe(F)}=1+\beta_{1[F]}+\beta_{2[F]^2}+\beta_{3[F]^3}$$

因此 $\alpha_{Fe(F)}=1+1.9\times10^5\times1+2.0\times10^9\times1^2+1.2\times10^{12}\times1^3=1.15\times10^{13}$

因为
$$[Fe^{3+}]=\frac{c(Fe^{3+})}{\alpha_{Fe(F)}}$$

所以
$$[Fe^{3+}]=\frac{0.1}{1.15\times10^{13}}mol/L=8.7\times10^{-14}\ mol/L$$

因为
$$\varphi_{Fe^{3+}/Fe^{2+}}=\varphi_{Fe^{3+}/Fe^{2+}}^{\ominus}+0.059lg\frac{[Fe^{3+}]}{[Fe^{2+}]}$$

所以
$$\varphi_{Fe^{3+}/Fe^{2+}}=(0.77+0.059lg\frac{8.7\times10^{-14}}{1.0\times10^{-5}})V=+0.29V$$

计算结果说明，加入 F^- 后 Fe^{3+} 与 F^- 形成了稳定的配合物，导致 $\varphi_{Fe^{3+}/Fe^{2+}}$ 的电位由 $+0.77V$ 降到 $+0.29V$，小于 $+0.54V$。这样 Fe^{3+} 就不能氧化 I^-，从而消除 Fe^{3+} 的干扰。

（4）溶液的酸度对反应方向的影响

氧化还原反应的方向是：两电对中电位值较高电对的氧化态物质与电位较低电对中的还原态物质相互反应。许多有 H^+ 或 OH^- 参加的氧化还原反应，溶液的酸度变化将直接影响电对的电极电位，进而影响氧化还原反应的方向。

【例 5-5】 判断当溶液的 $[H^+]=1mol/L$ 和 $[H^+]=10^{-4}mol/L$ 时，下式反应的进行方向。

$$AsO_4^{3-}+2I^-+2H^+\longrightarrow AsO_3^{3-}+H_2O+I_2$$

解 已知上述反应对应的半反应为：

$$AsO_4^{3-} + 2H^+ + 2e^- \longrightarrow AsO_3^{3-} + H_2O \qquad \varphi_{AsO_4^{3-}/AsO_3^{3-}}^{\ominus} = +0.56V,$$

$$I_2 + 2e^- \longrightarrow 2I^- \qquad \varphi_{I_2/I^-}^{\ominus} = +0.54V$$

从电极反应知 $\varphi_{I_2/I^-}^{\ominus}$ 的电位值几乎与 pH 无关，而 $\varphi_{AsO_4^{3-}/AsO_3^{3-}}^{\ominus}$ 电对的电极电位受酸度影响较大。

$$\varphi_{AsO_4^{3-}/AsO_3^{3-}} = \varphi_{AsO_4^{3-}/AsO_3^{3-}}^{\ominus} + \frac{0.059}{2}\lg\frac{[AsO_4^{3-}]\cdot[H^+]^2}{[AsO_3^{3-}]}$$

当 $[H^+]=1mol/L$，$[AsO_4^{3-}]=[AsO_3^{3-}]=1mol/L$ 时，电对的电极电位 $\varphi_{AsO_4^{3-}/AsO_3^{3-}}^{\ominus} = +0.56V$。由于 $+0.56V > +0.54V$，所以上述反应向右进行。

当 $[H^+]=10^{-4}mol/L$，$[AsO_4^{3-}]=[AsO_3^{3-}]=1mol/L$ 时，若不考虑酸度对 AsO_4^{3-}、AsO_3^{3-} 存在形式的影响，则电对的电位为：

$$\varphi_{AsO_4^{3-}/AsO_3^{3-}} = \varphi_{AsO_4^{3-}/AsO_3^{3-}}^{\ominus} + \frac{0.059}{2}\lg[H^+]^2$$

即 $$\varphi_{AsO_4^{3-}/AsO_3^{3-}} = (0.56+0.059\lg10^{-8})V = +0.088V$$

由于 $+0.54V > +0.088V$，所以该反应向左进行。

应当指出，酸度对反应方向的影响，只在两个电对 φ（或）$\varphi^{\ominus'}$ 值相差很小时才能实现。如上述反应中两电对值只相差 0.02V，所以只要改变溶液的 pH 就可以改变反应进行的方向。

5.1.4 氧化还原反应进行的程度

氧化还原滴定要求氧化还原反应进行得越完全越好。反应进行的完全程度常用反应的平衡常数的大小来衡量，平衡常数可根据能斯特方程式，从有关电对的条件电位或标准电极电位求出。如氧化还原反应

$$n_2Ox_1 + n_1Red_2 \longrightarrow n_2Red_1 + n_1Ox_2$$

两电对的半反应的电极电位分别为 φ_1，φ_2：

$$\varphi_1 = \varphi_1^{\ominus'} + \frac{0.059}{n_1}\lg\frac{c_{Ox_1}}{c_{Red_1}}; \varphi_2 = \varphi_2^{\ominus} + \frac{0.059}{n_2}\lg\frac{c_{Ox2}}{c_{Red2}}$$

当反应达到平衡时，两电对的电位相等，即

$$\varphi_1^{\ominus'} + \frac{0.059}{n_1}\lg\frac{c_{Ox_1}}{c_{Red_1}} = \varphi_2^{\ominus'} + \frac{0.059}{n_2}\lg\frac{c_{Ox_2}}{c_{Red_2}}$$

整理后得：

$$\varphi_1^{\ominus'} - \varphi_2^{\ominus'} = \frac{0.059}{n_1n_2}\lg\left(\frac{c_{Red_1}}{c_{Ox_1}}\right)^{n_2}\left(\frac{c_{Ox_2}}{c_{Red_2}}\right)^{n_1} = \frac{0.059}{n_1n_2}\lg K'$$

$$\lg K' = \frac{n_1n_2(\varphi_1^{\ominus'} - \varphi_2^{\ominus'})}{0.059} \qquad (5\text{-}4)$$

若设 $n_1n_2 = n$，n 为最小公倍数。则：

$$\lg K' = \frac{n(\varphi_1^{\ominus'} - \varphi_2^{\ominus'})}{0.059} \qquad (5\text{-}5)$$

可见，两电对的条件电位相差越大，氧化还原反应的平衡常数 K' 就越大，反应进行也越完全。对于氧化还原滴定反应，平衡常数 K' 多大或两电对的条件电位相差多大反应才算

定量进行呢？可以根据式(5-5)，结合考虑分析所要求的误差求出。如当 $n_1 = n_2 = 1$ 时，氧化还原滴定反应：

$$Ox_1 + Red_2 \longrightarrow Red_1 + Ox_2$$

只有在反应完成 99.9％以上，才满足定量分析的要求。因此在化学计量点时，要求：

反应产物的浓度≥99.9％，即 $[Ox_2] \geqslant 99.9\%$；$[Red_1] \geqslant 99.9\%$；

而剩余反应物的量≤0.1％，即 $[Ox_1] \leqslant 0.1\%$；$[Red_2] \leqslant 0.1\%$；

则

$$\lg K' = \lg \frac{[Red_1][Ox_2]}{[Ox_1][Red_2]} \geqslant \lg \frac{99.9\% \times 99.9\%}{0.1\% \times 0.1\%} \geqslant \lg(10^3 \times 10^3) \geqslant 6 \qquad (5\text{-}6)$$

所以，当分析误差≤0.1％时，两电对最小的电位差值应为：

$$n_1 = n_2 = 1 \text{ 时}, \qquad \Delta\varphi \geqslant \frac{0.059}{1} \times 6V = 0.35V$$

$$n_1 = n_2 = 2 \text{ 时}, \qquad \Delta\varphi \geqslant \frac{0.059}{2} \times 6V = 0.18V$$

$$n_1 = n_2 = 3 \text{ 时}, \qquad \Delta\varphi \geqslant \frac{0.059}{3} \times 6V = 0.12V$$

对 $n_1 \neq n_2$ 对称电对[1]的氧化还原反应

$$n_2 Ox_1 + n_1 Red_2 = n_2 Red_1 + n_1 Ox_2$$

$$\lg K = \lg \frac{[Red_1]^{n_2}[Ox_2]^{n_1}}{[Ox_1]^{n_2}[Red_2]^{n_1}} \geqslant \lg(10^{3n_1} \times 10^{3n_2})$$

则

$$\lg K \geqslant 3(n_1 + n_2) \qquad (5\text{-}7)$$

根据式(5-4)，最小电位差值应为：

$$\Delta\varphi = \frac{0.059}{n_1 n_2}\lg K \geqslant 3(n_1 + n_2)\frac{0.059}{n_1 n_2} \qquad (5\text{-}8)$$

可见，当反应类型不同时，K 值的要求也不同。实际运用中要根据反应平衡常数 K 和 $\Delta\varphi$ 的大小进行判断。一般认为两电对的条件电位之差大于 0.4V，反应就能定量地进行。在氧化还原滴定中往往通过选择强氧化剂作滴定剂或控制介质改变电对电位来满足这个条件。

【例 5-6】 计算 1mol/L HCl 介质中，Fe^{3+} 与 Sn^{2+} 反应的平衡常数，并判断反应能否定量进行？

解 Fe^{3+} 与 Sn^{2+} 的反应式为 $\qquad 2Fe^{3+} + Sn^{2+} \longrightarrow Sn^{4+} + 2Fe^{2+}$

查表可知，1mol/L HCl 介质中，两电对的电极电位值分别为：

$$Fe^{3+} + e^- \longrightarrow Fe^{2+} \quad \varphi_{Fe^{3+}/Fe^{2+}}^{\ominus\prime} = 0.68V$$

$$Sn^{4+} + 2e^- \longrightarrow Sn^{2+} \quad \varphi_{Sn^{4+}/Sn^{2+}}^{\ominus\prime} = 0.14V；$$

由于 $n_1 \neq n_2$，根据式(5-7)，有：

$$\lg K' \geqslant 3(n_1 + n_2)$$

得 $\qquad\qquad\qquad\qquad \lg K' \geqslant 9$

---

[1] 对称电对指氧化态和还原态的系数相同的电对，如 Fe^{3+}/Fe^{2+}、MnO_4^-/Mn^{2+} 等；而不对称电对则是指氧化态和还原态的系数不同的电对，如 $Cr_2O_7^{2-}/Cr^{3+}$、I_2/I^- 等。

根据式(5-5)反应式的平衡常数为：

$$\lg K' = \frac{n(\varphi_1^{\ominus\prime} - \varphi_2^{\ominus\prime})}{0.059} = \frac{2 \times (0.68 - 0.14)}{0.059} = 18.31 \geqslant 9$$

所以此反应能定量进行。

5.1.5　影响氧化还原反应速率的因素

仅从有关电对的条件电位来判断氧化还原反应的方向和完全程度，只说明反应发生的可能性，无法指出反应的速度。而在滴定分析中，总是希望滴定反应能快速进行，若反应速率慢，反应就不能直接用于滴定。如 Ce^{4+} 与 H_3AsO_3 的反应：

$$2Ce^{4+} + H_3AsO_3 + 2H_2O \xrightarrow{0.5mol/L\ H_2SO_4} 2Ce^{3+} + H_3AsO_4 + 2H^+$$

$$\varphi_{(Ce^{4+}/Ce^{3+})}^{\ominus} = 1.46V \qquad \varphi_{(As^{5+}/As^{3+})}^{\ominus} = 0.56V$$

计算得该反应的平衡常数为 $K' \approx 1030$。若仅从平衡考虑，此常数很大，反应可以进行得很完全。实际上此反应速率极慢，若不加催化剂，反应则无法实现。因此在氧化还原滴定中，反应的速率是很关键的问题。影响氧化还原反应速率的主要因素有以下几方面。

(1) 氧化剂与还原剂的性质

不同性质的氧化剂和还原剂，其反应速率相差极大，这与它们的原子结构、反应历程等诸多因素有关，情况较复杂，这里不作讨论。

(2) 反应物浓度

许多氧化还原反应是分步进行的，整个反应速度由最慢的一步所决定。因此不能从总的氧化还原反应方程式来判断反应物浓度对反应速率的影响。但一般来说，增加反应物的浓度就能加快反应的速率。例如 $Cr_2O_7^{2-}$ 与 I^- 的反应：

$$Cr_2O_7^{2-} + 6I^- + 14H^+ \longrightarrow 2Cr^{3+} + 3I_2 + 7H_2O\ (慢)$$

此反应速度慢，但增大 I^- 的浓度或提高溶液酸度可加速反应。实验证明，在 H^+ 浓度为 0.4mol/L 时，KI 过量约 5 倍，放置 5min，反应即可进行完全。不过用增加反应物浓度来加快反应速率的方法只适用于滴定前一些预氧化还原处理的一些反应。在直接滴定时不能用此法来加快反应速率。

(3) 催化反应 (catalyzed reaction) 对反应速率的影响

催化剂的使用是提高反应速率的有效方法。例如前面提到的 Ce^{4+} 与 As(Ⅲ) 的反应，实际上是分两步进行的

$$As(Ⅲ) \xrightarrow{Ce^{4+}(慢)} As(Ⅳ) \xrightarrow{Ce^{4+}(快)} As(Ⅴ)$$

由于前一步的影响使总的反应速率很慢，如果加入少量的 I^-，则发生如下反应：

$$Ce^{4+} + I^- \longrightarrow I^0 + Ce^{3+}$$

$$2I^0 \longrightarrow I_2$$

$$I_2 + H_2O \longrightarrow HIO + H^+ + I^-$$

$$H_3AsO_3 + HIO \longrightarrow H_3AsO_4 + H^+ + I^-$$

由于所有涉及碘的反应都是快速的，少量的 I^- 起了催化剂的作用，加速了 Ce^{4+} 与 As(Ⅲ) 的反应。基于此可用 As_2O_3 标定 Ce^{4+} 溶液的浓度。

又如，MnO_4^- 与 $C_2O_4^{2-}$ 的反应速率慢，但若加入 Mn^{2+} 能催化反应迅速进行。如果不

加入 Mn^{2+}，而利用 MnO_4^- 与 $C_2O_4^{2-}$ 发生作用后生成的微量 Mn^{2+} 作催化剂，反应也可进行。这种生成物本身引起的催化作用的反应称为自动催化反应。这类反应有一个特点，就是开始时的反应速率较慢，随着生成物逐渐增多，反应速率就逐渐加快。经一个最高点后，由于反应的浓度越来越低，反应速率又逐渐降低。

（4）温度对反应速率的影响

对大多数反应来说，升高溶液的温度可以加快反应速率，通常溶液温度每增高 $10℃$，反应速率可增大 2～3 倍。例如在酸性溶液中 MnO_4^- 和 $C_2O_4^{2-}$ 的反应

$$2MnO_4^- + 5C_2O_4^{2-} + 16H^+ \longrightarrow 2Mn^{2+} + 10CO_2 + 8H_2O$$

在室温下反应速率缓慢，如果将溶液加热至 $75～85℃$ 左右，反应速率就大大加快，滴定便可以顺利进行。但 $K_2Cr_2O_7$ 与 KI 的反应，就不能用加热的方法来加快反应速率，因为生成的 I_2 会挥发而引起损失。又如草酸溶液加热的温度过高，时间过长，草酸分解引起的误差也会增大。有些还原性物质如 Fe^{2+}、Sn^{2+} 等也会因加热而更容易被空气中的氧所氧化。因此，对那些加热引起挥发，或加热易被空气中氧氧化的反应不能用提高温度来加速，只能寻求其他方法来提高反应速率。

（5）诱导反应（Induced reaction）对反应速率的影响

在氧化还原反应中，有些反应在一般情况下进行得非常缓慢或实际上并不发生，可是当存在另一反应的情况下，此反应就会加速进行。这种因某一氧化还原反应的发生而促进另一种氧化还原反应进行的现象，称为诱导作用，反应称为诱导反应。例如，$KMnO_4$ 氧化 Cl^- 反应速率极慢，对滴定几乎无影响。但如果溶液中同时存在 Fe^{2+} 时，MnO_4^- 与 Fe^{2+} 的反应可以加速 MnO_4^- 与 Cl^- 的反应，使测定的结果偏高。这种现象就是诱导作用，MnO_4^- 与 Fe^{2+} 的反应就是诱导反应。

由于氧化还原反应机理较为复杂，采用何种措施来加速滴定反应速率，需要综合考虑各种因素。例如高锰酸钾法滴定 $C_2O_4^{2-}$，滴定开始前，需要加入 Mn^{2+} 作为反应的催化剂，滴定反应需要在 $65℃$ 下进行。

5.2 氧化还原滴定曲线和指示剂

5.2.1 氧化还原滴定曲线

在氧化还原滴定的过程中，反应物和生成物的浓度不断改变，使有关电对的电位也发生变化，这种电位改变的情况可以用滴定曲线来表示。滴定过程中各点的电位可用仪器方法进行测量，也可以根据能斯特公式进行计算。尤其是化学计量点的电位以及滴定突跃电位，这是选择指示剂终点的依据。

（1）滴定过程电对电位的计算

① 化学计量点时的电位计算 对于 $n_1 \neq n_2$ 对称电对的氧化还原反应

$$n_2 Ox_1 + n_1 Red_2 = n_1 Ox_2 + n_2 Red_1$$

两个半反应及对应的电位值为：

$$Ox_1 + n_1 e^- = Red_1 \qquad \varphi_1 = \varphi_1^{\ominus'} + \frac{0.059}{n_1} \lg \frac{[Ox_1]}{[Red_1]}$$

$$Ox_2 + n_2 e^- = Red_2 \qquad \varphi_2 = \varphi_2^{\ominus\prime} + \frac{0.059}{n_2} \lg \frac{[Ox_2]}{[Red_2]}$$

达到化学计量点时，$\varphi_{sp} = \varphi_1 = \varphi_2$，将以上两式通分后相加，整理后得

$$(n_1 + n_2)\varphi_{sp} = n_1\varphi_1^{\ominus\prime} + n_2\varphi_2^{\ominus\prime} + 0.059\lg\frac{[Ox_1][Ox_2]}{[Red_1][Red_2]}$$

因为化学计量点时：

$$[Ox_1]/[Red_2] = n_2/n_1 ; [Ox_2]/[Red_1] = n_1/n_2$$

则

$$\lg\frac{[Ox_1][Ox_2]}{[Red_1][Red_2]} = 0$$

所以

$$\varphi_{sp} = \frac{n_1\varphi_1^{\ominus\prime} + n_2\varphi_2^{\ominus\prime}}{n_1 + n_2} \tag{5-9}$$

式(5-9)是 $n_1 \neq n_2$ 对称电对的氧化还原滴定化学计量点时电位的计算公式❶。若 $n_1 = n_2 = 1$，则有

$$\varphi_{sp} = \frac{\varphi_1^{\ominus\prime} + \varphi_2^{\ominus\prime}}{2} \tag{5-10}$$

② 滴定突跃的计算　对于 $n_1 \neq n_2$ 对称电对的氧化还原反应，化学计量点前后的电位突跃可用能斯特方程式计算。

a. 化学计量点前的电位　可用被测物电对的电位计算。若被测物为 Red_2，则：

$$\varphi_{Ox_2/Red_2} = \varphi_{Ox_2/Red_2}^{\ominus\prime} + \frac{0.059}{n_2}\lg\frac{[Ox_2]}{[Red_2]} \tag{5-11}$$

b. 化学计量点后的电位　可用滴定剂电对的电位计算，若滴定剂为 Ox_1，则：

$$\varphi_{Ox_1/Red_1} = \varphi_{Ox_1/Red_1}^{\ominus\prime} + \frac{0.059}{n_2}\lg\frac{[Ox_1]}{[Red_1]} \tag{5-12}$$

③ 实例　用 $0.1000mol/L\ Ce(SO_4)_2$ 溶液，在 $0.5mol/L\ H_2SO_4$ 溶液中滴定 $20.00mL$ $0.1000\ mol/L\ FeSO_4$ 溶液，其滴定反应为：

$$Ce^{4+} + Fe^{2+} \longrightarrow Ce^{3+} + Fe^{3+}$$

滴定过程中溶液的组成发生如下变化：

滴定过程	溶液组成
滴定前	Fe^{2+}
化学计量点	Fe^{2+}、Fe^{3+}、Ce^{3+}（反应完全，$[Ce^{4+}]$很小）
化学计量点后	Fe^{3+}、Ce^{3+}、Ce^{4+}（$[Fe^{2+}]$很小）

a. 化学计量点前　因为加入的 Ce^{4+} 几乎全部被 Fe^{2+} 还原为 Ce^{3+}，到达平衡时 $c(Ce^{4+})$ 很小，电位值不易直接求得。但如果知道了滴定的百分数，就可求得 $c(Fe^{3+})/c(Fe^{2+})$，进而计算出电位值。假设 Fe^{2+} 被滴定了 $a\%$，则按式(5-11)：

$$\varphi_{Fe^{3+}/Fe^{2+}} = \varphi_{Fe^{3+}/Fe^{2+}}^{\ominus\prime} + 0059\lg\frac{a}{100-a} \tag{5-13}$$

b. 化学计量点后　Fe^{2+} 几乎全部被 Ce^{4+} 氧化为 Fe^{3+}，$c(Fe^{2+})$ 很小不易直接求得，

---

❶　对 $n_1 \neq n_2$ 不对称电对的氧化还原反应（如 $Cr_2O_7^{2-} + 6Fe^{2+} + 14H^+ \longrightarrow 2Cr^{3+} + 6Fe^{3+} + 7H_2O$）化学计量点还与浓度有关。

但只要知道加入过量的 Ce^{4+} 的百分数，就可以用 $c(Ce^{4+})/c(Ce^{3+})$ 按式（5-12）计算电位值。设加入了 $b\%Ce^{4+}$，则过量的 Ce^{4+} 为 $(b-100)\%$，得：

$$\varphi_{Ce^{4+}/Ce^{3+}} = \varphi^{\ominus\prime}{}_{Ce^{4+}/Ce^{3+}} + 0059 \lg \frac{b-100}{100} \tag{5-14}$$

c. 化学计量点　在滴定过程中，Ce^{4+} 和 Fe^{2+} 反应定量生成 Ce^{3+} 和 Fe^{3+}，未反应的 $c(Ce^{4+})$ 和 $c(Fe^{2+})$ 很小不能直接求得，可从式（5-10）求得：

$$\varphi_{sp} = \frac{\varphi^{\ominus\prime}_{Fe^{3+}/Fe^{2+}} + \varphi^{\ominus\prime}_{Ce^{4+}/Ce^{3+}}}{2} \tag{5-15}$$

计算结果列表如下：

加入 Ce^{4+} 溶液 体积/mL	Fe^{2+} 被滴定的 百分率 a/%	电位 φ/V	
1.00	5.0	0.60	
2.00	10.0	0.62	
4.00	20.0	0.64	
8.00	40.0	0.67	
10.00	50.0	0.68	
12.00	60.0	0.69	
18.00	90.0	0.74	
19.80	99.0	0.80	
19.98	99.9	0.86	突跃
20.00	100.0	1.06	范围
20.02	100.1	1.26	
22.00	110.0	1.38	
30.00	150.0	1.42	
40.00	200.0	1.44	

d. 滴定曲线　以滴定剂加入的百分数为横坐标，电对的电位为纵坐标作图，可得到如图 5-1 滴定曲线。

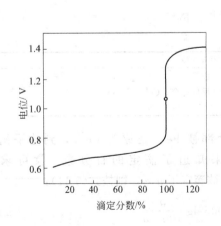

图 5-1　0.1000mol/L $Ce(SO_4)_2$ 溶液
滴定 20.00mL 0.1000mol/L $FeSO_4$ 溶液滴定曲线

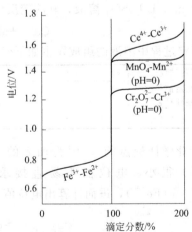

图 5-2　不同的氧化剂滴定还
原剂 Fe^{2+} 的滴定曲线

（2）滴定突跃

根据前面的计算可以看出，化学计量点附近电位突跃的大小取决于与两个电对的电子转移数和电位差。两个电对的条件电位差越大，滴定突跃越大。如 Ce^{4+} 滴定 Fe^{2+} 的突跃大于 $Cr_2O_7^{2-}$ 滴定 Fe^{2+}；电对的电子转移数越小，滴定突跃越大。如 Ce^{4+} 滴定 Fe^{2+} 的突跃大于 MnO_4^- 滴定 Fe^{2+}。图 5-2 是以不同的氧化剂分别滴定还原剂 Fe^{2+} 时所绘成的滴定曲线。

对于 $n_1 = n_2 = 1$ 的氧化还原反应，化学计量点恰好处于滴定突跃的中间，在化学计量点附近滴定曲线是对称的。

对于 $n_1 \neq n_2$ 对称电对的氧化还原反应，化学计量点不在滴定突跃的中心而是偏向电子得失较多的电对一方。不可逆电对（如 MnO_4^-/Mn^{2+}、$Cr_2O_7^{2-}/Cr^{3+}$、$S_4O_6^{2-}/S_2O_3^{2-}$）电位计算不遵从能斯特方程式，滴定曲线由实验测得（本教材不作介绍可参阅相关文献资料）。

5.2.2 氧化还原指示剂

氧化还原滴定中所用的指示剂有以下几类。

（1）以滴定剂本身颜色指示滴定终点（又称自身指示剂 self indicator）

有些滴定剂本身有很深的颜色，而滴定产物为无色或颜色很浅，在这种情况下，滴定时可不必另加指示剂，例如 $KMnO_4$ 本身显紫红色，用它来滴定 Fe^{2+}、$C_2O_4^{2-}$ 溶液时，反应产物 Mn^{2+}、Fe^{3+} 等颜色很浅或是无色，滴定到化学计量点后，只要 $KMnO_4$ 稍微过量半滴❶就能使溶液呈现淡红色，指示滴定终点的到达。

（2）显色指示剂（color indicator）

这种指示剂本身并不具有氧化还原性，但能与滴定剂或被测定物质发生显色反应，而且显色反应是可逆的，因而可以指示滴定终点。这类指示剂最常用的是淀粉（starch），如可溶性淀粉与碘溶液反应生成深蓝色的化合物，当 I_2 被还原为 I^- 时，蓝色就突然褪去。因此，在碘量法中，多用淀粉溶液作指示液。用淀粉指示液可以检出约 10^{-5} mol/L 的碘溶液，但淀粉指示液与 I_2 的显色灵敏度与淀粉的性质和加入时间、温度及反应介质等条件有关（详见碘量法），如温度升高，显色灵敏度下降。

除外，Fe^{3+} 溶液滴定 Sn^{2+} 时，可用 KCNS 为指示剂，当溶液出现红色（Fe^{3+} 与 CNS^- 形成的硫氰配合物的颜色）即为终点。

（3）氧化还原指示剂（redox indicator）

这类指示剂本身是氧化剂或还原剂，它的氧化态和还原态具有不同的颜色。在滴定过程中，指示剂由氧化态转为还原态，或由还原态转为氧化态时，溶液颜色随之发生变化，从而指示滴定终点。例如用 $K_2Cr_2O_7$ 滴定 Fe^{2+} 时，常用二苯胺磺酸钠为指示剂。二苯胺磺酸钠的还原态无色，当滴定至化学计量点时，稍过量的 $K_2Cr_2O_7$ 使二苯胺磺酸钠由还原态转变为氧化态，溶液显紫红色，因而指示滴定终点的到达。若以 $In_{(Ox)}$ 和 $In_{(Red)}$ 分别代表指示剂的氧化态和还原态，滴定过程中，指示剂的电极反应可用下式表示：

$$In_{(Ox)} + n\,e^- \Longrightarrow In_{(Red)}$$

$$\varphi = \varphi_{In}^{\ominus\,\prime} \pm \frac{0.059}{n} \lg \frac{[In_{Ox}]}{[In_{Red}]} \tag{5-16}$$

显然，随着滴定过程中溶液电位值的改变，$\dfrac{[In_{Ox}]}{[In_{Red}]}$ 比值也在改变，因而溶液的颜色也

---

❶ 实验证明，在 100mL 水溶液中有 0.01mL $c(KMnO_4) = 0.02$mol/L 的 $KMnO_4$ 溶液，肉眼就能观察到粉红色。

发生变化。与酸碱指示剂在一定 pH 范围内发生颜色转变一样，我们只能在一定电位范围内看到这种颜色变化，这个范围就是指示剂变色电位范围，它相当于两种形式浓度比值从 1/10 变到 10 时的电位变化范围。即

$$\varphi = \varphi_{In}^{\ominus\prime} \pm \frac{0.059}{n} V \tag{5-17}$$

当被滴定溶液的电位值恰好等于 $\varphi_{In}^{\ominus\prime}$ 时，指示剂呈现中间颜色，称为变色点。若指示剂的一种形式的颜色比另一种形式深得多，则变色点电位将偏离 $\varphi_{In}^{\ominus\prime}$ 值。表 5-1 列出了部分常用的氧化还原指示剂。

表 5-1　常用的氧化还原指示剂

指示剂	$\varphi_{In}^{\ominus}/V$ $[H^+]=1$	颜色变化		配制方法
		还原态	氧化态	
亚甲基蓝	+0.52	无色	蓝色	0.5g/L 水溶液
二苯胺磺酸钠	+0.85	无色	紫红色	0.5g 指示剂，2g Na_2CO_3，加水稀释至 100mL
邻苯氨基苯甲酸	+0.89	无色	紫红色	0.11g 指示剂溶于 20mL 50g/L Na_2CO_3 溶液中，用水稀释至 100mL
邻二氮菲亚铁	+1.06	红色	浅蓝色	1.485g 邻二氮菲，0.695g $FeSO_4 \cdot 7H_2O$，用水稀释至 100mL

氧化还原指示剂不仅对某种离子特效，而且对氧化还原反应普遍适用，因而是一种通用指示剂，应用范围比较广泛。选择这类指示剂的原则是，指示剂变色点的电位应当处在滴定体系的电位突跃范围内。例如，在 1mol/L H_2SO_4 溶液中，用 Ce^{4+} 滴定 Fe^{2+}，前面已经计算出滴定到化学计量点后 0.1% 的电位突跃范围是 0.86～1.26V。显然，选择邻苯氨基苯甲酸和邻二氮菲-亚铁是合适的。若选二苯胺磺酸钠，终点会提前，终点误差将会大于允许误差。

应该指出，指示剂本身会消耗滴定剂。例如，0.1mL 0.2% 二苯胺磺酸钠会消耗 0.1mL 0.017mol/L 的 $K_2Cr_2O_7$ 溶液，因此如若 $K_2Cr_2O_7$ 溶液的浓度是 0.01mol/L 或更稀，则应作指示剂的空白校正。

5.3　氧化还原滴定前的预处理

在利用氧化还原滴定法分析某些具体试样时，往往需要将欲测组分预先处理成特定的价态。例如，测定铁矿中总铁量时，将 Fe^{3+} 预先还原为 Fe^{2+}，然后用氧化剂 $K_2Cr_2O_7$ 滴定；测定锰和铬时，先将试样溶解，如果它们是以 Mn^{2+} 或 Cr^{3+} 形式存在，就很难找到合适的强氧化剂直接滴定。可先用 $(NH_4)_2S_2O_8$ 将它们氧化成 MnO_4^-、$Cr_2O_7^{2-}$，再选用合适的还原剂（如 $FeSO_4$ 溶液）进行滴定；又如 Sn^{4+} 的测定，要找一个强还原剂来直接滴定它是不可能的，需将 Sn^{4+} 预还原成 Sn^{2+}，然后选用合适的氧化剂（如碘溶液）来滴定。这种测定前的氧化还原步骤，称为氧化还原预处理。

5.3.1　预氧化剂和预还原剂的条件

预处理时所选用的氧化剂或还原剂必须满足如下条件。

① 氧化或还原必须将欲测组分定量地氧化（或还原）成一定的价态。

② 过剩的氧化剂或还原剂必须易于完全除去。除去的方法如下。

a. 加热分解。例如，$(NH_4)_2S_2O_8$、H_2O_2、Cl_2 等易分解或易挥发的物质可借加热煮

沸分解除去。

b. 过滤。如 $NaBiO_3$、Zn 等难溶于水的物质，可过滤除去。

c. 利用化学反应。如用 $HgCl_2$ 除去过量 $SnCl_2$。

$$2HgCl_2 + SnCl_2 \longrightarrow SnCl_4 + Hg_2Cl_2 \downarrow$$

Hg_2Cl_2 沉淀一般不被滴定剂氧化，不必过滤除去。

③ 氧化或还原反应的选择性要好，以避免试样中其他组分干扰。

例如，钛铁矿中铁的测定，若用金属锌 ($\varphi_{Zn^{2+}/Zn}^{\ominus} = -0.76V$) 为预还原剂，则不仅还原 Fe^{3+}，而且也还原 Ti^{4+} ($\varphi_{Ti^{4+}/Ti^{3+}}^{\ominus'} = +0.10V$)，此时用 K_2CrO_7 滴定测出的则是两者的合量。如若用 $SnCl_2$ ($\varphi_{Sn^{4+}/Sn^{2+}}^{\ominus'} = +0.14V$) 为预还原剂，则仅还原 Fe^{3+}，因而提高了反应的选择性。

④ 反应速度要快。

5.3.2 常用的预氧化剂和预还原剂

预处理是氧化还原滴定法中关键性步骤之一，熟练掌握各种氧化剂、还原剂的特点，选择合理的预处理步骤，可以提高方法的选择性。下面介绍几种常用的预氧化和预还原时采用的试剂。

(1) 常用的预氧化剂

① 过硫酸铵 $(NH_4)_2S_2O_8$　过硫酸铵在酸性溶液中，并有催化剂银盐存在时，是一种很强的氧化剂。

$$S_2O_8^{2-} + 2e \longrightarrow 2SO_4^{2-} \qquad \varphi_{S_2O_8^{2-}/SO_4^{2-}}^{\ominus} = 2.01V$$

$S_2O_8^{2-}$ 可以定量地将 Ce^{3+} 氧化成 Ce^{4+}，将 Cr^{3+} 氧化成 $Cr(VI)$，将 $V(IV)$ 氧化成 $V(V)$，以及 $W(V)$ 氧化成 $W(VI)$。在硝酸-磷酸或硫酸-磷酸介质中，过硫酸铵能将 $Mn(II)$ 氧化成 $Mn(VII)$。磷酸的存在，可以防止锰被氧化成 MnO_2 沉淀析出，并保证全部氧化成 MnO_4^-。

如果 Mn^{2+} 溶液中含有 Cl^-，应该先加 H_2SO_4 蒸发并加热至 SO_3 白烟，以除尽 HCl，然后再加入 H_3PO_4，用过硫酸铵进行氧化。$Cr(III)$ 和 $Mn(II)$ 共存时，能同时被氧化成 $Cr(VI)$ 和 $Mn(VII)$。如果在 Cr^{3+} 氧化完全后，加入盐酸或氯化钠煮沸，则 $Mn(VII)$ 被还原而 $Cr(VI)$ 不被还原，可以提高选择性。过量的 $(NH_4)_2S_2O_8$ 可用煮沸的方法除去，其反应为：

$$2\,S_2O_8^{2-} + 2H_2O \xrightarrow{煮沸} 4HSO_4^- + O_2$$

② 过氧化氢 H_2O_2　在碱性溶液中，过氧化氢是较强的氧化剂，可以把 $Cr(III)$ 氧化成 CrO_4^{2-}。在酸性溶液中过氧化氢既可作氧化剂，也可作还原剂。例如在酸性溶液中它可以把 Fe^{2+} 氧化成 Fe^{3+}，其反应式如下：

$$Fe^{2+} + H_2O_2 + 2H^+ \longrightarrow 2Fe^{3+} + H_2O$$

也可将 MnO_4^- 还原为 Mn^{2+}：

$$2MnO_4^- + 5H_2O_2 + 6H^+ \longrightarrow 2Mn^{2+} + 5O_2 \uparrow + 8H_2O$$

因此，如果在碱性溶液中用过氧化氢进行预先氧化，过量的过氧化氢应该在碱性溶液中除去，否则在酸化后已经被氧化的产物可能再次被还原。例如，Cr^{3+} 在碱性条件下被 H_2O_2

氧化成 CrO_4^{2-}，当溶液被酸化后，CrO_4^{2-} 能被剩余的 H_2O_2 还原成 Cr^{3+}。

③ 高锰酸钾 $KMnO_4$　高锰酸钾 $KMnO_4$ 是一种很强的氧化剂，在冷的酸性介质中，可以在 Cr^{3+} 存在时将 $V(IV)$ 氧化成 $V(V)$，此时 Cr^{3+} 被氧化的速率很慢，但在加热煮沸的硫酸溶液中，Cr^{3+} 可以定量被氧化成 $Cr(VI)$。

$$2MnO_4^- + 2Cr^{3+} + 3H_2O \longrightarrow MnO_2\downarrow + Cr_2O_7^{2-} + 6H^+$$

过量的 MnO_4^- 和生成的 MnO_2 可以加入盐酸或氯化钠一起煮沸破坏。当有氟化物或磷酸存在时，$KMnO_4$ 可选择性地将 Ce^{3+} 氧化成 Ce^{4+}，过量的 MnO_4^- 可以用亚硝酸盐将它还原，而多余的亚硝酸盐用尿素使之分解除去。

$$2MnO_4^- + 5NO_2^- + 6H^+ \longrightarrow 2Mn^{2+} + 5NO_3^- + 3H_2O$$

$$2NO_2^- + CO(NH_2)_2 + 2H^+ \longrightarrow 2N_2\uparrow + CO_2\uparrow + 3H_2O$$

④ 高氯酸 $HClO_4$　$HClO_4$ 既是最强的酸，在热而浓度很高时又是很强的氧化剂。其电对半反应如下：

$$ClO_4^- + 8H^+ + 8e^- \longrightarrow Cl^- + 4H_2O \qquad \varphi_{ClO_4^-/Cl^-}^{\ominus} = 1.37V$$

在钢铁分析中，通常用它来分解试样并同时将铬氧化成 CrO_4^{2-}，钒氧化成 VO_3^-，而 Mn^{2+} 不被氧化。当有 H_3PO_4 存在时，$HClO_4$ 可将 Mn^{2+} 定量地氧化成 $Mn(H_2P_2O_7)_3^{3-}$（其中锰为三价状态）。在预氧化结束后，冷却并稀释溶液，$HClO_4$ 就失去氧化能力。

应当注意，热而浓的高氯酸遇到有机物会发生爆炸。因此，在处理含有机物的试样时，必须先用浓 HNO_3 加热破坏试样中的有机物，然后再使用 $HClO_4$ 氧化。

还有其他的预氧化剂见表 5-2。

表 5-2　部分常用的预氧化剂

氧化剂	用途	使用条件	过量氧化剂除去的方法
$NaBiO_3$	$Mn^{2+} \longrightarrow MnO_4^-$ $Cr^{3+} \longrightarrow Cr_2O_7^{2-}$ $Ce^{3+} \longrightarrow Ce^{4+}$	在硝酸溶液中	$NaBiO_3$ 微溶于水，过量时可过滤除去
KIO_4	$Ce^{3+} \longrightarrow Ce^{4+}$ $VO^{2+} \longrightarrow VO_3^+$ $Cr^{3+} \longrightarrow Cr_2O_7^{2-}$	在酸性介质中加热	加入 Hg^{2+} 与过量的 KIO_4 作用生成 $Hg(IO_4)_2$ 沉淀，过滤除去
Cl_2 或 Br_2	$I^- \longrightarrow IO_3^-$	酸性或中性	煮沸或通空气流
H_2O_2	$Cr^{3+} \longrightarrow CrO_4^{2-}$	碱性介质	碱性溶液中煮沸

（2）常用的预还原剂

在氧化还原滴定中由于还原剂的保存比较困难，因而氧化剂标准溶液的使用比较广泛，这就要求待测组分必须处于还原状态，因而预先还原更显重要。常用的预还原剂有如下几种。

① 二氯化锡（$SnCl_2$）　$SnCl_2$ 是一个中等强度的还原剂，在 $1mol/L$ HCl 中 $\varphi_{Sn(4+)/Sn^{2+}}^{\ominus'}$ $=0.139V$，$SnCl_2$ 常用于预先还原 Fe^{3+}，还原速度随氯离子浓度的增高而加快。在热的盐酸溶液中，$SnCl_2$ 可以将 Fe^{3+} 定量并迅速地还原为 Fe^{2+}，过量的 $SnCl_2$ 加入 $HgCl_2$❶ 除去。

$$SnCl_2 + 2HgCl_2 \longrightarrow SnCl_4 + Hg_2Cl_2\downarrow$$

但要注意，如果加入 $SnCl_2$ 的量过多，就会进一步将 Hg_2Cl_2 还原为 Hg，而 Hg 将与

---

❶　由于 $HgCl_2$ 剧毒，为避免污染环境，近年来已采用 $SnCl_2$-$TiCl_3$ 无汞测定法。

氧化剂作用，使分析结果产生误差。所以预先还原 Fe^{3+} 时 $SnCl_2$ 不能过量太多。

$SnCl_2$ 也可将 $Mo(Ⅵ)$ 还原为 $Mo(Ⅴ)$ 及 $Mo(Ⅳ)$，将 $As(Ⅴ)$ 还原为 $As(Ⅲ)$ 等。

② 三氯化钛（$TiCl_3$） $TiCl_3$ 是一种强还原剂，在 $1mol/L$ HCl 中 $\varphi^{\ominus}_{Ti^{4+}/Ti^{3+}} = -0.04V$，在测定铁时，为了避免使用剧毒的 $HgCl_2$，可以采用 $TiCl_3$ 还原 Fe^{3+}。此法的缺点是选择性不如 $SnCl_2$ 好。

表 5-3 常见的预还原剂

还原剂	用途	使用条件	过量还原剂除去的办法
SO_2	$Fe^{3+} \longrightarrow Fe^{2+}$ $AsO_4^{3-} \longrightarrow AsO_3^{3-}$ $Sb^{5+} \longrightarrow Sb^{3+}$ $V^{5+} \longrightarrow V^{4+}$ $Cu^{2+} \longrightarrow Cu^+$	H_2SO_4 溶液中 SCN^- 催化 SCN^- 存在下	煮沸或通 CO_2 气流
联胺	$As^{5+} \longrightarrow As^{3+}$ $Sb^{5+} \longrightarrow Sb^{3+}$		浓 H_2SO_4 中煮沸
Al	$Sn^{4+} \longrightarrow Sn^{2+}$ $Ti^{4+} \longrightarrow Ti^{3+}$	在 HCl 溶液中	过滤
H_2S	$Fe^{3+} \longrightarrow Fe^{2+}$ $MnO_4^- \longrightarrow Mn^{2+}$ $Ce^{4+} \longrightarrow Ce^{3+}$ $Cr_2O_7^{2-} \longrightarrow Cr^{3+}$	强酸性溶液中	煮沸

③ 金属还原剂 常用的金属还原剂有铁、铝和锌等，它们都是非常强的还原剂。在 HCl 介质中铝可以将 Ti^{4+} 还原为 Ti^{3+}，Sn^{4+} 还原为 Sn^{2+}，过量的金属可以过滤除去。为了方便，通常将金属装入柱内使用，一般称作为还原器，例如常用的有锌汞齐还原器（琼斯还原器）、银还原器（瓦尔登还原器）、铅还原器等。溶液以一定的流速通过还原器，流出时待测组分已被还原至一定的价态，还原器可以连续长期使用。表 5-3 列出了部分常用的预还原剂供选择时参考。

5.4 高锰酸钾法

5.4.1 滴定条件和方法特点

高锰酸钾法是利用 $KMnO_4$ 作氧化剂进行滴定分析的方法。$KMnO_4$ 是一种强氧化剂，在不同介质中氧化能力和还原产物有所不同。

在强酸性溶液中：$MnO_4^- + 8H^+ + 5e^- \Longrightarrow Mn^{2+} + 4H_2O$ $\qquad \varphi^{\ominus} = 1.51V$

在中性或弱碱性溶液中：$MnO_4^- + 2H_2O + 3e^- \Longrightarrow MnO_2 + 4OH^-$ $\qquad \varphi^{\ominus} = 0.595V$

在强碱性溶液中：$MnO_4^- + e^- \Longrightarrow MnO_4^{2-}$ $\qquad \varphi^{\ominus} = 0.564V$

由 $\varphi^{\ominus}$ 值可知 $KMnO_4$ 在强酸性溶液中氧化能力最强。因此 $KMnO_4$ 滴定法一般都在 $0.5 \sim 1mol/L$ H_2SO_4 强酸性溶液中进行，酸度过高导致 $KMnO_4$ 分解，酸度过低会生成 MnO_2 沉淀。调节酸度避免使用盐酸和硝酸，因为 Cl^- 具有还原性，能被 MnO_4^- 氧化，而硝酸具有氧化性，它可能氧化被测定的物质。

在 $pH > 12$ 的强碱性条件下，$KMnO_4$ 能够氧化很多有机物，由于在强碱性（大于 $2mol/L$ $NaOH$）条件下的反应速度比在酸性条件下更快，故常在强碱性溶液中测定有机物的含量。

$KMnO_4$ 法有如下特点。

① $KMnO_4$ 氧化能力强,应用广泛,可直接或间接测定多种无机物和有机物。在强酸性条件下,利用 $KMnO_4$ 标准滴定溶液作氧化剂,能够直接滴定许多还原性物质,如 Fe^{2+}、$C_2O_4^{2-}$、H_2O_2、$Ti(Ⅲ)$、$W(Ⅴ)$、$U(Ⅳ)$、NO_2^-、$As(Ⅲ)$、$Sb(Ⅲ)$ 等。$KMnO_4$ 与另一还原剂相配合,可用返滴定法测定许多氧化性物质,如 $Cr_2O_7^{2-}$、ClO_3^-、BrO_3^-、PbO_2 及 MnO_2 等。某些不具氧化还原性的物质,若能与还原剂或氧化剂定量反应,也可用间接法加以测定。例如,钙盐的测定。

由于 $KMnO_4$ 氧化能力强,因此方法的选择性差,干扰严重,而且 $KMnO_4$ 与还原性物质的反应历程比较复杂,易发生副反应。

② $KMnO_4$ 溶液呈紫红色,而其还原产物 Mn^{2+} 几乎无色,当试液为无色或颜色很浅时,滴定不需要外加指示剂。

③ $KMnO_4$ 标准溶液不能直接配制,且标准溶液不够稳定,不能久置,需经常标定。

5.4.2 高锰酸钾标准滴定溶液的制备(执行 GB/T 601—2016)

高锰酸钾试剂一般含有少量 MnO_2 及其他杂质,同时蒸馏水中含有微量有机物质,它们与 $KMnO_4$ 发生缓慢反应,析出 $MnO(OH)_2$ 沉淀。MnO_2 或 $MnO(OH)_2$ 又能促进 $KMnO_4$ 进一步分解。所以不能用直接法配制 $KMnO_4$ 标准滴定溶液。为了获得浓度稳定的标准滴定溶液,可称取稍多于计算量的试剂高锰酸钾,溶于蒸馏水中,加热煮沸,冷却后贮存于棕色瓶中,于暗处放置数天,使溶液中可能存在的还原性物质完全氧化。用微孔玻璃漏斗过滤除去 MnO_2 等沉淀,然后进行标定。

久置的 $KMnO_4$ 溶液,使用前应重新标定其浓度。

标定 $KMnO_4$ 溶液的基准物质很多,如 $Na_2C_2O_4$、$H_2C_2O_4 \cdot 2H_2O$、$(NH_4)_2Fe(SO_4)_2 \cdot 6H_2O$,$As_2O_3$,纯铁丝等。其中 $Na_2C_2O_4$ 容易提纯、比较稳定,是最常用的基准物质。在 $105 \sim 110℃$ 烘至恒重,即可使用。在 H_2SO_4 溶液中,MnO_4^- 与 $C_2O_4^{2-}$ 的反应为:

$$2MnO_4^- + 5C_2O_4^{2-} + 16H^+ \longrightarrow 2Mn^{2+} + 10CO_2\uparrow + 8H_2O$$

此时,$KMnO_4$ 的基本单元为 $(1/5\ KMnO_4)$,而 $Na_2C_2O_4$ 的基本单元为 $\left(\dfrac{1}{2}Na_2C_2O_4\right)$。

为了使反应定量地、较迅速地完成,应注意下列滴定条件。

① 溶液温度 在室温下反应缓慢,通常将溶液加热到 $65 \sim 75℃$,但温度不得过高;否则在酸性溶液中会使部分 $H_2C_2O_4$ 分解,导致标定结果偏高。

$$H_2C_2O_4 \xrightarrow{\;>90℃\;} H_2O + CO_2\uparrow + CO\uparrow$$

② 溶液酸度 为使反应能够定量地进行,溶液应有足够的酸度,一般滴定时溶液酸度控制在 $0.5 \sim 1mol/L$。若酸度太低,易生成 MnO_2 沉淀,酸度过高又会造成草酸分解。

③ 终点的判断 用 $KMnO_4$ 溶液滴定至溶液呈淡粉红色 $30s$ 不退色即为终点。放置时间过长,空气中还原性物质能使 $KMnO_4$ 还原而退色。

【例 5-7】 配制 $1.5L\ c\left(\dfrac{1}{5}KMnO_4\right) = 0.2mol/L$ 的 $KMnO_4$ 溶液,应称取 $KMnO_4$ 多少

克？配制 1L $T^{2+}_{Fe/KMnO_4}=0.00600g/mL$ 的溶液应称取 $KMnO_4$ 多少克？

解　已知 $M(KMnO_4)=158g/mol$；$M(Fe)=55.85g/mol$

（1）因为

$$m_{KMnO_4}=c\left(\frac{1}{5}KMnO_4\right)V_{KMnO_4}M\left(\frac{1}{5}KMnO_4\right)$$

所以

$$m_{KMnO_4}=\left(1.5\times0.2\times\frac{1}{5}\times158\right)g=9.5g$$

答：配制 1.5L $c\left(\frac{1}{5}KMnO_4\right)=0.2mol/L$ 的 $KMnO_4$ 溶液，应称取 $KMnO_4$ 9.5g。

（2）按题意，$KMnO_4$ 与 Fe^{2+} 的反应为：

$$KMnO_4+5Fe^{2+}+8H^+=Mn^{2+}+5Fe^{3+}+4H_2O$$

在该反应中，Fe^{2+} 的基本单元为 Fe^{2+}，则有：

$$c\left(\frac{1}{5}KMnO_4\right)=\frac{T\times1000}{M(Fe)}$$

所以，所需 $KMnO_4$ 的质量为：

$$c\left(\frac{1}{5}KMnO_4\right)=\frac{0.00600\times1000}{55.85\times1}mol/L=0.107mol/L$$

$$m_{KMnO_4}=c\left(\frac{1}{5}KMnO_4\right)V(KMnO_4)M\left(\frac{1}{5}KMnO_4\right)$$

即

$$m_{KMnO_4}=0.107\times1\times\frac{1}{5}\times158g=3.4g$$

答：配制 1L $T^{2+}_{Fe/KMnO_4}=0.00600g/mL$ 的溶液应称取 $KMnO_4$ 3.4g。

5.4.3　应用实例

（1）直接滴定法测定 H_2O_2

过氧化氢（H_2O_2）又称双氧水，通常用作氧化剂、漂白剂；但当 H_2O_2 遇到更强的氧化剂时，它显示还原剂的性质。

$$H_2O_2-2e^-\longrightarrow2H^++O_2\uparrow\qquad\varphi^\ominus=0.682V$$

基于这个半反应，用强氧化剂 $KMnO_4$ 可在酸性溶液中氧化 H_2O_2，释放出 O_2：

$$2MnO_4^-+5H_2O_2+6H^+\longrightarrow2Mn^{2+}+8H_2O+5O_2\uparrow$$

因此测定商品双氧水中 H_2O_2 含量时，可用 $KMnO_4$ 标准滴定溶液直接滴定。在硫酸酸性条件下，滴定反应可在室温下顺利进行。滴定开始反应较慢，随着 Mn^{2+} 的生成而加速反应。也可以在滴定前加几滴 $MnSO_4$ 溶液作催化剂，但不能加热，以防 H_2O_2 分解。

工业双氧水中有时加入某些有机物，如乙酰苯胺等作为稳定剂。后者也能消耗 $KMnO_4$ 溶液，使测定结果偏高。遇到这种情况以采用碘量法测定 H_2O_2 为宜。

（2）返滴定法测定软锰矿中 MnO_2

软锰矿的主要成分是 MnO_2，此外尚有锰的低价氧化物、氧化铁等。软锰矿中 MnO_2 的测定是利用 MnO_2 与 $C_2O_4^{2-}$ 在酸性溶液中的反应，其反应式如下：

$$MnO_2+C_2O_4^{2-}+4H^+\longrightarrow Mn^{2+}+CO_2+2H_2O$$

加入一定量过量的 $Na_2C_2O_4$ 于磨细的矿样中，加 H_2SO_4 并加热，当样品中无棕黑色颗粒存在时，表示试样分解完全。用 $KMnO_4$ 标准溶液趁热返滴定剩余的草酸。由 $Na_2C_2O_4$ 的加入量和 $KMnO_4$ 溶液消耗量之差求出 MnO_2 的含量。

（3）间接滴定法测定 Ca^{2+}

Ca^{2+}、Th^{4+} 等在溶液中没有可变价态，通过生成草酸盐沉淀，可用高锰酸钾法间接测定。

以 Ca^{2+} 的测定为例，将试样处理成溶液后，用 $C_2O_4^{2-}$ 将 Ca^{2+} 沉淀为 CaC_2O_4，再经过滤、洗涤后将沉淀溶于热的稀 H_2SO_4 溶液中，最后用 $KMnO_4$ 标准溶液滴定溶液中的 $C_2O_4^{2-}$。根据所消耗的 $KMnO_4$ 的量，间接求得 Ca^{2+} 的含量。

为了保证 Ca^{2+} 与 $C_2O_4^{2-}$ 间的 1:1 的计量关系，以及获得颗粒较大的 CaC_2O_4 沉淀以便于过滤和洗涤，必须采取相应的措施：

① 在酸性试液中先加入过量 $(NH_4)_2C_2O_4$，后用稀氨水慢慢中和试液至甲基橙显黄色，使沉淀缓慢地生成；

② 沉淀完全后须放置陈化一段时间；

③ 用蒸馏水洗去沉淀表面吸附的 $C_2O_4^{2-}$。若在中性或弱碱性溶液中沉淀，会有部分 $Ca(OH)_2$、或碱式草酸钙生成，使测定结果偏低。为减少沉淀溶解损失，应用尽可能少的冷水洗涤沉淀。

（4）水中化学需氧量 COD_{Mn} 的测定

化学需氧量 COD（Chemical Oxygen Demand）是 1L 水中还原性物质（无机的或有机的）在一定条件下被氧化时所消耗的氧含量。通常用 COD_{Mn}（O，mg/L）来表示。它是反映水体被还原性物质污染的主要指标。还原性物质包括有机物，亚硝酸盐，亚铁盐和硫化物等，但多数水受有机物污染极为普遍，因此，化学需氧量可作为有机物污染程度的指标，目前它已经成为环境监测分析的主要项目之一。

COD_{Mn} 的测定方法是：在酸性条件下，加入过量的 $KMnO_4$ 溶液，将水样中的某些有机物及还原性物质氧化，反应后在剩余的 $KMnO_4$ 中加入过量的 $Na_2C_2O_4$ 还原，再用 $KMnO_4$ 溶液回滴过量的 $Na_2C_2O_4$，从而计算出水样中所含还原性物质所消耗的 $KMnO_4$，再换算为 COD_{Mn}。测定过程所发生的有关反应如下：

$$4\ KMnO_4 + 6H_2SO_4 + 5C \longrightarrow 2K_2SO_4 + 4MnSO_4 + 5CO_2 + 6H_2O$$

$$MnO_4^- + 5\ C_2O_4^{2-} + 16H^+ \longrightarrow 2Mn^{2+} + 8H_2O + 10CO_2 \uparrow$$

$KMnO_4$ 法测定的化学需氧量 COD_{Mn} 只适用于较为清洁水样测定。

（5）一些有机物的测定

在碱性溶液中，过量的 $KMnO_4$ 能定量地氧化某些有机物，如甘油、甲酸、甲醇、甲醛、酒石酸、柠檬酸、苯酚、葡萄糖等。

例如甘油的测定，加入一定量过量的 $KMnO_4$ 标准溶液到含有试样的 $2mol/LNaOH$ 溶液中，放置片刻，溶液中发生如下反应：

$$H_2OHC—OHCH—COHH_2 + 14\ MnO_4^- + 20OH^- \longrightarrow 3\ CO_3^{2-} + 14\ MnO_4^{2-} + 14\ H_2O$$

待溶液中反应完全后将溶液酸化，MnO_4^{2-} 歧化成 MnO_4^- 和 MnO_2，加入过量的 $Na_2C_2O_4$ 标准溶液还原所有高价锰为 Mn^{2+}。最后再以 $KMnO_4$ 标准溶液滴定剩余的 $Na_2C_2O_4$。由两次加入的 $KMnO_4$ 量和 $Na_2C_2O_4$ 的量，计算甘油的质量分数。

5.5　重铬酸钾法

5.5.1　滴定条件和方法特点

重铬酸钾法是以重铬酸钾作氧化剂进行氧化还原滴定的方法。在酸性溶液中，$K_2Cr_2O_7$ 得到 6 个电子被还原为 Cr^{3+}，半反应为：

$$Cr_2O_7^{2-} + 14H^+ + 6e^- \longrightarrow 2Cr^{3+} + 7H_2O \qquad \varphi^{\ominus} = 1.33V$$

$K_2Cr_2O_7$ 的基本单元为 $\frac{1}{6}K_2Cr_2O_7$。

$K_2Cr_2O_7$ 的标准电位比 $KMnO_4$ 的标准电位低些，但仍是较强的氧化剂，与 $KMnO_4$ 法相比，本法具有以下优点。

① $K_2Cr_2O_7$ 易提纯，在 130～150℃ 干燥后，可作为基准物质用直接法配制标准滴定溶液，$K_2Cr_2O_7$ 溶液稳定，易于长期保存。

② 室温下，当 HCl 溶液浓度低于 3mol/L 时，$Cr_2O_7^{2-}$ 不会诱导氧化 Cl^-，因此 $K_2Cr_2O_7$ 法可在盐酸介质中进行滴定。$Cr_2O_7^{2-}$ 的滴定还原产物是 Cr^{3+}，呈绿色，滴定时须用指示剂指示滴定终点。常用的指示剂为二苯胺磺酸钠或邻苯氨基苯甲酸。

5.5.2　$K_2Cr_2O_7$ 标准滴定溶液

（1）直接配制法

$K_2Cr_2O_7$ 标准滴定溶液可用直接法配制，但在配制前应将 $K_2Cr_2O_7$ 基准试剂在 130～150℃ 温度下烘至恒重。

（2）间接配制法（执行 GB/T 601—2016）

若使用分析纯 $K_2Cr_2O_7$ 试剂配制标准溶液，则需进行标定，其标定原理是：移取一定体积的 $K_2Cr_2O_7$ 溶液，加入过量的 KI 和 H_2SO_4，用已知浓度的 $Na_2S_2O_3$ 标准滴定溶液进行滴定，以淀粉指示液指示滴定终点，其反应式为：

$$Cr_2O_7^{2-} + 6I^- + 14H^+ \longrightarrow 2Cr^{3+} + 3I_2 + 7H_2O$$

$$I_2 + 2S_2O_3^{2-} \longrightarrow S_4O_6^{2-} + 2I^-$$

$K_2Cr_2O_7$ 标准溶液的浓度按下式计算：

$$c\left(\frac{1}{6}K_2Cr_2O_7\right) = \frac{(V_1 - V_0)c(Na_2S_2O_3)}{V}$$

式中　$c\left(\frac{1}{6}K_2Cr_2O_7\right)$——重铬酸钾标准溶液的浓度,mol/L；

　　　　$c(Na_2S_2O_3)$——硫代硫酸钠标准滴定溶液的浓度，mol/L；

　　　　V_1——滴定时消耗硫代硫酸钠标准滴定溶液的体积，mL；

　　　　V_0——空白试验消耗硫代硫酸钠标准滴定溶液的体积，mL；

　　　　V——重铬酸钾标准溶液的体积，mL。

5.5.3　重铬酸钾法的应用实例

（1）铁矿石中全铁量的测定

重铬酸钾法是测定矿石中全铁量的标准方法。除铁矿石外，这种方法还可用于铁合金和含铁盐类中铁的测定。

根据预氧化还原方法的不同分为 $SnCl_2$-$HgCl_2$ 法和 $SnCl_2$-$TiCl_3$（无汞测定法）。

① $SnCl_2$-$HgCl_2$ 法　试样用热浓 HCl 溶解，用 $SnCl_2$ 趁热将 Fe^{3+} 还原为 Fe^{2+}。冷却后，过量的 $SnCl_2$ 用 $HgCl_2$ 氧化，再用水稀释，并加入 H_2SO_4-H_3PO_4 混合酸和二苯胺磺酸钠指示剂，立即用 $K_2Cr_2O_7$ 标准溶液滴定至溶液由浅绿色（Cr^{3+}）变为紫红色。

用盐酸溶解时，反应为：$Fe_2O_3 + 6HCl \longrightarrow 2FeCl_3 + 3H_2O$

滴定反应为：$Cr_2O_7^{2-} + 6Fe^{2+} + 14H^+ \longrightarrow 2Cr^{3+} + 6Fe^{2+} + 7H_2O$

混合酸中 H_2SO_4 的作用是增加溶液的酸度，H_3PO_4 的作用有两个：H_3PO_4 与黄色的 Fe^{3+} 结合成无色的 $[Fe(PO_4)_2]^{3-}$ 配离子，消除 Fe^{3+} 黄色的干扰，使滴定终点更为准确；二是降低 Fe^{3+}/Fe^{2+} 电对的电极电位，使滴定突跃范围增大让二苯胺磺酸钠变色点的电位落在滴定突跃范围之内。

② 无汞测定法　样品用酸溶解后，以 $SnCl_2$ 趁热将大部分 Fe^{3+} 还原为 Fe^{2+}，再以钨酸钠为指示剂，用 $TiCl_3$ 还原剩余的 Fe^{3+}，反应为：

$$2Fe^{3+} + Sn^{2+} \longrightarrow 2Fe^{2+} + Sn^{4+}$$

$$Fe^{3+} + Ti^{3+} \longrightarrow Fe^{2+} + Ti^{4+}$$

当 Fe^{3+} 定量还原为 Fe^{2+} 之后，稍过量的 $TiCl_3$ 即可使溶液中作为指示剂的六价钨还原为蓝色的五价钨合物（俗称"钨蓝"），此时溶液呈现蓝色。然后滴入重铬酸钾溶液，使钨蓝刚好退色，或者以 Cu^{2+} 为催化剂使稍过量的 Ti^{3+} 被水中溶解的氧所氧化，从而消除少量的还原剂的影响。最后以二苯胺磺酸钠为指示剂，用重铬酸钾标准滴定溶液滴定溶液中的 Fe^{2+}，即可求出全铁含量。该法的优点是避免了使用剧毒物质 $HgCl_2$。

这种方法可用于铁矿石、铁合金和含铁盐类中铁的测定。

(2) 利用 $Cr_2O_7^{2-}$ 与 Fe^{2+} 的反应测定其他物质

$Cr_2O_7^{2-}$ 与 Fe^{2+} 的反应可逆性强，速率快，计量关系好，无副反应发生，指示剂变色明显。此反应不仅用于测铁，还可利用它间接地测定多种物质。

① 测定氧化剂　NO_3^-（或 ClO_3^-）等氧化剂被还原的反应速率较慢，测定时可加入过量的 Fe^{2+} 标准溶液与其反应：

$$3Fe^{2+} + NO_3^- + 4H^+ \longrightarrow 3Fe^{3+} + NO + 2H_2O$$

待反应完全后用 $K_2Cr_2O_7$ 标准溶液返滴定剩余的 Fe^{2+}，即可求得 NO_3^- 含量。

② 测定还原剂　一些强还原剂如 Ti^{3+} 等极不稳定，易被空气中氧所氧化。为使测定准确，可将 Ti^{4+} 流经还原柱后，用盛有 Fe^{3+} 溶液的锥形瓶接收，此时发生如下反应：

$$Ti^{3+} + Fe^{3+} \longrightarrow Ti^{4+} + Fe^{2+}$$

置换出的 Fe^{2+}，再用 $K_2Cr_2O_7$ 标准溶液滴定。

③ 测定污水的化学需氧量（COD_{Cr}）　$KMnO_4$ 法测定的化学需氧量（COD_{Mn}）只适用于较为清洁水样测定。若需要测定污染严重的生活污水和工业废水则需要用 $K_2Cr_2O_7$ 法。用 $K_2Cr_2O_7$ 法测定的化学需氧量用 COD_{Cr}（O，mg/L）表示。COD_{Cr} 是衡量污水被污染程度的重要指标。其测定原理是：

水样中加入一定量过量的重铬酸钾标准溶液，在强酸性（H_2SO_4）条件下，以 Ag_2SO_4

为催化剂，加热回流 2h，充分氧化水中的还原性物质。过量的重铬酸钾以试亚铁灵为指示剂，用硫酸亚铁铵标准滴定溶液返滴定，其滴定反应为：

$$Cr_2O_7^{2-} + 6Fe^{2+} + 14H^+ \rightleftharpoons 2Cr^{3+} + 6Fe^{3+} + 7H_2O$$

由所消耗的硫酸亚铁铵标准滴定溶液的量及加入水样中的重铬酸钾标准溶液的量，便可以按式(8-18)计算出水样中还原性物质消耗氧的量。

$$COD_{Cr} = \frac{(V_0 - V_1)c(Fe^{2+}) \times 8.000 \times 1000}{V} \tag{5-18}$$

式中　　V_0——滴定空白时消耗硫酸亚铁铵标准溶液体积，mL；

V_1——滴定水样时消耗硫酸亚铁铵标准溶液体积，mL；

V——水样体积，mL；

$c(Fe^{2+})$——硫酸亚铁铵标准溶液浓度，mol/L；

8.000——氧（$\frac{1}{2}$O）摩尔质量，g/mol。

④ 测定非氧化、还原性物质　测定 Pb^{2+}（或 Ba^{2+}）等物质时，一般先将其沉淀为 $PbCrO_4$，然后过滤沉淀，沉淀经洗涤后溶解于酸中，再以 Fe^{2+} 标准滴定溶液滴定 $Cr_2O_7^{2-}$，从而间接求出 Pb^{2+} 的含量。

【例 5-8】　化学需氧量（COD）是指每升水中的还原性物质（有机物和无机物），在一定条件下被强氧化剂氧化时所消耗的氧的质量。今取废水样 100mL，用 H_2SO_4 酸化后，加 25.00mL $c(K_2Cr_2O_7) = 0.01667$mol/L 的 $K_2Cr_2O_7$ 标准溶液，以 Ag_2SO_4 为催化剂煮沸，待水样中还原性物质完全被氧化后，以邻二氮菲亚铁为指示剂，用 $c(Fe^{2+}) = 0.1000$ mol/L 硫酸亚铁铵标准溶液滴定剩余的 $Cr_2O_7^{2-}$，用去 15.00mL。计算水样中化学需氧量。以 $\rho(O_2, g/L)$ 表示。

解　按题意，

$$6Fe^{2+} + Cr_2O_7^{2-} + 14H^+ \longrightarrow 6Fe^{3+} + 2Cr^{3+} + 7H_2O$$

$6Fe_4^{2+}$ 约相当于 $K_2Cr_2O_7$

$K_2Cr_2O_7$ 基本单元为 $\frac{1}{6}K_2Cr_2O_7$；Fe^{2+} 基本单元为 Fe^{2+}

由于 $K_2Cr_2O_7$ 与 O_2 相当关系为：

$\frac{1}{6}K_2Cr_2O_7$ 约相当于 $\frac{1}{4}O_2$

所以 O_2 的基本单元为 $\frac{1}{4}O_2$

根据题意得：$n(\frac{1}{4}O_2) = n\left(\frac{1}{6}K_2Cr_2O_7\right) - n(FeSO_4)$

所以

$$\rho(O_2) = \frac{m(O_2)}{V_{水样}} = \left[c\left(\frac{1}{6}K_2Cr_2O_7\right)V(K_2Cr_2O_7) - c(Fe^{2+})V(FeSO_4)\right] \times \frac{M(1/4O_2)}{V_{水样}}$$

$$\rho(O_2) = (6 \times 0.01667 \times 25.00 - 0.1000 \times 15.00) \times \frac{8.000}{100} \text{ g/L} = 0.0800\text{g/L}$$

答：水样中的化学需氧量为 0.0800g/L。

5.6 碘量法

5.6.1 滴定条件和方法特点

碘量法是利用 I_2 的氧化性和 I^- 的还原性来进行滴定分析的方法，其基本半反应为：

$$I_2 + 2e^- \Longrightarrow 2I^- \qquad \varphi^{\ominus}_{I_2/I^-} = +0.535V$$

固体 I_2 在水中溶解度很小（298K 时为 1.18×10^{-3} mol/L）且易于挥发，通常将 I_2 溶解于 KI 溶液中，此时它以 I_3^- 配离子形式存在，其半反应为：

$$I_3^- + 2e^- \longrightarrow 3I^- \qquad \varphi^{\ominus}_{I_3/I^-} = 0.545V$$

从 $\varphi^{\ominus}$ 值可见，I_2 是较弱的氧化剂，能与较强的还原剂作用；而 I^- 是中等强度的还原剂，能与许多氧化剂作用。因此，碘量法分为直接碘量法和间接碘量法。碘量法既可测定氧化剂，又可测定还原剂。I_3^-/I^- 电对反应的可逆性好，副反应少，又有很灵敏的淀粉指示剂指示终点，因此碘量法的应用范围很广。

（1）直接碘量法

又称为碘滴定法，它是利用 I_2 标准滴定溶液直接滴定电位值比 $\varphi^{\ominus}_{I_3/I^-}$ 小的还原性物质，如 S^{2-}、SO_3^{2-}、$S_2O_3^{2-}$、As_2O_3、Sn^{2+}、维生素 C 等。用 I_2 配成的标准滴定溶液可以直接测定电位值比 $\varphi^{\ominus}_{I_3/I^-}$ 小的还原性物质，如 S^{2-}、SO_3^{2-}、Sn^{2+}、$S_2O_3^{2-}$、$As(III)$、维生素 C 等。直接碘量法不能在碱性溶液中进行滴定，因为碘与碱发生歧化反应。

$$I_2 + 2OH^- \longrightarrow IO^- + I^- + H_2O$$
$$3IO^- \longrightarrow IO_3^- + 2I^-$$

（2）间接碘量法

又称滴定碘法。电位值比 $\varphi^{\ominus}_{I_3/I^-}$ 高的氧化性物质，可在一定的条件下，用 I^- 还原，定量地析出 I_2，然后用 $Na_2S_2O_3$ 标准溶液滴定 I_2，基本反应为：

$$2I^- - 2e^- \longrightarrow I_2$$
$$I_2 + 2S_2O_3^{2-} \longrightarrow S_4O_6^{2-} + 2I^-$$

利用这一方法可以测定很多氧化性物质，如 Cu^{2+}、$Cr_2O_7^{2-}$、IO_3^-、BrO_3^-、AsO_4^{3-}、SbO_4^{3-}、ClO^-、NO_2^-、H_2O_2、MnO_4^- 和 Fe^{3+} 等，还可以测定甲醛、丙酮、葡萄糖、油脂等有机化合物。

（3）碘量法的终点指示——淀粉指示剂法

I_2 与淀粉生成深蓝色的吸附配合物，反应特效而灵敏，其显色浓度为 $[I_2] = 1 \times 10^{-5}$ mol/L。淀粉是碘量法的专属指示剂，当溶液出现蓝色（直接碘量法）或蓝色消失（间接碘量法）即为滴定终点。但要注意，其显色灵敏度除与 I_2 的浓度有关以外，还与淀粉的性质、加入的时间、温度及反应介质等条件有关。因此在使用淀粉指示液指示终点时要注意以下几点。

① 所用的淀粉必须是可溶性淀粉。

② I_3^- 与淀粉的蓝色在热溶液中会消失，因此，不能在热溶液中进行滴定。

③ 要注意反应介质的条件，淀粉在弱酸性溶液中灵敏度很高，显蓝色；当 pH＜2 时，淀粉会水解成糊精，与 I_2 作用显红色；若 pH＞9 时，I_2 转变为 IO^- 与淀粉不显色。

④ 直接碘量法用淀粉指示液指示终点时，应在滴定开始时加入。终点时，溶液由无色突变为蓝色。间接碘量法用淀粉指示液指示终点时，应等滴至 I_2 的黄色很浅时再加入淀粉指示液（若过早加入淀粉，它与 I_2 形成的蓝色配合物会吸留部分 I_2，往往易使终点提前且不明显）。终点时，溶液由蓝色转无色。

⑤ 淀粉指示液的用量一般为 $2\sim5mL$（$5g/L$ 淀粉指示液）。

（4）碘量法的主要误差来源和防止措施

碘量法的误差来源于两个方面：一是 I_2 易挥发；二是在酸性溶液中 I^- 易被空气中的 O_2 氧化。为了防止 I_2 挥发和空气中氧氧化 I^-，测定时要加入过量的 KI，使 I_2 生成 I_3^-，并使用碘瓶，滴定时不要剧烈摇动，以减少 I_2 的挥发。由于 I^- 被空气氧化的反应，随光照及酸度增高而加快，因此在反应时，应将碘瓶置于暗处；滴定前调节好酸度，析出 I_2 后立即进行滴定。此外，Cu^{2+}、NO_2^- 等离子催化空气对 I^- 的氧化，应设法消除干扰。

防止措施如下。

① 控制溶液酸度 直接碘量法和间接碘量法都要求在中性或弱酸性介质中进行滴定。在碱性溶液中，I_2 会发生歧化反应，还能与 $Na_2S_2O_3$ 发生副反应：

$$3I_2+6OH^- \longrightarrow IO_3^-+5I^-+3H_2O$$

$$4I_2+S_2O_3^{2-}+10OH^- \longrightarrow 2SO_4^{2-}+8I^-+5H_2O$$

在强酸性溶液中，$Na_2S_2O_3$ 易分解，I^- 易被空气中的 O_2 氧化：

$$S_2O_3^{2-}+2H^+ \longrightarrow SO_2\uparrow+S\downarrow+H_2O$$

$$4I^-+4H^++O_2 \longrightarrow 2I_2+2H_2O$$

光线照射能促进 $Na_2S_2O_3$ 分解和 I^- 的氧化作用。一旦发生这些反应，就改变了原来的化学计量关系，势必造成较大的误差。

② 防止 I_2 挥发 I_2 具有挥发性，采用间接碘量法时，为防止析出 I_2 挥发，应注意：加入过量的 KI，使析出的 I_2 形成易溶于水的 I_3^-；❶ 析出 I_2 的反应要在带塞的碘量瓶中进行；滴定溶液温度要低（$<25℃$），摇动要轻。

碘量瓶是带有喇叭形瓶口和磨口玻璃塞的锥形瓶。在瓶口和瓶塞之间加少量水可形成水封，防止瓶中溶液反应生成的气体 I_2 逸失。反应一定时间后，打开瓶塞水即流下并可冲洗瓶塞和瓶壁，接着进行滴定。

③ 防止 I^- 被空气氧化 间接碘量法往氧化剂中加入 KI 后，需要有一个反应过程。为了防止 I^- 被空气中 O_2 所氧化，应注意：加入 KI 后，碘量瓶应置于暗处放置，以避免光线照射；I_2 定量析出后，及时用 $Na_2S_2O_3$ 标准滴定溶液滴定，滴定速度要适当快些。

5.6.2 标准滴定溶液

碘量法使用的标准滴定溶液有 $Na_2S_2O_3$ 溶液和 I_2 溶液。

（1）硫代硫酸钠标准滴定溶液的制备（执行 GB/T 601—2016）

① 配制 试剂硫代硫酸钠（$Na_2S_2O_3\cdot5H_2O$）一般都含有少量杂质，而且容易风化，其水溶液不稳定，不能直接配制成准确浓度的标准滴定溶液。

---

❶ I_2 形成 I_3^- 的反应是可逆的：$I_2+I^- \rightleftharpoons I_3^-$，当用 $Na_2S_2O_3$ 滴定时，I_2 不断反应掉，使平衡向左移动。

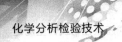

硫代硫酸钠溶液易受空气和蒸馏水中的细菌、CO_2、O_2 的作用而分解：

$$S_2O_3^{2-} \xrightarrow{\text{细菌}} SO_3^{2-} + S\downarrow$$

$$S_2O_3^{2-} + CO_2 + H_2O \longrightarrow HSO_3^- + HCO_3^- + S\downarrow$$

$$2S_2O_3^{2-} + O_2 \longrightarrow 2SO_4^{2-} + 2S\downarrow$$

光线照射及水中含微量的 Cu^{2+} 或 Fe^{3+} 等也能促进 $Na_2S_2O_3$ 溶液分解，因此，配制 $Na_2S_2O_3$ 标准滴定溶液时应当用新煮沸并冷却的蒸馏水（驱除 CO_2、O_2，杀死细菌），并加入少量 Na_2CO_3 使溶液呈弱碱性，以抑制细菌生长。配制好的溶液应贮于棕色瓶中，置于暗处放置 8~10 天，待 $Na_2S_2O_3$ 浓度稳定后再进行标定。标定后的 $Na_2S_2O_3$ 溶液在贮存过程中如发现溶液变混浊，应重新标定或弃去重配。

② 标定 标定 $Na_2S_2O_3$ 溶液的基准物质有 $K_2Cr_2O_7$、KIO_3、$KBrO_3$ 及升华 I_2 等。除 I_2 外，其他物质都需在酸性溶液中与 KI 作用析出 I_2 后，再用配制的 $Na_2S_2O_3$ 溶液滴定。常用 $K_2Cr_2O_7$ 作基准物标定，$K_2Cr_2O_7$ 在酸性溶液中与 I^- 发生如下反应：

$$Cr_2O_7^{2-} + 6I^- + 14H^+ \longrightarrow 2Cr^{3+} + 3I_2 + 7H_2O$$

反应析出的 I_2 以淀粉为指示剂用待标定的 $Na_2S_2O_3$ 溶液滴定。

$$I_2 + 2S_2O_3^{2-} \longrightarrow 2I^- + S_4O_6^{2-}$$

用 $K_2Cr_2O_7$ 标定 $Na_2S_2O_3$ 溶液时应注意：$Cr_2O_7^{2-}$ 与 I^- 反应较慢，为加速反应，须加入过量的 KI 并提高酸度，不过酸度过高会加速空气氧化 I^-。因此，一般应控制酸度为 0.2~0.4mol/L。并在暗处放置 10min，以保证反应顺利完成。

（2）碘标准滴定溶液的制备（执行 GB/T 601—2016）

① 配制 用升华法制得的纯碘，可直接配制成标准溶液。但 I_2 易挥发，通常是用市售的碘先配成近似浓度的碘溶液，然后用基准试剂或已知准确浓度的 $Na_2S_2O_3$ 标准溶液来标定碘溶液的准确浓度。由于 I_2 难溶于水，易溶于 KI 溶液，故配制时应将 I_2、KI 与少量水一起研磨后再用水稀释，并保存在棕色试剂瓶中，于暗处保存，待标定。

② 标定 I_2 溶液可用 As_2O_3 基准物标定。As_2O_3 难溶于水，多用 NaOH 溶解，使之生成亚砷酸钠，再用 I_2 溶液滴定 AsO_3^{3-}。

$$As_2O_3 + 6NaOH \longrightarrow 2Na_3AsO_3 + 3H_2O$$

$$AsO_3^{3-} + I_2 + H_2O \longrightarrow AsO_4^{3-} + 2I^- + 2H^+$$

此反应为可逆反应，为使反应快速定量地向右进行，可加 $NaHCO_3$，以保持溶液 pH 约为 8。

由于 As_2O_3 为剧毒物，一般常用已知浓度的 $Na_2S_2O_3$ 标准滴定溶液标定 I_2 溶液。

5.6.3 碘量法应用实例

（1）维生素 C（VC）的测定

维生素 C 又称抗坏血酸（$C_6H_8O_6$，摩尔质量为 171.62g/mol），是一种药物，也是分析中常用的掩蔽剂。维生素 C 分子中的烯二醇基具有还原性，能够被 I_2 定量地氧化成二酮基，可用 I_2 标准滴定溶液直接滴定，其反应为：

$$HO-\underset{OH OH}{\underset{|\quad|}{C}}=\underset{}{C}-OH$$

$$H_2C-CH-CH\underset{\underset{OH OH}{|\quad|}}{}-\underset{O}{\overset{}{C}}=O + I_2 \longrightarrow H_2C-CH-CH\underset{\underset{OH OH}{|\quad|}}{}-\underset{O}{\overset{O=\ C-C=O}{}}C=O + 2HI$$

维生素 C 的半反应式为：

$$C_6H_6O_6 + 2H^+ + 2e^- \longrightarrow C_6H_8O_6 \qquad \varphi^{\ominus}_{C_6H_6O_6/C_6H_8O_6} = +0.18V$$

从反应方程式看，在碱性条件下更有利于反应向右进行。但由于维生素 C 的还原性很强，在空气中极易被氧化，尤其在碱性介质中更甚，测定时应加入 HAc 使溶液呈现弱酸性，以减少维生素 C 的副反应。

维生素 C 含量的测定方法是：准确称取含维生素 C 试样，溶解在新煮沸且冷却的蒸馏水中，以 HAc 酸化，加入淀粉指示剂，迅速用 I_2 标准溶液滴定至终点（呈现稳定的蓝色）。

维生素 C 在空气中易被氧化，所以在 HAc 酸化后应立即滴定。由于蒸馏水中溶解有氧，因此蒸馏水必须事先煮沸，否则会使测定结果偏低。如果试液中有能被 I_2 直接氧化的物质存在，则对测定有干扰。

（2）铜合金中 Cu 含量的测定

将铜合金（黄铜或青铜）试样溶于 $HCl + H_2O_2$ 溶液中，加热分解除去 H_2O_2。在弱酸性溶液中，Cu^{2+} 与过量 KI 作用，定量析出 I_2，再用 $Na_2S_2O_3$ 标准滴定溶液滴定 I_2。反应如下：

$$Cu + 2HCl + H_2O_2 \longrightarrow CuCl_2 + 2H_2O$$

$$2Cu^{2+} + 4I^- \longrightarrow 2CuI\downarrow + I_2$$

$$I_2 + 2S_2O_3^{2-} \longrightarrow 2I^- + S_4O_6^{2-}$$

加入过量 KI，Cu^{2+} 的还原可趋于完全。由于 CuI 沉淀强烈地吸附 I_2，使测定结果偏低。故在滴定近终点时，应加入适量 KSCN，使 $CuI(K_{sp}=1.1\times10^{-12})$ 转化为溶解度更小的 $CuSCN(K_{sp}=4.8\times10^{-15})$，转化过程中释放出 I_2。

$$CuI + SCN^- \longrightarrow CuSCN\downarrow + I^-$$

测定过程中要注意以下几点。

① SCN^- 只能在近终点时加入，否则会直接还原 Cu^{2+}，使结果偏低。

② 溶液的 pH 应控制在 $3.3\sim4.0$ 范围。若酸度过低，则 Cu^{2+} 水解使反应不完全，结果偏低；酸度过高，则 I^- 被空气氧化为 I_2（Cu^{2+} 催化此反应），使结果偏高。

③ 合金中的杂质 As、Sb 在溶样时氧化为 As(V)、Sb(V)，当酸度过大时，As(V)、Sb(V) 能与 I^- 作用析出 I_2，干扰测定。控制适宜的酸度可消除其干扰。

④ Fe^{3+} 能氧化 I^- 而析出 I_2，使测定结果偏高。可用 NH_4HF_2 掩蔽（生成 FeF_6^{3-}）。这里 NH_4HF_2 又是缓冲剂，可使溶液的 pH 保持在 $3.3\sim4.0$。

⑤ 淀粉指示液应在近终点时加入，过早加入会影响终点观察。

除铜合金外，还可以用间接碘量法测定铜矿及铜盐中的铜含量。

（3）水中溶解氧的测定

溶解于水中的氧称为溶解氧，常以 DO 表示。水中溶解氧的含量与大气压力、水的温度有密切关系，大气压力减小，溶解氧含量也减小。温度升高，溶解氧含量将显著下降。溶解氧的含量用 1L 水中溶解的氧气量（O_2，mg / L）表示。

① 测定水体溶解氧的意义 水体中溶解氧含量的多少，反映出水体受到污染的程度。

清洁的地面水在正常情况下，所含溶解氧接近饱和状态。如果水中含有藻类，由于光合作用而放出氧，就可能使水中含过饱和的溶解氧。但当水体受到污染时，由于氧化污染物质需要消耗氧，水中所含的溶解氧就会减少。因此，溶解氧的测定是衡量水污染的一个重要指标。

② 水中溶解氧的测定方法　清洁的水样一般采用碘量法测定。若水样有色或含有氧化性或还原性物质、藻类、悬浮物时将干扰测定，则须采用叠氮化钠修正的碘量法或膜电极法等其他方法测定。

碘量法测定溶解氧的原理是：往水样中加入硫酸锰和碱性碘化钾溶液，使生成氢氧化亚锰沉淀。氢氧化亚锰性质极不稳定，迅速与水中溶解氧化合生成棕色锰酸锰沉淀。

$$MnSO_4 + 2NaOH \longrightarrow Mn(OH)_2 \downarrow + Na_2SO_4$$
（白色沉淀）

$$Mn(OH)_2 + O_2 \longrightarrow 2H_2MnO_3 \downarrow$$
（棕色沉淀）

$$Mn(OH)_2 + H_2MnO_3 \longrightarrow Mn_2O_3 \downarrow + 2H_2O$$
（棕色沉淀）

加入硫酸酸化，使已经化合的溶解氧与溶液中所加入的 I^- 起氧化还原反应，析出与溶解氧相当量的 I_2。溶解氧越多，析出的碘也越多，溶液的颜色也就越深。

$$Mn_2O_3 + 3H_2SO_4 + 2KI \longrightarrow 2MnSO_4 + K_2SO_4 + I_2 + 3H_2O$$

最后取出一定量反应完毕的水样，以淀粉为指示剂，用 $Na_2S_2O_3$ 标准溶液滴定至终点。滴定反应为：

$$Na_2S_2O_3 + I_2 \longrightarrow Na_2S_4O_6 + 2NaI$$

测定结果按下式计算：

$$DO = \frac{(V_0 - V_1)c(Na_2S_2O_3) \times 8.000 \times 1000}{V_{水}}$$

式中　　　　　DO——水中溶解氧，mg/L；

V_1——滴定水样时消耗硫代硫酸钠标准溶液体积，mL；

$V_{水}$——水样体积，mL；

$c(Na_2S_2O_3)$——硫代硫酸钠标准溶液浓度，mol/L；

8.000——氧 $\left(\frac{1}{2}O\right)$ 摩尔质量，g/mol。

（4）海波（$Na_2S_2O_3 \cdot 5H_2O$）含量的测定

$Na_2S_2O_3 \cdot 5H_2O$ 俗称大苏打或海波，是无色透明的单斜晶体，易溶于水，水溶液呈弱碱性反应，有还原作用，可用作定影剂、去氯剂和分析试剂。

$Na_2S_2O_3$ 的含量可在 pH=5 的 HAc-NaAc 缓冲溶液存在下，用 I_2 标准滴定溶液直接滴定测得。样品中可能存在的杂质（亚硫酸钠）的干扰，可借加入甲醛来消除。

分析结果按下式计算：

$$w(Na_2S_2O_3 \cdot 5H_2O) = \frac{c\left(\frac{1}{2}I_2\right)V(I_2)M(Na_2S_2O_3 \cdot 5H_2O)}{m_s \times 1000} \times 100$$

式中　　　　　$c\left(\frac{1}{2}I_2\right)$——以 $\left(\frac{1}{2}I_2\right)$ 为基本单元时 I_2 标准滴定溶液的浓度，mol/L；

$$V(I_2)$$ ——滴定时消耗 I_2 标准滴定溶液的体积，mL；

$$M(Na_2S_2O_3 \cdot 5H_2O)$$ ——以（$Na_2S_2O_3 \cdot 5H_2O$）为基本单元时 $Na_2S_2O_3 \cdot 5H_2O$ 的摩尔质量，g/mol；

$$m_s$$ ——样品的质量，g。

（5）不饱和有机物碘值的测定

利用不饱和有机物的卤素加成反应，可用间接碘量法测定有机物的不饱和度。例如，测定油脂的不饱和度时，试样用有机溶剂溶解后，加入过量的氯化碘溶液，与试样中的不饱和键发生加成反应，反应完成后加入碘化钾将剩余的氯化碘转化为相当量的碘：

$$ICl + KI \longrightarrow I_2 + KCl$$

再用 $Na_2S_2O_3$ 标准滴定溶液滴定生成的碘。同时做空白试验。空白与试样消耗 $Na_2S_2O_3$ 标准滴定溶液的差值即为试样发生加成反应所消耗的氯化碘量。

试样的不饱和度通常以碘值表示。碘值是指 100g 样品发生加成反应所消耗的氯化碘换算为碘的克数。碘值的高低表示有机物质不饱和的程度。

（6）卡尔·费休法测定微量水分

碘量法的一个重要应用是卡尔·费休法测定试样中的微量水分。

该方法是基于 I_2 氧化 SO_2 时需要定量的 H_2O：

$$I_2 + SO_2 + 2H_2O \Longleftrightarrow H_2SO_4 + 2HI$$

这个反应是可逆的，通常用吡啶作溶剂，同时加入甲醇或乙二醇单甲醚，以使反应向右进行到底并防止副反应发生。因此，卡尔·费休法测定微量水所用滴定剂是含有碘、二氧化硫、吡啶和甲醇或乙二醇单甲醚的混合液，称为卡尔·费休试剂。这种试剂对水的滴定度一般用纯水或二水酒石酸钠进行标定。

卡尔·费休试剂与水的反应十分敏锐，在配制、贮存和使用过程中，都必须采取有效措施防止水分浸入。所用仪器要干燥，最好使用自动滴定管，在密闭系统中滴定。空气也必须经过氯化钙或硅胶干燥后进入系统。

采用卡尔·费休法测定水分，有两种指示终点的方法。目视法和电量法，目视法的依据是卡尔·费休试剂呈现 I_2 的棕色，与水反应后棕色立即退去，当滴定到溶液出现棕色时，表示到达终点。电量法的依据则是应用卡尔·费休仪，在用卡尔·费休试剂滴定试样中微量水时，未达终点前，由于有水的存在，而发生极化作用使外电路没有电流流过，电流表指零；当滴定到终点时，稍过量的 I_2 导致去极化，使电流表指针突然偏转，指示非常灵敏。

卡尔·费休法是化工产品中水分测定的通用方法，还可以间接测定化学反应中消耗或生成水的有机物含量。例如，醇类以 BF_3 作催化剂进行酯化时，反应如下：

$$ROH + CH_3COOH \xrightarrow{BF_3} CH_3COOR + H_2O$$

反应生成的水用卡尔·费休试剂滴定，即可求出醇类的含量。

本法不适用于能与卡尔·费休试剂主要成分反应生成水的试样，以及能还原 I_2 或氧化 I^- 的试样中水分的测定。

【例 5-9】 称取 NaClO 试液 5.8600g 于 250mL 容量瓶中，稀释定容后，移取 25.00mL 于碘量瓶中，加水稀释并加入适量 HAc 溶液和 KI，盖紧碘量瓶塞子后静置片刻。以淀粉作指示液，用 $Na_2S_2O_3$ 标准滴定溶液（$T_{I_2/Na_2S_2O_3}=0.01335g/mL$）滴定至终点，用去 20.64mL，计算试样中 Cl 的质量分数？[已知：$M(I_2)=253.8g/mol$；$M(Cl)=35.45g/mol$]

解 根据题意，测定中有关的反应式如下：

$$2ClO^- + 4H^+ \longrightarrow Cl_2 + 2H_2O$$

$$Cl_2 + 2I^- \longrightarrow 2Cl^- + I_2$$

$$I_2 + 2S_2O_3^{2-} \longrightarrow S_4O_6^{2-} + 2I^-$$

由以上反应可得出：I_2 的基本单元为 $\frac{1}{2}I_2$；Cl 的基本单元为 Cl。

因为

$$c(Na_2S_2O_3) = \frac{T_{I_2/Na_2S_2O_3} \times 10^3}{M\left(\frac{1}{2}I_2\right)}$$

因此

$$c(Na_2S_2O_3) = \frac{0.01335 \times 1000}{126.9} mol/L = 0.1052 mol/L$$

因为

$$w(Cl) = \frac{c(Na_2S_2O_3)V(Na_2S_2O_3)M(Cl)}{m_s \times \frac{25.00}{250.0} \times 1000} \times 100$$

所以

$$w(Cl) = \frac{0.1052 \times 20.64 \times 35.45}{5.8600 \times \frac{25.00}{250} \times 1000} \times 100 = 13.14$$

答：试样中 Cl 的含量为 13.14%。

【例 5-10】 称取 $Na_2SO_3 \cdot 5H_2O$ 试样 0.3878g，将其溶解，加入 50.00mL $c\left(\frac{1}{2}I_2\right)=0.09770mol/L$ 的 I_2 溶液处理，剩余的 I_2 需要用 $c(Na_2S_2O_3)=0.1008mol/L$ $Na_2S_2O_3$ 标准滴定溶液 25.40mL 滴定至终点。计算试样中 Na_2SO_3 的质量分数？[已知：$M(Na_2SO_3)=126.04g/mol$]

解 根据题意有关反应式如下：

$$I_2 + SO_3^{2-} + H_2O \longrightarrow 2H^+ + 2I^- + SO_4^{2-}$$

$$2S_2O_3^{2-} + I_2 \longrightarrow S_4O_6^{2-} + 2I^-$$

$$Na_2SO_3 \text{ 相当于 } I_2$$

故 Na_2SO_3 的基本单元为（$\frac{1}{2}Na_2SO_3$），则：

$$w(Na_2SO_3) = \frac{\left[c\left(\frac{1}{2}I_2\right)V(I_2) - c(Na_2S_2O_3)V(Na_2S_2O_3)\right]M\left(\frac{1}{2}Na_2SO_3\right)}{m_s \times 100} \times 100$$

$$= \frac{(0.09770 \times 50.00 - 0.1008 \times 25.40) \times 63.02}{0.3878 \times 1000} \times 100 = 37.78$$

答：样品中 Na_2SO_3 的含量为 37.78%。

【例 5-11】　称取含少量水的甲酸（HCOOH）试样 0.2040g，溶解于碱性溶液中后，加入 $c(KMnO_4)=0.02010mol/L$ $KMnO_4$ 溶液 25.00mL，待反应完全后，酸化，加入过量的 KI，还原过剩的 MnO_4^- 以及 MnO_4^{2-} 歧化生成的 MnO_4^- 和 MnO_2，最后用 0.1002mol/L $Na_2S_2O_3$ 标准溶液滴定析出的 I_2，计消耗 $Na_2S_2O_3$ 溶液 21.02mL。计算试样中甲酸的质量分数。[已知：$M(HCOOH)=46.04g/mol$]

解　按题意，测定过程发生如下反应：

$$HCOOH + 2MnO_4^- + 6OH^- \longrightarrow CO_3^{2-} + 2MnO_4^{2-} + 4H_2O$$
$$3MnO_4^{2-} + 4H^+ \longrightarrow 2MnO_4^- + MnO_2\downarrow + 2H_2O$$

然后 I^- 将 MnO_4^- 和 MnO_4^{2-} 全部还原为 Mn^{2+}。

该测定中的氧化剂是 $KMnO_4$，还原剂有 HCOOH 与 $Na_2S_2O_3$。$KMnO_4$ 虽经多步反应，但最终产物为 Mn^{2+}，故 $KMnO_4$ 的基本单元为 $\frac{1}{5}KMnO_4$；HCOOH 因最终产物是 CO_3^{2-}，故 HCOOH 的基本单元为 $\frac{1}{2}HCOOH$；而 $Na_2S_2O_3$ 基本单元为 $Na_2S_2O_3$。

按等物质量规则：

$$n\left(\frac{1}{5}KMnO_4\right) = n\left(\frac{1}{2}HCOOH\right) + n(Na_2S_2O_3)$$

故 $w(HCOOH) = \dfrac{n(\frac{1}{2}HCOOH)M(\frac{1}{2}HCOOH)}{m_s} \times 100$

$$= \frac{[5c(KMnO_4)V(KMnO_4) - c(Na_2S_2O_3)V(Na_2S_2O_3)]M(\frac{1}{2}HCOOH)}{m_S \times 1000}$$

$\times 100$

$$= \frac{[(5\times0.02010\times25.00) - (0.1002\times21.02)]\times23.02}{0.2040\times1000} \times 100 = 4.58$$

答：甲酸的质量分数为 4.58%。

5.7　其他氧化还原滴定法

5.7.1　溴酸钾法

溴酸钾法是利用溴酸钾作氧化剂进行氧化还原滴定的方法。溴酸钾是一种强氧化剂，在酸性溶液中与还原性物质作用时，BrO_3^- 被还原为 Br^-，其半反应为：

$$BrO_3^- + 6H^+ + 6e^- \longrightarrow Br^- + 3H_2O \qquad \varphi^\ominus = 1.44V$$

溴酸钾法也有直接法和间接法之分。

直接法是在酸性溶液中，以甲基橙或甲基红作指示剂，用 $KBrO_3$ 标准滴定溶液直接滴定待测物质，化学计量点后稍过量的 $KBrO_3$ 溶液就氧化指示剂，使甲基橙退色，从而指示终点的到达。利用这种方法可以测定 As(Ⅲ)、Sb(Ⅲ) 和 N_2H_4 等还原性物质。

间接法也称溴量法，常与碘量法配合测定有机物。通常是在 $KBrO_3$ 标准滴定溶液中加入过量的 KBr，将溶液酸化，BrO_3^- 与 Br^- 发生如下反应：

$$BrO_3^- + 5Br^- + 6H^+ \longrightarrow 3Br_2 + 3H_2O$$

生成的溴与被测有机物反应，待反应完全后，用 KI 还原剩余的 Br_2：

$$Br_2 + 2I^- \longrightarrow 2Br^- + I_2$$

再用 $Na_2S_2O_3$ 标准滴定溶液滴定析出的 I_2。

利用 Br_2 与不饱和有机物发生加成反应，可测定有机物的不饱和度，利用 Br_2 的取代反应可以测定酚类和芳香胺类等物质的含量。

应用实例：苯酚的测定

苯酚又名石炭酸，是医药和有机化工的重要原料。它是一种弱的有机酸，羟基邻位和对位上的氢原子比较活泼，容易被溴取代，其取代反应为：

用溴量法测定苯酚含量时，先在试样中加入过量的 $KBrO_3$-KBr 标准溶液，然后加入盐酸将溶液酸化，BrO^{3-} 与 Br^- 反应产生的 Br_2 便与苯酚发生上述反应，生成三溴苯酚沉淀。待反应完全后，加入 KI 以还原剩余的 Br_2，再用 $Na_2S_2O_3$ 标准滴定溶液滴定析出的 I_2；同时做空白试验。由空白试验消耗 $Na_2S_2O_3$ 的量（相当于产生 Br_2 的量）和滴定试样所消耗 $Na_2S_2O_3$ 的量（相当于剩余 Br_2 的量），即可求出试样中苯酚的含量。

【例 5-12】 用 $KBrO_3$ 法测定苯酚。取苯酚试液 10.00mL 于 250mL 容量瓶中，加水稀释至标线。摇匀后准确移取 25.00mL 试液，加入 $c\left(\frac{1}{6}KBrO_3\right)=0.1102$mol/L $KBrO_3$-KBr 标准溶液 35.00mL，再加 HCl 酸化，放置片刻后再加 KI 溶液，使未反应的 Br_2 还原并析出 I_2，然后用 $c(Na_2S_2O_3)=0.08730$ mol/L $Na_2S_2O_3$ 标准溶液滴定，用去 28.55mL。计算每升苯酚试液中含有苯酚多少克？

［已知：$M(C_6H_5OH)=94.68$g/mol］

解 根据以下测定反应：

$$KBrO_3 + 5KBr + 6HCl \longrightarrow 3Br_2 + 6KCl + 3H_2O$$
$$C_6H_5OH + 3Br_2 \longrightarrow C_6H_2Br_3OH + 3HBr$$
$$Br_2 + 2KI \longrightarrow KBr + I_2$$
$$I_2 + 2S_2O_3^{2-} \longrightarrow S_4O_6^{2-} + 2I^-$$

得 C_6H_5OH 相当于 $KBrO_3$ 相当于 $3Br_2$ 相当于 $3I_2$ 相当于 $6Na_2S_2O_3$

因此 C_6H_5OH 的基本单元为 $\frac{1}{6}C_6H_5OH$，得

$$n\left(\frac{1}{6}C_6H_5OH\right) = n\left(\frac{1}{6}KBrO_3\right) - n(Na_2S_2O_3)$$

则

$$\rho(C_6H_5OH) = \frac{\left[c\left(\frac{1}{6}KBrO_3\right)V(KBrO_3) - c(Na_2S_2O_3)V(Na_2S_2O_3)\right]M\left(\frac{1}{6}C_6H_5OH\right)}{V_s}$$

$$=\frac{(0.1002\times35.00-0.08730\times28.55)\times15.68}{10.00\times\dfrac{25.00}{250.0}}\text{g/L}$$

$$=15.91\text{g/L}$$

答：苯酚试液中含苯酚 15.91g/L。

5.7.2　硫酸铈法

$Ce(SO_4)_2$ 是强氧化剂，其氧化性与 $KMnO_4$ 差不多，凡 $KMnO_4$ 能够测定的物质几乎都能用铈量法测定。在酸性溶液中，Ce^{4+} 与还原剂作用被还原为 Ce^{3+}。其半反应为

$$Ce^{4+}+e^-\longrightarrow Ce^{3+}\quad \varphi^{\ominus}_{Ce^{4+}/Ce^{3+}}=1.61\text{V}$$

Ce^{4+}/Ce^{3+} 电对的电极电位值与酸性介质的种类和浓度有关。由于在 $HClO_4$ 中不形成配合物，所以在 $HClO_4$ 介质中，Ce^{4+}/Ce^{3+} 的电极电位值最高，因此应用也较多。硫酸铈法特点如下。

① $Ce(SO_4)_2$ 标准溶液可以用提纯的 $Ce(SO_4)_2\cdot2(NH_4)_2SO_4\cdot2H_2O$(该物质易提纯)配制，不必进行标定，溶液很稳定，放置较长时间或加热煮沸也不分解。

② $Ce(SO_4)_2$ 不会使 HCl 氧化，可在 HCl 溶液中直接用 Ce^{4+} 标准滴定溶液滴定还原剂。

③ Ce^{4+} 还原为 Ce^{3+} 时，没有中间价态的产物，反应简单，副反应少。

④ $Ce(SO_4)_2$ 溶液为橙黄色，而 Ce^{3+} 无色，一般采用邻二氮菲-Fe(Ⅱ)作指示剂，终点变色敏锐。

⑤ Ce^{4+} 在酸度较低的溶液中易水解，所以 Ce^{4+} 不适宜在碱性或中性溶液中滴定。

可用硫酸铈滴定法测定的物质有 $[Fe(CN)_6]^{4-}$、NO_2^-、Sn^{2+} 等离子。由于铈盐价格高，实际工作中硫酸铈法应用不多。

习题

一、填空

1. 氧化还原反应中失去电子的物质称为_____，得到电子的物质称为_____，电子由_____转移至_____。

2. 氧化还原反应中，有物质失去____的反应称为____反应，有物质得到____的反应称为____反应，二者总是同时发生的。

3. 物质的_____和_____构成氧化还原电对，写成"Ox/Red"的形式，Ox 为_____，Red 为_____。

4. 电极与溶液接触的界面存在双电层而产生的电位差是_____，用符号__表示，单位为__。标准_____，符号为__是温度为____，有关离子浓度为__ mol/L 或气体压力为 1.000×10^5 Pa 时所测得的电极电位。

5. 25℃下，对于半反应 $Ox+ne^-\Longleftrightarrow Red$，根据能斯特方程，电极电位计算公式为_____。

6. 利用电极电位可以判断氧化还原反应进行的____、____和____。

7. 电极电位值的大小表示了电对得失____能力的强弱，反映了物质氧化或还原性质的强弱。电对的电极电位值越高，则此电对的____型的____能力越强；电对的电极电位越低，则此电对的____型的____能力越强。

8. 在标准状况下，两个电对中，标准电位较高的____态能够与标准电位较低的____态自发反应，即较____的氧化剂与较____的还原剂反应生成较____的还原剂与较____的氧化剂。

9. 溶液中有多个氧化剂和还原剂时，电极电位相差____的电对间首先发生反应，顺次可以确定氧化还原反应的____。

10. 为提高反应速率，常采用的方法有____、____、____、____。

11. 对于 $n_1 = n_2 = 1$ 的反应，根据误差要求，K____时反应完全。一般认为，两个半反应的标准电极电位之差值____的氧化还原反应，才能进行完全。

12. 适用于滴定法的氧化还原反应，不仅反应的____要大，而且反应的____要快。

13. 高锰酸钾标准溶液采用____法配制，重铬酸钾标准溶液采用____法配制。

14. 标定硫代硫酸钠溶液一般可选择____作基准物，标定高锰酸钾标准溶液一般选用____作基准物。

15. 碘量法采用____指示剂。直接碘量法又称为____，滴定终点溶液出现____；间接碘量法又称为____，滴定终点溶液____消失。

16. 采用间接碘量法时，淀粉指示剂应在____时加入，否则将会引起____凝聚，而且吸附的 I_2 不易释放出来，使终点难以观察。

17. 高锰酸钾在强酸性介质中被还原为____，在微酸、中性、微碱性介质中还原为____，强碱性介质中还原为____。

18. 碘量法的主要误差来源为____和____。为防止碘的挥发，配制碘标准溶液时，将一定量的 I_2 溶于____溶液。

19. 配制 $Na_2S_2O_3$ 标准溶液采用____法配制，其标定采用的基准物是____，基准物先与__试剂反应生成__，再用 $Na_2S_2O_3$ 溶液滴定。

20. 高锰酸钾滴定法一般采用____指示剂，重铬酸钾滴定法一般采用____指示剂，碘量法一般采用____指示剂。

21. 用高锰酸钾溶液滴定草酸钠溶液时，滴定速度先__后__，接近终点时将溶液加热至____℃，再缓慢滴定至溶液呈____，持续____不退为终点。

二、选择

1. 在 $CH_3OH + 6MnO_4^- + 8OH^- \longrightarrow 6MnO_4^{2-} + CO_3^{2-} + 6H_2O$ 反应中，CH_3OH 的基本单元是（ ）。

A. CH_3OH B. $\frac{1}{2}CH_3OH$ C. $\frac{1}{3}CH_3OH$ D. $\frac{1}{6}CH_3OH$

2. 下列溶液中需要避光保存的是（ ）。

A. 氢氧化钾   B. 碘化钾   C. 氯化钾   D. 硫酸钾。

3. （ ）是标定硫代硫酸钠标准溶液较为常用的基准物。

A. 升华碘   B. KIO_3 C. $K_2Cr_2O_7$ D. $KBrO_3$

4. 在碘量法中，淀粉是专属指示剂，当溶液呈蓝色时，这是（　　）。

A. 碘的颜色

B. I^- 的颜色

C. 游离碘与淀粉生成物的颜色

D. I^- 与淀粉生成物的颜色

5. 配制 I_2 标准溶液时，是将 I_2 溶解在（　　）中。

A. 水　　　　　　B. KI 溶液　　　　　C. HCl 溶液　　　　　D. KOH 溶液

6. 用草酸钠作基准物标定高锰酸钾标准溶液时，开始反应速度慢，稍后，反应速度明显加快，这是（　　）起催化作用。

A. 氢离子　　　　B. MnO_4^-　　　　　C. Mn^{2+}　　　　　D. CO_2

7. 在酸性介质中，用 $KMnO_4$ 溶液滴定草酸盐溶液，滴定应（　　）。

A. 在室温下进行

B. 将溶液煮沸后即进行

C. 将溶液煮沸，冷至 85℃ 进行

D. 将溶液加热到 65～75℃ 时进行

8. $KMnO_4$ 滴定所需的介质是（　　）。

A. 硫酸　　　　　B. 盐酸　　　　　C. 磷酸　　　　　D. 硝酸

9. 标定 I_2 标准溶液的基准物是（　　）。

A. As_2O_3

B. $K_2Cr_2O_7$

C. Na_2CO_3

D. $H_2C_2O_4$

10. 用 $K_2Cr_2O_7$ 法测定 Fe^{2+}，可选用（　　）作指示剂。

A. 甲基红-溴甲酚绿

B. 二苯胺磺酸钠

C. 铬黑 T

D. 自身指示剂

11. 用 $KMnO_4$ 法测定 Fe^{2+}，可选用（　　）作指示剂。

A. 红-溴甲酚绿　　B. 二苯胺磺酸钠　　C. 铬黑 T　　　　D. 自身指示剂

12. 对高锰酸钾滴定法，下列说法错误的是（　　）。

A. 可在盐酸介质中进行滴定

B. 直接法可测定还原性物质

C. 标准滴定溶液用标定法制备

D. 在硫酸介质中进行滴定

13. 在间接碘法测定中，下列操作正确的是（　　）。

A. 边滴定边快速摇动

B. 加入过量 KI，并在室温和避免阳光直射的条件下滴定

C. 在 70～80℃ 恒温条件下滴定

D. 滴定一开始就加入淀粉指示剂

14. 间接碘量法测定 Cu^{2+} 含量，介质的 pH 值应控制在（　　）。

A. 强酸性　　　　B. 弱酸性　　　　C. 弱碱性　　　　D. 强碱性

15. 在间接碘量法中，滴定终点的颜色变化是（　　）。

A. 蓝色恰好消失　　B. 出现蓝色　　C. 出现浅黄色　　D. 黄色恰好消失

16. 间接碘量法（即滴定碘法）中加入淀粉指示剂的适宜时间是（　　）。

A. 滴定至近终点，溶液呈稻草黄色时

B. 滴定开始时

C. 滴定至 I_3^- 的红棕色退尽，溶液呈无色时

D. 在标准溶液滴定了近 50% 时

17. 碘量法测定 $CuSO_4$ 含量，试样溶液中加入过量的 KI，对其作用叙述错误的是

（ ）。

    A. 还原 Cu^{2+} 为 Cu^+ B. 防止 I_2 挥发

    C. 与 Cu^+ 形成 CuI 沉淀   D. 把 $CuSO_4$ 还原成单质 Cu

18. 间接碘法要求在中性或弱酸性介质中进行测定，若酸度太高，将会（ ）。

    A. 反应不定量   B. I_2 易挥发

    C. 终点不明显   D. I^- 被氧化，$Na_2S_2O_3$ 被分解

19. $KMnO_4$ 法测石灰中 Ca 含量，先沉淀为 CaC_2O_4，再经过滤、洗涤后溶于 H_2SO_4 中，最后用 $KMnO_4$ 滴定 $H_2C_2O_4$，Ca 的基本单元为（ ）。

    A. Ca B. $\frac{1}{2}Ca$ C. $\frac{1}{3}Ca$ D. $\frac{1}{4}Ca$

20. 在 Sn^{2+}、Fe^{2+} 的混合溶液中，欲使 Sn^{2+} 氧化为 Sn^{4+} 而 Fe^{2+} 不被氧化，应选择的氧化剂是（ ）。已知 $\varphi^{\ominus}(Sn^{4+}/Sn^{2+})=0.15V$，$\varphi^{\ominus}(Fe^{3+}/Fe^{2+})=0.77V$。

    A. KIO_3 （$\varphi^{\ominus}_{2IO_3^-/I_2}=1.20V$）

    B. H_2O_2 （$\varphi^{\ominus}_{H_2O_2/2OH^-}=0.88V$）

    C. $HgCl_2$ （$\varphi^{\ominus}_{HgCl_2/Hg_2Cl_2}=0.63V$）

    D. SO_3^{2-} （$\varphi^{\ominus}_{SO_3^{2-}/S}=-0.66V$）

21. 以 $K_2Cr_2O_7$ 法测定铁矿石中铁含量时，用 $0.02mol/L K_2Cr_2O_7$ 滴定。设试样含铁以 Fe_2O_3（其摩尔质量为 $159.7g/mol$）计约为 50%，则试样称取量应为（ ）。

    A. $0.1g$ 左右   B. $0.2g$ 左右   C. $1g$ 左右   D. $0.35g$ 左右

三、判断

1. 电极电位既可能是正值，也可能是负值。（ ）

2. 某电对的氧化态可以氧化电位较它低的另一电对的还原态。（ ）

3. 直接碘量法的滴定终点是从蓝色变为无色。（ ）

4. 配制好的 $KMnO_4$ 溶液放在棕色瓶中保护，如果没有棕色瓶应放在避光处保存。（ ）

5. 在滴定时，$KMnO_4$ 溶液要放在碱式滴定管中。（ ）

6. 用 $Na_2C_2O_4$ 标定 $KMnO_4$，需加热到 $70\sim80℃$，在 HCl 介质中进行。（ ）

7. 用高锰酸钾法测定 H_2O_2 时，需通过加热来加速反应。（ ）

8. 配制 I_2 溶液时要加入 KI。（ ）

9. 配制好的 $Na_2S_2O_3$ 标准溶液应立即用基准物质标定。（ ）

10. 由于 $KMnO_4$ 性质稳定，可作基准物直接配制成标准溶液。（ ）

11. 由于 $K_2Cr_2O_7$ 容易提纯，干燥后可作为基准物直接配制标准溶液，不必标定。（ ）

12. $\varphi^{\ominus}_{Cu^{2+}/Cu^+}=0.17V$，$\varphi^{\ominus}_{I_2/I^-}=0.535V$，因此 Cu^{2+} 不能氧化 I^-。（ ）

13. 标定 I_2 溶液时，既可以用 $Na_2S_2O_3$ 滴定 I_2 溶液，也可以用 I_2 滴定 $Na_2S_2O_3$ 溶液，且都采用淀粉指示剂。这两种情况下加入淀粉指示剂的时间是相同的。（ ）

14. 配好 $Na_2S_2O_3$ 标准滴定溶液后煮沸约 $10min$，其作用主要是除去 CO_2 和杀死微生物，促进 $Na_2S_2O_3$ 标准滴定溶液趋于稳定。（ ）

15. 提高反应溶液的温度能提高氧化还原反应的速率，因此在酸性溶液中用 $KMnO_4$ 滴定 $C_2O_4^{2-}$ 时，必须加热至沸腾才能保证正常滴定。（ ）

16. 间接碘量法加入 KI 一定要过量，淀粉指示剂要在接近终点时加入。（ ）

17. 使用直接碘量法滴定时，淀粉指示剂应在近终点时加入；使用间接碘量法滴定时，淀粉指示剂应在滴定开始时加入。（ ）

18. 碘量法测铜，加入 KI 起三个作用：还原剂、沉淀剂和配位剂。（ ）

19. 以淀粉为指示剂滴定时，直接碘量法的终点是从蓝色变为无色，间接碘量法是由无色变为蓝色。（ ）

20. 溶液酸度越高，$KMnO_4$ 氧化能力越强，与 $Na_2C_2O_4$ 反应越完全，所以用 $Na_2C_2O_4$ 标定 $KMnO_4$ 时，溶液酸度越高越好。（ ）

21. $K_2Cr_2O_7$ 标准溶液滴定 Fe^{2+} 既能在硫酸介质中进行，又能在盐酸介质中进行。（ ）

四、简答

1. 氧化还原反应的实质是什么？

2. 如何判断氧化剂和还原剂？

3. 什么是氧化还原电对？举例说明如何表示。

4. 什么是电极电位、标准电极电位？它们之间有什么联系？如何计算？

5. 如何依据电极电位的数值来判断氧化还原反应的方向、次序和反应完全的程度？

6. 试判断在 1 mol/L HCl 溶液中，用 Sn^{2+} 还原 Fe^{3+} 的反应能否进行完全？

7. 从附录中查出下列电对的电极电位，并回答问题：

$$MnO_4^- + 8H^+ + 5e^- \rightleftharpoons Mn^{2+} + 4H_2O$$

$$Ce^{4+} + e^- \longrightarrow Ce^{3+}$$

$$Fe^{2+} + 2e^- \longrightarrow Fe$$

$$Ag^+ + e^- \longrightarrow Ag$$

(1) 以上电对中，何者是最强的还原剂？何者是最强的氧化剂？

(2) 以上电对中，何者可将 Fe^{2+} 还原为 Fe？

(3) 以上电对中，何者可将 Ag 氧化为 Ag^+？

8. 常用的氧化还原滴定法有哪些？要求的滴定条件如何？用到哪些标准溶液？写出各法的基本反应方程式。

9. 常用的氧化还原标准溶液如何制备？有哪些注意事项？哪些标准滴定溶液要装在棕色滴定管中进行滴定？

10. 常用的氧化还原滴定法各用到的指示剂是什么？

11. 氧化还原滴定法中反应物的基本单元如何确定？

12. 氧化还原滴定法的滴定方式有哪些？各适用于何种情况？

13. 标定 $KMnO_4$、$Na_2S_2O_3$、I_2 标准溶液时，常用基准物质有哪些？浓度如何计算？

14. 用 $Na_2C_2O_4$ 作为基准物质标定 $KMnO_4$ 溶液应控制什么条件？

15. 碘量法测定中的注意事项有哪些？如何减小测定误差？

16. $KMnO_4$ 滴定法终点的粉红色不能持久的原因是什么？

17. 在直接碘量法和间接碘量法中，淀粉指示液的加入时间和终点颜色变化有何不同？

18. 常用的氧化还原滴定法能测定的物质有哪些？各采用何种滴定方式？

19. 本身不具有氧化还原性质的物质能通过氧化还原滴定法来测定吗？

20. 所有的氧化还原反应都能用作氧化还原滴定吗？为什么？

五、计算

1. 在 1mol/L HCl 溶液中，当 Sn^{4+}/Sn^{2+} 的浓度比为：(1) 10^{-2}；(2) 10^{-1}；(3) 1；(4) 10；(5) 100 时，Sn^{4+}/Sn^{2+} 电对的电极电位是多少？已知 $\varphi^{\ominus}_{(Sn^{4+}/Sn^{2+})} = 0.154V$

2. 计算 1mol/L HCl 溶液中 $c(Ce^{4+}) = 1.00 \times 10^{-2} mol/L, c(Ce^{3+}) = 1.00 \times 10^{-3} mol/L$ 时电对的电位。

3. 若下列所有物质都是处于标准状态（温度为 25℃，有关的物质的量浓度为 1mol/L，有关气体压力为 1atm）[❶]，下列各反应将向哪个方向进行？

(1) $Sn^{4+} + Cd \Longrightarrow Sn^{2+} + Cd^{2+}$

(2) $Ce^{4+} + Br^- \Longrightarrow Ce^{3+} + \frac{1}{2}Br_2$

(3) $2Fe^{3+} + Cd \Longrightarrow 2Fe^{2+} + Cd^{2+}$

(4) $Sn^{4+} + 2Ce^{3+} \Longrightarrow Sn^{2+} + 2Ce^{4+}$

(5) $S^{2-} + 2Cr^{3+} \Longrightarrow S\downarrow + 2Cr^{2+}$

(6) $2MnO_4^- + 5O_2 + 6H^+ \Longrightarrow 5O_3\uparrow + 3H_2O + 2Mn^{2+}$

(7) $5Cl_2 + I_2 + 6H_2O \Longrightarrow 2IO_3^- + 10Cl^- + 12H^+$

4. 根据标准电极电位计算下列反应平衡常数，判断各个反应向哪个方向进行？

(1) $Ce^{4+} + Fe^{2+} \Longrightarrow Ce^{3+} + Fe^{3+}$

(2) $Sn^{4+} + 2Ce^{3+} \Longrightarrow Sn^{2+} + 2Ce^{4+}$

(3) $IO_3^- + 5I^- + 6H^+ \Longrightarrow 3I_2 + 2H_2O$

5. 配平下列反应方程式，指出氧化剂和还原剂的基本单元各是其分子式的几分之几？

(1) $FeCl_3 + SO_2 + H_2O \longrightarrow FeCl_2 + HCl + H_2SO_4$

(2) $Na_2S_2O_3 + I_2 \longrightarrow NaI + Na_2S_4O_6$

(3) $Mn(NO_3)_2 + NaBiO_3 + HNO_3 \longrightarrow HMnO_4 + Bi(NO_3)_3 + H_2O$

(4) $Cr(NO_3)_3 + NaBiO_3 + HNO_3 \longrightarrow Na_2Cr_2O_7 + Bi(NO_3)_3 + NaNO_3 + H_2O$

(5) $KBrO_3 + KI + H_2SO_4 \longrightarrow I_2 + KBr + K_2SO_4 + H_2O$

(6) $NaClO + Na_3AsO_3 \longrightarrow NaCl + Na_3AsO_4$

6. 在 100mL 溶液中，含有 $KMnO_4$ 0.1580g，问此溶液物质的量浓度 $c(KMnO_4)$ 及 $c(\frac{1}{5}KMnO_4)$ 分别为多少？

7. 欲配制 $c\left(\frac{1}{6}K_2Cr_2O_7\right) = 0.1000mol/L$ 的 $K_2Cr_2O_7$ 标准溶液 500mL，应称取 $K_2Cr_2O_7$ 基准试剂多少克？

8. 配制 1.5L $c\left(\frac{1}{5}KMnO_4\right) = 0.2mol/L$ 的 $KMnO_4$ 溶液，应称取试剂 $KMnO_4$ 多少克？

---

❶ 1atm=101325Pa。

配制 $1LT$（Fe^{2+}/$KMnO_4$）$=0.006g/mL$ 的溶液应称取 $KMnO_4$ 多少克？

9. 称取纯 $K_2Cr_2O_7$ 4.903g，配成 500mL 溶液，试计算：（1）此溶液的物质的量浓度 $c\left(\frac{1}{6}K_2Cr_2O_7\right)$ 为多少？（2）此溶液对 Fe_2O_3 的滴定度。

10. $KMnO_4$ 标准溶液的物质的量浓度是 $c\left(\frac{1}{5}KMnO_4\right)=0.1242$ mol/L，求用：（1）Fe；（2）$FeSO_4 \cdot 7H_2O$；（3）$Fe(NH_4)_2(SO_4)_2 \cdot 6H_2O$ 表示的滴定度。

11. 标定 $KMnO_4$ 溶液时，称取基准物质 $Na_2C_2O_4$ 0.1000g，滴定用去 $KMnO_4$ 溶液 24.85mL，计算 $KMnO_4$ 溶液的浓度 $c\left(\frac{1}{5}KMnO_4\right)$ 为多少？

12. 用基准物 As_2O_3 标定 $KMnO_4$ 标准溶液，若 0.2112g As_2O_3 在酸性溶液中恰好与 36.42mL $KMnO_4$ 溶液反应，求该 $KMnO_4$ 标准溶液的物质的量浓度 $c\left(\frac{1}{5}KMnO_4\right)$。

13. 用基准试剂 $KBrO_3$ 标定 $c(Na_2S_2O_3) \approx 0.2$ mol/L 的 $Na_2S_2O_3$ 溶液，欲使其消耗体积为 25mL 左右，应称基准试剂 $KBrO_3$ 多少克？

14. 称取基准 $K_2Cr_2O_7$ 0.5736g，用水溶解后，配成 100.0mL 溶液。取出此溶液 25.00mL，加入适量 H_2SO_4 和 KI，滴定时消耗 28.24mL 的 $Na_2S_2O_3$ 溶液，计算 $Na_2S_2O_3$ 溶液物质的量浓度。

15. 准确移取 H_2O_2 试液 2mL 于 200mL 容量瓶中，加水稀释至刻度，摇匀后，吸取 20.00mL，酸化后用 0.02000mol/L $KMnO_4$ 标准溶液滴定，消耗 30.60mL。试液中 H_2O_2 质量浓度（g/L）为多少？

16. 称取 0.2000g 含铜样品，用碘量法测定含铜量，如果加入 KI 后析出的碘需要用 20.00mL $c(Na_2S_2O_3)=0.1000$ mol/L 的标准滴定溶液滴定至终点。求样品中铜的质量分数。

17. 准确称取软锰矿试样 0.5000g，在酸性介质中加入 0.6020g 纯 $Na_2C_2O_4$。待反应完全后，过量的 $Na_2C_2O_4$ 用 $c\left(\frac{1}{5}KMnO_4\right)=0.02000mol/L$ 标准溶液滴定，用去 28.00mL。计算软锰矿中 MnO_2 的质量分数。

18. 称取 $Na_2SO_3 \cdot 5H_2O$ 试样 0.3878g，将其溶解，加入 50.00mL $c\left(\frac{1}{2}I_2\right)=$ 0.09770mol/L 的 I_2 溶液处理，剩余的 I_2 需要用 $c(Na_2S_2O_3)=0.1008mol/L$ 的 $Na_2S_2O_3$ 标准滴定溶液 25.40mL 滴定至终点。计算试样中 Na_2SO_3 的质量分数。（$I_2 + SO_3^{2-} + H_2O \longrightarrow 2H^+ + 2I^- + SO_4^{2-}$）

19. 测定 2.00g 样品中的钙，先使钙生成 CaC_2O_4 沉淀，再将沉淀溶解于酸中，然后用 0.1000mol/L $\frac{1}{5}KMnO_4$ 标准溶液滴定草酸，如果滴定所需的 $KMnO_4$ 为 35.6mL，问样品中含 CaO 的质量分数？

20. 用 $KMnO_4$ 法间接测定石灰石中 CaO 的含量，若试样中 CaO 含量约为 40%，为使滴定时消耗 0.1000 mol/L $\frac{1}{5}KMnO_4$ 溶液 30mL 左右，问应称取试样多少克？

21. 将 0.1351g 蒸馏水溶于无水甲醇，配成 50.00mL 水标准溶液，吸取此溶液 5.00mL，用卡尔·费休试剂滴定至终点，消耗 4.80mL。另取 5.00mL 无水甲醇同法进行空白试验，消耗 0.40mL。计算卡尔·费休试剂对水的滴定度和标准溶液中水的质量浓度（以 mg/mL 表示）。

22. 有 20.00mL $c\left(\dfrac{1}{5}KMnO_4\right)=0.20000mol/L$ 的 $KMnO_4$ 溶液，在酸性介质中，恰能与 20.00mL 的 $KHC_2O_4 \cdot H_2C_2O_4$ 溶液完全反应，问需要多少毫升 0.1500mol/L 的 NaOH 溶液才能与 25.00mL 的上述 $KHC_2O_4 \cdot H_2C_2O_4$ 溶液完全中和？

23. 称取含有苯酚的试样 0.5000g，溶解后加入 0.1000 mol/L $KBrO_3$ 溶液（其中含有过量 KBr）25.00mL，并加 HCl 酸化，放置。待反应完全后，加入 KI。滴定析出的 I_2 消耗了 0.1003mol/L 的 $Na_2S_2O_3$ 标准滴定溶液 29.91mL。计算试样中苯酚的质量分数。

24. 准确称取抗坏血酸（$C_6H_8O_6$）0.2000g，加入新煮沸过的冷却蒸馏水及稀 HAc 混合溶液溶解，加入淀粉指示剂，立即用 $T_{As_2O_3/I_2}=0.004946g/mL$ 的 I_2 标准溶液滴定至溶液呈持续蓝色，消耗 20.05mL。求试样中抗坏血酸的质量分数。反应：

$$As_2O_3+6OH^- \longrightarrow 2AsO_3^{3-}+3H_2O$$
$$I_2+AsO_3^{3-}+2HCO_3^- \longrightarrow 2I^-+AsO_4^{3-}+2CO_2+H_2O$$
$$I_2+C_6H_8O_6 \longrightarrow C_6H_6O_6+2HI$$

25. 称取硫脲 CS（NH_2）$_2$ 试样 0.7000g，溶解后在容量瓶中稀释至 250mL，准确移取试液 25.00mL，用 0.008333mol/L 的 $KBrO_3$ 标准溶液滴定至溶液出现黄色，消耗 15.00mL。求试样中硫脲的质量分数。[反应 $4BrO_3^- + 3CS(NH_2)_2+3H_2O \longrightarrow 3CO(NH_2)_2+3SO_4^{2-}+4Br^-+6H^+$]

项目六
沉淀滴定和称量分析法的应用

知识目标

1. 银量法的特点。
2. 莫尔法、佛尔哈德法和法扬司法的原理、方法及适用范围。
3. 影响沉淀溶解度的因素。
4. 影响沉淀纯度的因素。
5. 沉淀的条件和称量型的获得。
6. 有机沉淀剂。
7. 称量分析结果计算。

能力目标

1. 能够根据工作任务查阅所需分析资料。
2. $AgNO_3$ 标准滴定溶液的配制与标定。
3. 水中氯离子含量测定。
4. 氯化钡含量的测定。
5. 硫酸镍中镍含量的测定。
6. 能够进行交流，有团队合作精神与职业道德，可独立或合作学习与工作。

任务一　水中氯离子的测定

技能训练一　AgNO₃ 标准滴定溶液的配制与标定

一、项目要求

1. 掌握 $AgNO_3$ 溶液的配制与贮存方法。

2. 掌握以 NaCl 基准物质标定 $AgNO_3$ 溶液的基本原理、操作方法和计算。

3. 学会以 K_2CrO_4 为指示剂判断滴定终点的方法。

二、实施依据

$AgNO_3$ 标准滴定溶液可以用经过预处理的基准试剂 $AgNO_3$ 直接配制。但非基准试剂 $AgNO_3$ 中常含有杂质。如金属银、氧化银、游离硝酸、亚硝酸盐等，因此用间接法配制。先配成近似浓度的溶液后，用基准物质 NaCl 标定。

以 NaCl 作为基准物质，溶样后，在中性或弱碱性溶液中，用 $AgNO_3$ 溶液滴定 Cl^-，以 K_2CrO_4 作为指示剂，反应式为：

$$Ag^+ + Cl^- \longrightarrow AgCl \downarrow (白色, K_{sp} = 1.8 \times 10^{-10})$$

$$2Ag^+ + CrO_4^{2-} \longrightarrow Ag_2CrO_4 \downarrow (砖红色, K_{sp} = 2.0 \times 10^{-12})$$

达到化学计量点时，微过量的 Ag^+ 与 CrO_4^{2-} 反应析出砖红色 Ag_2CrO_4 沉淀，指示滴定终点。

三、试剂

1. 固体试剂 $AgNO_3$，分析纯。

2. 固体试剂 NaCl，基准物质，在 $500 \sim 600℃$ 灼烧至恒重。

3. $K_2Cr_2O_4$ 指示液　50g/L（即 5%）。配制：称取 5g $K_2Cr_2O_4$，溶于少量水中，滴加 $AgNO_3$ 溶液至红色不退，混匀。放置过夜后过滤，将滤液稀释至 100mL。

四、工作程序

1. 配制 $c(AgNO_3) = 0.1mol/L$ 溶液

称取 8.5g $AgNO_3$，溶于 500mL 不含 Cl^- 的蒸馏水中，贮存于带玻璃塞的棕色试剂瓶中，摇匀，置于暗处，待标定。

2. $AgNO_3$ 溶液的标定

准确称取基准试剂 NaCl $0.12 \sim 0.15g$，放于锥形瓶中，加 50mL 不含 Cl^- 的蒸馏水溶解，加 $K_2Cr_2O_4$ 指示液 1mL，在充分摇动下，用配好的 $AgNO_3$ 溶液滴定至溶液微呈微红色即为终点。记录消耗 $AgNO_3$ 标准滴定溶液的体积。

五、数据记录与处理

$$c(AgNO_3) = \frac{m(NaCl)}{M(NaCl)V(AgNO_3) \times 10^{-3}}$$

式中　$c(AgNO_3)$——$AgNO_3$ 标准溶液的浓度，mol/L；

$\quad\quad m(NaCl)$——称取基准试剂 $NaCl$ 的质量，g；

$\quad\quad M(NaCl)$——$NaCl$ 的摩尔质量，g/mol；

$\quad V(AgNO_3)$——滴定时消耗 $AgNO_3$ 溶液的体积，mL。

六、注意事项

1. $AgNO_3$ 试剂及其溶液具有腐蚀性，破坏皮肤组织，注意切勿接触皮肤及衣服。

2. 配制 $AgNO_3$ 标准溶液的蒸馏水应无 Cl^-，否则配成的 $AgNO_3$ 溶液会出现白色浑浊，不能使用。

3. 实验完毕后，盛装 $AgNO_3$ 溶液的滴定管应先用蒸馏水洗涤 2～3 次后，再用白来水洗净，以免 AgCl 沉淀残留于滴定管内壁。

七、思考与质疑

1. 莫尔法标定 $AgNO_3$ 溶液，用 $AgNO_3$ 滴定 NaCl 时，滴定过程中为什么要充分摇动溶液？如果不充分摇动溶液，对测定结果有何影响？

2. 莫尔法中，为什么溶液的 pH 需控制在 6.5～10.5？

3. 配制 $K_2Cr_2O_4$ 指示液时，为什么要先加 $AgNO_3$ 溶液？为什么放置后要进行过滤？$K_2Cr_2O_4$ 指示液的用量太大或太小对测定结果有何影响？

相关链接　在银量法中，要使用 $AgNO_3$ 标准溶液，在银量法的滴定废液中，含有大量的金属银，主要存在形式如 Ag^+、AgCl 沉淀、Ag_2CrO_4 沉淀及 AgSCN 沉淀等。在废定影液中也含有大量金属银，主要以 $Ag(S_2O_3)_2^{3-}$ 配离子形式存在。银是贵重的金属之一，它属于重金属。如果将实验中产生的这些含银废液排放掉，不仅造成了经济上的巨大浪费，而且也带来了重金属对环境的污染，严重危害人的身体健康，此外，银氨溶液在适当的条件下还可转变成氮化银引起爆炸。因此，将含银废液中的银回收或制备常用试剂硝酸银是极有意义的。

工厂化验室或学校实验室中产生的含银废液其共同特点是银含量较低，需要进行富集，然后再提取、精制。从含银废液中提取金属银有很多途径，选择途径的依据是废液中银含量、存在形式及杂质性质等，因此一般选择处理方法前应了解废液的来源及基本组成情况。在此，我们选择推荐以下两种方法，它们具有仪器设备简单、成本低、效益高、无毒、不污染环境、操作简便等优点。

一、银量法中产生的含银废液的处理

1. 实验方案

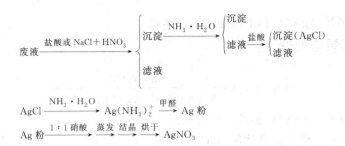

2. 具体操作

(1) 分离干扰离子，Ag^+ 生成 $AgCl$ 沉淀

含银废液中，还常含有 CrO_4^{2-}、Hg_2^{2+}、Pb^{2+} 等离子。向废液中加入盐酸酸化（也可加入 $NaCl$ 同时加 HNO_3 酸化），此时，Ag_2CrO_4 沉淀溶解：

$$2Ag_2CrO_4 + 2H^+ \longrightarrow 4Ag^+ + Cr_2O_7^{2-} + H_2O$$

$Ag+$、Hg_2^{2+} 生成相应的氯化物沉淀，$PbCl_2$ 溶解度较大，故 Pb^{2+} 部分沉淀：

$$Ag^+ + Cl^- \longrightarrow AgCl\downarrow$$
$$Hg_2^{2+} + 2Cl^- \longrightarrow Hg_2Cl_2\downarrow$$
$$Pb^{2+} + 2Cl^- \longrightarrow PbCl_2\downarrow$$

而 CrO_4^{2-} 离子在酸溶液中以 $Cr_2O_7^{2-}$ 形式存在。过滤洗涤后，沉淀转入烧杯中，加入过量的 1∶1 氨水，$AgCl$ 沉淀溶解，Hg_2Cl_2 沉淀转化为 Hg 和 $HgNH_2Cl$ 沉淀，$PbCl_2$ 沉淀不溶：

$$AgCl + 2NH_3 \cdot H_2O \longrightarrow Ag(NH_3)_2Cl + 2H_2O$$
$$Hg_2Cl_2 + 2NH_3 \cdot H_2O \longrightarrow Hg\downarrow + HgNH_2Cl\downarrow + NH_4Cl + 2H_2O$$
$$\qquad\qquad\qquad\qquad\qquad\quad （黑色）\qquad（白色）$$

过滤除去沉淀，保留滤液，再向滤液中加入盐酸，使 Ag^+ 再次以 $AgCl$ 沉淀形式析出，过滤、洗涤，保留沉淀。经过两次处理后，得到了较纯净的 $AgCl$ 沉淀。

(2) 单质银的制备

上述制得的 $AgCl$ 沉淀中，加入 1∶1 氨水使之全部溶解，再加入甲醛溶液使之有银灰色沉淀出现。加热搅拌，缓慢加入 40% $NaOH$ 溶液至上层液面呈透明，停止加热搅拌。过滤，所得沉淀用 2% H_2SO_4 溶液洗涤，再用蒸馏水洗至中性，抽滤，得金属银粉末。

$$2Ag(NH_3)_2Cl + 2NaOH \longrightarrow Ag_2O\downarrow + 2NaCl + 4NH_3 + H_2O$$
$$Ag_2O + HCHO \longrightarrow Ag + HCOOH$$

(3) $AgNO_3$ 的制备

将上述金属银粉末转移至瓷蒸发皿中，加入 1∶1 硝酸使粉末全部溶解。在电炉上加热蒸发至有晶型析出，停止加热，将瓷蒸发皿放在烘箱中，在 110℃ 下进行结晶，得 $AgNO_3$。

二、废定影液的处理

1. 实验方案

$$废液 \xrightarrow{Na_2S} Ag_2S\downarrow \xrightarrow{高温灼烧} Ag\downarrow$$
$$Ag \xrightarrow{1∶1硝酸} \xrightarrow{蒸发} \xrightarrow{结晶} \xrightarrow{烘干} AgNO_3$$

2. 具体操作

(1) 分离干扰离子，Ag^+ 生成 Ag_2S 沉淀

取 $500\sim600mL$ 废定影液于 $1000mL$ 烧杯中，加热至 $30℃$ 左右，加入 $6mol/L$ $NaOH$ 溶液调节 $pH\approx8$。在不断搅拌下，加入 $2mol/L$ Na_2S，生成 Ag_2S 沉淀。

$$2Na_3Ag(S_2O_3)_2+Na_2S \longrightarrow Ag_2S\downarrow+4Na_2S_2O_3$$

用 $Pb(Ac)_2$ 试纸检查清液，若试纸变黑，说明 Ag_2S 沉淀完全。用倾泻法分离上层清液，将 Ag_2S 沉淀转移至 $250mL$ 烧杯中，用热水洗涤至无 S^{2-} 为止。抽滤并将 Ag_2S 沉淀转移至蒸发皿中，小火烘干，冷却，称量。

(2) 单质银的制备

Ag_2S 沉淀经灼烧分解为 Ag：

$$Ag_2S+O_2 \longrightarrow 2Ag+SO_2$$

为降低灼烧温度，可加 Na_2CO_3 与少量硼砂作为助熔剂。按 $Ag_2S:Na_2CO_3:Na_2B_4O_7 \cdot 10H_2O=3:2:1$ 的比例称取 Na_2CO_3 和硼砂，与 Ag_2S 混合，研细后置于瓷坩埚中，在高温炉中灼烧 $1h$，小心取出坩埚，迅速将熔化的银倒出，冷却，然后在稀 HCl 中煮沸，除去黏附在银表面上的盐类，干燥，称量。

(3) $AgNO_3$ 的制备

将上面制得的银溶解在 $1:1$ HNO_3 溶液中，在蒸发皿中缓缓蒸发浓缩，冷却后过滤，用少量酒精洗涤，干燥，得 $AgNO_3$。

$$3Ag+4HNO_3 \longrightarrow 3AgNO_3+NO+2H_2O$$

上述方法制得的 $AgNO_3$ 的纯度可用佛尔哈德法测定。

技能训练二　水中氯离子含量的测定（莫尔法）

一、项目要求

1. 掌握莫尔法测定水中氯离子含量的基本原理、操作方法和计算。

2. 学会用 K_2CrO_4 指示液正确判断滴定终点。

二、实施依据

在中性或弱碱性溶液中，以 K_2CrO_4 为指示剂，用 $AgNO_3$ 标准滴定溶液直接滴定 Cl^-，其反应式为：

$$Ag^++Cl^- \longrightarrow AgCl\downarrow$$
$$2Ag^++CrO_4{}^{2-} \longrightarrow Ag_2CrO_4\downarrow$$

三、试剂

1. $AgNO_3$ 标准滴定溶液，$c(AgNO_3)=0.01mol/L$［可用 $c(AgNO_3)=0.1mol/L$ 的 $AgNO_3$ 标准溶液稀释］。

2. K_2CrO_4 指示液，$50g/L$。

3. 水试样：自来水或天然水。

四、工作程序

准确吸取水试样 100mL 放于锥形瓶中,加入 K_2CrO_4 指示液 2mL,在充分摇动下,以 $c(AgNO_3)=0.01mol/L$ 的 $AgNO_3$ 标准滴定溶液滴定至溶液呈微红色即为终点。记录消耗 $AgNO_3$ 标准滴定溶液的体积。

五、数据记录与计算

$$\rho(Cl) = \frac{c(AgNO_3)V_1(AgNO_3)M(Cl)}{V_2} \times 1000$$

式中　$\rho(Cl)$——水试样中氯的质量浓度,mg/L;

　　　　c——$AgNO_3$ 标准滴定溶液的浓度,mol/L;

　　　　V_1——滴定消耗 $AgNO_3$ 标准滴定溶液的体积,mL;

　　　　M——Cl 的摩尔质量,g/mol;

　　　　V_2——水试样的体积,mL。

六、思考与质疑

1. 莫尔法测定 Cl^- 的酸度条件是什么?为什么?
2. 说明莫尔法测定 Cl^- 的基本原理。
3. 在本实验中,可能有哪些离子干扰氯的测定?如何消除干扰?
4. 用莫尔法能否测定 I^-、SCN^-?为什么?
5. K_2CrO_4 指示剂的加入量大小对测定结果会产生什么影响?

相关链接　天然水中一般都含有氯化物,主要以钠、钙、镁的盐类存在。天然水用漂白粉消毒或加入凝聚剂 $AlCl_3$ 处理时也会带入一定量的氯化物,因此饮用水中常含有一定量的氯,一般要求饮用水中的氯化物不得超过 200mg/L。工业用水含有氯化物对锅炉、管道有腐蚀作用,化工原料用水中含有氯化物会影响产品质量。

GB/T 11896—1989 中规定了水质氯化物的测定,硝酸银滴定法。

技能训练三　NH_4SCN 标准溶液的配制与标定

一、项目要求

1. 掌握 NH_4SCN 溶液的配制方法。
2. 掌握用佛尔哈德法标定 NH_4SCN 溶液的基本原理、操作方法和计算。
3. 学会以铁铵矾为指示剂判断滴定终点的方法。

二、实施依据

用佛尔哈德法的直接滴定法标定 NH_4SCN 溶液的基本原理是:以铁铵矾为指示剂,用配好的 NH_4SCN 溶液滴定一定体积的 $AgNO_3$ 标准溶液,由 $[Fe(SCN)]^{2+}$ 配离子的红色指示终点。反应式为:

$$Ag^+ + SCN^- \longrightarrow AgSCN \downarrow (白色)$$

$$Fe^{3+} + SCN^- \longrightarrow [Fe(SCN)]^{2+}（红色）$$

也可以用基准试剂 $AgNO_3$ 标定。

三、试剂

1. 固体试剂 NH_4SCN，分析纯。

2. 固体试剂 $AgNO_3$，基准物质，于硫酸干燥器中干燥至恒重。

3. $NH_4Fe(SO_4)_2$ 指示剂，400g/L（即40%）。配制：40g 硫酸铁铵溶于水中，加浓 HNO_3 至溶液几乎无色，稀释至 100mL，混匀。

4. 硝酸溶液，1+3。

5. $AgNO_3$ 标准溶液，$c(AgNO_3)$＝0.1mol/L。

四、工作程序

1. 配制 $c(NH_4SCN)$＝0.1mol/L 溶液 500mL

称取 3.8g 硫氰酸铵，溶于 500mL 蒸馏水中，摇匀，待标定。

2. 用基准试剂 $AgNO_3$ 标定

称取基准试剂 $AgNO_3$ 约 0.5g（称准至 0.0001g），放于锥形瓶中，加 100mL 蒸馏水溶解，加 2mL 硫酸高铁铵指示剂，10mL 硝酸溶液。在摇动下，用配好的 NH_4SCN 溶液滴定。终点前摇动溶液至完全清亮后，继续滴定至溶液呈浅红色保持 30s 不退即为终点。记录消耗 NH_4SCN 溶液的体积。

3. 用 $AgNO_3$ 标准溶液"比较"

用滴定管量取 $c(AgNO_3)$＝0.1mol/L 的 $AgNO_3$ 标准溶液 30～35mL，（准确至 0.01mL）放于锥形瓶中。加 70mL 水，1mL 硫酸高铁铵指示剂和 10mL 硝酸溶液。在摇动下，用配好的 NH_4SCN 溶液滴定。终点前摇动溶液至完全清亮后，继续滴定至溶液呈浅红色保持 30s 不退即为终点。记录消耗 NH_4SCN 溶液的体积。

五、数据记录与计算

$$c(NH_4SCN) = \frac{m(AgNO_3)}{M(AgNO_3)V(NH_4SCN) \times 10^{-3}}$$

式中　$c(NH_4SCN)$——NH_4SCN 标准溶液的浓度，mol/L；

　　　$m(AgNO_3)$——称取基准试剂 $AgNO_3$ 的质量，g；

　　　$M(AgNO_3)$——$AgNO_3$ 的摩尔质量，169.9g/mol；

　　$V(NH_4SCN)$——滴定时消耗 NH_4SCN 溶液的体积，mL。

　　　或

$$c(NH_4SCN) = \frac{c(AgNO_3)V(AgNO_3)}{V(NH_4SCN)}$$

式中　$c(AgNO_3)$——$AgNO_3$ 标准溶液的浓度，mol/L；

　　　$V(AgNO_3)$——量取 $AgNO_3$ 标准溶液的体积，mL；

　$V(NH_4SCN)$——滴定时消耗 NH_4SCN 溶液的体积，mL。

六、思考与质疑

1. 配制硫酸高铁铵指示剂为什么要加酸？标定 NH_4SCN 溶液时为什么还要加酸？

2. 佛尔哈德法的滴定酸度条件是什么？能否在碱性条件下进行？

3. 盛装 $AgNO_3$ 标准溶液的滴定管，在使用完毕后应如何洗涤？

技能训练四　酱油中 NaCl 含量的测定（佛尔哈德法）

一、项目要求

1. 掌握酱油试样的称量方法。

2. 掌握佛尔哈德法标定 $AgNO_3$ 标准溶液和 NH_4SCN 标准溶液的原理、操作过程和计算。

3. 掌握佛尔哈德法测定酱油中 NaCl 含量的基本原理、操作过程和计算。

二、实施依据

在 $0.1\sim1mol/L$ 的 HNO_3 介质中，加入一定量过量的 $AgNO_3$ 标准溶液，加铁铵矾指示剂，用 NH_4SCN 标准溶液返滴定过量的 $AgNO_3$ 至出现 $[Fe(SCN)]^{2+}$ 红色指示终点。

$$Cl^- + Ag^+ \longrightarrow AgCl\downarrow$$
$$Ag^+ + SCN^- \longrightarrow AgSCN\downarrow$$
$$Fe^{3+} + SCN^- \longrightarrow [Fe(SCN)]^{2+}$$

三、试剂

1. HNO_3 溶液，16mol/L（浓）和 6mol/L。

2. $AgNO_3$ 标准溶液，$c(AgNO_3)=0.02mol/L$。

3. 硝基苯或邻苯二甲酸二丁酯。

4. NH_4SCN 溶液，$c(NH_4SCN)=0.02mol/L$。

5. 铁铵矾指示剂，$\rho[NH_4Fe(SO_4)_2]=80g/L$；配制：称取 8g 硫酸高铁铵，溶解于少许水中，滴加浓硝酸至溶液几乎无色，用水稀释至 100mL，装入小试剂瓶中，贴好标签。

6. 固体试剂 NaCl，基准物质，在 $500\sim600℃$ 灼烧至恒重。

四、工作程序

1. 配制 $c(AgNO_3)=0.02mol/L$ 的 $AgNO_3$ 溶液 500mL

称取 1.7g $AgNO_3$ 溶于 500mL 不含 Cl^- 的蒸馏水中［也可以取 $c(AgNO_3)=0.1mol/L$ 的 $AgNO_3$ 溶液 100mL 稀释至 500mL］，将溶液贮存于带玻璃塞的棕色试剂瓶中，摇匀，放置于暗处，待标定。

2. 配制 $c(NH_4SCN)=0.02mol/L$ 的 NH_4SCN 溶液 500mL

取 $c(NH_4SCN)=0.1mol/L$ 的 NH_4SCN 溶液 100mL 稀释至 500mL，贮存于试剂瓶中，摇匀，待标定。

3. 佛尔哈德法标定 $AgNO_3$ 溶液和 NH_4SCN 溶液

（1）测定 $AgNO_3$ 溶液和 NH_4SCN 溶液的体积比 K

由滴定管准确放出 $20\sim25mL$（V_1）$AgNO_3$ 溶液于锥形瓶中，加入 $5mL$ $6mol/L$ HNO_3 溶液，加 $1mL$ 铁铵矾指示剂，在剧烈摇动下，用 NH_4SCN 溶液滴定，直至出现淡红色并继续振荡不再消失为止，记录消耗 NH_4SCN 溶液的体积（V_2）。计算 $1mL$ NH_4SCN 溶液相当于 $AgNO_3$ 溶液的毫升数（K）。

$$K = V_1/V_2$$

（2）用佛尔哈德法标定 $AgNO_3$ 溶液

准确称取 $0.25\sim0.3g$ 基准物质 $NaCl$，用水溶解，移入 $250mL$ 容量瓶中，稀释定容，摇匀。准确吸取 $25mL$ 于锥形瓶中，加入 $5mL$ $6mol/L$ HNO_3 溶液，在剧烈摇动下，由滴定管准确放出 $45\sim50mL$（V_3）$AgNO_3$ 溶液（此时生成 $AgCl$ 沉淀），加入 $1mL$ 铁铵矾指示剂，加入 $5mL$ 硝基苯或邻苯二甲酸二丁酯，用 NH_4SCN 溶液滴定至溶液出现淡红色，并在轻微振荡下不再消失为终点，记录消耗 NH_4SCN 溶液的体积 V_4。

4.测定酱油中 $NaCl$ 含量

称取酱油样品 $5g$（准确至 $0.01g$），定量移入 $250mL$ 容量瓶中，加蒸馏水稀至刻度，摇匀。准确移取 $10mL$ 置于 $250mL$ 锥形瓶中，加水 $50mL$，加 $6mol/L$ HNO_3 $15mL$ 及 $0.02mol/L$ $AgNO_3$ 标准溶液 $25mL$，再加硝基苯 $5mL$，用力振荡摇匀。待 $AgCl$ 沉淀凝聚后，加入铁铵矾指示剂 $5mL$，用 $0.02mol/L$ NH_4SCN 标准溶液滴定至红色为终点（仔细观察终点）。记录消耗的 NH_4SCN 标准溶液体积。

五、数据记录与计算

1. $AgNO_3$ 溶液的浓度计算

$$c(AgNO_3) = \frac{m(NaCl) \times \dfrac{25}{250}}{M(NaCl)(V_3 - V_4 K) \times 10^{-3}}$$

式中　$c(AgNO_3)$——$AgNO_3$ 标准溶液的浓度，mol/L；

　　　$m(NaCl)$——称取基准物 $NaCl$ 的质量，g；

　　　$M(NaCl)$——$NaCl$ 的摩尔质量，g/mol；

　　　　V_3——标定 $AgNO_3$ 溶液时加入的 $AgNO_3$ 标准溶液的体积，mL；

　　　　V_4——标定 $AgNO_3$ 溶液时滴定消耗 NH_4SCN 标准溶液的体积，mL；

　　　　K——$AgNO_3$ 溶液和 NH_4SCN 溶液的体积比。

2. NH_4SCN 溶液的浓度计算

$$c(NH_4SCN) = c(AgNO_3)K$$

式中　$c(NH_4SCN)$——NH_4SCN 标准溶液的浓度，mol/L；

其余同上。

3.酱油中 $NaCl$ 含量计算式

$$w(NaCl) = \frac{[c(AgNO_3)V(AgNO_3) - c(NH_4SCN)V(NH_4SCN)]}{5 \times \dfrac{10}{250}} \times 0.05845 \times 100\%$$

或

$$w(\text{NaCl}) = \frac{\{c(\text{AgNO}_3)[V(\text{AgNO}_3) - KV(\text{NH}_4\text{SCN})]\}}{5 \times \dfrac{10}{250}} \times 0.05845 \times 100\%$$

式中　$w(\text{NaCl})$——NaCl 的质量分数，%；

　　　$V(\text{AgNO}_3)$——测定试样时加入 AgNO$_3$ 标准溶液的体积，mL；

　　　$V(\text{NH}_4\text{SCN})$——测定试样时滴定消耗 NH$_4$SCN 标准溶液的体积，mL；

　　　0.05845——NaCl 毫摩尔质量，g/mmol；

其余同上。

六、注意事项

操作过程应避免阳光直接照射。

七、思考与质疑

1. 用佛尔哈德法标定 AgNO$_3$ 标准溶液和 NH$_4$SCN 标准溶液的原理是什么？

2. 用佛尔哈德法测定酱油中 NaCl 含量的酸度条件是什么？能否在碱性溶液中进行测定？为什么？

3. 用佛尔哈德法测定 Cl$^-$ 时，加入硝基苯的目的是什么？若测定 Br$^-$、I$^-$ 时是否需要加入硝基苯？硝基苯可以用什么试剂取代？

任务二　氯化钡含量的测定

技能训练五　氯化钡含量的测定

一、项目要求

1. 掌握沉淀称量法测定 Ba^{2+} 含量的基本原理、操作方法和计算。
2. 熟练掌握晶形沉淀的沉淀条件。
3. 掌握沉淀、过滤、洗涤、烘干、灼烧及称量等称量分析基本操作技术。

二、实施依据

Ba^{2+} 可生成一系列微溶化合物，如 BaCO$_3$、BaC$_2$O$_4$、BaCrO$_4$、BaHPO$_4$、BaSO$_4$ 等，其中 BaSO$_4$ 溶解度最小，100mL 溶液中，100℃时溶解 0.4mg，25℃时仅溶解 0.25mg。当过量沉淀剂存在时，溶解度大为减小，一般可以忽略不计。BaSO$_4$ 的化学组成稳定，符合称量分析对沉淀的要求，所以通常以生成 BaSO$_4$ 来测定 Ba^{2+} 的含量，也可用于测定 SO$_4^{2-}$ 的含量。反应为：

$$Ba^{2+} + SO_4^{2-} \longrightarrow BaSO_4 \downarrow（白色）$$

$BaSO_4$ 是典型的晶形沉淀，在最初形成时是细小的结晶，过滤时易穿透滤纸。因此，为了得到比较纯净而粗大的晶形沉淀，应按照晶形沉淀的沉淀条件进行操作。

称取一定量 $BaCl_2 \cdot 2H_2O$ 试样，加水溶解，稀释，加稀 HCl 溶液酸化，加热至微沸，在不断搅动的条件下，慢慢地加入稀、热的 H_2SO_4，Ba^{2+} 与 SO_4^{2-} 反应，形成 $BaSO_4$ 晶形沉淀。沉淀经陈化、过滤、洗涤，定量转入坩埚中烘干、炭化、灰化、灼烧后冷却，以 $BaSO_4$ 形式称量。可求出 $BaCl_2 \cdot 2H_2O$ 中氯化钡含量。

$BaSO_4$ 称量法一般在 $0.05mol/L$ 左右盐酸介质中进行沉淀，这是为了防止产生 $BaCO_3$、$Fe(OH)_3$、$BaHPO_4$、$BaHAsO_4$ 沉淀以及防止生成 $Ba(OH)_2$ 共沉淀。同时，适当提高酸度，增加 $BaSO_4$ 在沉淀过程中的溶解度，以降低其相对过饱和度，有利于获得较好的晶形沉淀。故沉淀的条件是在盐酸酸化的热溶液中，在不断搅拌下，缓缓加入热的稀 H_2SO_4 溶液。待加入过量沉淀剂后，放置过夜进行沉淀的陈化或在水浴中不时搅拌加热 1h，代替陈化。

用 $BaSO_4$ 称量法测定 Ba^{2+} 时，一般用稀 H_2SO_4 作沉淀剂。为了使 $BaSO_4$ 沉淀完全，H_2SO_4 必须过量。由于 H_2SO_4 在高温下可挥发除去，故混入沉淀中的 H_2SO_4 不会引起误差，因此沉淀剂可过量 $50\% \sim 100\%$。如果用 $BaSO_4$ 称量法测定 SO_4^{2-}，沉淀剂 $BaCl_2$ 只允许过量 $20\% \sim 30\%$，因为 $BaCl_2$ 灼烧时不易挥发除去。

干扰及消除：

$PbSO_4$、$SrSO_4$ 的溶解度均较小，Pb^{2+}、Sr^{2+} 对氯化钡的测定有干扰；K^+、Ca^{2+}、Fe^{3+} 等阳离子常以硫酸盐或硫酸氢盐的形式共沉淀，其中以 Fe^{3+} 共沉淀现象最显著（Fe^{3+} 的价数高，更易被吸附）。NO_3^-、ClO_3^-、Cl^- 等阴离子常以钡盐的形式共沉淀。NO_3^-、ClO_3^-、Cl^- 干扰的消除：

在沉淀 Ba^{2+} 前，加酸蒸发以除去 NO_3^- 和 ClO_3^-。

$$NO_3^- + 3Cl^- + 4H^+ \longrightarrow Cl_2 \uparrow + NOCl + 2H_2O$$

$$ClO_3^- + 5Cl^- + 6H^+ \longrightarrow 3Cl_2 \uparrow + 3H_2O$$

可通过洗涤除去 Cl^-，用极稀的 H_2SO_4 沉淀剂为洗涤液，洗至无 Cl^- 为止。最后用 $1\% NH_4NO_3$ 溶液洗涤 $1 \sim 2$ 次以洗去滤纸上附着的酸，使滤纸在烘干时不致炭化，而在滤纸灰化时又促进氧化。

三、仪器、试剂

仪器如下。

1. 称量瓶，1 个。

2. 烧杯，100mL、250mL、400mL 各 2 个。

3. 表面皿，9cm 2 个。

4. 小试管。

5. 量筒，10mL、100mL 各 1 个。

6. 玻璃棒，2 支。

7. 滴管，2 支。

8. 长颈漏斗，2个。

9. 漏斗架，1个。

10. 瓷坩埚，25mL，2个。

11. 坩埚钳，1把。

12. 干燥器。

13. 高温炉。

14. 定量滤纸（慢速）。

试剂如下。

1. $BaCl_2 \cdot 2H_2O$，固体试样。

2. $c(HCl)=2mol/L$ 的 HCl 溶液。

3. $c(H_2SO_4)=1mol/L$、$0.1mol/L$ 的 H_2SO_4 溶液。

4. $c(HNO_3)=2mol/L$ 的 HNO_3 溶液。

5. $c(AgNO_3)=0.1mol/L$ 的 $AgNO_3$ 溶液。

6. $c(NH_4NO_3)=1\%$ 的 NH_4NO_3 溶液。

四、工作程序

1. 称样及溶解

准确称取两份 0.4～0.6g $BaCl_2 \cdot 2H_2O$ 试样，分别置于 250mL 洁净烧杯中，各加入 100mL 水、3mL HCl 溶液，搅拌溶解，盖上表面皿，加热近沸（不使溶液沸腾，防止产生的蒸气带走液滴或试液飞溅而损失）。

2. 沉淀和陈化

另取 4mL 1mol/L H_2SO_4 溶液两份于两个 100mL 烧杯中，加水 30mL，加热至近沸。取下烧杯，用蒸馏水冲洗表面皿。趁热将两份 H_2SO_4 溶液分别用小滴管逐滴地加入到两份热的氯化钡溶液中（开始时约每秒 2～3 滴，有较多沉淀析出时可加快些），并用玻璃棒不断搅拌，搅拌时不要碰烧杯底及内壁，以免划破烧杯，且使沉淀沾附在烧杯壁上。直至 2 份 H_2SO_4 溶液加完为止，用洗瓶冲洗玻璃棒和烧杯上部边缘使沉淀冲下去。盖好表面皿，静置数分钟。

待 $BaSO_4$ 沉淀下沉后，于上层清液中加入 1～2 滴 0.1mol/L H_2SO_4 溶液，仔细观察沉淀是否完全。沉淀完全后，盖上表面皿（切勿将玻璃棒拿出杯外），放置过夜陈化。也可将沉淀放在水浴或砂浴上，保温 40min 陈化，其间要不时搅拌。

3. 空坩埚的灼烧和恒重

将两只洁净干燥的瓷坩埚放在 (850±20)℃ 的恒温马弗炉中灼烧至恒重。第一次灼烧 40min，第二次后每次灼烧 20min。灼烧也可在煤气灯上进行。

4. 沉淀的过滤和洗涤

安装过滤器：过滤时选用慢速定量滤纸，折叠好放入长颈漏斗中，做"水柱"，将漏斗放在漏斗架上，漏斗下放一洁净的 400mL 烧杯承接滤液，漏斗颈斜边长的一侧贴靠烧杯壁。

倾泻法过滤和洗涤：配制 300～400mL 稀 H_2SO_4 洗涤液（每 100mL 水加入 1mol/L H_2SO_4 溶液 2mL）装入洗瓶中。勿将陈化好的沉淀搅起，先将上层清液分数次倾在滤纸上，再用倾泻法洗涤 3～4 次，每次约 10～15mL。然后将沉淀定量转移到滤纸上，用洗瓶吹洗烧杯壁上附着的沉淀至漏斗中，用撕下来的滤纸角擦拭玻璃棒和烧杯，拨入漏斗中。

再用稀 H_2SO_4 洗涤 4～6 次，使沉淀集中到滤纸锥体的底部。洗涤直至滤液中不含 Cl^- 为止（检查方法：用洁净表面皿收集 2mL 滤液，加 2 滴 2mol/L HNO_3 溶液酸化，加入 1 滴 $AgNO_3$ 溶液，若无白色浑浊产生，表示 Cl^- 已洗净）。再用 1% 的 NH_4NO_3 溶液洗涤 1～2 次，以除去残留的 H_2SO_4。

5. 沉淀的灼烧和称量

将折叠好的沉淀滤纸包置于已恒重的瓷坩埚中，先在电炉上烘干和炭化，提高温度灰化后，再于（850±20）℃的马弗炉中灼烧 20min，取出稍冷，放入干燥器中冷却至室温（约 20min），称量。再灼烧 15min，冷却，称量，反复操作直至恒重。

五、数据记录与处理

$$w(BaCl_2 \cdot 2H_2O) = \frac{(m_2 - m_1)\dfrac{M(BaCl_2 \cdot 2H_2O)}{M(BaSO_4)}}{m} \times 100\%$$

式中　　$w(BaCl_2 \cdot 2H_2O)$——$BaCl_2 \cdot 2H_2O$ 的质量分数，%；

m_1——空坩埚的质量，g；

m_2——灼烧恒重后坩埚和沉淀的质量，g；

m——试样的质量，g；

$M(BaCl_2 \cdot 2H_2O)$——$BaCl_2 \cdot 2H_2O$ 的摩尔质量，g/mol；

$M(BaSO_4)$——$BaSO_4$ 的摩尔质量，g/mol。

六、注意事项

1. 沉淀操作时，放入 $BaCl_2$ 溶液中的玻璃棒不能拿出，以免溶液有损失。

2. 注意晶形沉淀的沉淀条件。稀硫酸和试样溶液都必须加热至沸，并趁热加入硫酸，最好在断电的热电炉上加入，加入硫酸的速度要慢并不断搅拌，否则形成的沉淀太细会穿透滤纸。

3. 灼烧沉淀时应注意以下几点。

(1) 滤纸未灰化前，温度不要太高，以免沉淀颗粒随火焰飞散。

(2) 滤纸灰化时空气要充足，否则 $BaSO_4$ 易被滤纸的碳还原为绿色的 BaS。

$$BaSO_4 + 4C \longrightarrow BaS + 4CO\uparrow$$
$$BaSO_4 + 4CO \longrightarrow BaS + 4CO_2\uparrow$$

如遇此情况，可将坩埚冷却后，加入几滴（1+1）H_2SO_4，小心加热，至 SO_3 白烟冒尽再继续灼烧。BaS 和分解形成的 BaO 可再转化为 $BaSO_4$。

$$BaS + H_2SO_4 \longrightarrow BaSO_4\downarrow + H_2S\uparrow$$
$$BaO + H_2SO_4 \longrightarrow BaSO_4\downarrow + H_2O$$

(3) 灼烧温度不能太高，如超过 900℃，空气不足灼烧时，$BaSO_4$ 也会被碳还原。如超过 900℃，部分 $BaSO_4$ 按下式分解。

$$BaSO_4 \longrightarrow BaO + SO_3\uparrow$$

4. 在灼烧、冷却、称量过程中，应注意每次放于干燥器中冷却的条件与时间应尽量一致，使用同一台天平和同一盒砝码，这样才容易达到恒重。

洗净的坩埚放取或移动都应依靠坩埚钳，不得用手直接拿。放置坩埚钳时，要将钳尖向上，以免沾污。

七、思考与质疑

1. 为什么要在稀热 HCl 溶液中且不断搅拌条件下逐滴加入沉淀剂沉淀 $BaSO_4$？HCl 加入太多有何影响？

2. 为什么要在热溶液中沉淀 $BaSO_4$，但要在冷却后过滤？

3. 什么叫沉淀的陈化？晶形沉淀为什么要陈化？

4. 什么叫倾泻法过滤？倾泻法过滤和洗涤有哪些优点？

5. 如何选择洗涤液？洗涤沉淀时，为什么用洗涤液或水时都要少量多次？

6. 恒重的标志是什么？

任务三 硫酸镍中镍含量的测定

技能训练六 硫酸镍中镍含量的测定

一、项目要求

1. 掌握丁二酮肟镍称量法测定镍含量的基本原理、操作方法和计算。

2. 掌握微孔玻璃坩埚的使用方法。

3. 掌握抽滤过滤基本操作。

二、实施依据

丁二酮肟分子式为 $C_4H_8O_2N_2$，摩尔质量 116.2g/mol，是一种二元弱酸，以 H_2D 表示。离解平衡为：

$$H_2D \underset{+H^+}{\overset{-H^+}{\rightleftharpoons}} HD^- \underset{+H^+}{\overset{-H^+}{\rightleftharpoons}} D^{2-}$$

在氨性溶液中，丁二酮肟主要以 HD^- 状态存在，与 Ni^{2+} 发生配位反应如下：

鲜红色沉淀 $Ni(HD)_2$

经过滤、洗涤，在 120℃下烘干至恒重，称量丁二酮肟镍沉淀的质量计算 Ni 的质量分数。

丁二酮肟镍沉淀的酸度条件为 pH 为 8～9 的氨性溶液。酸度大，生成 H_2D，使沉淀溶解度增大，酸度小，生成 D^{2-}，氨浓度太高时，会生成 Ni^{2+} 的氨配合物 $Ni(NH_3)_4^{2+}$。同样可增加沉淀的溶解度。

丁二酮肟是一种选择性较高的有机沉淀剂，它只与 Ni^{2+}、Pd^{2+}、Fe^{2+} 生成沉淀。Co^{2+}、Cu^{2+}、Fe^{3+} 与其生成水溶性配合物，不仅会消耗 H_2D，且会引起共沉淀现象，是本实验的干扰离子，含量高时，最好进行二次沉淀。此外，Fe^{3+}、Al^{3+}、Cr^{3+}、Ti^{4+} 等离子，在氨性溶液中生成氢氧化物沉淀，干扰测定，故在溶液加氨水前，需加入柠檬酸或酒石酸等配位剂掩蔽。

为获得大颗粒沉淀，可在酸性热溶液中加入沉淀剂，然后滴加氨水调节溶液的 pH 值为 8～9，使沉淀慢慢析出（均匀沉淀法），再在 60～70℃保温 0.5h。

三、仪器、试剂

仪器如下。

1. 减压抽滤装置：抽滤瓶、抽气水泵、橡胶垫圈。

2. P_{16} 号微孔玻璃坩埚 2 个。

3. 称量瓶，1 个。

4. 烧杯，400mL 2 个。

5. 表面皿，11cm 2 个。

6. 玻璃棒，2 支。

7. 滴管，2 支。

8. 干燥器。

9. 干燥箱。

试剂如下。

1. HCl 溶液，1+19。

2. NH_4Cl 溶液，200g/L。

3. 酒石酸溶液，200g/L、20g/L。

4. 丁二酮肟乙醇溶液，10g/L。

5. $NH_3 \cdot H_2O$ 溶液，1+1、3+97。

6. HNO_3 溶液，2mol/L。

7. $AgNO_3$ 溶液，$c(AgNO_3)=0.1mol/L$。

8. 硫酸镍试样。

四、工作程序

1. 空坩埚的准备

洗净两个微孔玻璃坩埚，用真空泵抽 2min 以除去玻璃砂板中的水分，便于干燥。放进 130～150℃烘箱中，第一次干燥 1.5h，冷却 0.5h，以后每次干燥 1h，直至恒重。

2. 测定

准确称取 0.2g 试样两份分别放于两个 400mL 烧杯中，各加入 2mL（1+19）HCl 溶液和 20mL 水溶解。再加入 150mL 水稀释，5mL 200g/L NH$_4$Cl 溶液，5mL 200g/L 酒石酸溶液。烧杯上加盖表面皿，加热至沸，取下，用水吹洗表面皿和杯壁，搅拌均匀，在不断搅拌下，于温度为 70～80℃时，缓慢加入 10g/L 丁二酮肟乙醇溶液（每毫克 Ni^{2+} 约需 1mL 10g/L 的丁二酮肟溶液），最后再多加 20～30mL。但所加试剂的总量不要超过试液体积的 1/3，以免增大沉淀的溶解度。然后在不断搅拌下滴加（1+1）NH$_3$·H$_2$O 溶液至 pH 约为 8～9（用 pH 试纸检验），再过量 1～2mL。加盖表面皿，在 70～80℃水浴上陈化 30～40min。取下，稍冷后用倾泻法将沉淀过滤于微孔玻璃坩埚中，用（3+97）氨水溶液洗涤烧杯和沉淀 8～10 次，再用温热水洗涤沉淀至无 Cl$^-$ 为止（检查 Cl$^-$ 时，可将滤液以稀 HNO$_3$ 酸化，用 AgNO$_3$ 检查）。

将带有沉淀的微孔玻璃坩埚置于 130～150℃烘箱中烘 1h，冷却，称量，直至恒重为止。根据丁二酮肟镍的质量，计算试样中镍的含量。

五、数据记录与处理

$$w(\text{Ni}) = \frac{(m_2 - m_1) \times \dfrac{M(\text{Ni})}{M(\text{C}_8\text{H}_{14}\text{N}_4\text{O}_4\text{Ni})}}{m} \times 100\%$$

式中　　　　$w(\text{Ni})$——Ni 的质量分数，%；

$\qquad\qquad m_1$——微孔玻璃坩埚的质量，g；

$\qquad\qquad m_2$——沉淀与微孔玻璃坩埚总质量，g；

$\qquad\quad M(\text{Ni})$——Ni 的摩尔质量，g/mol；

$M(\text{C}_8\text{H}_{14}\text{N}_4\text{O}_4\text{Ni})$——丁二酮肟镍的摩尔质量，g/mol；

$\qquad\qquad m$——试样的质量，g。

六、注意事项

1. 过滤时溶液的量不要超过坩埚高度的 1/2。

2. 实验完毕，微孔玻璃坩埚以稀盐酸洗涤干净。

七、思考与质疑

1. 丁二酮肟镍是哪种类型的沉淀？为得到理想的沉淀，应选择和控制好哪些实验条件？

2. 称量法测定镍，也可将丁二酮肟镍灼烧成氧化镍称量。这与本方法相比较，哪种方法更优越？为什么？

3. 什么是均匀沉淀法？有何优点？

4. 沉淀剂用量为什么不能超过溶液总体积的 1/3？

5. 本实验的干扰离子有哪些？如何消除？

6. 为什么用微孔玻璃坩埚过滤丁二酮肟镍沉淀？测定后怎样清洗微孔玻璃坩埚？

相关知识

6.1　沉淀与溶解平衡

6.1.1　溶解度与固有溶解度、溶度积与条件溶度积

（1）溶解度与固有溶解度（intrinsic solubility）

当水中存在 1∶1 型微溶化合物 MA 时，MA 溶解并达到饱和状态后，有下列平衡关系：

$$MA(固) \Longrightarrow MA(水) \Longrightarrow M^+ + A^-$$

在水溶液中，除了 M^+、A^- 外，还有未离解的分子状态的 MA。例如，AgCl 溶于水中：

$$AgCl(固) \Longrightarrow AgCl(水) \Longrightarrow Ag^+ + Cl^-$$

对于有些物质可能是离子化合物（$M^+ A^-$），如 $CaSO_4$ 溶于水中。

$$CaSO_4(固) \Longrightarrow Ca^{2+} SO_4^{2-}(水) \Longrightarrow Ca^{2+} + SO_4^{2-}$$

根据 MA（固）和 MA（水）之间的溶解平衡可得：

$$\frac{a_{MA(水)}}{a_{MA(固)}} = K'（平衡常数）$$

因固体物质的活度等于 1，若用 s^0 表示 K'，则：

$$a_{MA(水)} = s^0 \tag{6-1}$$

s^0 称为 MA 固有溶解度，当温度一定时，s^0 为常数。

若溶液中不存在其他副反应，微溶化合物 MA 的溶解度 s 等于固有溶解度和 M^+（或 A^-）离子浓度之和，即：

$$s = s^0 + [M^+] = s^0 + [A^-] \tag{6-2}$$

如果 MA（水）几乎完全离解或 $s^0 \ll [M^+]$ 时（大多数的电解质属此类情况），则 s^0 可以忽略不计，则：

$$s = [M^+] = [A^-] \tag{6-3}$$

对于 $M_m A_n$ 型微溶化合物的溶解度 s 可按下式计算。

$$s = s^0 + \frac{[M^{n+}]}{m} = s^0 + \frac{[A^{m-}]}{n} \tag{6-4}$$

或

$$s = \frac{[M^{n+}]}{m} = \frac{[A^{m-}]}{n} \tag{6-5}$$

（2）溶度积（solubility product）与条件溶度积（conditional solubility product）

① 活度积与溶度积　当微溶化合物 MA 溶解于水中，如果除简单的水合离子外，其他各种形式的化合物均可忽略，则根据 MA 在水溶液中的平衡关系，得到：

$$\frac{a_{M^+} \, a_{A^-}}{a_{MA(水)}} = K$$

中性分子的活度系数视为 1，则根据式（6-1）$a_{MA(水)} = s^0$，故：

$$a_{M^+} \, a_{A^-} = K s^0 = K_{sp}^{\ominus} \tag{6-6}$$

$K_{sp}^{\ominus}$ 为离子的活度积常数（简称活度积）。$K_{sp}^{\ominus}$ 仅随温度变化。若引入活度系数，则由式（6-6）可得：

$$a_{M^+} \, a_{A^-} = \gamma_{M^+}[M^+]\gamma_{A^-}[A^-] = K_{sp}^{\ominus}$$

即：

$$[M^+][A^-] = \frac{K_{sp}^{\ominus}}{\gamma_{M^+}\gamma_{A^-}} = K_{sp} \tag{6-7}$$

式中，K_{sp} 为溶度积常数（简称溶度积），它是微溶化合物饱和溶液中，各种离子浓度的乘积。K_{sp} 的大小不仅与温度有关，而且与溶液的离子强度大小有关。在重量分析中大多是加入过量沉淀剂，一般离子强度较大，引用溶度积计算比较符合实际，仅在计算水中的溶解度时，才用活度积。

对于 $M_m A_n$ 型微溶化合物，其溶解平衡如下：

$$M_m A_n (固) \Longrightarrow m M^{n+} + n A^{m-}$$

因此其溶度积表达式为：

$$K_{sp} = [M^{n+}]^m [A^{m-}]^n \tag{6-8}$$

一些常见难溶化合物的溶度积可以在分析化学手册中查得。

② 条件溶度积　在沉淀溶解平衡中，除了主反应外，还可能存在多种副反应。例如对于 1:1 型沉淀 MA，除了溶解为 M^+ 和 A^- 这个主反应外，阳离子 M^+ 还可能与溶液中的配位剂 L 形成配合物 ML、ML_2…（略去电荷，下同），也可能与 OH^- 生成各级羟基配合物；阴离子 A^- 还可能与 H^+ 形成 HA、H_2A…，可表示为：

主反应　MA(固) $\Longrightarrow$　M　　　　 + 　　　A

副反应　　　$+L\diagup$　$\diagdown +OH$　　$\downarrow +H^+$

　　　　　ML　　　MOH　　　HA

　　　　ML_n　　$M(OH)_n$　　H_nA

此时，溶液中金属离子总浓度 $[M']$ 和沉淀剂总浓度 $[A']$ 分别为：

$[M'] = [M] + [ML] + [ML_2] + \cdots + [M(OH)] + [M(OH)_2] + \cdots$

$[A'] = [A] + [HA] + [H_2A] + \cdots$

同配位平衡的副反应计算相似，引入相应的副反应系数 α_M、α_A，则：

$$K_{sp} = [M][A] = \frac{[M'][A']}{\alpha_M \alpha_A} = \frac{K_{sp}'}{\alpha_M \alpha_A}$$

即

$$K_{sp}' = [M'][A'] = K_{sp} \alpha_M \alpha_A \tag{6-9}$$

K_{sp}' 只有在温度、离子强度、酸度、配位剂浓度等一定时才是常数，即 K_{sp}' 只有在反应条件一定时才是常数，故称为条件溶度积常数，简称条件溶度积。因为 $\alpha_M > 1$，$\alpha_A > 1$，所以 $K_{sp}' > K_{sp}$，即副反应的发生使溶度积常数增大。

对于 $m:n$ 型的沉淀 $M_m A_n$，则：

$$K_{sp}' = K_{sp} \alpha_M^m \alpha_A^n \tag{6-10}$$

由于条件溶度积 K_{sp}' 的引入，使得在有副反应发生时的溶解度计算大为简化。

按照溶度积规则，可以定量地描述溶液中沉淀的生成和溶解条件。如果用 MA 表示化合物的通式，在饱和溶液中沉淀与溶液间呈平衡状态：

$$M^+ + A^- \rightleftharpoons MA$$
$$[M^+][A^-] = K_{sp} \tag{6-11}$$

如果溶液中离子浓度的乘积大于该化合物的溶度积时，溶液是过饱和的，将有沉淀析出直至达到饱和为止。因此生成沉淀的条件是：

$$[M^+][A^-] > K_{sp} \tag{6-12}$$

如果溶液中离子浓度的乘积小于该化合物的溶度积时，溶液是未饱和的，若有固体存在将继续溶解至达到饱和为止。因此沉淀溶解的条件是：

$$[M^+][A^-] < K_{sp} \tag{6-13}$$

6.1.2　影响沉淀溶解度的因素

影响沉淀溶解度的因素很多，如同离子效应、盐效应、酸效应、配位效应等。此外，温度、介质、沉淀结构和颗粒大小等对沉淀的溶解度也有影响。现分别进行讨论。

（1）同离子效应

组成沉淀晶体的离子称为构晶离子。当沉淀反应达到平衡后，如果向溶液中加入适当过量的含有某一构晶离子的试剂或溶液，则沉淀的溶解度减小，这种现象称为同离子效应。

例如，25℃时，$BaSO_4$ 在水中的溶解度为：

$$s = [Ba^{2+}] = [SO_4^{2-}] = \sqrt{K_{sp}} = \sqrt{6 \times 10^{-10}} = 2.4 \times 10^{-5} \, mol/L$$

如果使溶液中的 $[SO_4^{2-}]$ 增至 0.10mol/L，此时 $BaSO_4$ 的溶解度为：

$$s = [Ba^{2+}] = K_{sp}/[SO_4^{2-}] = (6 \times 10^{-10}/0.10)mol/L = 6 \times 10^{-9} \, mol/L$$

即 $BaSO_4$ 的溶解度减少至万分之一。

因此，在实际分析中，常加入过量沉淀剂，利用同离子效应，使被测组分沉淀完全。但沉淀剂过量太多，可能引起盐效应、酸效应及配位效应等副反应，反而使沉淀的溶解度增大。一般情况下，沉淀剂过量50%～100%是合适的，如果沉淀剂是不易挥发的，则以过量20%～30%为宜。

（2）盐效应

沉淀反应达到平衡时，由于强电解质的存在或加入其他强电解质，使沉淀的溶解度增大，这种现象称为盐效应。例如：$AgCl$、$BaSO_4$ 在 KNO_3 溶液中的溶解度比在纯水中大，而且溶解度随 KNO_3 浓度增大而增大。

产生盐效应的原因是由于离子的活度系数 γ 与溶液中加入的强电解质的浓度有关，当强电解的浓度增大到一定程度时，离子强度增大因而使离子活度系数明显减小。而在一定温度下 K_{sp} 为一常数，因而 $[M^+][A^-]$ 必然要增大，致使沉淀的溶解度增大。因此，利用同离子效应降低沉淀的溶解度时，应考虑盐效应的影响，即沉淀剂不能过量太多。

应该指出，如果沉淀本身的溶解度很小，一般来讲，盐效应的影响很小，可以不予考虑。只有当沉淀的溶解度比较大，而且溶液的离子强度很高时，才考虑盐效应的影响。

（3）酸效应

溶液酸度对沉淀溶解度的影响，称为酸效应。酸效应的发生主要是由于溶液中 H^+ 浓度的大小对弱酸、多元酸或难溶酸离解平衡的影响。因此，酸效应对于不同类型沉淀的影响情况不一样，若沉淀是强酸盐（如 $BaSO_4$、$AgCl$ 等）其溶解度受酸度影响不大，但对弱酸盐如 CaC_2O_4 则酸效应影响就很显著。如 CaC_2O_4 沉淀在溶液中有下列平衡：

$$CaC_2O_4 \rightleftharpoons Ca^{2+}+C_2O_4^{2-}$$

$$-H^+\,\big\Updownarrow\,+H^+$$

$$HC_2O_4^- \xrightleft[{-H^+}]{+H^+} H_2C_2O_4$$

当酸度较高时，沉淀溶解平衡向右移动，从而增加了沉淀溶解度。若知平衡时溶液的 pH，就可以计算酸效应系数，得到条件溶度积，从而计算溶解度。

【例 6-1】 计算 CaC_2O_4 沉淀在 pH＝5 和 pH＝2 溶液中的溶解度。（已知 $H_2C_2O_4$ 的 $K_{a_1}=5.9\times10^{-2}$，$K_{a_2}=6.4\times10^{-5}$，$K_{sp,CaC_2O_4}=2.0\times10^{-9}$）

解 pH＝5 时，$H_2C_2O_4$ 的酸效应系数[1]为：

$$\alpha_{C_2O_4(H)}=1+\frac{[H]}{K_2}+\frac{[H]^2}{K_1K_2}$$

$$=1+1.0\times10^{-5}/(6.4\times10^{-5})+(1.0\times10^{-5})^2/(6.4\times10^{-5}\times5.9\times10^{-2})=1.16$$

根据式(6-9) 得：

$$K'_{sp,CaC_2O_4}=K_{sp,CaC_2O_4}\alpha_{C_2O_4(H)}=1.6\times10^{-8}\times1.16$$

因此

$$s=[Ca^{2+}]=[C_2O_4^{2-}]=\sqrt{K'_{sp}}$$

$$s=\sqrt{1.6\times10^{-8}\times1.16}\,\text{mol/L}=1.36\times10^{-4}\,\text{mol/L}$$

同理可求出 pH＝2 时，CaC_2O_4 的溶解度为 6.1×10^{-4} mol/L。

由上述计算可知 CaC_2O_4 在 pH＝2 的溶液中的溶解度比 pH＝5 的溶液中的溶解度约大13 倍。

为了防止沉淀溶解损失，对于弱酸盐沉淀，如碳酸盐、草酸盐、磷酸盐等，通常应在较低的酸度下进行沉淀。如果沉淀本身是弱酸，如硅酸（$SiO_2 \cdot nH_2O$）、钨酸（$WO_3 \cdot nH_2O$）等，易溶于碱，则应在强酸性介质中进行沉淀。如果沉淀是强酸盐如 $AgCl$ 等，在酸性溶液中进行沉淀时，溶液的酸度对沉淀的溶解度影响不大。对于硫酸盐沉淀，例如 $BaSO_4$、$SrSO_4$ 等，由于 H_2SO_4 的 K_{a_2} 不大，当溶液的酸度太高时，沉淀的溶解度也随之增大。

（4）配位效应

进行沉淀反应时，若溶液中存在能与构晶离子生成可溶性配合物的配位剂，则可使沉淀溶解度增大，这种现象称为配位效应。

配位剂主要来自两方面，一是沉淀剂本身就是配位剂，二是加入的其他试剂。

例如用 Cl^- 沉淀 Ag^+ 时，得到 $AgCl$ 白色沉淀，若向此溶液加入氨水，则因 NH_3 配位形成 $[Ag(NH_3)_2]^+$，使 $AgCl$ 的溶解度增大，甚至全部溶解。如果在沉淀 Ag^+ 时，加入过量的 Cl^-，则 Cl^- 能与 $AgCl$ 沉淀进一步形成 $AgCl_2^-$ 和 $AgCl_3^{2-}$ 等配离子，也使 $AgCl$ 沉淀逐渐溶解。这时 Cl^- 沉淀剂本身就是配位剂。由此可见，在用沉淀剂进行沉淀时，应严格控制沉淀剂的用量，同时注意外加试剂的影响。

---

❶ 可参阅项目 4 中 $\alpha_{Y(H)}$ 的计算方法。

配位效应使沉淀的溶解度增大的程度与沉淀的溶度积、配位剂的浓度和形成配合物的稳定常数有关。沉淀的溶度积越大，配位剂的浓度越大，形成的配合物越稳定，沉淀就越容易溶解。

综上所述，在实际工作中应根据具体情况来考虑哪种效应是主要的。对无配位反应的强酸盐沉淀，主要考虑同离子效应和盐效应，对弱酸盐或难溶盐的沉淀，多数情况主要考虑酸效应。对于有配位反应且沉淀的溶度积又较大，易形成稳定配合物时，应主要考虑配位效应。

（5）其他影响因素

除上述因素外，温度和其他溶剂的存在，沉淀颗粒大小和结构等，都对沉淀的溶解度有影响。

① 温度的影响　沉淀的溶解一般是吸热过程，其溶解度随温度升高而增大。因此，对于一些在热溶液中溶解度较大的沉淀，在过滤洗涤时必须在室温下进行，如 $MgNH_4PO_4$、CaC_2O_4 等。对于一些溶解度小，冷时又较难过滤和洗涤的沉淀，则采用趁热过滤，并用热的洗涤液进行洗涤，如 $Fe(OH)_3$、$Al(OH)_3$ 等。

② 溶剂的影响　无机物沉淀大部分是离子型晶体，它们在有机溶剂中的溶解度一般比在纯水中要小。例如 $PbSO_4$ 沉淀在 $100mL$ 水中的溶解为 $1.5 \times 10^{-4}\,mol/L$，而在 $100mL$ $\varphi_{乙醇} = 50\%$ 的乙醇溶液中的溶解度为 $7.6 \times 10^{-6}\,mol/L$。

③ 沉淀颗粒大小和结构的影响　同一种沉淀，在质量相同时，颗粒越小，其总表面积越大，溶解度越大。由于小晶体比大晶体有更多的角、边和表面，处于这些位置的离子受晶体内离子的吸引力小，又受到溶剂分子的作用，容易进入溶液中。因此，小颗粒沉淀的溶解度比大颗粒沉淀的溶解度大。所以，在实际分析中，要尽量创造条件以利于形成大颗粒晶体。

根据上述离子浓度积与溶度积的关系式，可以判断沉淀能否生成以及沉淀完全的基本条件。

6.1.3　沉淀完全的条件

沉淀滴定是用某种标准滴定溶液作沉淀剂，与试液中被测离子生成难溶化合物沉淀，要在化学计量点结束滴定，试液中被测离子必须 99.9% 以上转化为沉淀，故要求沉淀的溶度积必须很小。

【例 6-2】　试液中待测离子 A^- 的浓度为 $0.01mol/L$。滴入沉淀剂 M^+，在化学计量点要求 99.9% 生成 MA，试求 $K_{sp,MA}$ 应为多少？

解　在化学计量点有 99.9% 的 A^- 生成沉淀，溶液中游离 A^- 的浓度为：

$$[A^-] = 0.01 \times 0.1\% = 10^{-5}\,mol/L$$

此时，A^- 全部由沉淀的溶解和离解产生，溶液中沉淀剂 M^+ 的浓度也应是 $10^{-5}\,mol/L$，故沉淀的溶度积为：

$$K_{sp,MA} = [A^-][M^+] = 10^{-5} \times 10^{-5} = 10^{-10}$$

由例 6-2 可见，用于沉淀滴定的反应，其沉淀的溶度积必须 $\leqslant 10^{-10}$，否则由于沉淀的部分溶解会引起较大的分析误差。

在沉淀称量法中，怎样衡量沉淀反应是否达到完全呢？通常依据沉淀反应达到平衡时，溶液中剩余的待测离子浓度，或者说沉淀的溶解损失量来衡量。按照溶度积规则，在难溶化合物的饱和溶液中加入过量的沉淀剂时，沉淀的溶解度降低，其溶解损失就会减少。

【例 6-3】 用硫酸钡称量法测定试样中硫酸盐。计算在 200mL $BaSO_4$ 饱和溶液中，由于溶解所损失的沉淀质量是多少？如果让沉淀剂 Ba^{2+} 过量 0.01mol/L，这时溶解损失又是多少？

解 已知 25℃ $\qquad K_{sp,BaSO_4} = 1.1 \times 10^{-10}$

$$[Ba^{2+}] = [SO_4^{2-}] = \sqrt{1.1 \times 10^{-10}} = 1.05 \times 10^{-5} \text{mol/L}$$

而 $BaSO_4$ 的摩尔质量 $M = 233\text{g/mol}$

则 $BaSO_4$ 的溶解量 $= 1.05 \times 10^{-5} \times 233 \times 0.200 = 4.9 \times 10^{-4} \text{g}$

当 $[Ba^{2+}] = 0.01\text{mol/L}$ 时（原有 Ba^{2+} 浓度可忽略不计），

$$[SO_4^{2-}] = \frac{1.1 \times 10^{-10}}{0.01} = 1.1 \times 10^{-8} \text{mol/L}$$

此时 $BaSO_4$ 的溶解量 $= 1.1 \times 10^{-8} \times 233 \times 0.200 = 5.1 \times 10^{-7}$（g）

已知分析天平的称量误差为 0.2mg 即 2×10^{-4}g。由例 6-3 可见，若沉淀剂不过量，由沉淀溶解引起的损失超过称量误差；若加入足够过量的沉淀剂，由沉淀溶解所造成的损失远远小于天平的称量误差，这个损失就可以忽略了。因此，沉淀称量分析一方面要选择合适的沉淀剂，使生成沉淀的溶度积尽可能小；另一方面可加入过量的沉淀剂，以保证被测组分沉淀完全。但是，沉淀剂用量也不宜过多，因为过多的沉淀剂可能产生不同程度的副作用，反而导致溶解损失增加。一般按理论值过量 50%～100%；如果沉淀剂是不易挥发的物质，则控制过量 20%～30%。

6.1.4 分步沉淀

若在几种离子的混合溶液中，加入一种能与它们生成难溶化合物的沉淀剂，则会产生几种沉淀。但由于溶液中离子浓度不同，与沉淀剂生成难溶化合物的溶度积大小不同，几种沉淀形成的先后次序可能不同。究竟溶液中哪种离子先沉淀？哪种后沉淀呢？根据溶度积规则，离子积先达到溶度积的先产生沉淀，或者说哪一种离子产生沉淀所需的沉淀剂的量最少，则该离子最先析出沉淀。

【例 6-4】 在含有 Cl^- 和 CrO_4^{2-} 的溶液中，两种离子浓度都是 0.1mol/L。当逐滴加入 $AgNO_3$ 溶液时，哪种离子先沉淀？第二种离子开始沉淀时，第一种离子在溶液中的浓度是多少？

解 $AgCl$ 和 Ag_2CrO_4 开始沉淀时所需的 Ag^+ 浓度分别是：

对 $AgCl$ $\qquad [Ag^+] = \dfrac{K_{sp,AgCl}}{[Cl^-]} = \dfrac{1.8 \times 10^{-10}}{0.1} = 1.8 \times 10^{-9} \text{mol/L}$

对 Ag_2CrO_4 $[Ag^+] = \sqrt{\dfrac{K_{sp,Ag_2CrO_4}}{[CrO_4^{2-}]}} = \sqrt{\dfrac{1.1 \times 10^{-12}}{0.1}} = 3.3 \times 10^{-6} \text{mol/L}$

可见首先达到 $AgCl$ 的溶度积，$AgCl$ 先沉淀。

继续滴加 $AgNO_3$ 溶液，当 $[Ag^+]$ 增加到 3.3×10^{-6}mol/L 时，Ag_2CrO_4 开始析出沉

淀，这时溶液中 Cl^- 的浓度是：

$$[Cl^-]=\frac{K_{sp,AgCl}}{[Ag^+]}=\frac{1.8\times10^{-10}}{3.3\times10^{-6}}=5.4\times10^{-5}mol/L$$

与 Cl^- 的初始浓度相比，未沉淀的 Cl^- 仅占 0.054%。可以认为这时 Cl^- 实际上已沉淀完全。

这种利用溶度积的大小不同进行先后沉淀的作用称为分步沉淀。利用分步沉淀原理，可以选择适当的沉淀剂或控制一定的反应条件，使混合离子相互分离或连续滴定。

6.1.5　沉淀的转化

一种难溶化合物转变为另一种难溶化合物的现象叫沉淀的转化。例如，在有 AgCl 沉淀的溶液中，由于沉淀的溶解和解离，溶液中含有 Ag^+。在此溶液中加入 NH_4SCN 时，由于 AgSCN 的溶度积（$K_{sp}=1.8\times10^{-12}$）小于 AgCl 的溶度积（$K_{sp}=1.8\times10^{-10}$）故溶液中的 Ag^+ 与 SCN^- 浓度的乘积超过了 AgSCN 的溶度积，于是析出 AgSCN 沉淀。从而导致溶液中 Ag^+ 浓度降低，此时溶液对 AgCl 来说是不饱和的，AgCl 沉淀开始溶解。由于 AgCl 溶解，Ag^+ 浓度增加，AgSCN 沉淀将不断析出。如此继续进行，直至达到平衡。转化过程反应方程式如下：

$$AgCl \rightleftharpoons Ag^+ + Cl^-$$
$$+$$
$$NH_4SCN \longrightarrow SCN^- + NH_4^+$$
$$\Updownarrow$$
$$AgSCN\downarrow$$

沉淀能否转化及转化的程度取决于两种沉淀物溶度积的相对大小。显然，溶度积大的沉淀容易转化为溶度积小的沉淀，两者 K_{sp} 相差越大，转化的比例越大。由于上例中沉淀转化现象的存在，会给银量返滴定法带来误差，在分析操作中应当想办法避免。利用沉淀转化作用有时可以解决工程上的实际问题，如锅炉内的锅垢含有 $CaSO_4$，它既不溶于水也不溶于酸。为了清除 $CaSO_4$，可加入 Na_2CO_3 溶液使 $CaSO_4$ 逐渐转化为溶度积更小的 $CaCO_3$，以便清除。

6.2　沉淀滴定法——银量法

沉淀滴定法（precipitation titrimetry）是以沉淀反应为基础的一种滴定分析方法。虽然沉淀反应很多，但是能用于滴定分析的沉淀反应必须符合下列几个条件。

① 沉淀反应必须迅速，并按一定的化学计量关系进行。

② 生成的沉淀应具有恒定的组成，而且溶解度必须很小。

③ 有确定化学计量点的简单方法。

④ 沉淀的吸附现象不影响滴定终点的确定。

由于上述条件的限制，能用于沉淀滴定法的反应并不多，目前有实用价值的主要是形成难溶性银盐的反应，例如：

$$Ag^+ + Cl^- \longrightarrow AgCl\downarrow \quad （白色）$$

$$Ag^+ + SCN^- \longrightarrow AgSCN\downarrow \quad （白色）$$

这种利用生成难溶银盐反应进行沉淀滴定的方法称为银量法（argentimetry）。用银量法主要用于测定 Cl^-、Br^-、I^-、Ag^+、CN^-、SCN^- 等离子及含卤素的有机化合物。

除银量法外，沉淀滴定法中还有利用其他沉淀反应的方法，例如：$K_4[Fe(CN)_6]$ 与 Zn^{2+}、四苯硼酸钠与 K^+ 形成沉淀的反应。

$$2K_4[Fe(CN)_6] + 3Zn^{2+} \longrightarrow K_2Zn_3[Fe(CN)_6]_2\downarrow + 6K^+$$

$$NaB(C_6H_5)_4 + K^+ \longrightarrow KB(C_6H_5)_4\downarrow + Na^+$$

都可用于沉淀滴定法。

根据确定终点所用指示剂的不同，或以创立者的名字命名，银量法分为莫尔法（Mohr method）、佛尔哈德法（Volhard method）和法扬司法（Fajans method）。

6.2.1 莫尔法——铬酸钾作指示剂法

莫尔法是以 K_2CrO_4 为指示剂，在中性或弱碱性介质中用 $AgNO_3$ 标准溶液测定卤素混合物含量的方法。

（1）指示剂的作用原理

以测定 Cl^- 为例，K_2CrO_4 作指示剂，用 $AgNO_3$ 标准溶液滴定，其反应为：

$$Ag^+ + Cl^- \longrightarrow AgCl\downarrow \quad 白色$$

$$2Ag^+ + CrO_4^{2-} \longrightarrow Ag_2CrO_4\downarrow \quad 砖红色$$

这个方法的依据是多级沉淀原理，由于 AgCl 的溶解度比 Ag_2CrO_4 的溶解度小，因此在用 $AgNO_3$ 标准溶液滴定时，AgCl 先析出沉淀，当滴定剂 Ag^+ 与 Cl^- 达到化学计量点时，微过量的 Ag^+ 与 CrO_4^{2-} 反应析出砖红色的 Ag_2CrO_4 沉淀，指示滴定终点的到达。

（2）滴定条件

① 指示剂作用量　用 $AgNO_3$ 标准溶液滴定 Cl^-、指示剂 K_2CrO_4 的用量对于终点指示有较大的影响，CrO_4^{2-} 浓度过高或过低，Ag_2CrO_4 沉淀的析出就会过早或过迟，就会产生一定的终点误差。因此要求 Ag_2CrO_4 沉淀应该恰好在滴定反应的化学计量点时出现。化学计量点时 $[Ag^+]$ 为：

$$[Ag^+] = [Cl^-] = \sqrt{K_{sp,AgCl}} = \sqrt{3.2\times10^{-10}}\,mol/L = 1.8\times10^{-5}\,mol/L$$

若此时恰有 Ag_2CrO_4 沉淀，则：

$$[CrO_4^{2-}] = \frac{K_{sp,Ag_2CrO_4}}{[Ag^+]^2} = 5.0\times10^{-12}/(1.8\times10^{-5})^2\,mol/L = 1.5\times10^{-2}\,mol/L$$

在滴定时，由于 K_2CrO_4 显黄色，当其浓度较高时颜色较深，不易判断砖红色的出现。为了能观察到明显的终点，指示剂的浓度以略低一些为好。实验证明，滴定溶液中 $c(K_2CrO_4)$ 为 $5\times10^{-3}\,mol/L$ 是确定滴定终点的适宜浓度。

显然，K_2CrO_4 浓度降低后，要使 Ag_2CrO_4 析出沉淀，必须多加些 $AgNO_3$ 标准溶液，这时滴定剂就过量了，终点将在化学计量点后出现，但由于产生的终点误差一般都小于 0.1%，不会影响分析结果的准确度。但是如果溶液较稀，如用 0.01000mol/L $AgNO_3$ 标准溶液滴定 0.01000mol/L Cl^- 溶液，滴定误差可达 0.6%，影响分析结果的准确度，应做指示剂空白试验进行校正。

② 滴定时的酸度　在酸性溶液中，CrO_4^{2-} 有如下反应：

$$2CrO_4^{2-} + 2H^+ \rightleftharpoons 2HCrO_4^- \rightleftharpoons Cr_2O_7^{2-} + H_2O$$

因而降低了 CrO_4^{2-} 的浓度，使 Ag_2CrO_4 沉淀出现过迟，甚至不会沉淀。

在强碱性溶液中，会有棕黑色 $Ag_2O\downarrow$ 沉淀析出：

$$2Ag^+ + 2OH^- \rightleftharpoons Ag_2O\downarrow + H_2O$$

因此，莫尔法只能在中性或弱碱性（$pH = 6.5 \sim 10.5$）溶液中进行。若溶液酸性太强，可用 $Na_2B_4O_7 \cdot 10H_2O$ 或 $NaHCO_3$ 中和；若溶液碱性太强，可用稀 HNO_3 溶液中和；而在有 NH_4^+ 存在时，滴定的 pH 范围应控制在 $6.5 \sim 7.2$ 之间。

（3）应用范围

莫尔法主要用于测定 Cl^-、Br^- 和 Ag^+，如氯化物、溴化物纯度测定以及天然水中氯含量的测定。当试样中 Cl^- 和 Br^- 共存时，测得的结果是它们的总量。若测定 Ag^+，应采用返滴定法，即向 Ag^+ 的试液中加入过量的 NaCl 标准溶液，然后再用 $AgNO_3$ 标准溶液滴定剩余的 Cl^-（若直接滴定，先生成的 Ag_2CrO_4 转化为 AgCl 的速率缓慢，滴定终点难以确定）。莫尔法不宜测定 I^- 和 SCN^-，因为滴定生成的 AgI 和 AgSCN 沉淀表面会强烈吸附 I^- 和 SCN^-，使滴定终点过早出现，造成较大的滴定误差。

莫尔法的选择性较差，凡能与 CrO_4^{2-} 或 Ag^+ 生成沉淀的阳、阴离子均干扰滴定。前者如 Ba^{2+}、Pb^{2+}、Hg^{2+} 等；后者如 SO_3^{2-}、PO_4^{3-}、AsO_4^{3-}、S^{2-}、$C_2O_4^{2-}$ 等。

6.2.2　佛尔哈德法——铁铵矾作指示剂

佛尔哈德法是在酸性介质中，以铁铵矾 $[NH_4Fe(SO_4)_2 \cdot 12H_2O]$ 作指示剂来确定滴定终点的一种银量法。根据滴定方式的不同，佛尔哈德法分为直接滴定法和返滴定法两种。

（1）直接滴定法测定 Ag^+

在含有 Ag^+ 的 HNO_3 介质中，以铁铵矾作指示剂，用 NH_4SCN 标准溶液直接滴定，当滴定到化学计量点时，微过量的 SCN^- 与 Fe^{3+} 结合生成红色的 $[FeSCN]^{2+}$ 即为滴定终点。其反应是：

$$Ag^+ + SCN^- \longrightarrow AgSCN\downarrow（白色）\qquad K_{sp,AgSCN} = 2.0 \times 10^{-12}$$

$$Fe^{3+} + SCN^- \longrightarrow [FeSCN]^{2+}（红色）\quad K = 200$$

由于指示剂中的 Fe^{3+} 在中性或碱性溶液中将形成 $Fe(OH)^{2+}$、$Fe(OH)_2^+$ 等深色配合物，碱度再大，还会产生 $Fe(OH)_3$ 沉淀，因此滴定应在酸性（$0.3 \sim 1mol/L$）溶液中进行。

用 NH_4SCN 溶液滴定 Ag^+ 溶液时，生成的 AgSCN 沉淀能吸附溶液中的 Ag^+，使 Ag^+ 浓度降低，以致红色的出现略早于化学计量点。因此在滴定过程中需剧烈摇动，使被吸附的 Ag^+ 释放出来。

此法的优点在于可用来直接测定 Ag^+，并可在酸性溶液中进行滴定。

（2）返滴定法测定卤素离子

佛尔哈德法测定卤素离子（如 Cl^-、Br^-、I^- 和 SCN）时应采用返滴定法。即在酸性（HNO_3 介质）待测溶液中，先加入已知过量的 $AgNO_3$ 标准溶液，再用铁铵矾作指示剂，用 NH_4SCN 标准溶液回滴剩余的 Ag^+（HNO_3 介质）。反应如下：

$$Ag^+ + Cl^- \longrightarrow AgCl \downarrow \quad (白色)$$
（过量）
$$Ag^+ + SCN^- \longrightarrow AgSCN \downarrow \quad (白色)$$
（剩余量）

终点指示反应：$\qquad Fe^{3+} + SCN^- \longrightarrow [FeSCN]^{2+} \quad (红色)$

用佛尔哈德法测定 Cl^-，滴定到临近终点时，经摇动后形成的红色会退去，这是因为 AgSCN 的溶解度小于 AgCl 的溶解度，加入的 NH_4SCN 将与 AgCl 发生沉淀转化反应

$$AgCl + SCN^- \longrightarrow AgSCN \downarrow + Cl^-$$

沉淀的转化速率较慢，滴加 NH_4SCN 形成的红色随着溶液的摇动而消失。这种转化作用将继续进行到 Cl^- 与 SCN^- 浓度之间建立一定的平衡关系，才会出现持久的红色，无疑滴定已多消耗了 NH_4SCN 标准滴定溶液。为了避免上述现象的发生，通常采用以下措施。

① 试液中加入一定过量的 $AgNO_3$ 标准溶液之后，将溶液煮沸，使 AgCl 沉淀凝聚，以减少 AgCl 沉淀对 Ag^+ 的吸附。滤去沉淀，并用稀 HNO_3 充分洗涤沉淀，然后用 NH_4SCN 标准滴定溶液回滴滤液中的过量 Ag^+。

② 在滴入 NH_4SCN 标准溶液之前，加入有机溶剂硝基苯或邻苯二甲酸二丁酯或 1,2-二氯乙烷。用力摇动后，有机溶剂将 AgCl 沉淀包住，使 AgCl 沉淀与外部溶液隔离，阻止 AgCl 沉淀与 NH_4SCN 发生转化反应。此法方便，但硝基苯有毒。

③ 提高 Fe^{3+} 的浓度以减小终点时 SCN^- 的浓度，从而减小上述误差 [实验证明，一般溶液中 $c(Fe^{3+}) = 0.2mol/L$ 时，终点误差将小于 0.1%]。

佛尔哈德法在测定 Br^-、I^- 和 SCN^- 时，滴定终点十分明显，不会发生沉淀转化，因此不必采取上述措施。但是在测定碘化物时，必须加入过量 $AgNO_3$ 溶液之后再加入铁铵矾指示剂，以免 I^- 对 Fe^{3+} 的还原作用而造成误差。强氧化剂和氮的氧化物以及铜盐、汞盐都与 SCN^- 作用，因而干扰测定，必须预先除去。

6.2.3 法扬司法——吸附指示剂法

法扬司法是以吸附指示剂（adsorption indicator）确定滴定终点的一种银量法。

（1）吸附指示剂的作用原理

吸附指示剂是一类有机染料，它的阴离子在溶液中易被带正电荷的胶状沉淀吸附，吸附后结构改变，从而引起颜色的变化，指示滴定终点的到达。

现以 $AgNO_3$ 标准溶液滴定 Cl^- 为例，说明指示剂荧光黄的作用原理。

荧光黄是一种有机弱酸，用 HFI 表示，在水溶液中可离解为荧光黄阴离子 FI^-，呈黄绿色：

$$HFI \rightleftharpoons FI^- + H^+$$

在化学计量点前，生成的 AgCl 沉淀在过量的 Cl^- 溶液中，AgCl 沉淀吸附 Cl^- 而带负电荷，形成的 $(AgCl) \cdot Cl^-$ 不吸附指示剂阴离子 FI^-，溶液呈黄绿色。达化学计量点时，微过量的 $AgNO_3$ 可使 AgCl 沉淀吸附 Ag^+ 形成 $(AgCl) \cdot Ag^+$ 而带正电荷，此带正电荷的 $(AgCl) \cdot Ag^+$ 吸附荧光黄阴离子 FI^-，结构发生变化呈现粉红色，使整个溶液由黄绿色变成粉红色，指示终点的到达。

$$(AgCl) \cdot Ag^+ + FI^- \xrightarrow{\text{吸附}} (AgCl) \cdot Ag \cdot FI$$
$$\text{（黄绿色）} \qquad\qquad \text{（粉红色）}$$

（2）使用吸附指示剂的注意事项

为了使终点变色敏锐，应用吸附指示剂时需要注意以下几点。

① 保持沉淀呈胶体状态　由于吸附指示剂的颜色变化发生在沉淀微粒表面上，因此，应尽可能使卤化银沉淀呈胶体状态，具有较大的表面积。为此，在滴定前应将溶液稀释，并加糊精或淀粉等高分子化合物作为保护剂，以防止卤化银沉淀凝聚。

② 控制溶液酸度　常用的吸附指示剂大多是有机弱酸，而起指示剂作用的是它们的阴离子。酸度大时，H^+ 与指示剂阴离子结合成不被吸附的指示剂分子，无法指示终点。酸度的大小与指示剂的离解常数有关，离解常数大，酸度可以大些。例如荧光黄其 $pK_a \approx 7$，适用于 pH＝7～10 的条件下进行滴定，若 pH＜7 荧光黄主要以 HFI 形式存在，不被吸附。

③ 避免强光照射　卤化银沉淀对光敏感，易分解析出银使沉淀变为灰黑色，影响滴定终点的观察，因此在滴定过程中应避免强光照射。

④ 吸附指示剂的选择　沉淀胶体微粒对指示剂离子的吸附能力，应略小于对待测离子的吸附能力，否则指示剂将在化学计量点前变色。但不能太小，否则终点出现过迟。卤化银对卤化物和几种吸附指示剂的吸附能力的次序如下：

$$I^- > SCN^- > Br^- > \text{曙红} > Cl^- > \text{荧光黄}$$

因此，滴定 Cl^- 不能选曙红，而应选荧光黄。表 6-1 中列出了几种常用的吸附指示剂及其应用。

表 6-1　常用吸附指示剂

指示剂	被测离子	滴定剂	滴定条件	终点颜色变化
荧光黄	Cl^-、Br^-、I^-	$AgNO_3$	pH 7～10	黄绿色→粉红色
二氯荧光黄	Cl^-、Br^-、I^-	$AgNO_3$	pH 4～10	黄绿色→红色
曙红	Br^-、SCN^-、I^-	$AgNO_3$	pH 2～10	橙黄色→红紫色
溴酚蓝	生物碱盐类	$AgNO_3$	弱酸性	黄绿色→灰紫色
甲基紫	Ag^+	NaCl	酸性溶液	黄红色→红紫色

（3）应用范围

法扬司法可用于测定 Cl^-、Br^-、I^- 和 SCN^- 及生物碱盐类（如盐酸麻黄碱）等。测定 Cl^- 常用荧光黄或二氯荧光黄作指示剂，而测定 Br^-、I^- 和 SCN^- 常用曙红作指示剂。此法终点明显，方法简便，但反应条件要求较严，应注意溶液的酸度，浓度及胶体的保护等。

6.3　称量分析法概述

6.3.1　称量分析法的分类和特点

称量分析法（也称重量分析法）是用适当的方法先将试样中待测组分与其他组分分离，然后用称量的方法测定该组分的含量。根据分离方法的不同，称量分析法常分为 3 类。

（1）沉淀法

沉淀法是称量分析法中的主要方法，这种方法是利用试剂与待测组分生成溶解度很小的沉淀，经过滤、洗涤、烘干或灼烧成为组成一定的物质，然后称其质量，再计算待测组分的含量。例如，测定试样中 SO_4^{2-} 含量时，在试液中加入过量 $BaCl_2$ 溶液，使 SO_4^{2-} 完全生成难溶的 $BaSO_4$ 沉淀，经过滤、洗涤、烘干、灼烧后，称量 $BaSO_4$ 的质量，再计算试样中的 SO_4^{2-} 的含量。

（2）气化法（又称挥发法）

利用物质的挥发性质，通过加热或其他方法使试样中的待测组分挥发逸出，然后根据试样质量的减少，计算该组分的含量；或者用吸收剂吸收逸出的组分，根据吸收剂质量的增加计算该组分的含量。例如，测定氯化钡晶体（$BaCl_2 \cdot 2H_2O$）中结晶水的含量，可将一定质量的氯化钡试样加热，使水分逸出，根据氯化钡质量的减轻称出试样中水分的含量。也可以用吸湿剂（高氯酸镁）吸收逸出的水分，根据吸湿剂质量的增加来计算水分的含量。

（3）电解法

利用电解的方法使待测金属离子在电极上还原析出，然后称量，根据电极增加的质量，求得其含量。

称量分析法是经典的化学分析法，它通过直接称量得到分析结果，不需要从容量器皿中引入许多数据，也不需要标准试样或基准物质作比较。对高含量组分的测定，重量分析比较准确，一般测定的相对误差不大于 0.1%。对高含量的硅、磷、钨、镍、稀土元素等试样的精确分析，至今仍常使用重量分析方法。但重量分析法的不足之处是操作较烦琐，耗时多，不适于生产中的控制分析；对低含量组分的测定误差较大。

6.3.2　沉淀称量法对沉淀形式和称量形式的要求

利用沉淀称量法进行分析时，首先将试样分解为试液，然后加入适当的沉淀剂使其与被测组分发生沉淀反应，并以"沉淀形"沉淀出来。沉淀经过过滤、洗涤，在适当的温度下烘干或灼烧，转化为"称量形"，再进行称量。根据称量形的化学式计算被测组分在试样中的含量。"沉淀形"和"称量形"可能相同，也可能不同，例如：

$$Ba^{2+} \xrightarrow{\text{沉淀}} BaSO_4 \xrightarrow{\text{灼烧}} BaSO_4$$
$$\quad\text{被测组分} \qquad \text{沉淀形} \qquad \text{称量形}$$

$$Fe^{3+} \xrightarrow{\text{沉淀}} Fe(OH)_3 \xrightarrow{\text{灼烧}} Fe_2O_3$$
$$\quad\text{被测组分} \qquad \text{沉淀形} \qquad \text{称量形}$$

在重量分析法中，为获得准确的分析结果，沉淀形和称量形必须满足以下要求。

（1）对沉淀形（precipitation form）的要求

① 沉淀要完全，沉淀的溶解度要小，要求测定过程中沉淀的溶解损失不应超过分析天平的称量误差。一般要求溶解损失应小于 $0.1mg$。例如，测定 Ca^{2+} 时，以形成 $CaSO_4$ 和 CaC_2O_4 两种沉淀形式作比较，$CaSO_4$ 的溶解度较大（$K_{sp} = 2.45 \times 10^{-5}$）、$CaC_2O_4$ 的溶解度小（$K_{sp} = 1.78 \times 10^{-9}$）。显然，用（$NH_4)_2C_2O_4$ 作沉淀剂比用硫酸作沉淀剂沉淀的更完全。

② 沉淀必须纯净，并易于过滤和洗涤。沉淀纯净是获得准确分析结果的重要因素之一。颗粒较大的晶体沉淀（如 $MgNH_4PO_4 \cdot 6H_2O$）其表面积较小，吸附杂质的机会较少，因此沉淀较纯净，易于过滤和洗涤。颗粒细小的晶形沉淀（如 CaC_2O_4、$BaSO_4$），由于某种原因其比表面积大，吸附杂质多，洗涤次数也相应增多。非晶形沉淀［如 $Al(OH)_3$、$Fe(OH)_3$］体积

庞大疏松、吸附杂质较多，过滤费时且不易洗净。对于这类沉淀，必须选择适当的沉淀条件以满足对沉淀形式的要求。

③ 沉淀形应易于转化为称量形 沉淀经烘干、灼烧时，应易于转化为称量形式。例如 Al^{3+} 的测定，若沉淀为 8-羟基喹啉铝 $[Al(C_9H_6NO)_3]$，在 130℃烘干后即可称量；而沉淀为 $Al(OH)_3$，则必须在 1200℃灼烧才能转变为无吸湿性的 Al_2O_3 后，方可称量。因此，测定 Al^{3+} 时选用前法比后法好。

（2）对称量形（weighing form）的要求

① 称量形的组成必须与化学式相符，这是定量计算的基本依据。例如测定 PO_4^{3-}，可以形成磷钼酸铵沉淀，但组成不固定，无法利用它作为测定 PO_4^{3-} 的称量形。若采用磷钼酸喹啉法测定 PO_4^{3-}，则可得到组成与化学式相符的称量形。

② 称量形要有足够的稳定性，不易吸收空气中的 CO_2、H_2O。例如测定 Ca^{2+} 时，若将 Ca^{2+} 沉淀为 $CaC_2O_4 \cdot H_2O$，灼烧后得到 CaO，易吸收空气中 H_2O 和 CO_2，因此，CaO 不宜作为称量形式。

③ 称量形的摩尔质量尽可能大，这样可增大称量形的质量，以减小称量误差。例如在铝的测定中，分别用 Al_2O_3 和 8-羟基喹啉铝 $[Al(C_9H_6NO)_3]$ 两种称量形进行测定，若被测组分 Al 的质量为 0.1000g，则可分别得到 0.1888g Al_2O_3 和 1.7040g $Al(C_9H_6NO)_3$。两种称量形由称量误差所引起的相对误差分别为±1％和±0.1％。显然，以 $Al(C_9H_6NO)_3$ 作为称量形比用 Al_2O_3 作为称量形测定 Al 的准确度高。

6.3.3 沉淀剂（precipitant）的选择

根据上述对沉淀形和称量形的要求，选择沉淀剂时应考虑如下几点。

（1）沉淀剂应具有较好的选择性和特效性

当有数种离子共存于试液中时，沉淀剂最好只与被测离子发生沉淀反应。例如，丁二酮肟和 H_2S 都可以沉淀 Ni^{2+}，但在测定 Ni^{2+} 时常选用前者，丁二酮肟就是沉淀 Ni^{2+} 的特效试剂。又如沉淀锆离子时，选用在盐酸溶液中与锆有特效反应的苦杏仁酸作沉淀剂，这时即使有钛、铁、钡、铝、铬等十几种离子存在，也不发生干扰。

（2）沉淀剂本身溶解度大，与待测离子生成沉淀的溶解度小

沉淀剂本身溶解度大，可以减少沉淀对沉淀剂的吸附作用。例如：利用生成难溶钡化合物沉淀 SO_4^{2-} 时，应选 $BaCl_2$ 作沉淀剂，而不用 $Ba(NO_3)_2$。因为 $Ba(NO_3)_2$ 的溶解度比 $BaCl_2$ 小，$BaSO_4$ 吸附 $Ba(NO_3)_2$ 比吸附 $BaCl_2$ 严重。

所选的沉淀剂应能使待测组分沉淀完全。例如：钡的难溶化合物有 $BaCO_3$、$BaCrO_4$、BaC_2O_4 和 $BaSO_4$。根据其溶解度可知，$BaSO_4$ 溶解度最小。因此以 $BaSO_4$ 的形式沉淀 Ba^{2+} 比生成其他难溶化合物好。

（3）过量的沉淀剂易除去

应尽可能选用容易洗涤、易挥发或易灼烧除去的沉淀剂。这样，沉淀中带有的沉淀剂即使未经洗净，也可以借烘干或灼烧除去。一些铵盐和有机沉淀剂都能满足这些要求。例如：用氯化物沉淀 Fe^{3+} 时，选用氨水而不用 NaOH 作沉淀剂。

（4）生成的沉淀经烘干或灼烧所得称量形式必须有确定的化学组成，其相对分子质量较

大，这样引入的称量误差较小。

从对沉淀剂的要求来看，许多有机沉淀剂比无机沉淀剂更适合作沉淀称量分析。目前沉淀称量法主要用于含量不太低的硫、硅、磷、钾、镍、铝、钡等元素的精确分析。但操作较烦琐，在生产控制分析中应用较少。

6.3.4 有机沉淀剂

（1）有机沉淀剂的特点

与无机沉淀剂相比，有机沉淀剂具有以下优点。

① 选择性高 有机沉淀剂在一定条件下，一般只与少数离子起沉淀反应。

② 沉淀的溶解度小 由于有机沉淀的疏水性强，所以溶解度较小，有利于沉淀完全。

③ 沉淀吸附杂质少 因为沉淀表面不带电荷，所以吸附杂质离子少，易获得纯净的沉淀。

④ 沉淀的摩尔质量大 被测组分在称量形中占的百分比小，有利于提高分析结果的准确度。

⑤ 多数有机沉淀物组成恒定，经烘干后即可称重，简化了重量分析的操作。

但是，有机沉淀剂一般在水中的溶解度较小，有些沉淀的组成不恒定，这些缺点，还有待于今后继续改进。

（2）有机沉淀剂的分类

有机沉淀剂和金属离子通常生成微溶性的螯合物或离子缔合物。因此，有机沉淀剂也可分为生成螯合物的沉淀剂和生成离子缔合物的沉淀剂两类。

① 生成螯合物的沉淀剂 作为沉淀剂的螯合剂，绝大部分是 HL 型或 H_2L 型（H_3L 型的较少）。能形成螯合物沉淀的有机沉淀剂，它们至少应有下列两种官能团：一种是酸性官能团，如—COOH、—OH、=NOH、—SH、—SO_3H 等，这些官能团中的 H^+ 可被金属离子置换；另一种是碱性官能团，如—NH_2、—NH=、=N—、=C=O 及=C=S 等，这些官能团具有未被共用的电子对，可以与金属离子形成配位键而成为配位化合物。金属离子与有机螯合物沉淀剂反应，通过酸性基团和碱性基团的共同作用，生成微溶性的螯合物，例如 8-羟基喹啉与 Al^{3+} 配位时，酸性基团—OH 的氢被 Al^{3+} 置换，同时 Al^{3+} 又与碱性基团=N—以配位键相结合，形成五元环结构的微溶性螯合物，生成的 8-羟基喹啉铝不带电荷，所以不易吸附其他离子，沉淀比较纯净，而且溶解度很小（$K_{sp}=1.0\times10^{-29}$）。

② 生成离子缔合物的有机沉淀剂 有些摩尔质量较大的有机试剂，在水溶液中以阳离子和阴离子形式存在，它们与带相反电荷的离子反应后，可能生成微溶性的离子缔合物（或称为正盐沉淀）。

例如，四苯硼酸钠 $NaB(C_6H_5)_4$ 与 K^+ 有下列沉淀反应：

$$B(C_6H_5)_4^- + K^+ \longrightarrow KB(C_6H_5)_4 \downarrow$$

$KB(C_6H_5)_4$ 的溶解度小，组成恒定，烘干后即可直接称量，所以四苯硼酸钠是测定 K^+ 的较好沉淀剂。

（3）有机沉淀剂应用示例

① 丁二酮肟

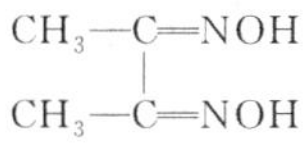

$$CH_3-C=NOH$$
$$CH_3-C=NOH$$

白色粉末，微溶于水，通常使用它的乙醇溶液或氢氧化钠溶液。丁二酮肟是选择性较高的生成螯合物的沉淀剂，在金属离子中，只有 Ni^{2+}、Pd^{2+}、Pt^{2+}、Fe^{2+} 能与它生成沉淀。

在氨性溶液中，丁二酮肟与 Ni^{2+} 生成鲜红色的螯合物沉淀，沉淀组成恒定，可烘干后直接称量，常用于重量法测定镍。Fe^{3+}、Al^{3+}、Cr^{3+} 等在氨性溶液中能生成水合氧化物沉淀干扰测定，可加入柠檬酸或酒石酸进行掩蔽。

② 8-羟基喹啉

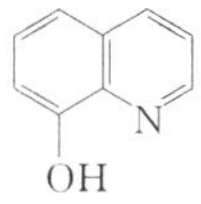

白色针状晶体，微溶于水，一般使用它的乙醇溶液或丙酮溶液，是生成螯合物的沉淀剂，在弱酸性或碱性溶液中（pH 为 3～9），8-羟基喹啉与许多金属离子发生沉淀反应，例如 Al^{3+} 与 8-羟基喹啉反应如下：

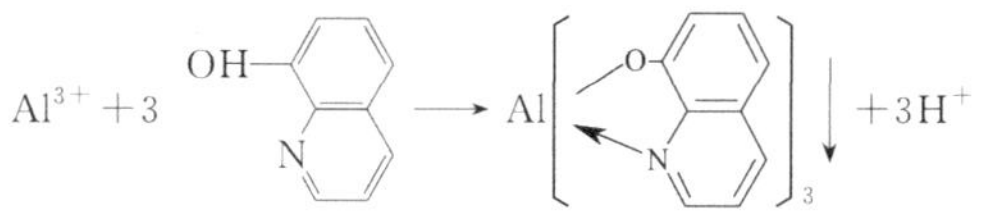

生成的沉淀恒定，可烘干后直接称重。8-羟基喹啉的最大缺点是选择性较差，采用适当的掩蔽剂，可以提高反应的选择性。例如，用 KCN、EDTA 掩蔽 Cu^{2+}、Fe^{3+} 等离子后，可在氨性溶液中沉淀 Al^{3+}，并用于重量法。

目前已经合成了一些选择性较高的 8-羟基喹啉衍生物，如 2-甲基-8-羟基喹啉，在 pH＝5.5 时沉淀 Zn^{2+}，PH＝9 时沉淀 Mg^{2+}，而不与 Al^{3+} 发生沉淀反应。

③ 四苯硼酸钠　白色粉末状结晶，易溶于水，是生成离子缔合物的沉淀剂。试剂能与 K^+、NH^+、Rb^+、Cs^+、TI^+、Ag^+ 等生成离子缔合物沉淀。试剂易溶于水，是测 K^+ 的良好沉淀剂。由于一般试样中 Rb^+、Cs^+、TI^+、Ag^+ 的含量极微，故此试剂常用于 K^+ 的测定。沉淀组成恒定，可烘干后直接称重。

6.4　影响沉淀纯度的因素

研究沉淀的类型和沉淀的形成过程，主要是为了选择适宜的沉淀条件，以获得纯净且易于分离和洗涤的沉淀。

6.4.1　沉淀的类型

沉淀按其物理性质的不同，可粗略地分为晶形沉淀和无定形沉淀两大类。

（1）晶形沉淀（crystalline precipitate）

晶形沉淀是指具有一定形状的晶体，其内部排列规则有序，颗粒直径约为 0.1～$1\mu m$。这类沉淀的特点是：结构紧密，具有明显的晶面，沉淀所占体积小、沾污少、易沉降、易过滤和洗涤。例如，$MgNH_4PO_4$、$BaSO_4$ 等典型的晶形沉淀。

（2）无定形沉淀（amorphous precipitate）

无定形沉淀是指无晶体结构特征的一类沉淀。如 $Fe_2O_3 \cdot nH_2O$，$P_2O_3 \cdot nH_2O$ 是典型的无定型沉淀。无定型沉淀是由许多聚集在一起的微小颗粒（直径小于 $0.02\mu m$）组成的，内部排列杂乱无章、结构疏松、体积庞大、吸附杂质多，不能很好地沉降，无明显的晶面，难于过滤和洗涤。它与晶型沉淀的主要差别在于颗粒大小不同。

介于晶型沉淀与无定型沉淀之间，颗粒直径在 $0.02 \sim 0.1\mu m$ 的沉淀如 AgCl 称为凝乳状沉淀，其性质也介于两者之间。

在沉淀过程中，究竟生成的沉淀属于哪一种类型，主要取决于沉淀本身的性质和沉淀的条件。

6.4.2　沉淀形成过程

沉淀的形成是一个复杂的过程，一般来讲，沉淀的形成要经过晶核形成和晶核长大两个过程，简单表示如下：

（1）晶核的形成

将沉淀剂加入待测组分的试液中，溶液是过饱和状态时，构晶离子由于静电作用而形成微小的晶核。晶核的形成可以分为均相成核和异相成核。

均相成核是指过饱和溶液中构晶离子通过缔合作用，自发地形成晶核的过程。不同的沉淀，组成晶核的离子数目不同。例如，$BaSO_4$ 的晶核由 8 个构晶离子组成，Ag_2CrO_4 的晶核由 6 个构晶离子组成。

异相成核是指在过饱和溶液中，构晶离子在外来固体微粒的诱导下，聚合在固体微粒周围形成晶核的过程。溶液中的"晶核"数目取决于溶液中混入固体微粒的数目。随着构晶离子浓度的增加，晶体将成长的大一些。

当溶液的相对过饱和程度较大时，异相成核与均相成核同时作用，形成的晶核数目多，沉淀颗粒小。

（2）晶形沉淀和无定形沉淀的生成

晶核形成时，溶液中的构晶离子向晶核表面扩散，并沉积在晶核上，晶核逐渐长大形成沉淀微粒。在沉淀过程中，由构晶离子聚集成晶核的速率称为聚集速率；构晶离子按一定晶格定向排列的速率称为定向速率。如果定向速率大于聚集速率较多，溶液中最初生成的晶核不很多，有更多的离子以晶核为中心，并有足够的时间依次定向排列长大，形成颗粒较大的晶形沉淀。反之聚集速度大于定向速率，则很多离子聚集成大量晶核，溶液中没有更多的离子定向排列到晶核上，于是沉淀就迅速聚集成许多微小的颗粒，因而得到无定形沉淀。

定向速率主要取决于沉淀物质的本性，极性较强的物质，如 $BaSO_4$、$MgNH_4PO_4$ 和 CaC_2O_4 等，一般具有较大的定向速率，易形成晶形沉淀。AgCl 的极性较弱，逐步生成凝乳状沉淀。氢氧化物，特别是高价金属离子的氢氧化物，如 $Fe(OH)_3$、$Al(OH)_3$ 等，由于含有大量水分子，阻碍离子的定向排列，一般生成无定形胶状沉淀。

聚集速率不仅与物质的性质有关,同时主要由沉淀的条件决定,其中最重要的是溶液中生成沉淀时的相对过饱和度❶。聚集速率与溶液的相对过饱和度成正比,溶液相对过饱和度越大,聚集速率越大,晶核生成多,易形成无定型沉淀。反之,溶液相对过饱和度小,聚集速率小,晶核生成少,有利于生成颗粒较大的晶形沉淀。因此,通过控制溶液的相对过饱和度,可以改变形成沉淀颗粒的大小,有可能改变沉淀的类型。

6.4.3 影响沉淀纯度(purity)的因素

在重量分析中,要求获得的沉淀是纯净的。但是,沉淀从溶液中析出时,总会或多或少地夹杂溶液中的其他组分。因此必须了解影响沉淀纯度的各种因素,找出减少杂质混入的方法,以获得符合重量分析要求的沉淀。

影响沉淀纯度的主要因素有共沉淀现象和继沉淀现象。

(1)共沉淀(coprecipitation)

当沉淀从溶液中析出时,溶液中的某些可溶性组分也同时沉淀下来的现象称为共沉淀。共沉淀是引起沉淀不纯的主要原因,也是重量分析误差的主要来源之一。共沉淀现象主要有以下 3 类。

① 表面吸附 由于沉淀表面离子电荷的作用力未达到平衡,因而产生自由静电力场。由于沉淀表面静电引力作用吸引了溶液中带相反电荷的离子,使沉淀微粒带有电荷,形成吸附层。带电荷的微粒又吸引溶液中带相反电荷的离子,构成电中性的分子。因此,沉淀表面吸附了杂质分子。例如:加过量 $BaCl_2$ 到 H_2SO_4 的溶液中,生成 $BaSO_4$ 晶体沉淀。沉淀表面上的 SO_4^{2-} 由于静电引力强烈地吸引溶液中的 Ba^{2+},形成第一吸附层,使沉淀表面带正电荷。然后它又吸引溶液中带负电荷的离子,如 Cl^-,构成电中性的双电层,如图 6-1 所示。双电层能随颗粒一起下沉,因而使沉淀被污染。

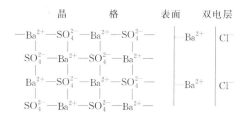

图 6-1 晶体表面吸附示意图

显然,沉淀的总表面积越大,吸附杂质就越多;溶液中杂质离子的浓度越高,价态越高,越易被吸附。由于吸附作用是一个放热反应,所以升高溶液的温度,可减少杂质的吸附。

② 吸留和包藏 吸留是被吸附的杂质机械地嵌入沉淀中。包藏常指母液机械地包藏在沉淀中。这些现象的发生,是由于沉淀剂加入太快,使沉淀急速生长,沉淀表面吸附的杂质来不及离开就被随后生成的沉淀所覆盖,使杂质离子或母液被吸留或包藏在沉淀内部。这类共沉淀不能用洗涤的方法将杂质除去,可以借改变沉淀条件或重结晶的方法来减免。

---

❶ 相对过饱和度 $=(Q-s)/s$;式中,Q 为加入沉淀剂瞬间沉淀的浓度;s 为沉淀的溶解度。

③ 混晶 当溶液杂质离子与构晶离子半径相近，晶体结构相同时，杂质离子将进入晶核排列中形成混晶。例如 Pb^{2+} 和 Ba^{2+} 半径相近，电荷相同，在用 H_2SO_4 沉淀 Ba^{2+} 时，Pb^{2+} 能够取代 $BaSO_4$ 中的 Ba^{2+} 进入晶核形成 $PbSO_4$ 与 $BaSO_4$ 的混晶共沉淀。又如 $AgCl$ 和 $AgBr$、$MgNH_4PO_4 \cdot 6H_2O$ 和 $MgNH_4AsO_4$ 等都易形成混晶。为了减免混晶的生成，最好在沉淀前先将杂质分离出去。

（2）继沉淀（postprecipitation）

在沉淀析出后，当沉淀与母液一起放置时，溶液中某些杂质离子可能慢慢地沉积到原沉淀上，放置时间越长，杂质析出的量越多，这种现象称为继沉淀。例如：Mg^{2+} 存在时以 $(NH_4)_2C_2O_4$ 沉淀 Ca^{2+}，Mg^{2+} 易形成稳定的草酸盐过饱和溶液而不立即析出。如果把形成 CaC_2O_4 沉淀过滤，则发现沉淀表面上吸附有少量镁。若将含有 Mg^{2+} 的母液与 CaC_2O_4 沉淀一起放置一段时间，则 MgC_2O_4 沉淀的量将会增多。

由继沉淀引入杂质的量比共沉淀要多，且随沉淀在溶液中放置时间的延长而增多。因此为防止继沉淀的发生，某些沉淀的陈化时间不宜过长。

6.4.4 减少沉淀玷污的方法

为了提高沉淀的纯度，可采用下列措施。

（1）采用适当的分析程序

当试液中含有几种组分时，首先应沉淀低含量组分，再沉淀高含量组分。反之，由于大量沉淀析出，会使部分低含量组分掺入沉淀，产生测定误差。

（2）降低易被吸附杂质离子的浓度

对于易被吸附的杂质离子，可采用适当的掩蔽方法或改变杂质离子价态来降低其浓度。例如：将 SO_4^{2-} 沉淀为 $BaSO_4$ 时，Fe^{3+} 易被吸附，可把 Fe^{3+} 还原为不易被吸附的 Fe^{2+} 或加酒石酸、EDTA 等，使 Fe^{3+} 生成稳定的配离子，以减小沉淀对 Fe^{3+} 的吸附。

（3）选择沉淀条件

沉淀条件包括溶液浓度、温度、试剂的加入次序和速度、陈化与否等，对不同类型的沉淀，应选用不同的沉淀条件，以获得符合重量分析要求的沉淀。

（4）再沉淀

必要时将沉淀过滤、洗涤、溶解后，再进行一次沉淀。再沉淀时，溶液中杂质的量大为降低，共沉淀和继沉淀现象自然减小。

（5）选择适当的洗涤液洗涤沉淀

吸附作用是可逆过程，用适当的洗涤液通过洗涤交换的方法，可洗去沉淀表面吸附的杂质离子。例如：$Fe(OH)_3$ 吸附 Mg^{2+}，用 NH_4NO_3 稀溶液洗涤时，被吸附在表面的 Mg^{2+} 与洗涤液的 NH_4^+ 发生交换，吸附在沉淀表面的 NH_4^+，可在燃烧沉淀时分解除去。

为了提高洗涤沉淀的效率，同体积的洗涤液应尽可能分多次洗涤，通常称为"少量多次"的洗涤原则。

（6）选择合适的沉淀剂

无机沉淀剂选择性差，易形成胶状沉淀，吸附杂质多，难以过滤和洗涤。有机沉淀剂选择性高，常能形成结构较好的晶形沉淀，吸附杂质少，易于过滤和洗涤。因此，在可能的情况下，尽量选择有机试剂做沉淀剂。

6.5　沉淀的条件

在重量分析中，为了获得准确的分析结果，要求沉淀完全、纯净、易于过滤和洗涤，并减小沉淀的溶解损失。因此，对于不同类型的沉淀，应当选用不同的沉淀条件。

（1）晶形沉淀

为了形成颗粒较大的晶形沉淀，采取以下沉淀条件。

① 在适当稀、热溶液中进行　在稀、热溶液中进行沉淀，可使溶液中相对过饱和度保持较低，以利于生成晶形沉淀。同时也有利于得到纯净的沉淀。对于溶解度较大的沉淀，溶液不能太稀，否则沉淀溶解损失较多，影响结果的准确度。在沉淀完全后，应将溶液冷却后再进行过滤。

② 快搅慢加　在不断搅拌的同时缓慢滴加沉淀剂，可使沉淀剂迅速扩散，防止局部相对过饱和度过大而产生大量小晶粒。

③ 陈化　陈化是指沉淀完全后，将沉淀连同母液放置一段时间，使小晶粒变为大晶粒，不纯净的沉淀转变为纯净沉淀的过程。因为在同样条件下，小晶粒的溶解度比大晶粒大。在同一溶液中，对大晶粒为饱和溶液时，对小晶粒则为未饱和，小晶粒就要溶解。这样，溶液中的构晶离子就在大晶粒上沉积，直至达到饱和。这时，小晶粒又为未饱和，又要溶解。如此反复进行，小晶粒逐渐消失，大晶粒不断长大。

陈化过程不仅能使晶粒变大，而且能使沉淀变得更纯净。

加热和搅拌可以缩短陈化时间。但是陈化作用对伴随有混晶共沉淀的沉淀，不一定能提高纯度，对伴随有继沉淀的沉淀，不仅不能提高纯度，有时反而会降低纯度。

（2）无定形沉淀

无定形沉淀的特点是结构疏松，比表面大，吸附杂质多，溶解度小，易形成胶体，不易过滤和洗涤。对于这类沉淀关键问题是创造适宜的沉淀条件来改善沉淀的结构，使之不致形成胶体，并且有较紧密的结构，便于过滤和减小杂质吸附。因此，无定形沉淀的沉淀条件如下。

① 在较浓的溶液中进行沉淀　在浓溶液中进行沉淀，离子水化程度小，结构较紧密，体积较小，容易过滤和洗涤。但在浓溶液中，杂质的浓度也比较高，沉淀吸附杂质的量也较多。因此，在沉淀完毕后，应立即加入热水稀释搅拌，使被吸附的杂质离子转移到溶液中。

② 在热溶液中及电解质存在下进行沉淀　在热溶液中进行沉淀可防止生成胶体，并减少杂质的吸附。电解质的存在，可促使带电荷的胶体粒子相互凝聚沉降，加快沉降速度，因此，电解质一般选用易挥发性的铵盐如 NH_4NO_3 或 NH_4Cl 等，它们在灼烧时均可挥发除去。有时在溶液中加入与胶体带相反电荷的另一种胶体来代替电解质，可使被测组分沉淀完全。例如测定 SiO_2 时，加入带正电荷的动物胶与带负电荷的硅酸胶体凝聚而沉降下来。

③ 趁热过滤洗涤，不需陈化　沉淀完毕后，趁热过滤，不要陈化，因为沉淀放置后逐渐失去水分，聚集得更为紧密，使吸附的杂质更难洗去。

洗涤无定形沉淀时，一般选用热、稀的电解质溶液作洗涤液，主要是防止沉淀重新变为胶体难于过滤和洗涤，常用的洗涤液有 NH_4NO_3、NH_4Cl 或氨水。

无定形沉淀吸附杂质较严重，一次沉淀很难保证纯净，必要时进行再沉淀。

（3）均匀沉淀法

为改善沉淀条件，避免因加入沉淀剂所引起的溶液局部相对过饱和的现象发生，采用均匀沉淀法。这种方法是通过某一化学反应，使沉淀剂从溶液中缓慢地、均匀地产生出来，使沉淀在整个溶液中缓慢地、均匀地析出，获得颗粒较大、结构紧密、纯净、易于过滤和洗涤的沉淀。例如：沉淀 Ca^{2+} 时，如果直接加入 $(NH_4)_2C_2O_4$、尽管按晶形沉淀条件进行沉淀，仍得到颗粒细小的 CaC_2O_4 沉淀。若在含有 Ca^{2+} 的溶液中，以 HCl 酸化后，加入 $(NH_4)_2C_2O_4$，溶液中主要存在的是 $HC_2O_4^-$ 和 $H_2C_2O_4$，此时，向溶液中加入尿素并加热至 90℃，尿素逐渐水解产生 NH_3。

$$CO(NH_2)_2 + H_2O \Longrightarrow 2NH_3 + CO_2 \uparrow$$

水解产生的 NH_3 均匀地分布在溶液的各个部分，溶液的酸度逐渐降低，$C_2O_4^{2-}$ 浓度渐渐增大，CaC_2O_4 则均匀而缓慢地析出形成颗粒较大的晶形沉淀。

均匀沉淀法还可以利用有机化合物的水解（如酯类水解）、配合物的分解、氧化还原反应等方式进行，如表 6-2 所示。

表 6-2　某些均匀沉淀法的应用

沉淀剂	加入试剂	反　　应	被测组分
OH^-	尿素	$CO(NH_2)_2 + H_2O \longrightarrow CO_2 + 2NH_3$	Al^{3+}、Fe^{3+}、Bi^{3+}
OH^-	六亚甲基四胺	$(CH_2)_6N_4 + 6H_2O \longrightarrow 6HCHO + 4NH_3$	Th^{4+}
PO_4^{3-}	磷酸三甲酯	$(CH_3)_3PO_4 + 3H_2O \longrightarrow 3CH_3OH + H_3PO_4$	Zr^{4+}、Hf^{4+}
S^{2-}	硫代乙酰胺	$CH_3CSNH_2 + H_2O \longrightarrow CH_3CONH_2 + H_2S$	金属离子
SO_4^{2-}	硫酸二甲酯	$(CH_3)_2SO_4 + 2H_2O \longrightarrow 2CH_3OH + SO_4^{2-} + 2H^+$	Ba^{2+}、Sr^{2+}、Pb^{2+}
$C_2O_4^{2-}$	草酸二甲酯	$(CH_3)_2C_2O_4 + 2H_2O \longrightarrow 2CH_3OH + H_2C_2O_4$	Ca^{2+}、Th^{4+}、稀土
Ba^{2+}	Ba-EDTA	$BaY^{2-} + 4H^+ \longrightarrow H_4Y + Ba^{2+}$	SO_4^{2-}

6.6　沉淀称量法仪器设备

称量分析常采用滤纸、长颈漏斗和微孔玻璃坩埚进行过滤；烘干或灼烧沉淀时使用瓷坩埚、坩埚钳、电热干燥箱、高温炉、干燥器等。

（1）滤纸

滤纸分定性滤纸和定量滤纸两种，定性滤纸在燃烧后有一定量灰分，不适于定量分析。沉淀称量法中用定量滤纸（或称无灰滤纸）进行过滤，带沉淀的滤纸经灼烧再进行称量。定量滤纸灼烧后灰分极少，常小于 0.1mg（约为 0.02～0.07mg），故其质量可忽略不计。如果灰分较重，应扣除空白。

国产定量滤纸按滤纸纤维孔隙大小，分为快速、中速和慢速三种类型。在滤纸盒面上都分别注明，并分别作白色、蓝色和红色色带标志。圆形滤纸的直径规格有 7cm、9cm、11cm、12.5cm 等。表 6-3 列出了国产定量滤纸的型号及用途，表 6-4 是国产定量滤纸的灰分质量。

表 6-3　常用国产定量滤纸的型号与性质

滤纸类型	孔度	滤纸盒色带标志	滤速/(s/100mL)	适用范围
快速	大	白色	60~100	无定形沉淀，如 $Fe(OH)_3$
中速	中	蓝色	100~160	粗晶形沉淀，如 $MgNH_4PO_4$
慢速	小	红色	160~200	细晶形沉淀，如 $BaSO_4、CaC_2O_4 \cdot 2H_2O$ 等

表 6-4　国产定量滤纸的灰分质量

直径/cm	7	9	11	12.5
灰分/(g/张)	3.5×10^{-5}	5.5×10^{-5}	8.5×10^{-5}	1.0×10^{-4}

根据沉淀的类型、沉淀颗粒大小、沉淀的性质和沉淀量的多少选择滤纸类型和规格。无定形沉淀如 $Fe(OH)_3$、$Al(OH)_3$ 等体积庞大，不易过滤，应选用孔隙较大、直径较大的快速滤纸，以免过滤太慢；而细晶形沉淀如 $BaSO_4$ 易穿透滤纸，宜选用紧密的慢速滤纸。选择滤纸的直径大小应与沉淀的量相适应，沉淀的量应不超过滤纸圆锥的一半，同时滤纸上边缘应低于漏斗边缘 0.5~1cm，以免沉淀延展到滤纸外。

（2）长颈漏斗

用于称量分析的漏斗应该是长颈漏斗，颈长为 15~20cm，漏斗锥体角度应为 60°，颈的直径要小些，一般为 3~5mm，以便在颈内容易保留水柱，出口处磨成 45°角，如图 6-2 所示。其大小可根据滤纸的大小来选择。漏斗在使用前应洗净。

（3）微孔玻璃坩埚及吸滤瓶

有些沉淀不能与滤纸一起灼烧，因其易被碳还原，如 AgCl 沉淀。有些沉淀不能高温灼烧，只需烘干即可称量，如丁二酮肟镍沉淀，磷钼酸喹啉沉淀等，也不能用滤纸过滤，因为滤纸烘干后，质量改变很多。此时，应使用微孔玻璃坩埚（或微孔玻璃漏斗）过滤，微孔玻璃坩埚又称玻璃砂芯坩埚，微孔玻璃漏斗又称玻璃砂芯漏斗，是一种漏斗形的砂芯过滤器，如图 6-3 所示。这类滤器的滤板是用玻璃粉末在高温熔结而成的。这类滤器的选用可参见表 6-5。

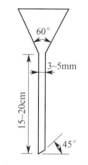

图 6-2　长颈漏斗

表 6-5　微孔玻璃坩埚规格及用途

坩埚代号	滤孔大小/μm	一般用途
$P_{1.6}$	<1.6	滤除细菌
P_4	1.6~4	过滤极细颗粒沉淀
P_{10}	4~10	过滤细颗粒沉淀
P_{16}	10~16	过滤细颗粒沉淀
P_{40}	16~40	过滤一般晶形沉淀
P_{100}	40~100	过滤较粗颗粒沉淀 过滤粗晶形颗粒沉淀
P_{160}	100~160	
P_{250}	160~250	

注：表中右边一栏为过去常用的旧牌号，共 6 种 10 个型号。

微孔玻璃坩埚埚耐酸（氢氟酸除外）不耐碱，不适于过滤强碱溶液，也不可用强碱处理。使用前，通常先用强酸（HCl 或 HNO_3）处理，然后再用水洗净。洗涤时通常采用抽滤法。如图 6-4 所示，在吸滤瓶口配一块稍厚的橡皮垫，垫上挖一孔，将微孔玻璃坩埚（或漏斗）插入圆孔中，抽滤瓶的支管以橡胶管与水泵相连接。先将强酸倒入微孔玻璃坩埚（或漏斗）中，然后开水泵抽滤，当结束抽滤时，应先拔掉抽滤瓶支管上的胶管，再关闭水泵，以免由于瓶内负压使水泵中水倒吸入抽滤瓶中。待酸抽洗结束后，直接用蒸馏水抽洗，不能用自来水抽洗，否则自来水中的杂质会进入滤板。抽洗干净的这种滤器不能用手直接接触，可用洁净的软纸衬垫着拿取，将其放在洁净的烧杯中，盖上表面皿，置于烘箱中在烘沉淀的温度下烘干，直至恒重（两次称量相差小于 0.2mg），置于干燥器中备用。

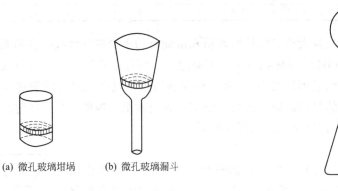

(a) 微孔玻璃坩埚　　(b) 微孔玻璃漏斗

图 6-3　微孔玻璃坩埚及漏斗　　　　　图 6-4　抽滤装置

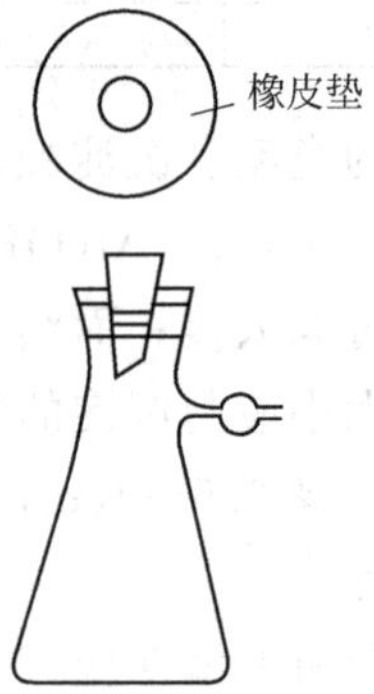

微孔玻璃坩埚不能用来过滤不易溶解的沉淀（如二氧化硅等），否则沉淀将无法清洗；也不宜用来过滤浆状沉淀，因为它会堵塞滤板的细孔。

这种滤器耐酸（氢氟酸除外）不耐碱，因此，不可用强碱处理，也不适于过滤碱性强的溶液。

微孔玻璃坩埚可在 105～180℃下烘干。使用前，空坩埚应在烘干沉淀的温度下烘至恒重。使用后，先尽量倒出其中沉淀，再用适当的清洗剂清洗（参见表 6-6）。切不可用去污粉洗涤，也不要用坚硬的物体擦划滤板。

表 6-6　洗涤砂芯滤器常用清洗剂

沉淀物	有效清洗剂	用　法
新滤器	热盐酸；铬酸洗液	浸泡、抽洗
氯化银	氨水或 $Na_2S_2O_3$ 溶液	浸泡后抽洗
油脂等各种有机物	先用四氯化碳等适当的有机溶剂洗涤，继用铬酸洗液洗	抽洗
硫酸钡	浓 H_2SO_4 或 3% EDTA 500mL＋水 100mL 混合	浸泡后抽洗
丁二酮肟镍	HCl	浸泡

（4）玻璃棒

玻璃棒用来搅拌溶液和协助倾出溶液，将其放在烧杯中时应露出烧杯口 4～6cm，太长易将烧杯打翻，太短则操作不方便。玻璃棒两端应烧光滑，一则可以防止划破烧杯，二则烧杯底部产生的气泡会聚在玻璃棒上，从而防止暴沸。

（5）干燥器

干燥器是具有磨口盖子的密闭厚壁玻璃器皿，如图 6-5 所示。常用以保存干燥物品如坩埚、称量瓶、试样等。干燥器内搁置一块洁净带圆孔瓷板，将其分成上下两室，上室放被干燥物品，下室装干燥剂。

图 6-5　干燥器

　　准备干燥器时，用洁净干布将瓷板和内壁擦净，干燥剂装到下室的约一半体积即可，太多容易沾污上层被干燥物品。装干燥剂时应避免干燥器壁受沾污，把干燥剂筛去粉尘后，借助纸筒加入干燥器底部，再盖上多孔瓷板，如图 6-6 所示。

　　最常用的干燥剂是变色硅胶和无水 $CaCl_2$。干燥剂吸收水分的能力有一定限度，当无水 $CaCl_2$ 吸潮，蓝色的硅胶变为红色（钴盐的水合物颜色）时，应更换无水 $CaCl_2$，或将硅胶重新处理烘干。

　　使用干燥器时应注意下列事项。

　　① 干燥器使用前，磨口边沿涂一薄层凡士林，使之能与盖子密合。

　　② 搬移干燥器时，双手大拇指紧紧按住盖子，其他手指托住下沿（如图 6-7 所示），绝对禁止用单手捧其下部，以防盖子滑落。

　　③ 开启或关闭干燥器盖时，不能往上掀盖，应用左手向身体一侧用力按住干燥器身，右手握着盖的圆把手小心向前平推（如图 6-8 所示），等冷空气徐徐进入后，才能完全推开，盖子必须仰放在桌子上，防止滚落在地。

图 6-6　装干燥剂

图 6-7　干燥器的搬移

图 6-8　干燥器的开启与关闭

　　④ 不可将太热的物体放入干燥器中。刚灼烧后的物品应先在空气中冷却 30～60s，再放入干燥器。为防止干燥器中空气受热膨胀会把盖子顶起打翻，应当用手按住，不时把盖子稍微推开（不到 1s），以放出热空气，直至不再有热空气逸出时才可盖严盖子。

　　⑤ 灼烧或烘干后的坩埚和沉淀，在干燥器内不宜放置过久，否则会因吸收一些水分而使质量略有增加。

　　⑥ 干燥器不能用来保存潮湿的器皿或沉淀。

　　（6）瓷坩埚❶与坩埚钳

　　经滤纸过滤后的沉淀需在坩埚中进行烘干、炭化、灼烧，最常用的是瓷坩埚。称量分析常用 30mL 瓷坩埚灼烧沉淀。为便于识别，新坩埚洗净晾干（或烘干），用 $CoCl_2$ 或 $FeCl_3$ 溶液在坩埚外壁和坩埚盖上书写编号，烘干灼烧后即留下永不退色的字迹。

　　灼烧可在高温电炉中进行。由于温度骤升或骤降常使坩埚破裂，最好将坩埚放入冷的炉膛中逐渐升高温度，或者将坩埚在已升至较高温度的炉膛口预热一下，再放进炉膛中。一般在 800～1000℃ 灼烧半小时（新坩埚需灼烧 1h）。从高温炉中取出坩埚时，应待坩埚红热退

---

❶　在处理试样和灼烧沉淀时，有时需使用其他材质的坩埚，如铂坩埚、镍坩埚等。可参阅《分析化学手册》。

去后再移入干燥器中，移至天平室，冷却至室温（约需 30min），取出称量。第二次再灼烧15～20min，冷却后称量。如果前后两次质量之差不大于 0.2mg，即可认为坩埚已达质量恒定（恒重），否则还需再灼烧，直至质量恒定为止。灼烧空坩埚时，灼烧的温度必须与以后灼烧沉淀的温度一致；在高温炉或烘箱中的位置必须每次一致；冷却的时间每次一致。这样才有利于恒重。恒重的坩埚放在干燥器中备用。

坩埚钳，如图 6-9 所示，用铁或铜合金制作，表面镀镍或铬，用来夹持坩埚和坩埚盖。坩埚洗净后，坩埚的灼烧、称量过程中都不能用手直接拿取，应使用坩埚钳。坩埚钳使用前，要检查钳尖是否洁净，如有沾污必须处理（用细砂纸磨光）后才能使用。用坩

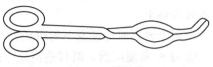

图 6-9　坩埚钳

埚钳夹取灼热坩埚时，坩埚钳要平放在台上，钳尖朝上，以免弄脏。

夹持铂坩埚的坩埚钳尖端应包有铂片，以防高温时钳子的金属材料与铂形成合金，使铂变脆。

（7）电热干燥箱（烘箱）

对于不能和滤纸一起灼烧的沉淀，以及不能在高温下灼烧，只能在不太高的温度烘干后就称量的沉淀，可用已恒重的微孔玻璃坩埚过滤后，置于电热干燥箱中在一定温度下烘干。

实验室常用的电热鼓风干燥箱可控温 50～300℃，在此温度范围内可任意选定温度，并利用箱内的自动控制系统使温度恒定。

使用电热干燥箱应注意以下事项。

① 为保证安全操作，通电前必须检查是否断路或短路，箱体接地是否良好。

② 使用时，烘箱顶的排气孔应打开。

③ 加热温度不可超过烘箱的极限温度。

④ 不要经常打开烘箱，以免影响恒温。

⑤ 易挥发物（如苯、汽油、石油醚）和易燃物（如手帕、手套等）不能放入干燥箱中干燥。

⑥ 当停止使用时，应切断外电源以保证安全。

（8）高温电炉（俗称马弗炉）

高温电炉常用于金属熔融，有机物的灰化、炭化。在称量分析中用来灼烧坩埚和沉淀以及熔融某些试样。其温度可达 1100～1200℃，其最高使用温度为 950℃，短时间可以用 1000℃。

常用的高温电炉炉体是由角钢、薄钢板构成，炉膛是由碳化硅制成的长方体。电热丝盘绕于炉膛外壁，炉膛与炉壳之间由保温砖等绝热材料砌成。

高温电炉应与温度控制器及镍铬或镍铝热电偶配合使用，通过温度控制器可以指示、调节、自动控制温度。

实验室中常用的温度控制器测温范围在 0～1100℃之间，不同沉淀所需灼烧温度及时间各不相同。

使用高温炉应注意以下事项。

① 为保证安全操作，通电前应检查导线及接头是否良好，电炉与控制器必须接地可靠。

② 检查炉膛是否洁净和有无破损。

③ 欲进行灼烧的物质（包括金属及矿物）必须置于完好的坩埚或瓷皿内，用长坩埚钳

送入（或取出），应尽量放在炉膛中间位置，切勿触及热电偶，以免将其折断。

④ 含有酸性、硫性挥发物质或为强烈氧化剂的化学药品应预先处理（用煤气灯或电炉预先灼烧），待其中挥发物逸尽后，才能置入炉内加热。

⑤ 旋转温度控制器的旋钮使指针指向所需温度，温度控制器的开关指向关。

⑥ 快速合上电闸，检查配电盘上指示灯是否已亮。

⑦ 打开温度指示器的开关，温度控制器的红灯即亮，表示高温电炉处于升温状态。当温度升到预定温度时，红灯、绿灯交替变换，表示电炉处于恒温状态。

⑧ 在加热过程中，切勿打开炉门；电炉使用过程中，切勿超过最高温度，以免烧毁电热丝。

⑨ 灼烧完毕，切断电源（拉闸），不能立即打开炉门。待温度降低至200℃左右时。才能打开炉门，取出灼烧物品，冷至60℃左右后，放入干燥器内冷至室温。

⑩ 长期搁置未使用的高温电炉，在使用前必须进行一次烘干处理。烘炉时间，从室温到200℃，4h；400～600℃烘4h。

6.7　沉淀称量法操作

6.7.1　试样的溶解与沉淀

（1）试样的溶解

在沉淀称量法中，溶解或分解试样的方法取决于试样及待测组分的性质。应确保待测组分全部溶解而无损失，加入的试剂不应干扰以后的分析。

溶样时，准备好洁净的烧杯，配以合适的玻璃棒（其长度约为烧杯高度的一倍半）及直径略大于烧杯口的表面皿。称取一定量的样品，放入烧杯后，将溶剂顺器壁倒入或沿下端靠紧杯壁的玻璃棒流下，防止溶液飞溅。如溶样时有气体产生，可将样品用水润湿，通过烧杯嘴和表面皿间的缝隙慢慢注入溶剂，作用完全后用洗瓶吹水冲洗表面皿，水流沿壁流下。如果溶样必须加热煮沸，可在烧杯口上放玻璃三角，再在上面放表面皿。搅拌可加速溶解，搅拌时玻棒不要触烧杯内壁及杯底。试样溶解过程操作必须十分小心，避免溶液损失和溅出。

（2）试样的沉淀

重量分析对沉淀的要求是尽可能地完全和纯净，为了达到这个要求，应该按照沉淀的不同类型选择不同的沉淀条件，如沉淀时溶液的体积、温度，加入沉淀剂的浓度、数量、加入速度、搅拌速度、放置时间等。因此，必须按照规定的操作手续进行。

一般进行沉淀操作时，左手拿滴管，滴管口接近液面滴加沉淀剂，以免溶液溅出，右手持玻璃棒不断搅动溶液，搅动时玻璃棒不要碰烧杯壁或烧杯底，以免划损烧杯。在沉淀过程中，要树立严格的定量的概念，不得将玻璃棒拿出烧杯，以防损失沉淀。溶液需要加热，一般在水浴或电热板上进行，沉淀后应检查沉淀是否完全，检查的方法是：将溶液静置待沉淀下沉后，在上层澄清液中，沿杯壁加1滴沉淀剂，观察滴落处是否出现浑浊，无浑浊出现表明已沉淀完全，如出现浑浊，需再补加沉淀剂，直至再次检查时上层清液中不再出现浑浊为止。然后盖上表面皿，玻璃棒放于烧杯尖嘴处。

6.7.2 沉淀的过滤和洗涤

过滤的目的是将沉淀从母液中分离出来，使其与过量沉淀剂、共存组分或其他杂质分开，并通过洗涤获得纯净的沉淀。

需要灼烧的沉淀，根据沉淀的性状选用合适规格的滤纸过滤。只需烘干即可作为称量形的沉淀，选用合适型号微孔玻璃坩埚过滤。

洗涤沉淀是为了洗去沉淀表面吸附的杂质和混杂在沉淀中的母液。洗涤时要尽量减小沉淀的溶解损失和避免形成胶体。因此，需选择合适的洗液。选择洗涤液的原则是：对于溶解度很小，又不易形成胶体的沉淀，可用蒸馏水洗涤。对于溶解度较大的晶形沉淀，可用沉淀剂的稀溶液洗涤，但沉淀剂必须在烘干或灼烧时易挥发或易分解除去，例如，用 $(NH_4)_2C_2O_4$ 稀溶液洗涤 CaC_2O_4 沉淀。对于溶解度较小而又能形成胶体的沉淀，应用易挥发的电解质稀溶液洗涤，例如，用 NH_4NO_3 稀溶液洗涤 $Fe(OH)_3$ 沉淀。

用热洗涤液洗涤，则过滤较快，且能防止形成胶体，但溶解度随温度升高而增大较快的沉淀不能用热洗涤液洗涤。

洗涤必须连续进行，一次完成，不能将沉淀放置太久，尤其是一些非晶形沉淀，放置凝聚后，不易洗净。

洗涤沉淀时，即要将沉淀洗净，又不能增加沉淀的溶解损失。同体积的洗涤液，采用"少量多次""尽量沥干"的洗涤原则，用适当少的洗涤液，分多次洗涤，每次加洗涤液前，使前次洗涤液尽量流尽，这样可以提高洗涤效果。

用滤纸过滤如下所述。

① 滤纸的选择　见 6.6。

② 漏斗的选择

③ 滤纸的折叠和安放　滤纸的折叠一般采用四折法如图 6-10 所示。折叠滤纸的手要洗净擦干，先把滤纸对折并将折边按紧，然后再对折，但不要按紧，把折成圆锥形的滤纸放入干燥漏斗中，此时滤纸的上边缘应低于漏斗边缘 0.5~1cm，若高出漏斗边缘，可剪去一圈。滤纸应与漏斗内壁紧密贴合，若不贴合，可以稍稍改变上面第二次对折的滤纸折叠角度，打开后使顶角成稍大于 60°的圆锥体，直至与漏斗贴合紧密时把第二次的折边折紧（滤纸尖角不要重折，以免破裂）。取出圆锥形滤纸，将半边为三层滤纸的外层折角撕下一小角，这样可以使内层滤纸紧密贴在漏斗内壁上，撕下来的滤纸角，不能弃去，保存在干燥洁净的表面皿上，留作擦拭烧杯内残留沉淀用。

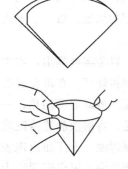

图 6-10　滤纸折叠

④ 做水柱　把正确折叠好的滤纸展开成圆锥体放入漏斗中，滤纸三层的一面在漏斗颈的斜口长侧，用手按紧使之密合，然后用洗瓶加少量水润湿全部滤纸。用干净手指轻压滤纸赶去滤纸与漏斗壁间的气泡，使其紧贴于漏斗壁上。然后加水至滤纸边缘，让水流出，此时漏斗颈内应全部充满水，且无气泡，形成水柱。滤纸上的水全部流尽后，漏斗颈内的水柱应仍能保留，这样过滤时漏斗颈内才能充满滤液，具有水柱的漏斗，由于水柱的重力曳引漏斗内的液体，从而加快过滤速度。

若无水柱形成，可用手指堵住漏斗颈下口，稍掀起滤纸多层的一边，用洗瓶向滤纸和漏斗间的空隙内加水，直到漏斗颈及锥体的一部分被水充满，然后边按紧滤纸边慢慢松开下面堵住出口的手指，此时水柱应该形成。如仍不能形成水柱，或水柱不能保持，则表示滤纸没有完全贴紧漏斗壁，或是因为漏斗颈不干净，必须重新折叠放置滤纸或重新清洗漏斗。应注意漏斗颈太大的漏斗，是做不出水柱的。

⑤ 倾泻法过滤和初步洗涤　做好水柱的漏斗应放在漏斗架上，用一个洁净的烧杯承接滤液，滤液可用做其他组分的测定。滤液有时是不需要的，但考虑到过滤过程中，可能有沉淀渗滤，或滤纸意外破裂，需要重滤，所以要用洗净的烧杯来承接滤液。将漏斗颈出口斜口长的一侧贴紧烧杯内壁，这样既可以加快过滤速度，又可防止滤液外溅。漏斗位置的高低，以过滤过程中漏斗颈的出口不接触滤液为度。

过滤时采用倾泻法。操作如图 6-11 所示，将烧杯移到漏斗上方，轻轻提取玻璃棒，将玻璃棒下端轻碰一下烧杯内壁使悬挂的液滴流回烧杯中，将烧杯嘴与玻璃棒贴紧，玻璃棒直立，下端接近三层滤纸的一边，但不要触及滤纸或滤液。慢慢倾斜烧杯使上层清液沿玻璃棒倾入漏斗，漏斗中的液面不要超过滤纸高度的 2/3。暂停倾注时，应沿玻璃棒将烧杯嘴往上提，逐渐使烧杯直立，使残留在烧杯嘴的液体流回烧杯中，将玻璃棒移入烧杯中（注意勿将清液搅混，也不能靠在烧杯嘴处，以免沾有沉淀造成损失）。

如此重复操作，直至上层清液几乎倾完为止。过滤过程中，带有沉淀和溶液的烧杯杯放置方法如图 6-12 所示。当烧杯内的液体较少而不便倾出时，可将玻璃棒稍稍倾斜，使烧杯倾斜角度更大些，以使清液尽量流出。

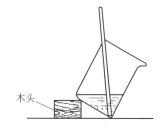

木头

图 6-11　倾泻法过滤　　　　　图 6-12　过滤时带沉淀和溶液的烧杯放置方法

在上层清液倾注完了以后，应在烧杯中作初步洗涤。洗涤液装入聚乙烯塑料洗瓶中。

洗涤时，沿烧杯内壁四周注入少量洗涤液，每次约 $10\sim20\text{mL}$，并注意清洗玻棒，使黏附的沉淀集中在烧杯底部，用玻棒充分搅拌，静置。待沉淀沉降后，按上法倾注过滤，如此洗涤沉淀 $3\sim4$ 次，每次应尽可能把洗涤液倾尽沥干再加第二份洗涤液。

在过滤和洗涤过程中，随时检查滤液是否透明不含沉淀颗粒，如有浑浊，说明有穿滤现象，此时应重新过滤，或重做实验。

⑥ 沉淀的转移　沉淀用倾泻法洗涤后，在盛有沉淀的烧杯中加入 $10\sim15\text{mL}$ 洗涤液，搅起沉淀，小心使悬浊液沿玻璃棒全部倾入漏斗中。如此重复 $2\sim3$ 次，使大部分沉淀转移至漏斗中。烧杯中剩余的极少量沉淀按图 6-13 所示吹洗方法洗至漏斗中，将玻璃棒横放在

图 6-13 沉淀的转移

烧杯口上，玻璃棒下端比烧杯口长出 2～3cm，左手食指按住玻璃棒的较高地方，大拇指在前，其余手指在后，拿起烧杯，放在漏斗上方，倾斜烧杯使玻璃棒仍指向三层滤纸的一边，用右手以洗瓶冲洗烧杯壁上附着的沉淀，使洗涤液和沉淀沿玻璃棒全部流入漏斗中。吹洗过程中，应注意将烧杯底部高高翘起，吹洗动作自上而下。最后用撕下来保存好的滤纸角擦拭玻璃棒上的沉淀，再放入烧杯中，用玻璃棒压住滤纸擦拭。擦拭后的滤纸角，用玻璃棒拨入漏斗中，用洗涤液再冲洗烧杯将残存的沉淀全部转入漏斗中。仔细检查烧杯内壁、玻璃棒、表面皿是否干净，直至沉淀转移完全为止。

⑦ 洗涤沉淀　沉淀全部转移后，再在滤纸上进行洗涤，以除去沉淀表面吸附的杂质和残留的母液。用洗瓶由滤纸边缘稍下一些地方螺旋形由上向下移动冲洗沉淀，至洗涤液充满滤纸锥体的一半，如图 6-14 所示。这样可使沉淀洗得干净且可将沉淀集中到滤纸锥体的底部，便于滤纸的折卷。不可将洗涤液直接冲到滤纸中央沉淀上，以免沉淀外溅。待每次洗涤液流尽后再进行第二次洗涤。三层滤纸注意多洗几次。检查沉淀是否洗净至洗净为止。

充分洗涤后，必须检查洗涤的完全程度。为此，取一小试管（或表面皿）承接滤液 1～2mL，检查其中是否还有母液成分存在，例如，用硝酸酸化的硝酸银溶液，就可检验滤液中是否还有氯离子存在。如无白色氯化银混浊生成，表示沉淀已经洗净。

图 6-14　在滤纸上洗涤沉淀

用微孔玻璃坩埚（或漏斗）过滤如下所述。

使用抽滤法过滤。在抽滤瓶口配一个橡皮垫圈，插入坩埚，瓶侧的支管用橡皮管与水流泵相连，进行减压过滤。过滤结束时，先去掉抽滤瓶上的胶管，然后关闭水泵，以免水倒吸入抽滤瓶中。

6.7.3　沉淀的烘干和灼烧

（1）沉淀的烘干

烘干是指在 250℃ 以下进行的热处理，其目的是除去沉淀上所沾的洗涤液。凡是用微孔玻璃坩埚过滤的沉淀都需用烘干的方法处理。

一般将微孔玻璃坩埚连同沉淀放在表面皿上，然后放入烘箱中。根据沉淀的性质确定烘干温度。第一次烘干沉淀的时间较长，约 2h；第二次烘干时间可短些，（45～60min）。沉淀烘干后，取出置干燥器中冷却至室温后称量。反复烘干、称量、直至恒重为止。

（2）沉淀的干燥和灼烧

灼烧是指在 250～1200℃ 温度下进行的热处理。凡是用滤纸过滤的沉淀都需用灼烧方法处理。灼烧是在预先已烧至恒重的瓷坩埚中进行的。

① 瓷坩埚的准备

② 沉淀的干燥及滤纸的炭化和灰化　先将洗净的沉淀和滤纸按正确操作方法进行包裹。

对于晶形沉淀，用下端细而圆的玻璃棒从滤纸的三层处小心将滤纸从漏斗壁上拨开，用洗净的手把滤纸和沉淀取出，按图 6-15 的程序折卷成小包，把沉淀包卷在里边，步骤如下。

a. 滤纸对折成半圆形。

b. 自右端约 1/3 半径处向左折起。

c. 由上边向下折，再自右向左卷起。

d. 折卷好的滤纸包，放入已恒重的瓷坩埚中。

若是无定形沉淀，因沉淀体积较大，可用玻璃棒把滤纸边缘挑起，向中间折叠，将沉淀全部覆盖住，如图 6-16 所示。

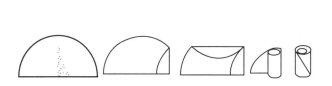

图 6-15　晶形沉淀的包裹　　　　　　　　图 6-16　无定形沉淀的包裹

将滤纸包放入已恒重的坩埚中，让滤纸层数较多的一边朝上，可使滤纸较易灰化。将瓷坩埚斜放在泥三角上，坩埚底应放在泥三角的一边，坩埚口对准泥三角的顶角［图 6-17(a)］，把坩埚盖斜倚在坩埚口的中部，然后开始用小火加热，把火焰对准坩埚盖的中心，如图 6-17(b)，使火焰加热坩埚盖，热空气由于对流而通过坩埚内部，使水蒸气从坩埚上部逸出。待沉淀干燥后，将煤气灯（或电炉热源中心）移至坩埚底部，如图 6-17(c)，仍以小火继续加热，使滤纸炭化变黑。炭化时应注意，不要使

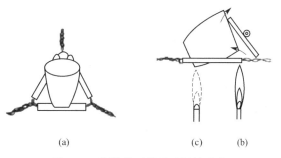

(a)　　　　　(c)　(b)

图 6-17　沉淀的干燥及滤纸的碳化

滤纸着火燃烧，否则微小的沉淀颗粒可能因飞散而损失。滤纸一旦着火，应立即停止加热，盖好坩埚盖，让火焰自行熄灭，切勿用嘴吹。稍等片刻再打开盖子，继续加热。直到滤纸全炭化不再冒烟后，逐渐升高温度，并用坩埚钳夹住坩埚不断转动，使滤纸完全灰化呈灰白色。

③ 沉淀的灼烧　滤纸灰化后，将坩埚放在马弗炉中于指定温度下灼烧。通常第一次灼烧时间为 30～45min，第二次灼烧 15～20min。每次灼烧完毕都应在空气中稍冷再移入干燥器中，冷却至室温后称量。然后再灼烧、冷却、称量，直至恒重。

微孔玻璃坩埚（或漏斗）只需烘干即可称量，一般将微孔玻璃坩埚（或漏斗）连同沉淀放在表面皿上，然后放入烘箱中，根据沉淀性质确定烘干温度。一般第一次烘干时间要长些，约 2h，第二次烘干时间可短些，约 45min 到 1h，根据沉淀的性质具体处理。沉淀烘干后取出直接置干燥器中冷却至室温后称量。反复烘干、称量，直至质量恒定为止。

6.8 沉淀称量法分析结果的计算

6.8.1 换算因数

称量分析中，当最后称量形与被测组分形式一致时，计算其分析结果就比较简单了。例如，测定要求计算 SiO_2 的含量，重量分析最后称量形也是 SiO_2，其分析结果按下式计算：

$$w(SiO_2) = \frac{m(SiO_2)}{m_s} \times 100$$

式中，$w(SiO_2)$ 为 SiO_2 的质量分数（数值以％表示）；$m(SiO_2)$ 为 SiO_2 沉淀质量，g；m_s 为试样质量，g。

但在很多情况下沉淀的称量形式与要求的被测组分化学式不一致，这就需要将称量形式的质量换算成被测组分的质量，按下式计算分析结果。

$$w_{被测} = \frac{m_{称量形式} \times \dfrac{M_{被测组分}}{M_{称量形式}}}{m} \tag{6-14}$$

式中 $w_{被测}$——试样中被测组分的质量分数；

$m_{称量形式}$——沉淀称量形式的质量，g；

m——试样的质量，g；

$M_{称量形式}$——沉淀称量形式的摩尔质量，g/mol；

$M_{被测组分}$——被测组分的摩尔质量，g/mol。

对于指定的分析方法，比值 $\dfrac{M_{被测组分}}{M_{称量形式}}$ 为一常数，称为换算因数或化学因数（即欲测组分的摩尔质量与称量形的摩尔质量之比），以 F 表示。采用换算因数计算分析结果时，若称量形式与被测组分所含被测元素原子或分子数目不相等，则需乘以相应的倍数，使分子和分母所含被测组分的原子或分子数目相等。例如：

被测组分	称量形式	换算因数 F
S	$BaSO_4$	$\dfrac{M(S)}{M(BaSO_4)} = \dfrac{32.06}{233.40} = 0.1374$
MgO	$Mg_2P_2O_7$	$\dfrac{2 \times M(MgO)}{M(Mg_2P_2O_4)} = \dfrac{2 \times 40.31}{222.60} = 0.3622$

分析化学手册中可查到常见物质的换算因数。

6.8.2 计算示例

【例 6-5】 用 $BaSO_4$ 重量法测定黄铁矿中硫的含量时，称取试样 0.1819g，最后得到 $BaSO_4$ 沉淀 0.4821g，计算试样中硫的质量分数。

解 沉淀形为 $BaSO_4$，称量形也是 $BaSO_4$，但被测组分是 S，所以必须把称量组分利用换算因数换算为被测组分，才能算出被测组分的含量。已知 $BaSO_4$ 相对分子质量为 233.4；S 相对原子质量为 32.06。

因为 $$w(s) = \frac{m(S)}{m_s} \times 100 = \frac{m(BaSO_4)\dfrac{M(S)}{M(BaSO_4)}}{m_s} \times 100$$

$$=\frac{0.4821\times32.06/233.4}{0.1819}\times100=36.41$$

答：该试样中硫的质量分数为 36.41%

【例 6-6】　测定磁铁矿（不纯的 Fe_3O_4）中铁的含量时，称取试样 0.1666g，经溶解、氧化，使 Fe^{3+} 沉淀为 $Fe(OH)_3$，灼烧后得 Fe_2O_3 质量为 0.1370g，计算试样中：（1）Fe 的质量分数；（2）Fe_3O_4 的质量分数。

解　（1）已知：$M(Fe)=55.85g/mol$；$M(Fe_3O_4)=231.5g/mol$；$M(Fe_2O_3)=159.7g/mol$

因为

$$w(Fe)=\frac{m(Fe)}{m_s}\times100=\frac{m(Fe_2O_3)\dfrac{2M(Fe)}{M(Fe_2O_3)}}{m_s}\times100$$

$$=\frac{0.1370\times2\times55.85/159.7}{0.1666}\times100=57.52$$

答：该磁铁矿试样中 Fe 的质量分数为 57.52%

（2）按题意

因为

$$w(Fe_3O_4)=\frac{m(Fe_3O_4)}{m_s}\times100=\frac{m(Fe_2O_3)\dfrac{2M(Fe_3O_4)}{3M(Fe_2O_3)}}{m_s}\times100$$

$$=\frac{0.1370\times2\times231.5/(3\times159.7)}{0.1666}\times100=79.47$$

答：该磁铁矿试样中 Fe_3O_4 的质量分数为 79.47%

【例 6-7】　分析某一化学纯 $AlPO_4$ 的试样，得到 0.1126g $Mg_2P_2O_7$，问可以得到多少 Al_2O_3？

解　已知 $M(Mg_2P_2O_7)=222.6g/mol$；$M(Al_2O_3)=102.0g/mol$

按题意：$Mg_2P_2O_7\sim2P\sim2Al\sim Al_2O_3$

因此

$$m(Al_2O_3)=m(Mg_2P_2O_7)\frac{M(Al_2O_3)}{M(MgP_2O_7)}$$

$$=(0.1126\times102.0/222.6)g=0.05160g$$

答：该 $AlPO_4$ 试样可得 0.05160g Al_2O_3。

【例 6-8】　铵离子可用 H_2PtCl_6 沉淀为 $(NH_4)_2PtCl_6$，再灼烧为金属 Pt 后称量，反应式如下：

$$(NH_4)_2PtCl_6\longrightarrow Pt+2NH_4Cl+2Cl_2\uparrow$$

若分析得到 0.1032g Pt，求试样中含 NH_3 的质量（g）？

解　已知 $M(NH_3)=17.03g/mol$；$M(Pt)=195.1g/mol$。

按题意　$(NH_4)_2PtCl_6\sim Pt\sim2NH_3$

因此

$$m(NH_3)=m(Pt)\frac{2M(NH_3)}{M(Pt)}$$

$$=(0.1032\times2\times17.03/195.1)g=0.01802g$$

答：该试样中含 NH_3 的质量为 0.01802g。

6.9 沉淀称量法应用实例

（1）氯化钡含量的测定

（2）硫酸镍中镍含量的测定

（3）硫酸盐的测定

SO_4^{2-} 能生成的难溶化合物有 $CaSO_4$、$SrSO_4$、$PbSO_4$ 和 $BaSO_4$ 等，其中 $BaSO_4$ 的溶度积最小，故常用 $BaSO_4$ 沉淀称量法测定可溶性硫酸盐。由于 $BaCl_2$ 在水中的溶解度大于 $Ba(NO_3)_2$，过量的沉淀剂易被洗涤除去，因此选用 $BaCl_2$ 作沉淀剂，一般过量 20%。$BaSO_4$ 沉淀初生成时为细小的晶体，过滤时易穿过滤纸。为了得到纯净而颗粒较大的晶形沉淀，应当在热的酸性稀溶液中，在不断搅拌下滴入 $BaCl_2$ 溶液。将所得 $BaSO_4$ 沉淀陈化、过滤、洗涤、干燥、灼烧，最后称量，即可求得试样中硫酸盐的含量。

采用 $BaSO_4$ 称量法也可以测定天然或工业产品中硫的含量，这时需要预先将试样中的硫转化为可溶性硫酸盐。例如，测定煤中硫含量时，先将试样与 Na_2CO_3、MgO 混合物（称为艾士卡试剂）一起灼烧，使煤中硫化物及有机硫分解，氧化，并转化为 Na_2SO_4，然后以水浸溶、过滤，再按前述步骤加以测定。

（4）钾盐的测定

K^+ 能与易溶于水的有机试剂四苯硼钠 $NaB(C_6H_5)_4$ 反应，生成四苯硼钾沉淀。

$$K^+ + B(C_6H_5)_4^- \longrightarrow KB(C_6H_5)_4 \downarrow$$

四苯硼钾是离子缔合物，具有溶解度小、组成恒定、热稳定性好（最低分解温度为 265℃）等优点，故四苯硼钠是 K^+ 的一种良好沉淀剂。生成的沉淀经过滤、洗涤、烘干即可称量。

由于四苯硼钾易形成过饱和溶液，加入四苯硼钠沉淀剂的速度宜慢，同时要剧烈搅拌。考虑到沉淀有一定的溶解度，洗涤沉淀时应采用沉淀剂溶液作洗涤液。

本法适用于钾盐和含钾肥料的测定。试液中若有铵离子，也能与四苯硼钠发生沉淀反应。这种情况需加入甲醛，使铵生成六亚甲基四胺而排除干扰。

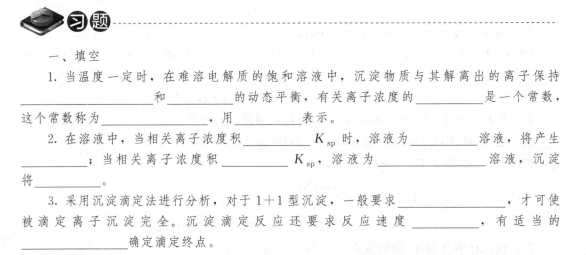

一、填空

1. 当温度一定时，在难溶电解质的饱和溶液中，沉淀物质与其解离出的离子保持_____和_____的动态平衡，有关离子浓度的_____是一个常数，这个常数称为_____，用_____表示。

2. 在溶液中，当相关离子浓度积_____ K_{sp} 时，溶液为_____溶液，将产生_____；当相关离子浓度积_____ K_{sp}，溶液为_____溶液，沉淀将_____。

3. 采用沉淀滴定法进行分析，对于 1+1 型沉淀，一般要求_____，才可使被滴定离子沉淀完全。沉淀滴定反应还要求反应速度_____，有适当的_____确定滴定终点。

4. 当溶液中有多种离子可以和加入的沉淀剂产生沉淀时，离子浓度积先达到_____的离子先产生沉淀，或者说哪一种离子产生沉淀所需的_____的量最_____，则该离子最先析出沉淀。

5. 沉淀转化的关键取决于两种沉淀溶度积的_____。溶度积_____的沉淀容易转化为溶度积_____的沉淀。

6. 莫尔法测定 Cl^-，pH 范围应为_____，如果 pH 为 4.0，将导致滴定结果偏_____。

7. 莫尔法测定 NH_4Cl 中 Cl^- 含量时，若 pH>7.5，会引起_____的形成，使分析结果偏_____。

8. 莫尔法测定 Cl^- 含量时，若指示剂_____用量太大，将会引起滴定终点_____到达，使测定结果偏_____。

9. 莫尔法测定 Cl^- 时，终点由_____色变为_____色，福尔哈德法测定 Cl^- 时，终点由_____色变为_____色。

10. 佛尔哈德法是在_____条件下，用_____作指示剂，用_____作为标准滴定溶液的一种银量滴定法。

11. 在佛尔哈德法中，Ag^+ 采用_____法测定，Cl^-、Br^-、I^-、SCN^- 采用_____法测定。

12. 在法扬司法中，以 $AgNO_3$ 溶液滴定 NaCl 溶液时，化学计量点前沉淀带_____电荷，化学计量点后沉淀带_____电荷。

13. 在法扬司法中，常用的指示剂有_____、_____等。

14. 因为卤化银_____易分解，故银量法的操作应尽量避免_____。

15. 沉淀称量分析的一般步骤是：溶样→_____→_____→_____→烘干或灼烧。

16. 沉淀称量分析应控制沉淀的生成，在_____、_____、_____、_____的条件下进行。

17. 沉淀称量分析选择的沉淀剂，其本身溶解度要_____，形成沉淀溶解度要很_____，易于过滤、洗涤和纯化；经烘干或灼烧所得称量形式要有确定的_____。

二、选择

1. 莫尔法采用 $AgNO_3$ 标准溶液测定 Cl^- 时，其滴定条件是（   ）。

A. pH 为 2.0～4.0   B. pH 为 6.5～10.5

C. pH 为 4.0～6.5   D. pH 为 10.0～12.0

2. 用莫尔法测定纯碱中的氯化钠，应选择的指示剂是（   ）。

A. $K_2Cr_2O_7$ B. K_2CrO_4 C. KNO_3 D. $KClO_3$

3. 采用佛尔哈德法测定水中 Ag^+ 含量时，终点颜色为（   ）。

A. 红色   B. 纯蓝色   C. 黄绿色   D. 蓝紫色

4. 以铁铵钒为指示剂，用硫氰酸铵标准滴定溶液滴定银离子时，应在（   ）条件下进行。

A. 酸性   B. 弱酸性   C. 碱性   D. 弱碱性

5. 佛尔哈德法的指示剂是（　　），滴定剂是（　　）。

A. 硫氰酸钾　　　　B. 甲基橙　　　　C. 铁铵矾　　　　D. 铬酸钾

6. 基准物质 NaCl 在使用前需（　　），再放于干燥器中冷却至室温。

A. 在 140～150℃烘干至恒重　　　　B. 在 270～300℃灼烧至恒重

C. 在 105～110℃烘干至恒重　　　　D. 在 500～600℃灼烧至恒重

7. 仅需要烘干的沉淀用（　　）过滤。

A. 定性滤纸　　　　B. 定量滤纸　　　　C. 玻璃砂芯漏斗　　　　D. 分液漏斗

8. 用佛尔哈德法测定 Cl^- 时，如果不加硝基苯（或邻苯二甲酸二丁酯），会使分析结果（　　）。

A. 偏高　　　　B. 偏低　　　　C. 无影响　　　　D. 可能偏高也可能偏低

9. 用氯化钠基准试剂标定 $AgNO_3$ 溶液浓度时，溶液酸度过大，会使标定结果（　　）。

A. 偏高　　　　B. 偏低　　　　C. 影响　　　　D. 难以确定其影响

10. 下列测定过程中，（　　）必须用力振荡锥形瓶。

A. 莫尔法测定水中氯　　　　B. 间接碘量法测定 Cu^{2+} 浓度

C. 酸碱滴定法测定工业硫酸浓度　　　　D. 配位滴定法测定硬度

11. 下列说法正确的是（　　）。

A. 摩尔法能测定的离子有 Cl^-、I^-、Ag^+

B. 佛尔哈德法能测定的离子有 Cl^-、Br^-、I^-、SCN^-、Ag^+

C. 佛尔哈德法只能测定的离子有 Cl^-、Br^-、I^-、SCN^-

D. 沉淀滴定中吸附指示剂的选择，要求沉淀胶体微粒对指示剂的吸附能力应略大于对待测离子的吸附能力

12. 在水溶液中 $AgNO_3$ 与 NaCl 反应，在化学计量点时 Ag^+ 的浓度为（　　）。

A. 2.0×10^{-5}　　　　B. 1.34×10^{-5}　　　　C. 2.0×10^{-6}　　　　D. 1.34×10^{-6}

13. 被 AgCl 沾污的容器用（　　）洗涤最合适。

A. （1+1）盐酸　　　　B. （1+1）硫酸　　　　C. （1+1）醋酸　　　　D. （1+1）氨水

14. 已知 25℃度时 $K_{spBaSO_4}=1.8\times10^{-10}$，在 400mL 的该溶液中由于沉淀的溶解而造成的损失为（　　）g。

A. 6.5×10^{-4}　　　　B. 1.2×10^{-3}　　　　C. 3.2×10^{-4}　　　　D. 1.8×10^{-7}

15. $K_{sp(AgCl)}=1.8\times10^{-10}$，AgCl 在 0.001 mol/L NaCl 中的溶解度（mol/L）为（　　）。

A. 1.8×10^{-10}　　　　B. 1.34×10^{-5}　　　　C. 9.0×10^{-5}　　　　D. 1.8×10^{-7}

16. 难溶化合物 $Fe(OH)_3$ 离子积的表达式为（　　）。

A. $K_{sp}=[Fe^{3+}][OH^-]$　　　　B. $K_{sp}=[Fe^{3+}][3OH^-]$

C. $K_{sp}=[Fe^{3+}][3OH^-]^3$　　　　D. $K_{sp}=[Fe^{3+}][OH^-]^3$

17. 已知 CaC_2O_4 的溶解度为 4.75×10^{-5}mol/L，则 CaC_2O_4 的溶度积是（　　）。

A. 9.50×10^{-5}　　　　B. 2.38×10^{-5}　　　　C. 2.26×10^{-9}　　　　D. 2.26×10^{-10}

18. 在含有 $PbCl_2$ 白色沉淀的饱和溶液中加入过量的 KI 溶液，则最后溶液中存在的是（　　）。$[K_{sp\,PbCl_2}>K_{sp\,PbI_2}]$

A. $PbCl_2$ 沉淀　　　　B. $PbCl_2$ 沉淀和 PbI_2 沉淀　　　　C. PbI_2 沉淀　　　　D. 无沉淀

19. 若将 0.002mol/L 硝酸银溶液与 0.005mol/L 氯化钠溶液等体积混合则（　　）。

A. 无沉淀析出　　　　　B. 有沉淀析出　　C. 难以判断　　　　　D. 先沉淀后消失

20. 已知 25℃时，Ag_2CrO_4 的 $K_{sp}=1.12\times10^{-12}$，则该温度下 Ag_2CrO_4 的溶解度为（　　）。

A. 6.5×10^{-5} mol/L　　　　　　　　B. 1.05×10^{-6} mol/L

C. 6.5×10^{-6} mol/L　　　　　　　　D. 1.05×10^{-5} mol/L

21. 已知：AgCl 的 $K_{sp}=1.8\times10^{-10}$，Ag_2CrO_4 的 $K_{sp}=1.12\times10^{-12}$，在 Cl^- 和 CrO_4^{2-} 浓度皆为 0.10mol/L 的溶液中，逐滴加入 $AgNO_3$ 溶液，发生的情况为（　　）。

A. Ag_2CrO_4 先沉淀　　　　　　　B. 只有 Ag_2CrO_4 沉淀

C. AgCl 先沉淀　　　　　　　　　　D. 同时沉淀

三、判断

1. 当溶液中 $[Ag^+][Cl^-]\geqslant K_{sp(AgCl)}$ 时，反应向着生成沉淀的方向进行。（　　）

2. 在含有 AgCl 沉淀的溶液中，加入 $NH_3\cdot H_2O$，则 AgCl 沉淀会溶解。（　　）

3. 某难溶化合物 AB 的溶液中含 $c(A^+)$ 和 $c(B^-)$ 均为 10^{-5}mol/L，则其 $K_{sp}=10^{-10}$。（　　）

4. 已知 25℃时 $K_{sp\,Ag_2CrO_4}=1.12\times10^{-12}$，$K_{sp\,AgCl}=1.8\times10^{-10}$，则该温度下 AgCl 的溶解度大于 Ag_2CrO_4 的溶解度。（　　）

5. 对于难溶电解质来说，离子积和溶度积为同一个概念。（　　）

6. 难溶电解质的溶度积常数越大，其溶解度就越大。（　　）

7. 为保证被测组分沉淀完全，沉淀剂应越多越好。（　　）

8. 通常将 $AgNO_3$ 溶液放入碱式滴定管进行滴定操作。（　　）

9. 沉淀反应中，当离子浓度积 $<K_{sp}$ 时，从溶液中继续析出沉淀，直至建立新的平衡关系。（　　）

10. 欲使沉淀溶解，应设法降低有关离子的浓度，保持离子浓度积 $<K_{sp}$，沉淀即不断溶解，直至消失。（　　）

11. Ag_2CrO_4 的溶度积（1.12×10^{-12}）小于 AgCl 的溶度积（1.8×10^{-10}），所以在含有相同浓度的 Cl^- 和 CrO_4^{2-} 的试液中滴加硝酸银溶液时，首先生成 Ag_2CrO_4 沉淀。（　　）

12. 在含有 0.01mol/L 的 I^-、Br^-、Cl^- 溶液中，逐渐加入 $AgNO_3$ 试剂，先出现的沉淀是 AgI $[K_{sp\,AgCl}>K_{sp\,AgBr}>K_{sp\,AgI}]$。（　　）

13. 如果在一溶液中加入稀 $AgNO_3$ 有白色沉淀产生，此溶液一定有 Cl^-。（　　）

14. 佛尔哈德法是以 NH_4SCN 为标准滴定溶液，铁铵矾为指示剂，在稀硝酸溶液中进行滴定。（　　）

15. 沉淀称量法中的称量形式必须具有确定的化学组成。（　　）

16. 在沉淀称量法中，要求沉淀形式和称量形式相同。（　　）

17. 用佛尔哈德法测定 Ag^+，滴定时必须剧烈摇动。用返滴定法测定 Cl^- 时，也应该剧烈摇动。（　　）

18. 沉淀 $BaSO_4$ 应在热溶液中进行，然后趁热过滤。（　　）

19. 分析纯的 NaCl 试剂，如不做任何处理，用来标定 $AgNO_3$ 溶液的浓度，结果会偏高。（　　）

20. 可以用硝酸银加稀硝酸溶液鉴别出 Cl^-、Br^- 和 I^-。（　　）

四、简答

1. 什么是沉淀滴定法？沉淀滴定法对化学反应有什么要求？

2. 什么是溶度积常数？它与溶解度有何区别？

3. 用溶度积常数可以比较任何难溶物质溶解度的大小吗？

4. 如何判断溶液中有沉淀生成还是溶解？

5. 采用沉淀滴定法进行分析，对于 1＋1 型沉淀，使被滴定离子沉淀完全的条件是什么？

6. 什么是分步沉淀？试用其原理说明莫尔法判断终点的依据。

7. 沉淀转化的条件是什么？

8. 常用的银量滴定法有几种具体方法？写出莫尔法和佛尔哈德法的化学反应方程式。

9. 比较莫尔法和佛尔哈德法测定 Cl^- 的区别。

10. 法扬司法中的吸附指示剂的作用原理是什么？

11. 为什么莫尔法只能在中性或弱碱性溶液中进行？

12. 莫尔法以 K_2CrO_4 作指示剂，其浓度过大或过小对测定有何影响？

13. 佛尔哈德法测 I^- 时，应在加入过量 $AgNO_3$ 溶液后再加入铁铵矾指示剂，为什么？

14. 沉淀称量法中加入沉淀剂以后如何检查沉淀是否完全？

15. 沉淀称量法中控制怎样的条件才能更好地生成沉淀？

16. 过滤操作需要哪些玻璃器皿？怎样选取？

17. 洗涤沉淀时怎样才能提高洗涤效率？怎样检查沉淀是否已经洗净？

18. 沉淀形式与称量形式有何区别？试举例说明。

五、计算

1. Ag_3PO_4 在 100mL 水中能溶解 1.97×10^{-3}g，求其溶度积常数。

2. 常温下，$AgCl$ 的溶度积为 1.8×10^{-10}，Ag_2CrO_4 的溶度积为 1.1×10^{-12}，CaF_2 的溶度积为 2.7×10^{-11}，试问此三种物质的溶解度大小顺序怎样排列？

3. $Mg(OH)_2$ 的溶度积常数为 5×10^{-12}，试计算：

(1) $Mg(OH)_2$ 在纯水中的溶解度及溶液的 pH 值；

(2) $Mg(OH)_2$ 在 0.010mol/L NaOH 溶液中的溶解度；

(3) $Mg(OH)_2$ 在 0.010mol/L $MgCl_2$ 溶液中的溶解度。

4. CuS_2 的 $K_{sp}=2.5\times10^{-46}$，求其饱和溶液中 S^{2-} 浓度。

5. 常温下，$Ca(OH)_2$ 的溶度积为 5.5×10^{-6}，求其饱和水溶液的 pH。

6. 用硫酸钡称量法测定试样中硫酸盐。计算在 200mL $BaSO_4$ 饱和溶液中，由于溶解所损失的沉淀质量是多少？如果让沉淀剂 Ba^{2+} 过量 0.01mol/L，这时溶解损失又是多少？

7. 在含有 1mol/L Ba^{2+} 和 0.001mol/L Pb^{2+} 的混合溶液中，逐滴加入 K_2CrO_4 溶液，问何种沉淀首先析出。

8. 用 $AgNO_3$ 溶液滴定 KI 和 NH_4SCN 的混合溶液，当刚刚产生 AgSCN 沉淀时，溶液中的 SCN^- 浓度是 I^- 浓度的多少倍？

9. 在含有相等物质的量浓度的 Cl^- 和 I^- 的混合溶液中，逐滴加入 $AgNO_3$ 溶液，哪一种离子先沉淀？当第二种离子开始沉淀时，两种离子的浓度比是多少？

10. 在含有 Cl^- 和 CrO_4^{2-} 的浓度都为 0.1mol/L 的溶液中，当逐滴加入 $AgNO_3$ 溶液时，哪一种离子先沉淀？第二种离子开始沉淀时，第一种离子在溶液中的浓度是多少？

11. 用 0.1mol/L 的硫氰酸钠溶液处理氯化银沉淀，使之转化为硫氰酸银沉淀。当转化

结束时，溶液中 Cl^- 和 SCN^- 的浓度比值是多少？

12. 用移液管吸取 NaCl 溶液 25.00mL，加入 K_2CrO_4 指示剂溶液，用 $c(AgNO_3) = 0.07488mol/L$ 的 $AgNO_3$ 溶液滴定，用去 37.42mL，计算每升溶液中含 NaCl 多少克？

13. 称取氯化物试样 0.2266g，加入 30.00mL 0.1121mol/L $AgNO_3$ 溶液，过量的 $AgNO_3$ 用 0.1158mol/L 的 NH_4SCN 溶液滴定，消耗 6.50mL，计算试样中氯的质量分数。

14. 有 0.1169g 基准 NaCl，加水溶解后，以 K_2CrO_4 为指示剂，用 $AgNO_3$ 标准溶液滴定时，共用去 20.00mL，求该 $AgNO_3$ 溶液的浓度和对 NaCl 的滴定度。

15. 将 40.00mL 0.1020mol/L 的 $AgNO_3$ 溶液加到 25.00mL $BaCl_2$ 溶液中，剩余的 $AgNO_3$ 溶液，需用 15.00mL 0.09800mol/L NH_4SCN 返滴定，问 25.00mL $BaCl_2$ 溶液中含 $BaCl_2$ 质量为多少？

16. 测定氯化锂 $LiCl \cdot H_2O$ 含量时，称取试样 0.1984g，溶于 70mL 水中，加 10mL 1% 淀粉溶液，在摇动下用 0.1054 mol/L 的 $AgNO_3$ 溶液避光滴定，近终点时，加 3 滴 0.5% 荧光黄指示剂，继续滴定至乳液呈粉红色，消耗 30.28mL，求试样中 $LiCl \cdot H_2O$ 的质量分数。反应式为：$AgNO_3 + LiCl =\!\!=\!\!= AgCl \downarrow + LiNO_3$

17. 称取银合金试样 0.3000g，溶解后制成溶液，加入铁铵矾指示液，用 $T_{Ag/NH_4SCN} = 0.01079g/mL$ 的 NH_4SCN 标准溶液滴定，用去 23.80mL，计算试样中的银的质量分数。

18. 称取一纯盐 KIO_x 0.5000g，经还原为碘化物后用 0.1000mol/L $AgNO_3$ 标准溶液滴定，用去 23.36mL。求该盐的化学式。

19. 测定碘化铵 NH_4I 含量时，称取试样 0.4936g，溶于 100mL 水中，加 10mL 1mol/L 乙酸及 3 滴 0.5% 曙红钠盐指示剂，用滴定度为 $T_{NaCl/AgNO_3} = 5.891mg/mL$ 的 $AgNO_3$ 溶液滴定至乳液呈红色，消耗 33.16mL，试样中 NH_4I 的质量分数是多少？

20. 有含硫约 35% 的黄铁矿，用沉淀称量法测定硫，欲得 0.4g 的 $BaSO_4$ 沉淀，问应称取试样多少克？

21. 沉淀 0.1000g $NiCl_2$ 中的 Ni^{2+}，需要 1% 丁二酮肟（$C_4H_8N_2O_2$）溶液多少毫升（以过量 50% 计）？有关反应式：$NiCl_2 + 2C_4H_8N_2O_2 \longrightarrow Ni(C_4H_7N_2O_2)_2 \downarrow$

22. 称取含有 NaCl 和 NaBr 的试样 0.6280g，溶解后用 $AgNO_3$ 溶液处理，得到干燥的 AgCl 和 AgBr 沉淀 0.5064g。另称取相同质量的试样 1 份，用 0.1050mol/L 的 $AgNO_3$ 标准溶液滴定至终点，消耗 28.34mL。计算试样中 NaCl 和 NaBr 的质量分数。

23. 测定某试样中 MgO 的含量时，先将 Mg^{2+} 沉淀为 $MgNH_4PO_4$，再灼烧成 $Mg_2P_2O_7$ 称量。若试样质量为 0.2400g，得到 $Mg_2P_2O_7$ 的质量为 0.1930g，计算试样中 MgO 的质量分数为多少？

24. 现有 0.5016g $BaSO_4$，其中含少量 BaS，用 H_2SO_4 处理使 BaS 转变为 $BaSO_4$，经灼烧后得 $BaSO_4$ 0.5024g，求 $BaSO_4$ 样品中 BaS 的质量分数。

25. 称取某含砷农药 0.2000g，溶于 HNO_3 后转化为 H_3AsO_4，调至中性，加 $AgNO_3$ 使其沉淀为 Ag_3AsO_4。沉淀经过滤、洗涤后，再溶解于稀 HNO_3 中，以铁铵矾为指示剂，滴定时消耗了 0.1180mol/L 的 NH_4SCN 标准溶液 33.85mL。计算该农药中的 As_2O_3。

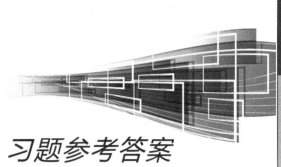

习题参考答案

项目一　职业任务与职业能力认识

一、填空

1. 采样与制样　消除干扰　进行定量测定　计算和报告分析结果
2. 化学分析　仪器分析
3. 酸碱滴定　氧化还原滴定　配位滴定
4. 溶液　干扰
5. 填表——分析方法的分类

分类依据	分　类	特　征
分析任务	定性分析	确定物质的组成和结构
	定量分析	确定被测组分的含量
分析对象	无机分析	分析对象为无机物
	有机分析	分析对象为有机物
试样用量	常量分析	固体试样＞0.1g,液体试样＞10mL
	半微量分析	固体试样 0.01～0.1g,液体试样 1～10mL
	微量分析	固体试样 0.1mg ～0.01g,液体试样 0.01～1mL
	超微量分析	固体试样＜0.1mg,液体试样＜0.01mL
组分在试样中的质量分数	常量分析	质量分数＞1%
	微量分析	质量分数 0.01%～1%
	痕量分析	质量分数＜0.01%
测定原理和测定方法	化学分析	以物质的化学反应为基础的分析方法。主要有滴定分析法和重量分析法。
	仪器分析	以物质的物理性质和物理化学性质为基础的分析方法。由于这类分析都要使用特殊的仪器设备,所以一般以称为仪器分析法。主要有光学分析法、电化学分析法和色谱分析法等。
化工生产过程	原料分析	对生产原材料的分析
	中控分析	对中间产品的分析
	产品分析	对生产成品的分析

二、判断

1. √　2. ×　3. √　4. ×　5. √

项目二　容量分析仪器的认知与使用

任务一　误差和分析数据处理

一、填空

1. 误差　误差　越高

2. 偏差　偏差　越高

3. 符合程度　绝对误差　相对误差

4. 仪器误差　方法误差　操作误差　校正仪器　空白试验　对照试样　测量

5. 系统

6. 系统　操作

7. 0.2mg　0.2g

8. 实际能够测量到，4 位，4 位，4 位

9. 数量　准确性

10. w_B　φ_B　ρ_B

二、选择

1. B	2. A	3. C	4. B	5. C
6. C	7. C	8. A	9. A	10. C
11. A	12. A	13. D	14. A	

三、判断

1. ×	2. ×	3. √	4. √	5. ×
6. √	7. √	8. √	9. ×	10. √
11. ×	12. ×	13. √	14. ×	15. √

四、简答

略。

五、计算

1.

序号	测得值	真实值	平均值	绝对误差	相对误差%	绝对偏差	相对偏差%
1	98.65%			+0.02	0.02	0.03	0.03
2	98.62%	98.63%	98.62%	−0.01	−0.01	0.00	0.00
3	98.60%			−0.03	−0.03	−0.02	−0.02

2. 4　5　4　2　2　3

3. 1.86　0.235　21.4　4.38　1.25　1.37

4. 0.9506　1.7×10^{-3}　24.4

5. 分析天平称量的最大绝对误差为±0.1mg，即±0.0001g，用减量法称量两次，可能引起的最大误差是±0.0002g，为了使称量时的相对误差在 0.2% 以下，根据

$$相对误差 = \frac{绝对误差}{试样质量} \times 100\%$$

因此　　　　　　　　$$试样质量 = \frac{绝对误差}{相对误差} = \frac{0.0002}{0.002} = 0.1g$$

可见试样质量必须在 0.1g 以上才能保证称量的相对误差在 0.2% 以内。

6. 0.04%　0.06%

7. 0.03%　0.05%

8. 33.07%　应该舍去

9. 不应舍去　57.6　57

10. 取平均值报告结果

11. 不能　　99.82%

12. 30.01%～30.39%

13. 解：根据测定值与标准规定指标对照，其他指标均符合优等品，只有乙酸的质量分数处于临界值。按技术标准临界值判断规则，不能使用修约值（99.8）判断产品等级；应该用全数值比较 99.5＜99.79＜99.8，故该产品是一等品，而不是优等品。

14. 解：

检验参数	标准规定指标	实测结果	检测报告
2-乙基己醇的质量分数/%	≥99.0	99.8	99.8
色度/Hazen 单位(铂-钴色号)	≤10	5	5
水的质量分数/%	≤0.20	0.004	0.01
酸度(以乙酸计)的质量分数/%	≤0.01	0.002	0.002
羰基(以 2-乙基己醛计)的质量分数/%	≤0.1	0.038	0.04
硫酸显色试验(铂-钴色号)	≤35	25	25

按标准规定填写报告单，报出的数据位数可比标准指标的有效数字多一位。

任务二　一般溶液的配制

一、填空

1. 标准溶液　化学计量点　滴定终点　终点误差

2. 化学计量　完全　快　滴定终点到达

3. 分析天平　体积　标准　被测物质　指示剂

4. 直接配制　间接配制

5. 高　化学式　稳定　大

6. 基准物　标定

7. 待测组分　滴定剂　必然相等　等物质的量

8. 被测物的质量

二、选择

1. A　　2. D　　3. A　　4. B　　5. A　　6. D　　7. D　　8. C

三、判断

1. ×　2. ×　3. √　4. ×　5. ×　6. √　7. ×　8. ×　9. √　10. √　11. √

四、计算

1. （1）0.750mol/L；（2）0.0500 mol/L；（3）0.187 mol/L；（4）0.0500 mol/L；
（5）0.0200 mol/L

2. （1）$\frac{1}{2}H_2SiF_6$；　（2）$\frac{1}{2}SO_3$；　（3）$\frac{1}{3}H_3AsO_4$；　（4）$\frac{1}{2}(NH_4)_2SO_4$；

（5）$\frac{1}{2}Na_2B_4O_7 \cdot 10H_2O$；（6）$\frac{1}{2}CaCO_3$

3. （1）0.0500mol/L；（2）1.500 mol/L；（3）0.04000 mol/L；（4）0.1000 mol/L

4. （1）9.5g NaCl 溶于 100mL 水中；

（2）10g I_2 溶于 1000mL 乙醇中；

（3）50g 葡萄糖溶于 450g 水中；

（4）10g NH_4CNS 溶于 190g 水中；

（5）60mL 水加乙醇 140mL 至 200mL。

5.（1）3.48mol/L；（2）3.16mol/L；（3）3.08mol/L

6. 8.5mL

7. 0.1010mol/L

8. 0.1113mol/L，4.452g/L

9. 0.61～0.82g

10. 需加水 275.0mL

11. NaOH 溶液的物质的量浓度为 0.1113mol/L

12. 基准试剂 Na_2CO_3 的称量范围应在 0.16～0.21g

13. 0.005380 g/mL

14.（1）$2.240×10^{-2}$ g/mL，$9.818×10^{-3}$ g/mL

（2）$9.689×10^{-3}$ g/mL，$6.198×10^{-3}$ g/mL

15. 0.09800

任务三　分析天平的使用

一、填空

1. 机械加码天平　电子天平

2. 检查和清洁天平　称量

3. 检查水平　预热　称皮质量　去皮

4. 称量物　砝码

5. 托起

6. 吸湿　吸收空气中的 CO_2

7. 0.1mg/格

二、选择

1. B	2. B	3. C	4. B	5. D
6. B	7. B	8. A	9. B	10. C
11. A	12. C	13. B		

三、判断

1. √	2. ×	3. ×	4. ×	5. ×
6. ×	7. ×	8. √	9. √	

四、计算

灵敏度＝9.9 格/mg　分度值＝1/9.9＝0.1mg/格

任务四　滴定分析仪器的使用和校正

一、填空

1. 量出　量入

2. 检漏　赶气泡　调零

3. 凹液面下缘　三角交叉点处　液面两侧

二、选择

1. A 2. B 3. A 4. B 5. D 6. B 7. D 8. A

三、判断

1. √ 2. √ 3. √ 4. × 5. × 6. √

四、计算

1. (1) 34.2g；(2) 2.075g；(3) 23.445g；(4) 0.641g；(5) 80.6g

2. 5.00 mol/L

3. 0.1001mol/L

4. 65 mL

5. $T_{CaO/HCl}=0.00421g/mL$，　　　　$T_{Ca(OH)_2/HCl}=0.00556g/mL$，

$T_{Na_2O/HCl}=0.00468$，　　　　$T_{NaOH/HCl}=0.00602g/mL$

6. $T_{Fe_3O_4/K_2Cr_2O_7}=8.567mg/mL$

7. $T_{BaO/EDTA}=15.3mg/mL$

8. $T_{Fe_2O_3/KMnO_4}=20.0mg/mL$

9. 0.16g

10. 需称取含3.95%杂质的银1.4g

11. 26.0%；89.2%

12. 95.36%

13. 97.43%

项目三 酸性或碱性物质含量测定

一、选择

1. B 2. B 3. C 4. A 5. B 6. D 7. D 8. B 9. B 10. B 11. B 12. C

二、判断

1. √ 2. × 3. √ 4. × 5. × 6. √ 7. × 8. × 9. √ 10. ×

11. √ 12. √ 13. × 14. × 15. √ 16. × 17. × 18. √ 19. × 20. ×

21. √ 22. √ 23. × 24. √ 25. × 26. √ 27. × 28. √ 29. × 30. √

31. √ 32. × 33. √ 34. √ 35. ×

三、简答

略

四、计算

1. 16.87%；20.48%；95.30%

2. (1) 0.40；(2) 12；(3) 11.84；(4) 2.74；(5) 5.13；(6) 9.58

3. Na_2CO_3 71.61%；$NaHCO_3$ 9.11%

4. 5. 略

6. NaOH 0.4167；Na_2CO_3 0.2208

7. $NaHCO_3$ 72.08％；Na_2CO_3 23.36％

8.66.25％

9.略

10.pH＝8.20

11.0.9949

12.95.34％；50.31％

13.66.25％

14.23.26％；0.05％

15.0.285616

16.24.71％

项目四　金属离子含量测定

一、选择

1.D 　2.C 　3.D 　4.C 　5.C 　6.B 　7.D 　8.C 　9.A

二、简答

略

三、计算

略

项目五　氧化性或还原性物质含量测定

一、填空

1.还原剂　氧化剂　还原剂　氧化剂

2.电子　氧化　电子　还原

3.还原态　氧化态　氧化态　还原态　4.电极电位 φ　V　电极电位 $\varphi^{\ominus}$　298K　1

5. $\varphi = \varphi^{\ominus} + \dfrac{0.059}{n} \lg \dfrac{c(Ox)}{c(Red)}$

6.方向　次序　程度

7.电子　氧化　氧化　还原　还原

8.氧化　还原　强　强　弱　弱

9.最大　次序

10.增加反应物浓度　提高温度　使用催化剂　利用诱导反应

11. $> 10^6$ $\Delta\varphi^{\ominus} \geqslant 0.4V$

12.程度　速度

13. 间接　直接

14. 重铬酸钾　草酸钠

15. 淀粉　碘滴定法　蓝色　滴定碘法　蓝色

16. 近终点（溶液出现稻草黄色）　淀粉

17. Mn^{2+}　MnO_2　MnO_4^{2-}

18. I^-被空气氧化　I_2挥发　KI

19. 间接　$K_2Cr_2O_7$　KI　I_2

20. 自身　二苯胺磺酸钠　淀粉溶液

21. 慢　快　65～75　粉红色　30s

二、选择

1. D	2. B	3. C	4. C	5. B	6. C
7. D	8. A	9. A	10. B	11. D	12. A
13. B	14. B	15. A	16. A	17. D	18. D
19. B	20. C	21. D			

三、判断

1. √	2. √	3. ×	4. √	5. ×	6. ×
7. ×	8. √	9. ×	10. ×	11. √	12. ×
13. ×	14. √	15. ×	16. √	17. ×	18. √
19. ×	20. ×	21. √			

四、简答

略

五、计算

1. （1）0.095V；（2）0.124V；（3）0.154V；（4）0.184V；（5）0.213V

2. 1.34V

3. （1）向右；（2）向右；（3）向右；（4）向左；（5）向右；（6）向左；（7）向右

4. （1）$K=1.6\times10^{11}$，向右；（2）$K=3.2\times10^{-30}$，向左；（3）$K=4.6\times10^{55}$，向右

5. （1）1，$\frac{1}{2}$；（2）$\frac{1}{2}$，1；（3）$\frac{1}{2}$，$\frac{1}{5}$；（4）$\frac{1}{2}$，$\frac{1}{3}$；（5）$\frac{1}{6}$，1；（6）$\frac{1}{2}$，$\frac{1}{2}$

6. 0.01000mol/L；0.05000mol/L　　　　7. 2.4515g

8. 9.5g；3.4g　　　　9. （1）0.2000mol/L；（2）0.01597g/mL

10. （1）0.008757g/mL；（2）0.04359 g/mL；（3）0.06148 g/mL

11. 0.06006mol/L　　　　12. 0.1172 mol/L

13. 0.14g　　　　14. 0.1036mol/L

15. 260.2g/L　　　　16. 63.55％

17. 73.25％　　　　18. 37.78％

19. 4.99％　　　　20. 0.21g

21. 3.07mg/mL；2.70 mg/mL　　　　22. 25.00mL

23. 37.64％　　　　24. 88.29％

25. 10.19％

项目六　沉淀滴定和称量分析法的应用

一、填空

1. 溶解　沉淀　乘积　溶度积　K_{sp}

2. $\geqslant$　过饱和　沉淀　$\leqslant$　未饱和　溶解

3. $K_{sp} \leqslant 10^{-10}$　快　指示剂

4. 溶度积　沉淀剂　少

5. 相对大小　大　小

6. $6.5 \sim 10.5$　高

7. $[Ag(NH_3)_2]^+$　高

8. K_2CrO_4　提前　小

9. 白　砖红　白　红

10. 酸性　铁铵矾　NH_4SCN

11. 直接　间接

12. 负　正

13. 荧光黄　曙红

14. 见光　光线照射

15. 沉淀　过滤　洗涤

16. 稀　热　搅　陈

17. 大　小　化学组成

二、选择

1. B	2. B	3. A	4. A	5. C A
6. D	7. C	8. B	9. B	10. A
11. B	12. B	13. D	14. B	15. D
16. D	17. C	18. C	19. B	20. A
21. C				

三、判断

1. √	2. √	3. ×	4. ×	5. ×
6. ×	7. ×	8. ×	9. ×	10. ×
11. ×	12. √	13. ×	14. √	15. √
16. ×	17. ×	18. ×	19. √	20. √

四、简答

略

五、计算

1. 1.3×10^{-16}

2. 溶解度：$CaF_2 > Ag_2CrO_4 > AgCl$

3. （1）1.1×10^{-4} mol/L，pH $= 10.3$　（2）5×10^{-8} mol/L　（3）1.1×10^{-5} mol/L

4. 4.0×10^{-16} mol/L

5. 12.3

6. 损失的沉淀 4.9×10^{-4} g；沉淀剂 Ba^{2+} 过量时损失沉淀 5.1×10^{-7} g

7. $BaCrO_4$

8. 12050 倍

9. AgI 先沉淀；$[Cl^-]/[I^-] = 2.2 \times 10^6$

10. AgCl 先沉淀；5.4×10^{-5} mol/L

11. $[Cl^-]/[SCN^-]$ 为 180

12. 6.55 g/L

13. 40.84%

14. 0.1000 mol/L；0.005845 g/mL

15. 0.2718 g

16. 0.9723

17. 85.58%   18. KIO$_3$

19. 0.9819   20. 0.16g

21. 27mL   22. 10.96%；29.46%

23. 0.2912   24. 0.42%

25. 65.84%

$M_{H_2A} = 343.9 - 137.33 + 2 \times 1.0079 = 208.6 g/mol$

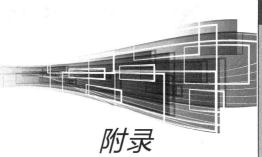

附录

附录一　弱酸在水中的离解常数（25℃，$I=0$）

酸		化学式	K_a	pK_a
无机酸	砷酸	H_3AsO_4	$K_{a_1}\ 6.5\times10^{-3}$ $K_{a_2}\ 1.15\times10^{-7}$ $K_{a_3}\ 3.2\times10^{-12}$	2.19 6.94 11.50
	亚砷酸	H_3AsO_3	$K_{a_1}\ 6.0\times10^{-10}$	9.22
	硼酸	H_3BO_3	$K_{a_1}\ 5.8\times10^{-10}$	9.24
	碳酸	$H_2CO_3(CO_2+H_2O)$	$K_{a_1}\ 4.2\times10^{-7}$ $K_{a_2}\ 5.6\times10^{-11}$	6.38 10.25
	铬酸	H_2CrO_4	$K_{a_2}\ 3.2\times10^{-7}$	6.50
	氢氰酸	HCN	4.9×10^{-10}	9.31
	氢氟酸	HF	6.8×10^{-4}	3.17
	氢硫酸	H_2S	$K_{a_1}\ 8.9\times10^{-8}$ $K_{a_2}\ 1.2\times10^{-13}$	7.05 12.92
	磷酸	H_3PO_4	$K_{a_1}\ 6.9\times10^{-3}$ $K_{a_2}\ 6.2\times10^{-8}$ $K_{a_3}\ 4.8\times10^{-13}$	2.16 7.21 12.32
	硅酸	H_2SiO_3	$K_{a_1}\ 1.7\times10^{-10}$ $K_{a_2}\ 1.6\times10^{-12}$	9.77 11.80
	硫酸	H_2SO_4	$K_{a_2}\ 1.2\times10^{-2}$	1.92
	亚硫酸	$H_2SO_3(SO_2+H_2O)$	$K_{a_1}\ 1.29\times10^{-2}$ $K_{a_2}\ 6.3\times10^{-8}$	1.89 7.20
有机酸	甲酸	HCOOH	1.7×10^{-4}	3.77
	乙酸	CH_3COOH	1.75×10^{-5}	4.76
	丙酸	C_2H_5COOH	1.35×10^{-5}	4.87
	氯乙酸	$ClCH_2COOH$	1.38×10^{-3}	2.86
	二氯乙酸	$Cl_2CHCOOH$	5.5×10^{-2}	1.26
	氨基乙酸	$NH_3^+CH_2COOH$	$K_{a_1}\ 4.5\times10^{-3}$ $K_{a_2}\ 1.7\times10^{-10}$	2.35 9.78
	苯甲酸	C_6H_5COOH	6.2×10^{-5}	4.21
	草酸	$H_2C_2O_4$	$K_{a_1}\ 5.6\times10^{-2}$ $K_{a_2}\ 5.1\times10^{-5}$	1.25 4.29
	α-酒石酸	HO—CH—COOH | HO—CH—COOH	$K_{a_1}\ 9.1\times10^{-4}$ $K_{a_2}\ 4.3\times10^{-5}$	3.04 4.37
	琥珀酸	CH_2—COOH | CH_2—COOH	$K_{a_1}\ 6.2\times10^{-5}$ $K_{a_2}\ 2.3\times10^{-6}$	4.21 5.64

续表

酸	化学式	K_a	pK_a
邻苯二甲酸	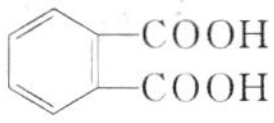	$K_{a_1}\ 1.12\times10^{-3}$ $K_{a_2}\ 3.91\times10^{-6}$	2.95 5.41
柠檬酸	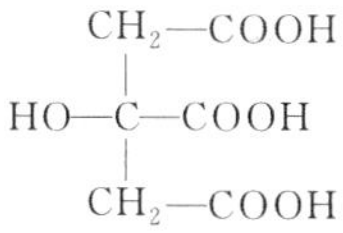 CH₂—COOH HO—C—COOH CH₂—COOH	$K_{a_1}\ 7.4\times10^{-4}$ $K_{a_2}\ 1.7\times10^{-5}$ $K_{a_3}\ 4.0\times10^{-7}$	3.13 4.76 6.40
苯酚	C_6H_5OH	1.12×10^{-10}	9.95
乙酰丙酮	$CH_3COCH_2COCH_3$	1×10^{-9}	9.0
乙二胺四乙酸	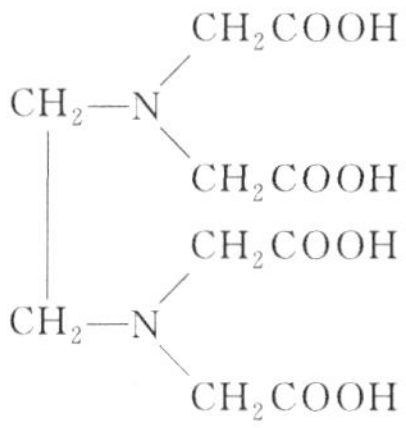 CH₂—N(CH₂COOH)(CH₂COOH) CH₂—N(CH₂COOH)(CH₂COOH)	$K_{a_1}\ 0.13$ $K_{a_2}\ 3\times10^{-2}$ $K_{a_3}\ 1\times10^{-2}$ $K_{a_4}\ 2.1\times10^{-3}$ $K_{a_5}\ 5.4\times10^{-7}$ $K_{a_6}\ 5.5\times10^{-11}$	0.9 1.6 2.0 2.67 6.16 10.26
8-羟基喹啉	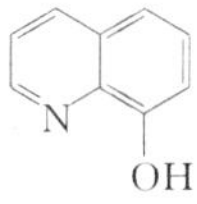	$K_{a_1}\ 8\times10^{-6}$ $K_{a_2}\ 1\times10^{-9}$	5.1 9.0
苹果酸	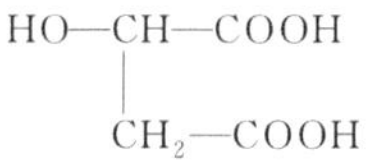 HO—CH—COOH CH₂—COOH	$K_{a_1}\ 4.0\times10^{-4}$ $K_{a_2}\ 8.9\times10^{-6}$	3.4 5.0
水杨酸	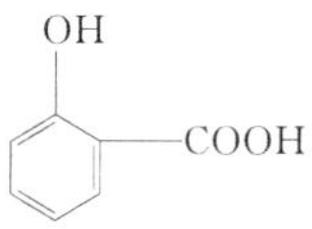	$K_{a_1}\ 1.05\times10^{-3}$ $K_{a_2}\ 8\times10^{-14}$	2.98 13.1
磺基水杨酸	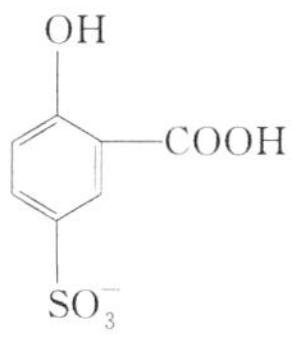	$K_{a_1}\ 3\times10^{3}$ $K_{a_2}\ 3\times10^{12}$	2.6 11.6
顺丁烯二酸	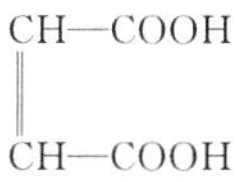 CH—COOH ‖ CH—COOH	$K_{a_1}\ 1.2\times10^{-2}$ $K_{a_2}\ 6.0\times10^{-7}$	1.92 6.22

有机酸

附录二 弱碱在水中的离解常数（25℃，$I=0$）

碱	化学式	K_b	pK_b
氨	NH_3	1.8×10^{-5}	4.75
联氨	H_2NNH_2	$K_{b_1}\,9.8\times10^{-7}$ $K_{b_2}\,1.32\times10^{-15}$	6.01 14.88
羟胺	NH_2OH	9.1×10^{-9}	8.04
甲胺	CH_3NH_2	4.2×10^{-4}	3.38
乙胺	$C_2H_5NH_2$	4.3×10^{-4}	3.37
苯胺	$C_6H_5NH_2$	4.2×10^{-10}	9.38
乙二胺	$H_2NCH_2CH_2NH_2$	$K_{b_1}\,8.5\times10^{-5}$ $K_{b_2}\,7.1\times10^{-8}$	4.07 7.15
三乙醇胺	$N(CH_2CH_2OH)_3$	5.8×10^{-7}	6.24
六亚甲基四胺	$(CH_2)_6N_4$	1.35×10^{-9}	8.87
吡啶	C_5H_5N	1.8×10^{-9}	8.74
邻二氮菲		6.9×10^{-10}	9.16

附录三 金属配合物的稳定常数

金属离子	离子强度	n	$\lg\beta_n$
氨配合物			
Ag^+	0.1	1,2	3.40,7.40
Cd^{2+}	0.1	1,2,3,4,5,6	2.60,4.65,6.04,6.92,6.6,4.9
Co^{2+}	0.1	1,2,3,4,5,6	2.05,3.62,4.61,5.31,5.43,4.75
Cu^{2+}	2	1,2,3,4	4.13,7.61,10.48,12.59
Ni^{2+}	0.1	1,2,3,4,5,6	2.75,4.95,6.64,7.79,8.50,8.49
Zn^{2+}	0.1	1,2,3,4	2.27,4.61,7.01,9.06
羟基配合物			
Ag^+	0	1,2,3	2.3,3.6,4.8
Al^{3+}	2	4	33.3
Bi^{3+}	3	1	12.4
Cd^{2+}	3	1,2,3,4	4.3,7.7,10.3,12.0
Cu^{2+}	0	1	6.0
Fe^{2+}	1	1	4.5
Fe^{3+}	3	1,2	11.0,21.7
Mg^{2+}	0	1	2.6
Ni^{2+}	0.1	1	4.6
Pb^{2+}	0.3	1,2,3	6.2,10.3,13.3
Zn^{2+}	0	1,2,3,4	4.4,—,14.4,15.5
Zr^{4+}	4	1,2,3,4	13.8,27.2,40.2,53

金属离子	离子强度	n	$\lg\beta_n$
氟配合物			
Al^{3+}	0.53	1,2,3,4,5,6	6.1,11.15,15.0,17.7,19.4,19.7
Fe^{3+}	0.5	1,2,3	5.2,9.2,11.9
Th^{4-}	0.5	1,2,3	7.7,13.5,18.0
TiO^{2+}	3	1,2,3,4	5.4,9.8,13.7,17.4
$Sn^{4+①}$		6	25
Zr^{4+}	2	1,2,3	8.8,16.1,21.9
氯配合物			
Ag^+	0.2	1,2,3,4	2.9,4.7,5.0,5.9
Hg^{2+}	0.5	1,2,3,4	6.7,13.2,14.1,15.1
碘配合物			
$Cd^{2+①}$		1,2,3,4	2.4,3.4,5.0,6.15
Hg^{2+}	0.5	1,2,3,4	12.9,23.8,27.6,29.8
氰配合物			
Ag^+	0~0.3	1,2,3,4	21.1,21.8,20.7
Cd^{2+}	3	1,2,3,4	5.5,10.6,15.3,18.9
Cu^+	0	1,2,3,4	—,24.0,28.6,30.3
Fe^{2+}	0	6	35.4
Fe^{3+}	0	6	43.6
Hg^{3+}	0.1	1,2,3,4	18.0,34.7,38.5,41.5
Ni^{2+}	0.1	4	31.3
Zn^{2+}	0.1	4	16.7
硫氰酸配合物			
$Fe^{3+①}$		1,2,3,4,5	2.3,4.2,5.6,6.4,6.4
Hg^{2+}	1	1,2,3,4	—,16.1,19.0,20.9
硫代硫酸配合物			
Ag^+	0	1,2	8.82,13.5
Hg^{2+}	0	1,2	29.86,32.26
柠檬酸配合物			
Al^{3+}	0.5	1	20.0
Cu^{2+}	0.5	1	18
Fe^{3+}	0.5	1	25
Ni^{2+}	0.5	1	14.3
Pb^{2+}	0.5	1	12.3
Zn^{2+}	0.5	1	11.4
磺基水杨酸配合物			
Al^{3+}	0.1	1,2,3	12.9,22.9,29.0
Fe^{3+}	3	1,2,3	14.4,25.2,32.2
乙酰丙酮配合物			
Al^{3+}	0.1	1,2,3	8.1,15.7,21.2
Cu^{2+}	0.1	1,2	7.8,14.3
Fe^{3+}	0.1	1,2,3	9.3,17.9,25.1

续表

金属离子	离子强度	n	$\lg\beta_n$
邻二氮菲配合物			
Ag^+	0.1	1,2	5.02,12.07
Cd^{2+}	0.1	1,2,3	6.4,11.6,15.8
Co^{2+}	0.1	1,2,3	7.0,13.7,20.1
Cu^{2+}	0.1	1,2,3	9.1,15.8,21.0
Fe^{2+}	0.1	1,2,3	5.9,11.1,21.3
Hg^{2+}	0.1	1,2,3	—,19.65,23.35
Ni^{2+}	0.1	1,2,3	8.8,17.1,24.8
Zn^{2+}	0.1	1,2,3	6.4,12.15,17.0
乙二胺配合物			
Ag^+	0.1	1,2	4.7,7.7
Cd^{2+}	0.1	1,2	5.47,10.02
Cu^{2+}	0.1	1,2	10.55,19.60
Co^{2+}	0.1	1,2,3	5.89,10.72,13.82
Hg^{2+}	0.1	2	23.42
Ni^{2+}	0.1	1,2,3	7.66,14.06,18.59
Zn^{2-}	0.1	1,2,3	5.71,10.37,12.08

①离子强度不定。

附录四　金属离子与氨羧配位剂配合物稳定常数的对数

金属离子	EDTA		EGTA			HEDTA	
	$\lg K_{MHL}$	$\lg K_{ML}$	$\lg K_{MOHL}$	$\lg K_{MHL}$	$\lg K_{ML}$	$\lg K_{ML}$	$\lg K_{MOHL}$
Ag^+	6.0	7.3					
Al^{3+}	2.5	16.1	8.1				
Ba^{2+}	4.6	7.8		5.4	8.4	6.2	
Bi^{3+}		27.9					
Ca^{2+}	3.1	10.7		3.8	11.0	8.0	
Ce^{3+}		16.0					
Cd^{2+}	2.9	16.5		3.5	15.6	13.0	
Co^{2+}	3.1	16.3			12.3	14.4	
Co^{3+}	1.3	36					
Cr^{3+}	2.3	23	5.6				
Cu^{2+}	3.0	18.8	2.5	4.4	17	17.4	
Fe^{2+}	2.8	14.3				12.2	5.0
Fe^{3+}	1.4	25.1	6.5			19.8	10.1
Hg^{2+}	3.1	21.8	4.9	3.0	23.2	20.1	
La^{3+}		15.4			15.6	13.2	
Mg^{2+}	3.9	8.7			5.2	5.2	
Mn^{2+}	3.1	14.0		5.0	11.5	10.7	
Ni^{2+}	3.2	18.6		6.0	12.0	17.0	
Pb^{2+}	2.8	18.0		5.3	13.0	15.5	
Sn^{2+}		22.1					
Sr^{2+}	3.9	8.6		5.4	8.5	6.8	
Th^{4+}		23.2					8.6
Ti^{3+}		21.3					
TiO^{2+}		17.3					
Zn^{2+}	3.0	16.5		5.2	12.8	14.5	

注：EDTA 为乙二胺四乙酸；EGTA 为乙二醇双（2-氨基乙醚）四乙酸；HEDTA 为 2-羟乙基乙二胺三乙酸。

附录五　标准电极电位（25℃）

电极反应	$\varphi^{\ominus}/V$	电极反应	$\varphi^{\ominus}/V$
$F_2+2e^-\longrightarrow 2F^-$	$+2.87$	$I_3^-+2e^-\longrightarrow 3I^-$	$+0.54$
$O_3+2H^+2e^-\longrightarrow O_2+H_2O$	$+2.07$	$I_2(固)+2e^-\longrightarrow 2I^-$	$+0.535$
$S_2O_3^{2-}+2e^-\longrightarrow 2SO_4^{2-}$	$+2.0$	$Cu^++e^-\longrightarrow Cu$	$+0.52$
$H_2O_2+2H^++2e^-\longrightarrow 2H_2O$	$+1.77$	$[Fe(CN)_6]^{3-}+e^-\longrightarrow [Fe(CN)_6]^{4-}$	$+0.355$
$Ce^{4+}+e^-\longrightarrow Ce^{3+}$	$+1.61$	$Cu^{2+}+2e^-\longrightarrow Cu$	$+0.34$
$2BrO_3^-+12H^++10e^-\longrightarrow Br_2+6H_2O$	$+1.5$	$Hg_2Cl_2+2e^-\longrightarrow 2Hg+2Cl^-$	$+0.268$
$MnO_4^-+8H^++5e^-\longrightarrow Mn^{2+}+4H_2O$	$+1.51$	$SO_4^{2-}+4H^++2e^-\longrightarrow H_2SO_3+H_2O$	$+0.17$
$PbO_2(固)+4H^++2e^-\longrightarrow Pb^{2+}+2H_2O$	$+1.46$	$Cu^{2+}+e^-\longrightarrow Cu^+$	$+0.17$
$BrO_3^-+6H^++6e^-\longrightarrow Br^-+3H_2O$	$+1.44$	$Sn^{4+}+2e^-\longrightarrow Sn^{2+}$	$+0.15$
$Cl_2+2e^-\longrightarrow 2Cl^-$	$+1.358$	$S+2H^++2e^-\longrightarrow H_2S$	$+0.14$
$Cr_2O_7^{2-}+14H^++6e^-\longrightarrow 2Cr^{3+}+7H_2O$	$+1.33$	$S_4O_6^{2-}+2e^-\longrightarrow 2S_2O_3^{2-}$	$+0.09$
$MnO_2(固)+4H^++2e^-\longrightarrow Mn^{2+}+2H_2O$	$+1.23$	$2H^++2e^-\longrightarrow H_2$	0
$O_2+4H^++4e^-\longrightarrow 2H_2O$	$+1.229$	$Pb^{2+}+2e^-\longrightarrow Pb$	-0.126
$2IO_3^-+12H^++10e^-\longrightarrow I_2+6H_2O$	$+1.19$	$Sn^{2+}+2e^-\longrightarrow Sn$	-0.14
$Br_2+2e^-\longrightarrow 2Br^-$	$+1.08$	$Ni^{2+}+2e^-\longrightarrow Ni$	-0.25
$HNO_2+H^++e^-\longrightarrow NO+H_2O$	$+0.98$	$PbSO_4+2e^-\longrightarrow Pb+SO_4^{2-}$	-0.356
$VO_2^++2H^++e^-\longrightarrow VO^{2+}+H_2O$	$+0.999$	$Cd^{2+}+2e^-\longrightarrow Cd$	-0.403
$NO_3^-+3H^++2e^-\longrightarrow HNO_2+H_2O$	$+0.94$	$Fe^{2+}+2e^-\longrightarrow Fe$	-0.44
$Hg^{2+}+2e^-\longrightarrow 2Hg$	$+0.845$	$S+2e^-\longrightarrow S^{2-}$	-0.48
$Ag^++e^-\longrightarrow Ag$	$+0.7994$	$2CO_2+2H^++2e^-\longrightarrow H_2C_2O_4$	-0.49
$Hg_2^{2+}+2e^-\longrightarrow 2Hg$	$+0.792$	$Zn^{2+}+2e^-\longrightarrow Zn$	-0.7628
$Fe^{3+}+e^-\longrightarrow Fe^{2+}$	$+0.771$	$SO_4^{2-}+H_2O+2e^-\longrightarrow SO_3^{2-}+2OH^-$	-0.93
$2H^++O_2+2e^-\longrightarrow H_2O_2$	$+0.69$	$Al^{3+}+3e^-\longrightarrow Al$	-1.66
$2HgCl_2+2e^-\longrightarrow Hg_2Cl_2+2Cl^-$	$+0.63$	$Mg^{2+}+2e^-\longrightarrow Mg$	-2.37
$MnO_4^-+2H_2O+3e^-\longrightarrow MnO_2+4OH^-$	$+0.588$	$Na^++e^-\longrightarrow Na$	-2.713
$MnO_4^-+e^-\longrightarrow MnO_4^{2-}$	$+0.57$	$Ca^{2+}+2e^-\longrightarrow Ca$	-2.87
$H_3AsO_4+2H^++2e^-\longrightarrow HAsO_2+2H_2O$	$+0.56$	$K^++e^-\longrightarrow K$	-2.925

附录六　部分氧化还原电位的条件电极电对（25℃）

电极反应	$\varphi^{\ominus\prime}/V$	介质	电极反应	$\varphi^{\ominus\prime}/V$	介质
$Ag^{2+}+e^-\longrightarrow Ag^+$	2.00	4mol/L $HClO_4$		0.51	1mol/L HCl+0.25mol/L H_3PO_4
	1.93	3mol/L HNO_3			
$Ce(Ⅳ)+e^-\longrightarrow Ce(Ⅲ)$	1.74	1mol/L $HClO_4$	$[Fe(CN)_6]^{3-}+e^-\longrightarrow$	0.56	0.1mol/L HCl
	1.45	0.5mol/L H_2SO_4	$[Fe(CN)_6]^{4-}$		
	1.28	1mol/L HCl		0.72	1mol/L $HClO_4$
	1.60	1mol/L HNO_3	$I_3^-+2e^-\longrightarrow 3I^-$	0.545	0.5mol/L H_2SO_4
$Co^{3+}+e^-\longrightarrow Co^{2+}$	1.95	4mol/L $HClO_4$	$Sn(Ⅳ)+2e^-\longrightarrow Sn(Ⅱ)$	0.14	1mol/L HCl
	1.86	1mol/L HNO_3	$Sb(Ⅴ)+2e^-\longrightarrow Sb(Ⅲ)$	0.75	3.5mol/L HCl
$Cr_2O_7^{2-}+14H^++6e^-\longrightarrow$	1.03	1mol/L $HClO_4$	$SbO_3^-+H_2O+2e^-\longrightarrow$	-0.43	3mol/L KOH
$2Cr^{3+}+7H_2O$			$SbO_2^-+2OH^-$		
	1.15	4mol/L H_2SO_4	$Ti(Ⅳ)+e^-\longrightarrow Ti(Ⅲ)$	-0.01	0.2mol/L H_2SO_4
	1.00	1mol/L HCl		0.15	5mol/L H_2SO_4
$Fe^{3+}+e^-\longrightarrow Fe^{2+}$	0.75	1mol/L $HClO_4$		0.10	3mol/L HCl
	0.70	1mol/L HCl	$V(Ⅴ)+e^-\longrightarrow V(Ⅳ)$	0.94	1mol/L H_3PO_4
	0.68	1mol/L H_2SO_4	$U(Ⅵ)+2e^-\longrightarrow U(Ⅳ)$	0.35	1mol/L HCl

附录七 难溶化合物的活度积($K_{sp}^{\ominus}$)和溶度积(K_{sp},25℃)

化合物	$I=0$		$I=0.1$	
	$K_{sp}^{\ominus}$	p$K_{sp}^{\ominus}$	K_{sp}	pK_{sp}
AgAc	2×10^{-3}	2.7	8×10^{-3}	2.1
AgCl	1.77×10^{-10}	9.75	3.2×10^{-10}	9.50
AgBr	4.95×10^{-13}	12.31	8.7×10^{-13}	12.06
AgI	8.3×10^{-17}	16.08	1.48×10^{-16}	15.83
Ag_2CrO_4	1.12×10^{-12}	11.95	5×10^{-12}	11.3
AgSCN	1.07×10^{-12}	11.97	2×10^{-12}	11.7
Ag_2S	6×10^{-50}	49.2	6×10^{-49}	48.2
Ag_2SO_4	1.58×10^{-5}	4.80	8×10^{-5}	4.1
$Ag_2C_2O_4$	1×10^{-11}	11.0	4×10^{-11}	10.4
Ag_3AsO_4	1.12×10^{-20}	19.95	1.3×10^{-19}	18.9
Ag_3PO_4	1.45×10^{-16}	15.84	2×10^{-15}	14.7
AgOH	1.9×10^{-8}	7.71	3×10^{-8}	7.5
$Al(OH)_3$(无定形)	4.6×10^{-33}	32.34	3×10^{-32}	31.5
$BaCrO_4$	1.17×10^{-10}	9.93	8×10^{-10}	9.1
$BaCO_3$	4.9×10^{-9}	8.31	3×10^{-8}	7.5
$BaSO_4$	1.07×10^{-18}	9.97	6×10^{-10}	9.2
BaC_2O_4	1.6×10^{-7}	6.79	1×10^{-6}	6.0
BaF_2	1.05×10^{-6}	5.98	5×10^{-6}	5.3
$Bi(OH)_2Cl$	1.8×10^{-31}	30.75		
$Ca(OH)_2$	5.5×10^{-6}	5.26	1.3×10^{-5}	4.9
$CaCO_3$	3.8×10^{-9}	8.42	3×10^{-8}	7.5
CaC_2O_4	2.3×10^{-9}	8.64	1.6×10^{-8}	7.8
CaF_2	3.4×10^{-11}	10.47	1.6×10^{-10}	9.8
$Ca_3(PO_4)_2$	1×10^{-26}	26.0	1×10^{-23}	23
$CaSO_4$	2.4×10^{-5}	4.62	1.6×10^{-4}	3.8
$CdCO_3$	3×10^{-14}	13.5	1.6×10^{-13}	12.8
CdC_2O_4	1.51×10^{-8}	7.82	1×10^{-7}	7.0
$Cd(OH)_2$(新析出)	3×10^{-14}	13.5	6×10^{-14}	13.2
CdS	8×10^{-27}	26.1	5×10^{-26}	25.3
$Ce(OH)_3$	6×10^{-21}	20.2	3×10^{-20}	19.5
$CePO_4$	2×10^{-24}	23.7		
$Co(OH)_2$(新析出)	1.6×10^{-15}	14.8	4×10^{-15}	14.4
CoS(α型)	4×10^{-21}	20.4	3×10^{-20}	19.5
CoS(β型)	2×10^{-25}	24.7	1.3×10^{-24}	23.9
$Cr(OH)_3$	1×10^{-31}	31.0	5×10^{-31}	30.3
CuI	1.10×10^{-12}	11.96	2×10^{-12}	11.7
CuSCN			2×10^{-13}	12.7
CuS	6×10^{-36}	35.2	4×10^{-35}	34.4
$Cu(OH)_2$	2.6×10^{-19}	18.59	6×10^{-19}	18.2
$Fe(OH)_2$	8×10^{-16}	15.1	2×10^{-15}	14.7
$FeCO_3$	3.2×10^{-11}	10.50	2×10^{-10}	9.7

化合物	$I=0$		$I=0.1$	
	$K_{sp}^{\ominus}$	$pK_{ap}^{\ominus}$	K_{sp}	pK_{ap}
FeS	6×10^{-18}	17.2	4×10^{-17}	16.4
Fe(OH)$_3$	3×10^{-39}	38.5	1.3×10^{-38}	37.9
Hg$_2$Cl$_2$	1.32×10^{-18}	17.88	6×10^{-18}	17.2
HgS(黑)	1.6×10^{-52}	51.8	1×10^{-51}	51
HgS(红)	4×10^{-53}	52.4		
Hg(OH)$_2$	4×10^{-26}	25.4	1×10^{-25}	25.0
KHC$_4$H$_4$O$_6$	3×10^{-4}	3.5		
K$_2$PtCl$_6$	1.10×10^{-5}	4.96		
La(OH)$_3$(新析出)	1.6×10^{-19}	18.8	8×10^{-19}	18.1
LaPO$_4$			4×10^{-23}	22.4①
MgCO$_3$	1×10^{-5}	5.0	6×10^{-5}	4.2
MgC$_2$O$_4$	8.5×10^{-5}	4.07	5×10^{-4}	3.3
Mg(OH)$_2$	1.8×10^{-11}	10.74	4×10^{-11}	10.4
MgNH$_4$PO$_4$	3×10^{-13}	12.6		
MnCO$_3$	5×10^{-10}	9.30	3×10^{-9}	8.5
Mn(OH)$_2$	1.9×10^{-13}	12.72	5×10^{-13}	12.3
MnS(无定形)	3×10^{-10}	9.5	6×10^{-9}	8.8
MnS(晶形)	3×10^{-13}	12.5		
Ni(OH)$_2$(新析出)	2×10^{-15}	14.7	5×10^{-15}	14.3
NiS(α 型)	3×10^{-19}	18.5		
NiS(β 型)	1×10^{-24}	24.0		
NiS(γ 型)	2×10^{-26}	25.7		
PbCO$_3$	8×10^{-14}	13.1	5×10^{-13}	12.3
PbCl$_2$	1.6×10^{-5}	4.79	8×10^{-5}	4.1
PbCrO$_4$	1.8×10^{-14}	13.75	1.3×10^{-13}	12.9
PbI$_2$	6.5×10^{-9}	8.19	3×10^{-8}	7.5
Pb(OH)$_2$	8.1×10^{-17}	16.09	2×10^{-16}	15.7
PbS	3×10^{-27}	26.6	1.6×10^{-26}	25.8
PbSO$_4$	1.7×10^{-8}	7.78	1×10^{-7}	7.0
SrCO$_3$	9.3×10^{-10}	9.03	6×10^{-9}	8.2
SrC$_2$O$_4$	5.6×10^{-8}	7.25	3×10^{-7}	6.5
SrCrO$_4$	2.2×10^{-5}	4.65		
SrF$_2$	2.5×10^{-9}	8.61	1×10^{-8}	8.0
SrSO$_4$	3×10^{-7}	6.5	1.6×10^{-6}	5.8
Sn(OH)$_2$	8×10^{-29}	28.1	2×10^{-28}	27.7
SnS	1×10^{-25}	25.0		
Th(C$_2$O$_4$)$_2$	1×10^{-22}	22		
Th(OH)$_4$	1.3×10^{-45}	44.9	1×10^{-44}	44.0
TiO(OH)$_2$	1×10^{-29}	29	3×10^{-29}	28.5
ZnCO$_3$	1.7×10^{-11}	10.78	1×10^{-10}	10.0
Zn(OH)$_2$(新析出)	2.1×10^{-16}	15.68	5×10^{-16}	15.3
ZnS(α 型)	1.6×10^{-24}	23.8		
ZnS(β 型)	5×10^{-25}	24.3		
ZrO(OH)$_2$	6×10^{-49}	48.2	1×10^{-47}	47.0

① $I=0.5$。

附录八　相对原子质量（A_r）

元素		A_r	元素		A_r
符号	名称		符号	名称	
Ag	银	107.868	Na	钠	22.98977
Al	铝	26.98154	Nb	铌	92.9064
As	砷	74.9216	Nd	钕	144.24
Au	金	196.9665	Ni	镍	58.69
B	硼	10.81	O	氧	15.9994
Ba	钡	137.33	Os	锇	190.2
Be	铍	9.01218	P	磷	30.97376
Bi	铋	208.9804	Pb	铅	207.2
Br	溴	79.904	Pd	钯	106.42
C	碳	12.011	Pr	镨	140.9077
Ca	钙	40.8	Pt	铂	195.08
Cd	镉	112.41	Ra	镭	226.0254
Ce	铈	140.12	Rb	铷	85.4678
Cl	氯	35.453	Re	铼	186.207
Co	钴	58.9332	Rh	铑	102.9055
Cr	铬	51.996	Ru	钌	101.07
Cs	铯	132.9054	S	硫	32.06
Cu	铜	63.546	Sb	锑	121.75
F	氟	18.998403	Sc	钪	44.9559
Fe	铁	55.847	Se	硒	78.96
Ga	镓	69.72	Si	硅	28.0855
Ge	锗	72.59	Sn	锡	118.69
H	氢	1.0079	Sr	锶	87.62
He	氦	4.00260	Ta	钽	180.9479
Hf	铪	178.49	Te	碲	127.60
Hg	汞	200.59	Th	钍	232.0381
I	碘	126.9045	Ti	钛	47.88
In	铟	114.82	Tl	铊	204.383
K	钾	39.0983	U	铀	238.0289
La	镧	138.9055	V	钒	50.9415
Li	锂	6.941	W	钨	183.85
Mg	镁	24.305	Y	钇	88.9059
Mn	锰	54.9380	Zn	锌	65.38
Mo	钼	95.94	Zr	锆	91.22
N	氮	14.0067			

附录九 化合物的摩尔质量（M）

化学式	$M/(\text{g/mol})$	化学式	$M/(\text{g/mol})$
Ag_3AsO_3	446.52	$CdSO_4$	208.47
Ag_3AsO_4	462.52	$CoCl_2 \cdot 6H_2O$	237.93
$AgBr$	187.77	$CuSCN$	121.62
$AgSCN$	165.95	$CuHg(SCN)_4$	496.45
$AgCl$	143.32	CuI	190.45
Ag_2CrO_4	331.73	$Cu(NO_3)_2 \cdot 3H_2O$	241.60
AgI	234.77	CuO	79.55
$AgNO_3$	169.87	$CuSO_4 \cdot 5H_2O$	249.68
$Al(C_9H_6ON)_3$（8-羟基喹啉铝）	459.44	$FeCl_2 \cdot 4H_2O$	198.81
$AlK(SO_4)_2 \cdot 12H_2O$	474.38	$FeCl_3 \cdot 6H_2O$	270.30
Al_2O_3	101.96	$Fe(NO_3)_3 \cdot 9H_2O$	404.00
As_2O_3	197.84	FeO	71.85
As_2O_5	229.84	Fe_2O_3	159.69
$BaCO_3$	197.34	Fe_3O_4	231.54
$BaCl_2$	208.24	$FeSO_4 \cdot 7H_2O$	278.01
$BaCl_2 \cdot 2H_2O$	244.27	$HCOOH$	46.03
$BaCrO_4$	253.32	CH_3COOH	60.05
$BaSO_4$	233.39	H_2CO_3	62.03
BaS	169.39	$H_2C_2O_4$（草酸）	90.04
$Bi(NO_3)_3 \cdot 5H_2O$	485.07	$H_2C_2O_4 \cdot 2H_2O$	126.07
Bi_2O_3	465.96	$H_2C_4H_4O_4$（琥珀酸，丁二酸）	118.090
$BiOCl$	260.43	$H_2C_4H_4O_6$（酒石酸）	150.088
CH_2O（甲醛）	30.03	$H_3C_6H_5O_7 \cdot H_2O$（柠檬酸）	210.14
$C_{14}H_{14}N_3O_3SNa$（甲基橙）	327.33	HCl	36.46
$C_6H_5NO_3$（硝基酚）	139.11	HNO_2	47.01
$C_4H_8N_2O_2$（丁二酮肟）	116.12	HNO_3	63.01
$(CH_2)_6N_4$（六亚甲基四胺）	140.19	H_2O_2	34.01
$C_7H_6O_6S$（磺基水杨酸）	218.18	H_3PO_4	98.00
$C_{12}H_6N_2$（邻二氮菲）	180.21	H_2S	34.08
$C_{12}H_8N_2 \cdot H_2O$	198.21	H_2SO_3	82.07
$C_2H_5NO_2$（氨基乙酸，甘氨酸）	75.07	H_2SO_4	98.07
$C_6H_{12}N_2O_4S_2$（L-胱氨酸）	240.30	$HClO_4$	100.46
$CaCO_3$	100.09	$HgCl_2$	271.50
$CaC_2O_4 \cdot H_2O$	146.11	Hg_2Cl_2	472.09
$CaCl_2$	110.99	HgO	216.59
CaF_2	78.08	HgS	232.65
CaO	56.08	$HgSO_4$	296.65
$CaSO_4$	136.14	$KAl(SO_4)_2 \cdot 12H_2O$	474.38
$CaSO_4 \cdot 2H_2O$	172.17	KBr	119.00
$CdCO_3$	172.42	$KBrO_3$	167.00
$Cd(NO_3)_2 \cdot 4H_2O$	308.48	KCN	65.116
CdO	128.41	$KSCN$	97.18

续表

化学式	$M/(\text{g/mol})$	化学式	$M/(\text{g/mol})$
K_2CO_3	138.21	Na_2BiO_3	279.97
KCl	74.55	$NaC_2H_3O_2$(醋酸钠)	82.03
$KClO_3$	122.55	$Na_3C_6H_5O_7$(柠檬酸钠)	258.07
$KClO_4$	138.55	Na_2CO_3	105.99
K_2CrO_4	194.19	$Na_2CO_3 \cdot 10H_2O$	286.14
$K_2Cr_2O_7$	294.18	$Na_2C_2O_4$	134.00
$K_3Fe(CN)_6$	329.25	$NaCl$	58.44
$K_4Fe(CN)_6$	368.35	$NaClO_4$	122.44
$KHC_4H_4O_6$(酒石酸氢钾)	188.18	NaF	41.99
$KHC_8H_4O_4$(苯二甲酸氢钾)	204.22	$NaHCO_3$	84.01
$K_3C_8H_5O_7$(柠檬酸钾)	306.40	$Na_2H_2C_{10}H_{12}O_8N_2$(EDTA 二钠盐)	336.21
KI	166.00	$Na_2H_2C_{10}H_{12}O_8N_2 \cdot 2H_2O$	372.24
KIO_3	214.00	$NaH_2PO_4 \cdot 2H_2O$	156.01
$KMnO_4$	158.03	$Na_2HPO_4 \cdot 2H_2O$	177.99
KNO_2	85.10	$NaHSO_4$	120.06
KNO_3	101.10	$NaOH$	39.997
KOH	56.11	Na_2SO_4	142.04
K_2PtCl_4	485.99	$Na_2S_2O_3 \cdot 5H_2O$	248.17
$KHSO_4$	136.16	$NaZn(UO_2)_3(C_2H_3O_2)_3 \cdot 6H_2O$	1537.94
K_2SO_4	174.25	$NiSO_4 \cdot 7H_2O$	280.85
$K_2S_2O_7$	254.31	$Ni(C_4H_7N_2O_2)_2$(丁二酮肟镍)	288.91
$Mg(C_9H_6ON)_2$(8-羟基喹啉镁)	312.61	PbO	223.2
$MgNH_4PO_4 \cdot 6H_2O$	245.41	PbO_2	239.2
MgO	40.30	$Pb(C_2H_3O_2)_2 \cdot 3H_2O$	379.3
$Mg_2P_2O_7$	222.55	$PbCrO_4$	323.2
$MgSO_4 \cdot 7H_2O$	246.47	$PbCl_2$	278.1
$MnCO_3$	114.95	$Pb(NO_3)_2$	331.2
MnO_2	86.94	PbS	239.3
$MnSO_4$	151.00	$PbSO_4$	303.3
$NH_2OH \cdot HCl$(盐酸羟胺)	69.49	SO_2	64.06
NH_3	17.03	SO_3	80.06
NH_4	18.04	SO_4	96.06
$NH_4C_2H_3O_2$(醋酸铵)	77.08	SiF_4	104.08
NH_4SCN	76.12	SiO_2	60.08
$(NH_4)_2C_2O_4 \cdot H_2O$	142.11	$SnCl_2 \cdot 2H_2O$	225.63
NH_4Cl	53.49	$SnCl_4$	260.50
NH_4F	37.04	SnO	134.69
$NH_4Fe(SO_4)_2 \cdot 12H_2O$	482.18	SnO_2	150.69
$(NH_4)_2Fe(SO_4)_2 \cdot 6H_2O$	392.13	$SrCO_3$	147.63
NH_4HF_2	57.04	$Sr(NO_3)_2$	211.63
$(NH_4)_2Hg(SCN)_4$	468.98	$SrSO_4$	183.68
NH_4NO_5	80.04	$TiCl_3$	154.24
NH_4OH	35.05	TiO_2	79.88
$(NH_4)_3PO_4 \cdot 12MoO_3$	1876.34	$ZnHg(SCN)_4$	498.28
$(NH_4)_2S_2O_8$	228.19	$ZnNH_4PO_4$	178.39
$Na_2B_4O_7$	201.22	ZnS	97.44
$Na_2B_4O_7 \cdot 10H_2O$	381.37	$ZnSO_4$	161.44

附录十　常用酸碱的密度和浓度

试剂名称	密度/(kg/m³)	含量/%	c/(mol/L)
盐酸	1.18～1.19	36～38	11.6～12.4
硝酸	1.39～1.40	65.0～68.0	14.4～15.2
硫酸	1.83～1.84	95～98	17.8～18.4
磷酸	1.69	85	14.6
高氯酸	1.68	70.0～72.0	11.7～12.0
冰醋酸	1.05	99.8(优级纯) 99.0(分析纯)	17.4
氢氟酸	1.13	40	22.5
氢溴酸	1.49	47.0	8.6
氨水	0.88～0.90	25.0～28.0	13.3～14.8

附录十一　常用缓冲溶液

缓冲溶液组成	pK_a	缓冲溶液 pH	缓冲溶液配制方法
氨基乙酸-HCl	2.35(pK_{a_1})	2.3	取氨基乙酸 150g 溶于 500mL 水中后,加浓 HCl 80mL,再用水稀至 1L
H_3PO_4-柠檬酸盐		2.5	取 $Na_2HPO_4 \cdot 12H_2O$ 113g 溶于 200mL 水中,加柠檬酸 387g,溶解,过滤后,稀至 1L
一氯乙酸-NaOH	2.86	2.8	取 200g 一氯乙酸溶于 200mL 水中,加 NaOH 40g,溶解后,稀至 1L
邻苯二甲酸氢钾-HCl	2.95(pK_{a_1})	2.9	取 500g 邻苯二甲酸氢钾溶于 500mL 水中,加浓 HCl 80mL,稀至 1L
甲酸-NaOH	3.76	3.7	取 95g 甲酸和 NaOH 40g 于 500mL 水中,溶解,稀至 1L
NH_4Ac-HAc		4.5	取 NH_4Ac 77g 溶于 200mL 水中,加冰醋酸 59mL,稀至 1L
NaAc-HAc	4.74	4.7	取无水 NaAc 83g 溶于水中,加冰醋酸 60mL,稀至 1L
NH_4Ac-HAc		5.0	取 NH_4Ac 250g 溶于水中,加冰醋酸 25mL,稀至 1L
六亚甲基四胺-HCl	5.15	5.4	取六亚甲基四胺 40g 溶于 200mL 水中,加浓 HCl 10mL,稀至 1L
NH_4Ac-HAc		6.0	取 NH_4Ac 600g 溶于水中,加冰醋酸 20mL,稀至 1L
$NaAc$-Na_2HPO_4		8.0	取无水 NaAc 50g 和 $Na_2HPO_4 \cdot 12H_2O$ 50g,溶于水中,稀至 1L
Tris-HCl[三羟甲基氨基甲烷 $H_2NC(HOCH_3)_3$]	8.21	8.2	取 25g Tris 试剂溶于水中,加浓 HCl 8mL,稀至 1L
NH_3-NH_4Cl	9.26	9.2	取 NH_4Cl 54g 溶于水中,加浓氨水 63mL,稀至 1L
NH_3-NH_4Cl	9.26	9.5	取 NH_4Cl 54g 溶于水中,加浓氨水 126mL,稀至 1L
NH_3-NH_4Cl	9.29	10.0	取 NH_4Cl 54g 溶于水中,加浓氨水 350mL,稀至 1L

注：1. 缓冲液配制后可用 pH 试纸检查。如 pH 不对,可用共轭酸或碱调节。pH 欲调节精确时,可用 pH 计调节。

2. 若需增加或减少缓冲液的缓冲容量时,可相应增加或减少共轭酸碱对的物质的量,然后按上述调节。

附录十二 常用指示剂

1. 酸碱指示剂

名　称	变色范围(pH)	颜色变化	溶液配制方法
甲基紫	0.13~0.50(第一次变色) 1.0~1.5(第二次变色) 2.0~3.0(第三次变色)	黄色~绿色 绿色~蓝色 蓝色~紫色	0.5g/L 水溶液
百里酚蓝	1.2~2.8(第一次变色)	红色~黄色	1g/L 乙醇溶液
甲酚红	0.12~1.8(第一次变色)	红色~黄色	1g/L 乙醇溶液
甲基黄	2.9~4.0	红色~黄色	1g/L 乙醇溶液
甲基橙	3.1~4.4	红色~黄色	1g/L 水溶液
溴酚蓝	3.0~4.6	黄色~紫色	0.4g/L 乙醇溶液
刚果红	3.0~5.2	蓝紫色~红色	1g/L 水溶液
溴甲酚绿	3.8~5.4	黄色~蓝色	1g/L 乙醇溶液
甲基红	4.4~6.2	红色~黄色	1g/L 乙醇溶液
溴酚红	5.0~6.8	黄色~红色	1g/L 乙醇溶液
溴甲酚紫	5.2~6.8	黄色~紫色	1g/L 乙醇溶液
溴百里酚蓝	6.0~7.6	黄色~蓝色	1g/L 乙醇[50%(体积分数)]溶液
中性红	6.8~8.0	红色~亮黄色	1g/L 乙醇溶液
酚红	6.4~8.2	黄色~红色	1g/L 乙醇溶液
甲酚红	7.0~8.8(第二次变色)	黄色~紫红色	1g/L 乙醇溶液
百里酚蓝	8.0~9.6(第二次变色)	黄色~蓝色	1g/L 乙醇溶液
酚酞	8.2~10.0	无色~红色	10g/L 乙醇溶液
百里酚酞	9.4~10.6	无色~蓝色	1g/L 乙醇溶液

2. 酸碱混合指示剂

名　称	变色点	颜色		配制方法	备注
		酸色	碱色		
甲基橙-靛蓝(二磺酸)	4.1	紫色	绿色	1份 1g/L 甲基橙水溶液 1份 2.5g/L 靛蓝(二磺酸)水溶液	
溴百里酚绿-甲基橙	4.3	黄色	蓝绿色	1份 1g/L 溴百里酚绿钠盐水溶液 1份 2g/L 甲基橙水溶液	pH=3.5 黄色 pH=4.05 绿黄色 pH=4.3 浅绿色
溴甲酚绿-甲基红	5.1	酒红色	绿色	3份 1g/L 溴甲酚绿乙醇溶液 1份 2g/L 甲基红乙醇溶液	
甲基红-亚甲基蓝	5.4	红紫色	绿色	2份 1g/L 甲基红乙醇溶液 1份 1g/L 亚甲基蓝乙醇溶液	pH=5.2 红紫色 pH=5.4 暗蓝色 pH=5.6 绿色
溴甲酚绿-氯酚红	6.1	黄绿色	蓝紫色	1份 1g/L 溴甲酚绿钠盐水溶液 1份 1g/L 氯酚红钠盐水溶液	pH=5.8 蓝色 pH=6.2 蓝紫色
溴甲酚紫-溴百里酚蓝	6.7	黄色	蓝紫色	1份 1g/L 溴甲酚紫钠盐水溶液 1份 1g/L 溴百里酚蓝钠盐水溶液	
中性红-亚甲基蓝	7.0	紫蓝色	绿色	1份 1g/L 中性红乙醇溶液 1份 1g/L 亚甲基蓝乙醇溶液	pH=7.0 蓝紫色
溴百里酚蓝-酚红	7.5	黄色	紫色	1份 1g/L 溴百里酚蓝钠盐水溶液 1份 1g/L 酚红钠盐水溶液	pH=7.2 暗绿色 pH=7.4 淡紫色 pH=7.6 深紫色

右上角：续表

名　称	变色点	颜色		配 制 方 法	备注
		酸色	碱色		
甲酚红-百里酚蓝	8.3	黄色	紫色	1 份 1g/L 甲酚红钠盐水溶液 3 份 1g/L 百里酚蓝钠盐水溶液	pH=8.2 玫瑰色 pH=8.4 紫色
百里酚蓝-酚酞	9.0	黄色	紫色	1 份 1g/L 百里酚蓝乙醇溶液 3 份 1g/L 酚酞乙醇溶液	
酚酞-百里酚酞	9.9	无色	紫色	1 份 1g/L 酚酞乙醇溶液 1 份 1g/L 百里酚酞乙醇溶液	pH=9.6 玫瑰色 pH=10 紫色

3. 金属离子指示剂

名　称	颜色		配 制 方 法
	化合物	游离态	
铬黑 T(EBT)	红色	蓝色	1. 称取 0.50g 铬黑 T 和 2.0g 盐酸羟胺，溶于乙醇，用乙醇稀释至 100mL，使用前制备 2. 将 1.0g 铬黑 T 与 100.0g NaCl 研细，混匀
二甲酚橙(XO)	红色	黄色	2g/L 水溶液(去离子水)
钙指示剂	酒红色	蓝色	0.50g 钙指示剂与 100.0g NaCl 研细，混匀
紫脲酸铵	黄色	紫色	1.0g 紫脲酸铵与 200.0g NaCl 研细，混匀
K-B 指示剂	红色	蓝色	0.50g 酸性铬蓝 K 加 1.250g 萘酚绿，再加 25.0gK$_2$SO$_4$ 研细，混匀
磺基水杨酸	红色	无色	10g/L 水溶液
PAN	红色	黄色	2g/L 乙醇溶液
CuPAN(CuY+PAN)	Cu-PAN 红色	CuY-PAN 浅绿色	0.05mol/L Cu^{2+} 溶液 10mL，加 pH=5～6 的 HAC 缓冲溶液 5mL，1 滴 PAN 指示剂，加热至 60℃ 左右，用 EDTA 滴至绿色，得到约 0.025mol/L 的 CuY 溶液，使用时取 2～3mL 于试液中，再加数滴 PAN 溶液

4. 氧化还原指示剂

名　称	变色点	颜 色		配 制 方 法
	V	氧化态	还原态	
二苯胺	0.76	紫色	无色	1g 二苯胺在搅拌下溶于 100mL 浓硫酸中
二苯胺磺酸钠	0.85	紫色	无色	5g/L 水溶液
邻菲啰啉-Fe(Ⅱ)	1.06	淡蓝色	红色	0.5g FeSO$_4$·7H$_2$O 溶于 100mL 水中，加 2 滴硫酸，再加 0.5g 邻菲啰啉
邻苯氨基苯甲酸	1.08	紫红色	无色	0.2g 邻苯氨基苯甲酸，加热溶解在 100mL 0.2% Na$_2$CO$_3$ 溶液中，必要时过滤
硝基邻二氮菲-Fe(Ⅱ)	1.25	淡蓝色	紫红色	1.7g 硝基邻二氮菲溶于 100mL0.025mol/L Fe^{2+} 溶液中
淀粉				1g 可溶性淀粉加少许水调成糊状，在搅拌下注入 100mL 沸水中，微沸 2min，放置，取上层清液使用(若要保持稳定，可在研磨淀粉时加 1mg HgI$_2$)

5. 沉淀滴定法指示剂

名　称	颜色变化		配 制 方 法
铬酸钾	黄色	砖红色	5g K$_2$CrO$_4$ 溶于水，稀释至 100mL
硫酸铁铵	无色	血红色	40g NH$_4$Fe(SO$_4$)$_2$;12H$_2$O 溶于水，加几滴硝酸，用水稀释至 100mL
荧光黄	绿色荧光	玫瑰红色	0.5g 荧光黄溶于乙醇，用乙醇稀释至 100mL
二氯荧光黄	绿色荧光	玫瑰红色	0.1g 二氯荧光黄溶于乙醇，用乙醇稀释至 100mL
曙红	黄色	玫瑰红色	0.5g 曙红钠盐溶于水，稀释至 100mL

参 考 文 献

[1] 李楚芝，王桂芝编．分析化学实验．第 3 版．北京：化学工业出版社，2012.

[2] 姜洪文主编．分析化学．第 3 版．北京：化学工业出版社，2009.

[3] 张振宇主编．化工分析．第 4 版．北京：化学工业出版社，2015.

[4] 姜洪文主编．化工分析．北京：化学工业出版社，2008.

[5] 张振宇主编．化学实验技术基础（Ⅲ）．北京：化学工业出版社，2000.

[6] 黄一石，乔子荣主编．定量化学分析．第 3 版．北京：化学工业出版社，2014.

[7] 胡伟光，张文英主编．定量化学分析实验．第 3 版．北京：化学工业出版社，2014.

[8] 武汉大学主编．分析化学．第 5 版．北京：高等教育出版社，2010.

[9] 王秀萍、刘世纯主编．实用分析化验工读本．第 3 版．北京：化学工业出版社，2011.

[10] 周其镇等编．大学基础化学实验（Ⅰ）．北京：化学工业出版社，2002.

[11] 夏玉宇主编．化验员实用手册．第 3 版．北京：化学工业出版社，2012.

[12] 中华人民共和国国家标准 GB/T 14666—2003．分析化学术语．北京：中国标准出版社，2004.

[13] 国家标准化管理委员会编．中华人民共和国国家标准目录及信息总汇（2005）．北京：中国标准出版社，2006.

[14] 国家标准化管理委员会编．中华人民共和国强制性地方标准和行业标准目录（2005）．北京：中国标准出版社，2006.

[15] 中华人民共和国国家标准 GB/T 601—2002．化学试剂标准滴定溶液的制备．北京：中国标准出版社，2002.

[16] 中华人民共和国国家标准 GB 1616—2014．工业过氧化氢．北京：中国标准出版社，2014.

[17] 中华人民共和国国家标准 GB 12805—2011 实验室玻璃仪器——滴定管．北京：中国标准出版社，2011.

[18] 中华人民共和国国家标准 GB 12806—2011 实验室玻璃仪器——单标线容量瓶．北京：中国标准出版社，2011.

[19] 中华人民共和国国家标准 GB 12807—1991 实验室玻璃仪器 分度吸量管．北京：中国标准出版社，1991.

[20] 中华人民共和国国家标准 GB/T 8170—2008 数值修约规则与极限数值的表示和判定．北京：中国标准出版社，2008.

[21] 刘珍主编．化验员读本．第 4 版．北京：化学工业出版社，2004.

[22] ［美］加里 D. 克里斯琴著．分析化学．王令今，张振宇译．北京：化学工业出版社，1988.